이동통신 운용

강경인 · 박경배 지음

오성미디어

머리말

요즘 정보통신 기술에서 가장 주목받고 있는 분야는 이동통신이다. 이동통신 분야는 우리의 생활에 밀접하게 영향을 주면서 다양한 변화를 일으키고 있다. 이동통신의 발전은 현재 진행 중이며 다양한 기술들이 빠르게 적용되어 우리의 상상을 초월하는 사용자 서비스가 등장하게 될 것이며 이동통신 분야의 직업 분야도 상당한 변화가 일어날 것이다. 이동통신에 대한 다양한 직업 분야는 서비스품질실무자, 유지보수실무자, 품질 관리자, 운용 관리자, 통신망자원 관리자, 설계관리자, 기획총괄관리자 등으로 빠르게 세분화되어지고 있다. 한편, 국가에서 국가직무능력표준 즉 NCS(National Competency Standards)를 정하여 나라의 모든 직무를 표준화하는 작업을 수행하였다. 우리가 다루고자 하는 이동통신서비스 운용은 이동통신서비스로서 대분류인 정보통신에서 시작하여 중분류 통신기술, 소분류 통신서비스, 세 분류 이동통신서비스에 포함되는 10가지 능력단위 중에서 한 가지이다. 이동통신서비스는 이동통신 주파수 대역의 전파를 전송매체로 이용하여 음성, 문자, 데이터, 영상 등 모든 종류의 정보를 송·수신하는 서비스를 제공하기 위하여 기획, 설계, 검사, 시험, 운용, 최적화, 유지보수, 관리를 수행하는 직무이며 이동통신서비스 운용은 이동통신서비스를 제공하기 위하여 전체 망을 관리하는 통합망 운용과 이동통신 교환망, 전송망, 엑세스망 장비를 효율적으로 장애 없이 운용하는 능력을 배양한다.

이 책은 이동통신서비스 직무를 수행하기 위한 이동통신서비스 운용을 위해 이동통신의 운영과 관리 분야에 대한 세부적인 사항들을 다루게 되며 세부적으로 전국망 모니터링, 네트워크 감시, 위기관리, 교환망 운용 기초, 교환기 추가기능 적용 및 장애 대응, 전송 기술 개념 및 부대시설 운용, 전송망 품질 감시, 전송시스템 운용 및 성능개선, RNC 운용, 기지국 및 부대시설 운용 등에 대해 학습한다.

이 책을 통해서 학습하는 독자들의 무궁한 발전을 기원하며, 이 책의 출판을 위해 노력해주신 모든 분들에게 고마움을 보내고 출판의 기쁨을 함께 나누고자 한다.

2017년 바람 불어 좋은 어느 날

목 차

제1장 이동통신시스템

우리가 다루고자 하는 이동통신 운용은 이동통신서비스를 제공하기 위하여 전체망을 관리하는 통합망 운용과 이동통신 교환망, 전송망, 엑세스망 장비를 효율적으로 장애 없이 운용하는 능력을 배양하기 위함이다. 이를 위해서는 이동통신 방식(AMPS, CDMA, WCDMA, LTE)의 개요, 이동 통신 주요기술(Hand over, Power Control, 각종 파라미터, 채널간섭, 안테나와 전파, 주파수 할당 방법, 시스템 부하), 이동통신시스템 구성(교환기, 기지국, 전송망, 중계기, 단말기, NMS)에 대한 세부적인 지식이 필요하다. 따라서 이번 장에서는 이동통신시스템의 구조에 대해 세부적으로 살펴보자. 먼저, 이동통신시스템에 대해 알아보기 전에 먼저 정보통신시스템에 대해서 알아보고 나서 이동통신시스템에 대해서 학습해 보자. 또한 정보통신시스템과 이동통신시스템과의 공통점과 차이점을 분석해 보도록 하자.

1.1 정보통신시스템

정보통신은 현재 우리의 생활과 아주 밀접하게 연관되어 있어 하루라도 정보통신 없이는 살 수 없는 세상이 되었다. 기본적인 정보통신시스템에 대해 알아보기 전에 정보통신에 대한 정의가 필요하다. 정보통신이란 멀티미디어 정보를 다양한 터미널을 사용하여 정확, 신속, 편리, 저비용 등으로 송수신하는 것을 말한다. 멀티미디어 정보를 구성하는 매체는 우리가 일반적으로 사용하는 문자, 음성, 정지영상, 동영상, 그래픽 등으로 다양하다. 일반 사용자들에게 다양한 정보통신 관련 서비스를 제공하기 위해서는 다양한 정보통신시스템이 필요하다. 따라서 정보통신시스템에 대한 학습은 아주 중요한 부분이라 할 수 있다.

사람들이 정보통신시스템이라고 하면 바로 떠오르는 시스템은 현재 일반사람들이 가장 많이 사용하고 있는 휴대폰 또는 컴퓨터를 생각할 것이다. 스마트 폰을 비롯한 휴대폰도 아주 다양하게 출시되고 있으며 컴퓨터도 데스크 탑 컴퓨터, 노트북 컴퓨터, 넷 북, 태블릿 PC 등 아주 다양한 제품들을 접할 수 있다. 그렇지만 여러분들이 생각하는 휴대폰과 컴퓨터는 정보통신시스템의 아주 작은 일부에 지나지 않는다는 사실을 이번 장에서 확인하게 될 것이다. 정보통신시스템의 세상으로 들어가 보기로 하자.

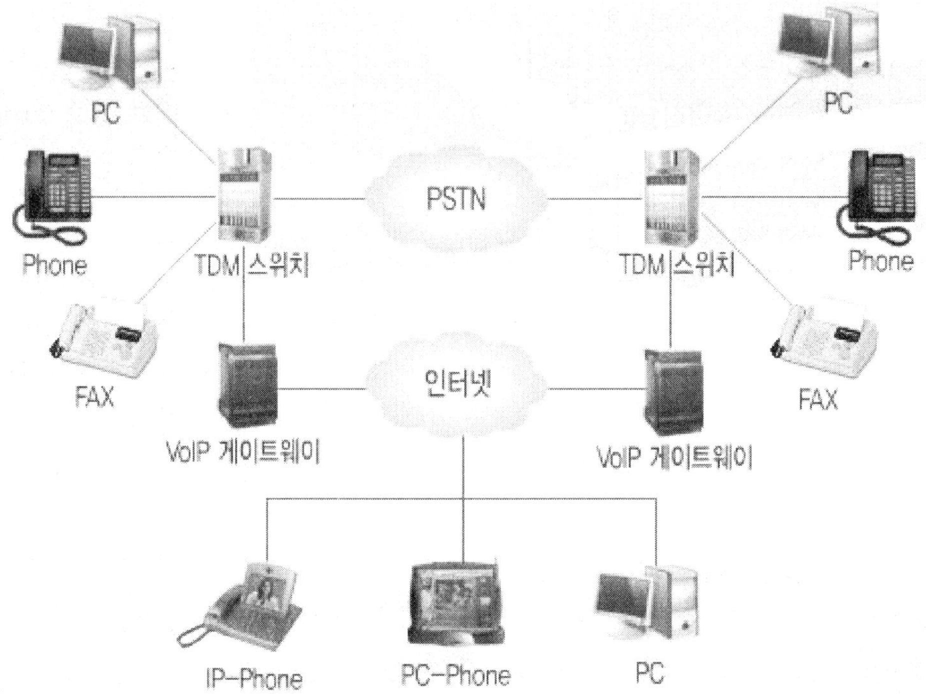

그림 1.1 정보통신시스템 일반적인 사용 형태

그림 1.1에는 정보통신시스템 일반적인 사용 형태에 대해서 표현하였다. 주로 집에서 사용하는 전화와 컴퓨터를 중심으로 설명하였다. 여기서 TDM(Time Division Multiplexing)은 시간분할다중화, PSTN(Public Switched Telephone Network)은 공중교환전화망, VoIP(Voice of Internet Protocol)은 인터넷프로토콜 전화를 말한다. 자세한 내용은 이후에 다루게 될 것이다.

우리가 가장 많이 사용하고 익숙한 휴대폰을 통해서 정보통신시스템을 정의해 보자. 두 사람이 각각 휴대폰을 가지고 있고 서로 통신하고자 하는 경우를 생각해보자. 과연 휴대폰만 있다면 서로 통신할 수 있을까 당연히 불가능하다. 우리는 휴대폰을 구입함과 동시에 특정 통신회사에 가입을 하게 될 것이다. 일단 간단한 경우를 설명하기 위해서 두 명이 같은 통신회사에 가입되어 있다고 가정하자. 한 사람이 다른 사람에게 전화를 건다는 것은 실제로 두 사람의 휴대폰끼리 직접적으로 통신하는 것이 아니라 가입한 통신회사의 통신 인프라(communication infrastructure)를 통해서 통신하는 것이다. 이동통신에서의 통신 인프라는 기지국, 위치서버, 이동교환국, 전송매체 등 많은 통신시스템들을 포함한다. 당연히 휴대폰을 포함하여 이러한 통신시스템을 통칭해서 정보통신시스템이라고 하는 것이 일반적이다. 하지만 일반사람들은 자신이 가지고 있는 것만을 정보통신시스템 또는 정보통신기기라고 생각하는 경향이 있다. 정보통신을 정확히 이해하기 위해서는 정보통신시스템에 대한 정확한 정의를 기본으로 해서 가능하기 때문에 정보통신을 위해 사용되는 모든 시스템을 정보통신시스템이라고 정의하고 다양한 정보통신시스템을 학습함으로써 정보통신을 정확히 이해할 수 있도록 해야 하겠다.

정보통신시스템은 컴퓨터나 단말기 장치를 통신 회선으로 상호 접속하여 정보를 주고받는 시스템 전체를 말한다. 정보통신시스템의 구성 요소는 DTE(Data Terminal Equipment), DCE(Data Circuit-terminating Equipment), CCE(Communication Control Equipment) 또는 CCU(Communication Control Unit)와 메인 컴퓨터(Main Computer) 등이 있다.

정보통신시스템을 정의하는 또 다른 방법은 기능적인 측면에 따라 두 가지 시스템 즉 정보처리시스템과 정보전송시스템으로 구분하는 방법도 있다. 간단히 표현하면 정보통신시스템은 데이터를 전송하기 위해서 처리하고 데이터를 전송 받아서 저장매체에 저장하기 위해서 처리하는 과정에 관련되는 시스템과 처리된 데이터를 전송하는 시스템으로 분류된다. 데이터를 전송하기 전에 송신 DTE에서 처리되는 과정을 전 처리(preprocessing) 과정이라고 하고 전송된 데이터를 수신하여 수신 DTE에서 처리되는 과정을 후처리(postprocessing) 과정이라고 하며 이를 정보처리시스템이 담당하게 된다. 이러한 전처리와 후처리를 담당하는 전처리기와 후처리기를 따로 구분하기도 한다. 전처리기능은 송신 터미널에서 데이터를 전송하기 이전에 처리하는 과정으로서 예를 들면 데이터를 전송하기 위해서 신호로 변환하는 과정, 데이터 량을 줄여 데이터를 신속하게 보내기 위한 목적을 달성하기 위해서 데이터 압축을 수행하는 과정, 데이터를 송신 단말기에서 수신 단말기로 안전하게 전송하기 위해서 데이터 암호화를 수행하는 과정과 데이터 에러를 감지하고 수정하기 위해 데이터 코드를 삽입하는 과정, 데이터를 신속하게 보내는 경로를 결정하는 경로 설정 과정 등 우리가 앞으로 학습해야 하는 많은 부분들이 포함된다. 후처리기능은 송신 터미널에서 데이터를 전송하고 수신 터미널에서 데이터를 수신한 이후에 수신 터미널에서 처리하는 과정으로서 송신 터미널에서 데이터를 전송하기 위한 목적으로 변환된 신호를 다시 원래의 형태인 데이터로 변환시키는 과정, 압축된 데이터를 원래 데이터로 복원하는 과정, 암호화된 데이터를 원래 데이터로 복호화 하는 과정, 전송된 데이터의 에러를 감지하고 수정하는 과정 등 역시 우리가 앞으로 학습해야 하는 부분들이다. 한편 정보전송기능은 앞에서 설명한 정보처리기능 즉 전 처리기능과 후처리기능을 바탕으로 해서 정보전송에 관련된 모든 기능들을 포함한다. 일반적으로 정보전송기능은 정보처리기능을 포함하는 것으로 정의되기 때문에 우리가 대체로 알고 있는 정보통신시스템을 지원하는 모든 기능이라고 생각해도 무방하다. 앞으로 정보통신을 이해하기 위해서는 반드시 필요한 것이라고 할 수 있다.

1) 정보통신시스템 구성 요소

정보통신시스템의 구성 요소는 앞 절에서 살펴본 바와 일반적으로 DTE(Data Terminal Equipment), DCE(Data Circuit-terminating Equipment), CCE(Communication Control Equipment) 또는 CCU(Communication Control Unit)와 메인 컴퓨터(Main Computer) 등으로 이루어진다. 물론 다양한 정보통신시스템의 형태가 네 가지 형태로 국한되는 것은 아니다. 하지만 서로 다른 이름을 가지고 약간 서로 다른 기능을 수행하기도 하지만 대체적으로 위의 네 가지 형태의 기본 틀 속에서 정보통신시스템을 구성하고 있다. 지금부터는 네 가지 형태의 구성 요소를 통해서 정보통신시스템을 이해하고 분석하도록 하자.

(1) DTE

DTE(Data Terminal Equipment)는 영어 의미 그대로 데이터 터미널 장비 또는 데이터 단말기 장비라고 하며 일반적으로 사용자 단말기를 가리킨다. 사용자 단말기란 우리가 일상생활에서 사용하고 있는 휴대폰, 컴퓨터 등을 말한다. 정보통신의 서비스 관점에서 고려하면 전송매체(transmission media) 즉 전송선로의 양끝에 위치하며, 기본적으로 다음과 같은 네 가지 기능 즉 데이터 입력 기능, 데이터 송신 기능, 데이터 수신 기능, 데이터 출력 기능을 수행한다. 우리가 일상생활에서 가장 많이 사용하고 있는 컴퓨터와 휴대폰을 통해서 각각의 기능에 대해 간략하게 설명하면 다음과 같다.

데이터 입력 기능은 데이터 송신 또는 데이터 정보처리 DTE 사용자가 직접적으로 데이터 입력 장치 즉 키보드, 마우스, 단말기 버튼, 화면 터치 기능, 음성 인식 기능, 화면 문자 쓰기 기능 등을 이용해서 DTE에 각종 데이터를 입력할 수 기능을 말한다. 요즘 휴대폰에 사용되고 있는 화면 터치 기능, 음성 인식 기능 등은 최근에 적용된 기술들로 사용자들에게 상당한 편리함을 제공하고 있다. 사용자의 편리성을 추구하는 현상이 요즈음 정보통신 분야의 중요한 목적 중의 하나도 대두되고 있는 실정이다.

데이터 출력 기능은 수신된 데이터 또는 일반 사용자가 자체적으로 처리한 데이터를 DTE에 출력할 수 있도록 하는 기능을 말한다. 요즘 휴대폰에 사용되고 있는 화면 터치 기능이나 음성 인식 기능에 의해 바로 바로 휴대폰 화면에 출력되는 형태는 사용자의 편리성을 극대화한 기능으로 일반화되어지고 있다.

데이터 송신 기능은 데이터 송신 DTE 사용자가 DTE의 데이터 입력 기능을 통해서 입력한 데이터나 DTE 저장장치에 저장되어 있는 각종 데이터를 적당하고 정해진 방법으로 전 처리한 이후 전송매체를 통해 데이터 수신 DTE 사용자에게 송신할 수 있게 하는 기능이다. 물론 앞으로 우리가 학습할 내용이지만 데이터 송신 DTE 사용자와 데이터 수신 DTE 사용자가 직접적으로 통신하는 경우는 거의 드물고 실제로는 중간에 다양한 통신제어시스템을 통해서 통신하게 된다. 데이터 송신 기능은 당연히 송신기가 그 역할을 수행하며 일반적으로 데이터를 전송하기 위해서 발진(oscillation), 증폭(amplification), 변조(modulation), 재 증폭(re-amplification) 등의 과정을 거쳐 송신 안테나를 통해서 송신하게 된다. 나중에 학습하겠지만 발진, 증폭, 변조에 대해서 간단히 살펴보도록 하자. 여기서 발진이란 정보를 전송하는 신호인 반송파(carrier frequency)를 생성시키는 과정을 말하며 증폭은 크기가 작은 반송파나 전송 중에 약해진 반송파를 크기를 크게 하는 과정을 말하며 변조란 어떤 신호를 특정한 목적에 따라 다른 형태의 신호로 변화시키는 과정을 말한다.

데이터 수신 기능은 데이터 송신 또는 데이터 정보처리 DTE 사용자가 직접적으로 데이터 입력 장치 즉 키보드, 마우스, 단말기 버튼, 화면 터치 기능, 음성 인식 기능, 화면 문자 쓰기 기능 등을 이용해서 DTE에 각종 데이터를 입력할 수 기능을 말한다. 요즘 휴대폰에 사용되고 있는 화면 터치 기능, 음성 인식 기능 등은 최근에 적용된 기술들로 사용자들에게 상당한 편리함을 제공하고 있다. 사용자의 편리성을 추구하는 현상이 요즈음 정보통신 분야의 중요한 목적 중의 하나도 대두되고 있는 실정이다. 데이터 송신 DTE 사용자가 DTE의 데이터 입력 기능을 통해서 입력한 데이터나 DTE 저장장치에 저장되어 있는 각종 데이터를 적당하고 정해진 방법으로 전 처리한 이후 전송매체를 통해 전송한 데이터를 수신 안테나를 통해서 데이터를 수신한 후 다양한 후처리과정을 통해서 데이터 수신 DTE 사용자가 데이터를 수신할 수 있게 하는 기능이다. 데이터 수신 기능은 수신기가 그 역할을 수행하며 일반적으로 데이터를 수신하기 위해서 증폭, 주파수변환(frequency transform), 국부발진(local oscillation), 복조(demodulation) 등의 과정을 거쳐 수신 안테나를 통해서 송신하게 된다. 역시 나중에 학습하겠지만 주파수변환, 국부발진, 복조에 대해서 간단히 살펴보도록 하자. 여기서 주파수변환은 어떤 주파수 영역을 가지고 있는 신호를 특별한 목적을 위해서 다른 주파수 영역을 가지는 신호로 변환시키는 것을 말하고 국부발진이란 주파수변환과 함께 송신기에서 생성된 신호인 반송파(carrier frequency)에서 원래 데이터를 생성시킬 목적으로 반송파를 제거하는 과정을 말하며 복조란 어떤 신호를 특정한 목적에 따라 다른 형태의 신호로 변화시키는 과정인 변조의 반대과정을 의미한다. 즉 다른 형태의 신호로 변한된 것을 원래의 신호로 복원하는 과정을 말한다.

(2) DCE

DCE(Data Circuit-terminating Equipment)란 데이터 전송 장치로서 송신 DTE 부터 CCE와 CCE부터 수신 DTE까지의 전송 회선과 전송 장비를 말하는 것이다. 데이터의 전송 회선에는 우리가 앞으로 학습하게 될 유선전송매체인 이중나선 케이블(twisted pair cable), 동축 케이블(coaxial cable), 광섬유 케이블(optical fiber cable)과 무선전송매체인 방송 통신회선, 마이크로파 통신회선, 위성 통신회선, 이동 통신회선 등이 사용된다. 그리고 DTE를 전송 선로에 접속시키기 위한 전송 장비로는 주로 모뎀(MODEM : Modulator & Demodulator)과 DSU(Digital Service Unit)가 사용된다.

모뎀과 DSU는 한마디로 표현하면 신호변환장치이다. 정보의 또 다른 이름인 데이터와 신호가 있는 데 데이터는 저장되어지는 정보를 신호는 전송되어지는 정보를 말하는 것이다. 신호변환장치란 데이터를 신호로 또는 신호를 데이터로 변환시켜주는 장치이다. 정보통신시스템을 수행하는 과정에서 데이터를 신호로 또는 신호를 데이터로 변환시켜야 하는 경우는 아주 다양하게 존재한다. 앞으로 데이터와 신호에 대한 개념을 학습하겠지만 간단히 설명하면 저장의 개념에서는 데이터로 표현하고 전송의 개념에서는 신호로 표현한다. 즉 하나의 DTE의 저장장치에 저장되어 있는 데이터를 또 다른 DTE에게 전송하기 위해서는 데이터를 신호로 변환시켜야 할 필요가 있고 전송 받은 신호를 저장장치에 저장하기 위해서는 데이터로 변환시켜야 할 필요가 있다.

모뎀은 DTE 또는 메인 컴퓨터에서 발생한 디지털 데이터를 아날로그 신호로 변환(modulation)하여 전송 선로에 실어주고, 반대로 전송 선로를 통해 들어오는 아날로그 신호를 디지털 데이터로 복원(demodulation)하여 데이터 단말기 장치나 메인 컴퓨터로 보내는 기능을 한다. 또한 아날로그 데이터를 아날로그 신호로 또는 아날로그 신호를 아날로그 데이터로 변환시켜주는 형태도 모뎀의 일종이라고 할 수 있다. 한편, DSU는 디지털 데이터를 디지털 신호로 또는 디지털 신호를 디지털 데이터로 변환 시켜주는 형태와 아날로그 데이터를 디지털 신호로 또는 디지털 신호를 아날로그 데이터로 변환 시켜주는 형태가 있다. 모뎀과 DSU에 대한 세부적인 내용은 좀 더 복잡하고 다양한 형태를 가지고 있기 때문에 이 후에 학습하기로 하자.

(3) CCE

CCE(Communication Control Equipment)는 통신제어장치로서 정보통신시스템에서 아주 중요한 역할을 담당하고 있는 장치이다. 이전에는 통신제어장치와 메인컴퓨터를 구분하지 않고 주로 메인컴퓨터로만 구분되었다. 그렇지만 정보통신시스템에 관련된 기능과 역할이 다양화되고 복잡해지면서 메인컴퓨터의 역할과 기능 중에서 일정부분을 분담하는 통신제어장치에 대한 필요성이 대두되었다. 이러한 통신제어장치는 일반적으로 메인컴퓨터 앞쪽에 설치되어 메인컴퓨터의 기능을 보조하고 분담하여 정보통신시스템의 기능적인 효율성을 증대시키는 역할을 수행한다. 통신제어장치는 역할과 기능에 따라 FEP(Front End Processor), BEP(Back End Processor), CCP(Communication Control Processor) 등이 있다. 여기서 FEP는 일반적으로 메인컴퓨터와 보조기억장치 사이에 위치하며 메인 컴퓨터가 데이터를 처리하기 전에 필요한 모든 작업을 가공처리 함으로써 메인 컴퓨터가 필요한 작업에 더 많은 시간을 할당할 수 있도록 보조하는 역할을 수행하고 BEP는 대규모의 데이터베이스 처리나 파일관리 등의 기능을 수행하며 CCP는 직접적인 프로그램 제어 기능을 수행하게 된다.

CCE의 일반적이고도 중요한 기능은 메인 컴퓨터와 DCE 사이에 위치하여 DCE로부터 들어오는 데이터에 오류가 있는지를 조사하고, 메인 컴퓨터의 처리 속도와 DCE의 전송 속도를 맞추어 주는 역할을 수행한다. 또한, 메인 컴퓨터의 처리 방식에 맞추기 위해 직렬(serial) 데이터를 병렬(parallel) 형태로 바꾸어 주는 역할도 수행한다.

(4) 메인 컴퓨터

통신을 위한 모든 기능들을 제어하고 관리하는 기능을 수행한다. 이전에는 메인 컴퓨터가 CCE의 기능을 포함하여 수행하기도 하였지만 통신을 위한 장비의 다양화와 많은 제어 기능들의 추가로 인해서 기능을 일정부분을 CCE가 대신하게 되었다. 사용자들은 DTE를 사용하여 DCE, CCE, 메인 컴퓨터를 통하여 다른 사용자들과 통신하게 된다. 또한 통신전송매체로 표현되어져 있는 정보통신망을 통해서 통신하는 형태를 가진다.

1.2 이동통신시스템

우리가 현재 통신매체로 가장 많이 사용하고 있는 이동통신시스템은 크게 휴대용 이동 단말기(MT : Mobile Terminal), 기지국(BS : Base Station), 위치서버(LS : Location Server), 이동교환국(MSC : Mobile Switching Center) 그리고 모든 것을 총괄하는 메인 교환국(Main Switching Center) 또는 메인 컴퓨터(Main Computer) 또는 백본 네트워크(Backbone Network)로 구성된다.

그림 1.2에서 보듯이 전체 네트워크는 셀로 나누어지고, 각 셀에 있는 이동 단말기들은 기지국을 통하여 유선네트워크나 다른 이동 단말기들과 통신한다. 하나의 위치영역은 여러 개의 셀들로 구성되고, 각 위치영역에는 LS(Location Server)가 있다. 위치영역에 있는 모든 기지국은 이동교환국과 연결된다. 각 이동 국교환국은 유선네트워크인 백본(backbone) ATM(Asynchronous Transfer

Mode) 네트워크와 연결되어 이동국이 유선네트워크나 다른 이동교환국의 사용자들과 통신할 수 있도록 한다. 각 이동국은 특정한 위치영역에 영구적으로 홈(home)으로 등록되어 있다고 가정한다. 그 위치영역의 위치서버를 이동 국에 대한 HLS(Home Location Server)라 부른다. 각 HLS는 자신을 홈으로 등록한 이동 국에 대한 위치정보를 유지한다. 위치서버는 자신이 담당한 위치영역 내의 셀에 위치하고 있는 이동 국에 관한 위치정보도 유지한다. 한편 자신의 위치영역의 위치서버가 아니라 방문한 위치서버를 VLS(Visitor Location Server)라고 한다.

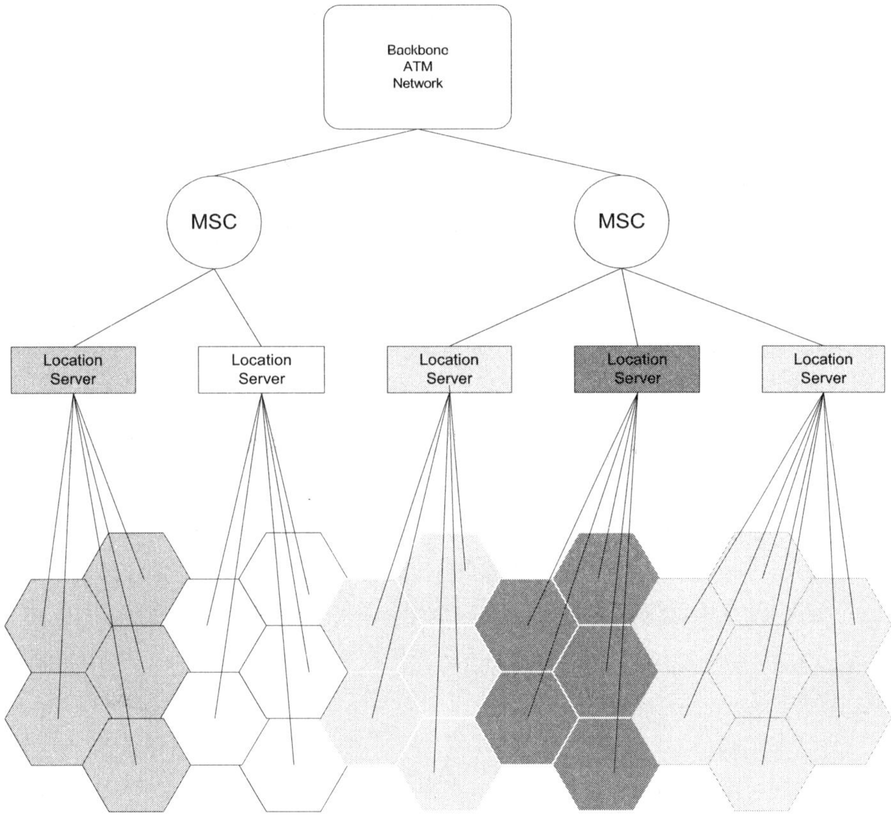

그림 1.2 이동통신시스템 기본 구조

이동 단말기는 무선 송수신기, 안테나 및 제어장치로 구성된다. 이동 국으로서 이동전화 가입자가 이동통신 서비스를 재공받기 위한 단말기 기능을 가지고 있다. 기지국은 단말기와 이동전화 교환국을 연결하는 기능을 가지고 있는 기지국 무선 송수신기, 안테나, 제어장치, 데이터 터미널 및, 전원장치 등으로 구성되어 있다. 또한 BTS(Base Transceiver System)은 기지국 무선장치로 이동국과의 무선접속 및 이동국과 기지국 제어장치간의 유무선 접속기능을 수행하며 BSC(Base Station Controller)는 기지국 제어장치로 기지국과 이동통신 교환기 사이에 위치하여 기지국 관리 및 제어를 담당한다. 위치 서버는 이동 단말기의 위치를 관리하여 통신 요청 시 바로 연결할 수 있는 기능들을 제어한다. 또한 HLR(Home Location Resistor)은 이동국의 현재 위치정보를 비롯하여 이동가입자의 상태, 통계 및 각종 서비스 관련정보를 관리하는 데이터베이스 센터이다. 축약메시지서비스, 인증서비스, VMS(Voice Message Service) 등 다양한 부가기능을 제공하며 다른 교환기능과의 연동기능도 제공하며 OMC(Operations Maintenance Center)는 이동통신망에 대한 망운용의 효율화, 보전 서비스 향상, 고품질의 통신서비스를 제공하기 위한 운용 및 유지보수를 담당하고 VLR(Visitor Location Resistor)은 관할 영역 내에 타 시스템의 단말장치가 들어왔을 때 이를 인지하여 타 시스템과 로밍을 해주는 역할을 담당한다. 이동 교환국 : 각 기지국에서 발생되는 착발신되는 호를 처리하고 모든 기지국이 효율적으로 운용될 수 있도록 하는 중앙통제기능과 함께 공중전화네트워크의 교환기와도 연결할 수 있는 기능을 가지고 있다. 이러한 이동전화 교환국은 제어 부, 통화로 부, 및 주변기기로 구성되어 있으며 통화가 완료된 호에 대한 요금 자료수집 기능도 갖고 있다. 또한 이동전화 가입자에게 이동통신 서비스를 제공하기 위한 이동통신 교환기로 가입자간 회선교환, 입출중계 처리, 핸드오프, 로밍 등의 기능을 가지며, VLR 데이터베이스를 관리한다. 이동 단말기, 기지국, 위치 서버 그리고 이동 교환국은 서로 통화회선과 데이터링크로 연결되어 있으며 각 단말기가 통화할 때는 한 쌍의 송수신 무선채널을 사용하지만 이 무선채널은 어떤 특정 주파수의 채널로 고정되어 있지 않고 통화 중에도 단말기의 이동에 따라 다른 무선채널로 통화 채널을 변경하게 되므로 그 지역에 할당된 채널이면 어떤 채널로든지 통화가 가능하다. 또 이동전화 시스템 측면에서 보면 할당된 전 채널이 동시에 단말기와 연결되어 통화상태로 될 수도 있다.

이동 교환국은 셀룰러 시스템의 심장부로서 제어 부는 전체 시스템을 조정, 통제하고 관리하는 기능을 갖고 있다. 셀룰러 교환기는 이동전화 가입자 상호간 또는 일반전화 가입자와 이동전화 가입자간의 통화가 이루어지도록 통화회선을 연결하며, 교환기와 기지국간은 데이터링크를 이용하여 각종 신호정보를 주고받는다. 단말기와 기지국간의 음성과 신호정보는 무선채널을 통해 전송되며 기지국과 이동전화 교환국간의 음성과 신호정보 전송을 위해서는 고정된 통화회선과 데이터링크를 사용한다.

1) 이동통신시스템 구조

이동통신시스템 구조는 크게 비 셀룰러 시스템과 셀룰러 시스템으로 분류되어진다. 셀룰러 시스템은 현재 사용되고 있는 대부분의 형태를 말하고 비 셀룰러 시스템은 이전에 사용한 형태를 말한다. 간단하게 비 셀룰러 시스템과 셀룰러 시스템에 대해 비교 설명하기로 하자.

(1) 비 셀룰러 이동통신시스템과 셀룰러 이동통신시스템의 비교

셀룰러 이동통신은 전체 서비스 지역을 다수의 무선 기지국으로 분할하여 소규모의 서비스 지역인 셀들로 구성하고 이러한 무선 기지국들을 교환시스템으로 집중제어하여 가입자가 각 셀 간을 이동하면서도 통화를 계속 할 수 있도록 하는 방식이다. 이전의 비 셀룰러 이동통신시스템이 잡음에 제한되는 시스템이었다면, 셀룰러 이동통신 시스템은 간섭에 제한되는 시스템이란 점이다. 즉 비 셀룰러 이동통신은 주파수 재사용이 불가능하고, 높은 지역에 위치한 고 전력의 전송기로 넓은 지역을 수용하는 시스템이다. 또 핸드오버의 개념이 없기 때문에 수용하는 사용자의 수는 적고 이동성이 좁은 특징을 가지고 있다.

이에 반해 셀룰러 이동통신은 가장 큰 특징인 같은 주파수를 재사용할 수 있어서 많은 수의 가입자를 수용할 수 있다. 또 낮은 지역의 저 전력 송신기를 사용하며 전체 서비스 영역을 작은 셀 단위로 나누어 서비스를 제공한다. 사용자는 셀들 간을 이동할 때 생기는 핸드오버가 가능하므로 더욱 더 이동성을 가지고 편리하게 통신을 할 수 있다. 이러한 편리성과 유용성 때문에 가입자는 계속 늘어나고 있는 추세이다. 그러나 무선통신 산업이 직면하고 있는 가장 큰 문제는 가용할 수 있는 무선 주파수 스펙트럼이 제한되어 있다는 것이다.

(2) 셀룰러 이동통신 시스템의 네트워크구조

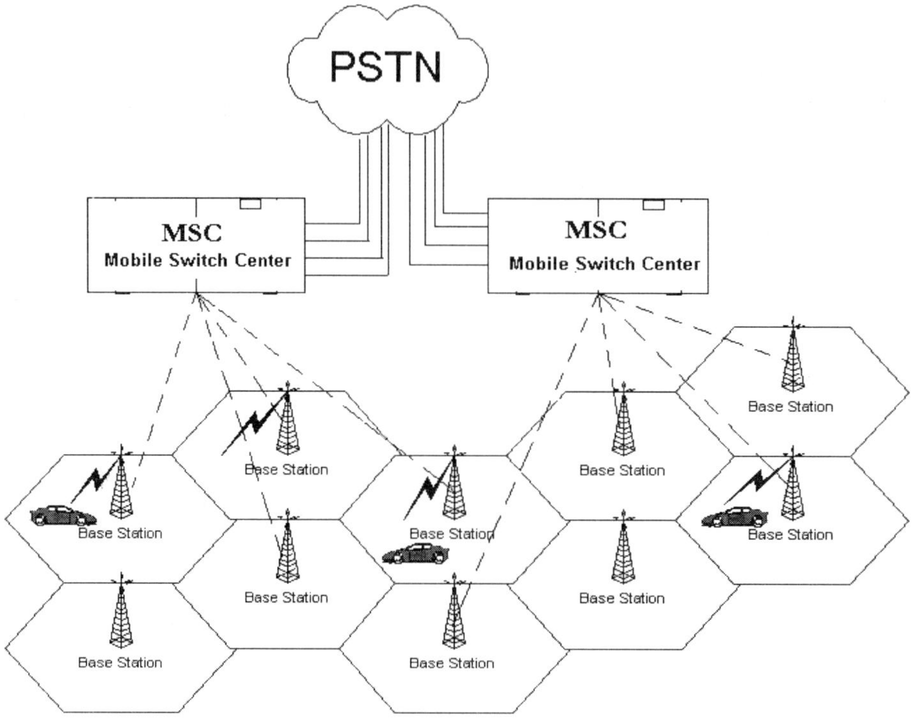

그림 1.3 셀룰러 네트워크구조

그림 1.3은 셀룰러 시스템의 네트워크구조를 나타낸 것이다. 셀룰러 시스템은 크게 이동 국(Mobile station)과 기지국(BS : Base station), 이동 교환국(MSC : Mobile Switching Center), 메인컴퓨터, 그리고 공중전화네트워크(PSTN : Public Switched Telephone Network)로 구성된다. 그림 1.2와 비교하면 LS(Location Server)가 생략되어져 있다. LS에 대한 세부적인 내용은 그림 1.4에 설명하였다.

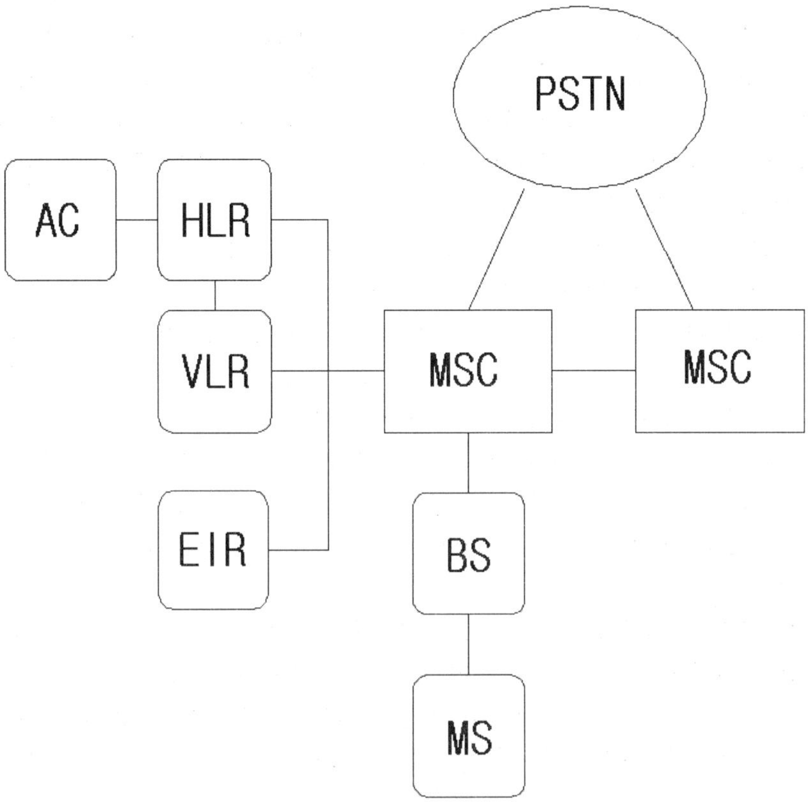

그림 1.4 셀룰러 시스템 요소

그림 1.4는 셀룰러 시스템 요소에 대해 좀 더 세부적으로 표현하였다. 여기서 MS(Mobile Station)는 이동국으로서 이동전화 가입자가 이동통신 서비스를 재공받기 위한 단말기 기능을 가지고 있고 앞에서 살펴본 MT(Mobile Terminal)와 동일하여 BS(Base Station)은 기지국으로서 MS와 MSC(Mobile Switching Center) 사이에서 연결 기능을 제공하며 BTS(Base Transceiver System)와 BSC(Base Station Controller)로 구분되어진다. BTS는 기지국 무선장치로 이동국과의 무선 접속 및 이동국과 기지국 제어장치간의 유무선 접속기능을 수행하며 BSC는 기지국 제어장치로 기지국과 이동통신 교환기 사이에 위치하여 기지국 관리 및 제어를 담당한다. MSC(Mobile Switching Center)는 이동전화 가입자에게 이동통신

서비스를 제공하기 위한 이동통신 교환기로 가입자간 회선교환, 입출중계 처리, 핸드오프, 로밍 등의 기능을 가진다. 다음으로는 LS(Location Server)에 대한 설명이다. LS은 HLS(Home LS), VLS(Visitor LS), HLR(Home Location Resistor)과 VLR(Visitor Location Resistor)로 구성되어진다. HLR(Home Location Resistor)와 VLR(Visitor Location Resistor)은 사용자들의 다양한 정보를 데이터베이스 하여 관리한다. HLR(Home Location Resistor)은 이동국의 현재 위치정보를 비롯하여 이동가입자의 상태, 통계 및 각종 서비스 관련정보를 관리하는 데이터베이스 센터이며 축약메시지서비스, 인증서비스, VMS 등 다양한 부가기능을 제공하며 다른 교환기능과의 연동기능도 제공한다. 한편 VLR(Visitor Location Resistor)은 관할 영역 내에 타 시스템의 단말장치가 들어 왔을 때 이를 인지하여 타 시스템과 로밍을 해주는 역할을 담당한다. OMC(Operations Maintenance Center)는 이동통신망에 대한 망운용의 효율화, 보전 서비스 향상, 고품질의 통신서비스를 제공하기 위한 운용 및 유지보수를 담당한다. AC(Authentication Center)는 가입자 인증 센터이며 EIR(Equipment Identity Register)은 단말기 인증 레지스터이다.

먼저 이동국은 이동 가입자와 기지국간을 연결하게 된다. 즉 일반적인 이동단말기를 말하는데 마이크로프로세서를 통해 음성통신 외에 제어함수, 신호함수 등을 만들어낸다. 기지국은 관리하는 셀 내에서 이동국으로의 호나 이동국으로부터의 호를 관리하는 역할을 한다. 기지국은 지상네트워크를 통하여 이동교환국과 연결된다. 그리고 핸드오버를 처리하기 위한 신호의 강도를 감시하는 역할을 하여 이동국과 교환국을 연결시키는 역할을 한다. 이동교환국은 셀룰러 무선 통신용 전화 교환기라 할 수 있다. 각 기지국에서 발·착신되는 호를 처리하고, 모든 기지국이 효율적으로 운용될 수 있도록 하는 중앙통제 기능과 함께 공중 전화네트워크의 교환기와 연결할 수 있는 기능을 갖고 있다. 교환국에서 하는 일은 페이징(paging), 위치등록, 핸드오버를 관할 통제한다. 그리고 교환 작업, 오디오회로의 A/D변환, On-Off Hook상태의 검출 등 통상적인 디지털 교환(switching) 전환 작업을 수행한다.

단말기, 기지국 그리고 교환국은 서로 통화회선과 데이터 링크로 연결되어있으므로 각 단말기가 통화할 때는 한 쌍의 송수신 무선채널을 사용하지만 이 무선채널은 어떤 특정 주파수로 고정되어있는 것이 아니라 통화 중에도 단말기의 이동에 따라 다른 무선 채널로 변경하게 되므로 그 지역에 할당된 채널이면 어느 채널로도 통화가 가능하다. 교환국은 이동전화 가입자 상호간이나 일반전화 가입자와 이동전화 가입자간의 통화가 이루어지도록 통화회선을 연결하며, 교환기와 기지국간은 데이터링크를 이용하여 각종 신호정보를 주고받는다. 전화네트워크(PSTN)은 전체 시스템의 데이터베이스를 포함하고 있으며. 트래픽 분석, 네트워크 관리, 유지, 설비 등을 관할한다. 위의 4가지 기본 요소를 결합하는 방식에 따라 셀룰러 시스템은 중앙 집중이나 분산 구조로 나눌 수 있다. 중앙 집중 방식이 교환국에서 많은 기지국을 관리하여, 근거리뿐만 아니라 원거리에 위치한 것도 포함한다. 대부분 소규모의 시스템들은 중앙 집중 방식을 사용한다.

1.3 정보통신시스템과 이동통신시스템 비교

이동통신시스템은 정보통신시스템의 일종으로서 넓게는 정보통신시스템에 포함된 시스템으로서 정보통신시스템의 구성요소가 DTE, DCE, CCE, MC인 것과 유사하게 MT, BS, LS(HLS, VLS), MSC, MC 및 전송매체로서 MT는 DTE의 기능과 일부 DCE의 기능을 수행하며 BS, LS, MSC는 CCE의 기능을 수행하게 된다. 따라서 이동통신시스템은 사용자에게 이동 중에 통신 서비스를 제공하기 위해서 다양한 장치를 통해서 다양한 형태의 사용자 중심의 서비스를 제공하고 있다.

제2장 이동통신망

이동통신 운용을 위해 이동통신망에 대해 상세하게 살펴보기로 하자. 이동통신망을 크게 분류하여 설명하면 회선교환 망, 패킷교환망 및 로컬 망을 함께 사용하는 방식이다. 정보통신망을 분류하면 크게 교환통신망과 방송통신망으로 나누어진다. 교환통신망은 회선교환 망, 메시지교환망, 패킷교환망으로 방송통신망은 패킷라디오망, 인공위성 망, 로컬 망으로 나누어진다. 따라서 이동통신은 교환통신망과 방송통신망을 함께 사용하는 방식이다. 하지만 이동통신을 운용하여 사용자에게 다양한 서비스를 제공하기 위해서는 교환통신망과 방송통신망 뿐만 아니라 통합 망, 전송망 및 액세스 망을 적절하게 사용해야 한다. 이동통신망은 기본적으로 통합 망, 교환망, 전송망, 액세스 망 등으로 구분하여 접근해야 한다. 통합 망이란 망 센터 또는 지역 운용 조직에서 시스템을 신설, 변경, 삭제하는 작업을 통하여 전국망 시설을 실시간으로 모니터링 하도록 구현된 시스템을 말한다. 실시간 모니터링은 이동통신서비스를 제공하는 회사의 본사 및 전 지역에 편제되어 있는 지사 등 그 하부 조직에 이동 통신 서비스가 가능한 시스템을 전국 네트워크로 연결하여 한곳에서 전국망 운용 상태를 감시하여 문제 발생 시 즉각적인 필요한 조치를 취하는 것을 말한다. 결국 이동통신 사용자 서비스를 강화하기 위한 방편으로 사용된다. 따라서 사용자를 위한 질 높은 서비스를 제공하기 위해서는 전국망에 대한 실시간 모니터링은 필수적이다. 교환기 운용을 위해서는 교환기의 구성 요소, 호 처리 절차, 운용과 관련된 주요 파라미터를 알고 있어야 한다. WCDMA(Wideband Code Division Multiple Access) 교환기의 주요 구성은 CS 도메인(Circuit Switching Domain)과 PS 도메인(Packet Switching Domain), HLR(Home Location Register) 등으로 구분할 수 있다. 전송이란 전송매체를 이용하여 각종 정보를 어떤 지점으로부터 다른 지점으로 송수신하는 일을 말한다. 뿐만 아니라 기지국에서 휴대폰까지의 정보 전달도 전송(무선 전송)의 한 형태이며, 전송 설비와 선로설비를 사용하여 교환 장비와 단말 장비 간의 통신을 제공함을 말한다. 한편 기지국(액세스)망 운용에 있어서 이동 전화 단말이 연결되어 통화되게 하는 시스템은 단말기(UE, User Equipment), 안테나, BTS(Base Transceiver Station, 기지국), 기지국을 제어하는 RNC(Radio

Network Controller), RNC와 기지국을 컨트롤하는 MSC(Mobile Switching Center) 그리고 가입자 정보 DB(Data Base)를 가지고 있는 HLR, 인증 시스템 등과 같은 다양한 장비로 구성되어 있다. 따라서 기지국 운용 시 이러한 장비의 특성 및 기능을 이해하고 있어야 운용이 가능하므로 액세스망 운용은 RNC와 Node-B에 대해서 집중적으로 살펴보아야 한다. 먼저 이동통신 망의 기본이 되는 정보통신 망에 대해 먼저 알아보자. 정보통신망은 크게 교환통신망과 방송통신망으로 분류되어진다.

2.1 정보통신망

먼저 정보통신망과 정보통신시스템에 대한 정확한 정의가 필요하다. 일반적으로 사용자가 직접 사용하는 시스템을 제외한 통신에 필요한 모든 것들을 정보통신망으로 정의하기도 한다. 이동통신에 이를 적용해 보면 여러분들이 사용하는 휴대폰만이 정보통신시스템이 되고 BS(Base Station), MSC(Mobile Switching Center), 메인 컴퓨터(main computer), 각종 전송매체 등이 정보통신망이라고 할 수 있다. 또 다른 정의는 정보통신망은 전송매체와 전송매체를 통해서 정보를 어떻게 송수신하는 방법에 따른 기술 사항들만을 포함하고 나머지는 모두 정보통신시스템이라고 하기도 한다. 이 경우를 이동통신에 적용하면 휴대폰을 포함해서 BS, MSC, 메인 컴퓨터 등 통신에 필요한 물리적인 시스템은 모두 정보통신시스템이 되고 휴대폰과 , BS와 MSC, MSC와 메인 컴퓨터 사이를 연결하는 전송매체와 전송방식 만이 정보통신망이 된다. 위에서 살펴 본 두 가지 정의가 서로 다르지만 공통점은 정보통신은 정보통신망과 정보통신시스템으로 구성되어진다는 것이며 정보통신망과 정보통신시스템을 학습하게 되면 자연스럽게 정보통신을 이해할 수 있다는 것이다. 따라서 이 책에서는 정보통신망과 정보통신시스템을 특별히 구분하지 않고 정보통신을 위해서는 정보통신망과 정보통신시스템이 필요하며 정보통신망을 구성하는 요소에 정보통신시스템이 포함되며 정보통신망은 전송매체를 비롯하여 전송기술과 방법까지 포함한 것으로 정의한다.

우리가 가장 익숙하게 사용하는 전화에 대한 정보통신망과 정보통신시스템에 대한 구조를 그림 2.1에 나타내었고 살펴보면 가입자건물과 가입자 빌딩에 있는 전화기와 각종 교환기들을 정보통신시스템이라고 하며 나머지 모든 것들을 통칭해서 공중전화망 즉 정보통신망으로 분류할 수 있다. 공중전화망에서 보이는 로컬 교환기들과 로컬 교환기들을 연결하는 중계 교환기 등은 개인인 사용하는 시스템보다 복잡하지만 기본적으로 정보통신시스템의 형태를 가지고 있다.

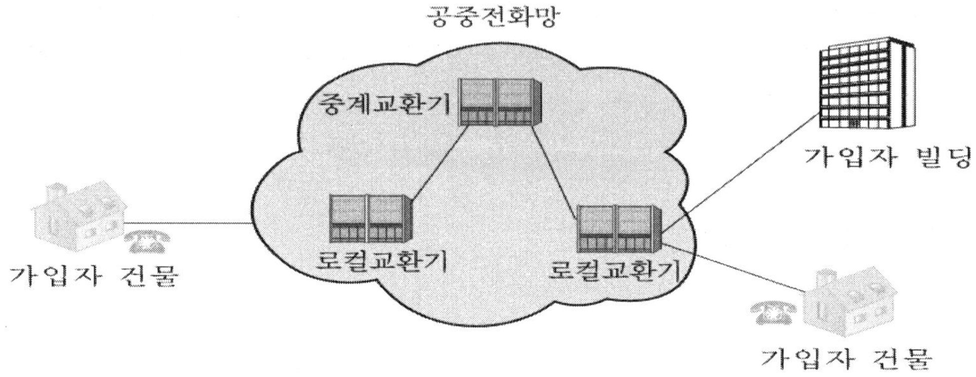

그림 2.1 일반적인 공중 전화망

정보통신망이란 기본적으로 정보통신을 가능하게 해주는 전송매체들의 모임이라고 할 수 있다. 하지만 단순히 다수의 전송매체들의 모임을 말하기보다는 확장해서 해석하면 송신 원과 수신 원 사이에 위치해서 송신 원에서 전송하는 정보를 신속하고 정확하게 수신 원에 전달하는 역할을 하는 통신시스템을 포함하기도 한다.

송신 원에서 전송한 데이터를 수신 원에서 정확하게 수신하기 위해 송신 원과 수신 원 사이를 물리적으로 연결하는 전송매체가 필요하다. 송신 원과 수신 원 사이에 전송 매체를 이용하여 연결하는 방식은 일반적으로 직접 연결하는 방식이다. 송신 원과 수신 원을 각각 하나의 단말기(terminal, station)라고 하면 두 개의 단말기가 직접 연결되기 위해서는 하나의 전송매체가 필요하고 세 개의 단말기가 서로 직접 연결되기 위해서는 세 개의 전송매체가 필요하다. 이와 같은 형태의 통신망의 구성은 전송 거리가 너무 멀지 않고 통신을 요구하는 단말기의 수가 상대적으로 적은 경우에는 어느 정도 성능이 효율적일 수 있으나, 통신을 요구하는 단말기들 사이의 전송 거리가 너무 멀고 단말기들의 수가 너무 많은 경우에는 단말기들을 상호 연결하는 전송매체가 너무 많아지고 또한 단말기들이 송수신할 수 있는 입출력 포트의 수가 너무 많아지므로 상당히 비효율적이며 고비용 구조의 통신망 형태라 할 수 있다.

따라서 단말기 상호 간의 직접 연결로 인한 비효율과 고비용 구조의 문제점을 해결하기 위해 단말기들을 서로 간접 연결하는 통신망을 사용한다. 단말기들을 간접 연결하는 방식은 비효율적이고 고비용 구조인 직접 연결 방식에 비해 필요한 전송매체의 수와 입출력 포트의 수를 줄임으로써 효율적이고 저비용 구조를 가질 수 있다. 하지만 직접 연결 방식에 비해 구조가 복잡하고 여러 가지 운영상의 문제점을 유발하기도 한다. 그렇지만 실제 상황에서 많은 단말기들을 직접 연결하는 것은 일반적인 상황이 아니고 또한 대단히 어려워서 대부분은 교환기(switch)를 통해 간접적으로 연결하는 방식을 취한다.

정보통신망의 기본 요소는 정보를 전기 신호로 변환하여 통신 회선에 송출하는 송신기 및 신호를 받아서 원래의 정보로 복원하는 수신기 역할을 하는 단말기와 전기적인 수단에 의해서 정보 전달을 행하는 설비를 담당하는 전송 장치 및 다수의 단말기의 접속 요구에 응하여 착신 단말기까지의 접속 경로를 설정하는 교환 장치 등으로 구성된다. 한편 정보통신망의 3대 동작 기능으로는 음성, 데이터 등의 정보를 실제로 교환 및 전송하는 수단으로서의 전달 기능, 전기 통신망에서 특히 접속의 설정 및 제어 그리고 관리에 관한 정보를 교환하는 신호 기능과 단말기와 교환설비간, 망과 망간의 접속 및 복구에 필요한 수단들을 제어하는 기능을 포함하여 시스템이 정상적으로 동작하기 위한 유지 보수 및 관리 기능을 하는 제어 기능이 있다.

일반적으로 처리 관점에 의한 정보통신망은 여러 개의 처리 센터가 있어서, 서로 다른 운영 체제를 가지거나 기능 수행 능력이 동일하지 않을 수 있으며, 단말기 장치 자체가 기억 능력과 처리 능력을 내장하여 데이터베이스의 분산화가 가능한 분산 통신망과 하나의 컴퓨터가 처리를 담당하여 모든 통신망의 제어는 중앙의 컴퓨터에 의해 처리되는 중앙 집중 통신망이 있다.

그림 2.2는 단말기와 노드들로 구성되어진 일반적인 통신망 형태를 표현한다. 하나의 단말기가 다른 단말기와 통신하기 위해서는 일반적으로 여러 개의 교환기를 필요로 한다. 이러한 교환기들은 단말기와 직접 접속되어서 단말기에게 여러 가지 통신환경을 제공해 주며 또한 단말기를 제어하는 역할을 하고 단순히 데이터를 중계해 주는 중계기 역할을 한다.

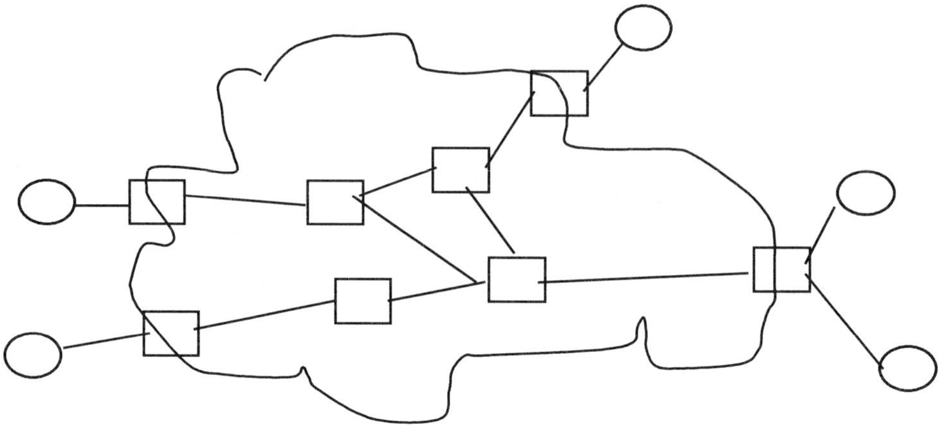

그림2.2 일반적인 정보통신망 구조

○ : 단말기로서 통신을 원하는 주체
□ : 노드(node)라고 하며 교환 기능을 가진 교환기

각 단말기(○)는 노드(□)를 통해 네트워크에 접속하게 된다. 따라서 통신을 하기 위해 필요한 링크의 수와 입출력 포트는 모두 한 개만이 필요하게 된다. 일반적인 통신망의 예로 기존의 PSTN(Public Switched Telephone Network)을 들 수 있다. 우리들은 PSTN을 이용해 자신이 송신하고자하는 데이터(문자, 음성, 영상)를 상대방에게 전송할 수 있다.

송수신 단말기 간에 효율적인 데이터 전송을 위해서는 물리적 인터페이스 위에 각 통신 디바이스의 제어계층을 부가함으로서 가능하다. 이러한 제어계층을 DLC(Data Link Control) 또는 DLP(Data Link Protocol)이라 한다. 데이터 링크 프로토콜은 전송 도중 오류가 발생했을 경우 양쪽 단말기가 데이터를 원활하게 주고받기 위한 것이며, 이러한 프로토콜을 사용하여 두 단말기간의 연결이 이루어졌을 때를 데이터 링크(data link)라 한다. 이와 같은 데이터 링크는 토폴로지(topology)와 통신대화 방식에 의해 형성되며 회선 제어 절차에 따라 전송 제어를 수행하게 된다. 따라서 여러 형태의 데이터 링크 구성(회선 구성)은 토폴로지, 통신대화 방식, 회선 제어 절차(흐름제어와 에러제어)의 세 가지 특성에 따라 구분된다.

오늘날 정보통신은 다양한 멀티미디어 정보를 통합하고 동기화시켜 정보통신망을 이용하여 사용자에 적합한 서비스를 제공하고 있다. 정보통신망의 발달과 사용자들의 서비스 욕구 증대로 인해 정보통신시스템에 대한 고속화, 광대역화, 고기능화 등이 요구되어지고 있다. 정보통신시스템이란 데이터 전송과 컴퓨터 처리를 유기적으로 결합하여 원하는 서비스를 제공하는 시스템을 의미한다. VLSI(Very Large Scale Integrated Circuit)에 의한 하드웨어의 발달, 디지털 통신 기술의 발달, 컴퓨터의 발달 등에 따라 정보통신망도 통합화와 대형화되어지고 있는 추세이다.

1) 정보통신망 기본 구조

정보통신망은 지리적으로 분산되어 있는 사용자 간에 자원의 공유를 가능하게 하는 상호 연결된 동질 혹은 이질적인 컴퓨터 시스템의 집단을 말한다. 기본적으로 정보통신망은 원격지에 있는 자원의 공유를 위하여 사용자 또는 프로세서 간의 통신기능 제공, 신뢰성 제공(일부시스템 고장 시에도 통신 가능), 처리 기능 분산, 지리적으로 분산된 시스템의 중앙제어가 가능하고 사용자의 최소비용을 고려하여야 한다.

(1) 토폴로지

토폴로지(topology)란 하나의 링크에 접속된 단말기들의 물리적 배열을 말하는 것으로 일 대 일 또는 점 대 점(point-to-point) 링크 방식과 일 대 다 또는 점 대 다점(point to multi-point) 링크 방식으로 나누어진다.

일 대 일 링크 방식은 가장 간단한 링크 방식으로 메인 컴퓨터와 단말기가 일 대 일로 접속되어 있는 것을 말한다. 메인 컴퓨터는 n개의 단말기에 대해 n개의 입출력(input/output) 포트가 필요하기 때문에 비용이 많이 든다는 단점을 가지고 있으며, 구성이 단순하고 제어가 용이하다는 장점을 갖는다.

일 대 다 링크 방식은 하나의 메인 컴퓨터와 여러 개의 단말기를 접속하기 위해 사용되는 방식이다. 메인 컴퓨터는 하나의 입출력 포트와 전용회선만이 필요하기 때문에 비용이 저렴하다는 장점을 가지고 있지만 로직(logic)이 복잡하다는 단점도 갖는다.

(2) 통신대화 방식

링크의 통신대화 방식은 신호 흐름의 방향과 타이밍(timing)에 관련된다. 통신대화 방식이란 터미널, 컴퓨터 채널, 통신회선, 모뎀 등에서 통신의 전송방향을 구분하는 방법으로서 단 방향통신(simplex)과 이중통신이 있으며, 이중통신은 다시 반 이중(half-duplex)과 전 이중(full-duplex)으로 나누어진다. 단 방향통신이란 송신자와 수신자가 고정되어 있고 항상 한 방향으로만 데이터를 전송하는 방식이며 데이터가 송신 시스템에서 수신 시스템으로 한 방향으로만 전송되는 통신 방식을 말한다. 이러한 단 방향 통신의 대표적인 예는 라디오, TV, 카드리더(card reader) 등이 있다. 반이중 통신방식이란 송신 측과 수신 측을 서로 필요에 따라 교대하는 방식으로서 양방향 어느 쪽으로도 데이터를 전송할 수는 있으나 동시에 전송할 수는 없으며 하나의 전송로에서 송신과 수신을 번갈아 가면서 교대로 하는 통신 방식을 말한다. 따라서 송신 시에는 수신을 할 수 없고 수신 시에는 송신을 할 수 없게 되며, 대표적인 예로 휴대용 무전기가 있다. 전 이중 통신방식이란 송신과 수신을 동시에 할 수 있는 통신방식을 말한다. 3가지의 통신 방식 중에 가장 효율적인 통신이 가능하며, 대표적인 예로 전화기가 있다.

2.2 정보통신망 분류

우리가 일상생활에서 가장 많이 사용하고 있는 통신시스템은 휴대폰, PC, 일반전화기, 인터넷전화기 등이다. 이러한 통신시스템들은 통신망들을 통해서 연결되어져 사용자들이 신속, 정확, 편리하게 통신할 수 있도록 한다. 우리에게 익숙한 통신시스템과는 달리 통신망에 대한 개념은 다소 어려워 보인다. 이 번장에서는 우리가 사용하고 있는 정보통신망에 대해서 개략적으로 살펴보고자 한다.

1) 정보통신망 종류

정보통신망은 일반적으로 데이터를 전달하는 방식과 전달하는 구조에 따라 교환통신망(switched communication network)과 방송통신망(broadcast communication network)으로 분류된다. 그리고 이들 두 가지 정보통신망은 다음 표 2.1과 같이 각각 세분화되어 분류된다.

표 2.1 정보통신망의 분류

정보통신망의 분류	정보통신망의 기능
교환통신망	회선교환 망(circuit switched network)
	메시지교환 망(message switched network)
	패킷교환 망(packet switched network)
방송통신망	패킷라디오 망(packet radio network)
	인공위성 망(satellite network)
	로컬 망(local network)

(1) 교환통신망

교환통신망(switched communication network)은 단말기들이 직접적으로 통신하는 것이 아니라 교환기능을 수행하는 교환기 즉 노드들을 통해서 통신하는 방식이다. 교환통신망은 하나의 노드가 아니라 여러 개의 노드들이 상호 연결되어져 있는 복잡한 구조를 가지고 있다. 데이터는 송신 단말기에서 출발해서 여러 개의 노드를 거쳐 수신 단말기에 도착하게 된다. 데이터 전송 필요성이 급증하면서 데이터의 교환이 필요해지고 중요한 문제로 대두되었으며 교환 방식은 동일 기종 또는 이 기종 단말기 간의 지리적 분산 상태를 서로 공유하기 위해 물리적인 전송 매체를 통한 상호 연결한 방식을 사용하며 전용회선을 사용하면 비효율적이기 때문에 공유의 개념으로서 교환기를 이용하게 되었다.

교환통신망은 일반적으로 상호 연결된 노드(교환기)들의 모임으로 구성된다. 일반적인 교환기(switch)는 가장 보편적으로 사용되는 기본 통신 서비스인 전화교환의 목적으로 개발되었으며 기본적으로 음성이 입력되어 교환되고 출력되는 통화로 계와 이를 제어하는 제어계로 구성된다. 통화로 계는 구성방식에 따라 기계식, 반전자식, 전전자식으로 분류되고 제어계는 구성방식에 따라 수동식, 기계식자동, 전자식자동으로 분류된다. 또한 사용목적에 따라 사설교환기, 시내교환기, 시외교환기, 국제교환기로 구분된다. 최근에는 ISDN(Intergrated Service Digital Network) 기능을 수용한 ISDN 교환기와 ATM(Asynchronous Transfer Mode) 방식을 수용한 ATM 교환기가 많이 사용되고 있다.

송신 단말기에서 통신망으로 전송된 데이터는 여러 개의 노드를 거쳐 최종 수신 단말기에 전달된다. 그림 2.3에는 일반적인 교환 통신망에 대해 표현하였다.

교환통신망의 구성요소는 단말기, 노드와 회선(링크)으로 구성되어져 있다. 단말기는 컴퓨터, 터미널, 전화와 통신장치 등을 말하며 일반적으로 일 대 일 방식으로 노드에 연결되어져 있으며 노드는 전송 및 데이터 교환의 역할을 하는 메인 노드와 단순히 연결 기능만 갖고 있는 중간 노드로 분류된다. 한편, 회선은 노드와 노드를 연결하며 일반적으로 다중화 된 링크를 사용한다.

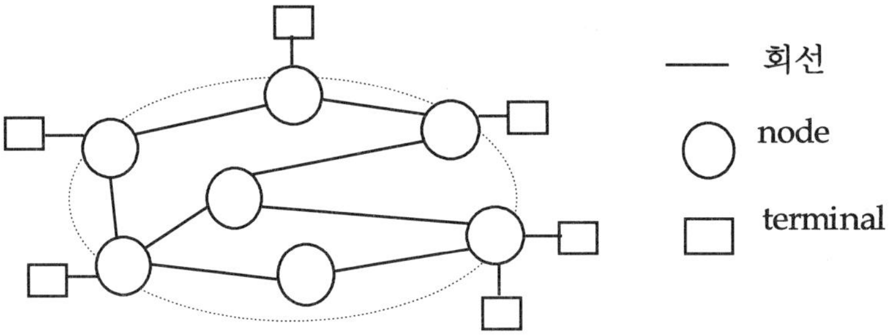

그림 2.3 교환통신망

이 때, 하나의 노드에서 다른 노드로 데이터를 교환하는 방법에 따라 위의 표 2.3과 같이 회선교환 망, 메시지교환 망, 패킷교환 망으로 분류된다. 노드와 단말기 간의 링크는 전용선으로 일반적으로 일 대 일 링크를 사용하며, 노드와 노드사이의 링크는 다중화 된 링크를 사용한다. 노드는 단말기를 통신망에 접속시켜 주는 기능, 노드와 노드를 접속시켜 주는 기능, 단말기 사이에서 데이터의 전송 및 수신 기능을 수행한다.

회선교환 망은 음성 교환기가 취하고 있는 기본적인 교환 방식인 회선교환(circuit switching)은 정보 전송의 필요성이 생겼을 때, 상대방을 호출하여 연결하고 정보전송이 종료될 때까지 이 물리적인 연결은 계속된다. 물론 정보전송이 끝나면 이 물리적 연결은 해제된다. 그러나 한 가지 문제점은 일단 물리적 연결이 이루어진 후 그 회선은 다른 사람과 공유하지 못하고 배타적으로 연결된 두 사람 사이 외에는 이용이 불가능하다는 점이다. 즉, 경로를 구성하는 링크의 집합을 회선이라고 하는 데 회선교환방식에서는 송·수신간의 통신회선을 독점한다. 이 방식의 장점은 경로설정시간외의 지연이 발생하지 않는다는 점과 고정된 정보 전송 율로 전송이 가능하기 때문에 연속적인 데이터나 사용 시간이 긴 경우에 유리하다는 점 등을 들 수 있다. 단점으로는 독점된 회선은 배타적으로 사용하기 때문에 전체적으로 보면 비효율적이며 어느 정도의 지연이 허용되는 전송에는 부적합하다는 점을 들 수 있다.

회선 교환은 송신 단말기와 수신 단말기 사이에 데이터를 전송하기 전에 먼저 노드를 통해 물리적으로 연결이 되어야 한다. 따라서 두 단말기 간의 전용 통신로로 한 채널이 설정된 상태에서 데이터를 교환하게 되므로 다량의 데이터를 전송하거나 지속적인 통신하고자 할 경우에 효과적인 방법이다. 아날로그 데이터 교환에 적절하다.

회선교환에 의한 통신은 다음과 같이 3단계로 이루어진다.

① 회선 설립(circuit establishment)
② 데이터 전송(data transfer)
③ 회선 해체(circuit disconnect)

첫 번째 단계인 회선 설립 단계에서는 송신 단말기가 데이터의 전송을 요구하게 되면 교환기(노드)는 전송 링크 상에서 사용되지 않는 회선이 있으면 그 회선을 통하여 다음 교환기로 연결시켜 준다. 그러나 사용되지 않는 회선이 없으면 송신 단말기에게 연결할 수 없다는 신호를 보내게 된다. 전화의 경우에는 통화 중 신호를 보낼 것이다. 이러한 방식으로 여러 개의 교환기를 거쳐 최종 수신 단말기까지 연결된다. 이것은 우리가 전화 수화기를 들어 상대방 전화번호를 다이얼링하고, 상대방이 전화를 받음으로서 두 통화자 사이에 하나의 전용 회선이 설립되는 것과 같은 개념이다. 이와 같이 설정된 회선은 사용 여부에 관계없이 점유되어 있는 것이기 때문에 다른 데이터의 전송을 위해 사용할 수 없다. 이것은 우리가 전화 통화 중에 누군가 초인종을 눌러서 통화를 잠시 중단하고 문을 열어 주러 나갔을 경우에도 그 전화는 사용 중이기 때문에 다른 사람이 그 전화번호로 전화를 하게 되면 통화 중 신호를 듣게 되는 경우에 해당한다.

두 번째 단계인 데이터 전송 단계에서는 첫 번째 단계에서 연결된 전송로를 통해 송신 단말기에서 수신 단말기로 데이터가 전송된다. 이것은 두 통화 사이에 용건을 주고받는 경우에 해당된다.

세 번째 단계인 회선 해체 단계에서는 모든 데이터의 전송이 끝나고 두 단말기 중에서 한 단말기가 회선 연결 해제를 위한 신호를 보냄으로서 연결은 해제된다. 이것은 두 통화자 사이에 모든 대화가 끝나고 둘 중에 한 사람이 전화를 끊는 것에 해당한다.

회선교환 망은 송수신 단말기가 모두 데이터 교환을 위해 동시에 이용 가능해야 하며, 채널은 데이터가 전송되지 않는다 해도 접속이 유지되므로 비효율적일 수도 있다. 회선 교환 방식은 최초에 음성 통신을 위하여 개발되었으며 현재는 널리 사용되고 있는 전화 시스템이 대표적인 예가 된다. 그림 2.4에는 회선교환 절차에 대해 개략적으로 표현하였다.

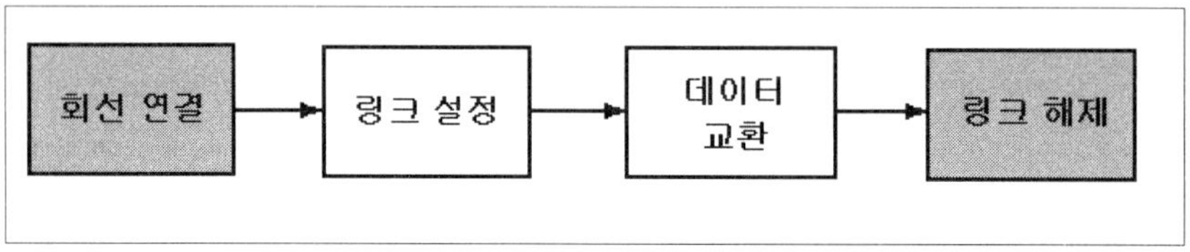

그림 2.4 회선교환의 절차

메시지 교환(message switching)은 회선 교환이 갖는 비효율적인 측면을 개선시킨 방식이다. 메시지 교환 방식이란 하나의 메시지 단위로 축적-전달(store-and-forward) 방식에 의해 데이터를 교환하는 방식이다. 축적-전달이란 각 노드에서 전체 메시지를 수신하여 저장한 후, 다음 노드로 가는 링크가 비어 있으면 그 노드로 메시지를 전송하는 방식을 말한다. 이와 같은 메시지 교환 방식은 회선 교환 방식과는 달리 두 단말기 간의 전용선을 확정할 필요가 없으나, 상대 단말기의 주소를 첨부하여 전송하여야 한다.

메시지라는 논리적 데이터 단위로 전송하는 방식으로 메시지에는 수신 측의 주소가 포함된 헤더를 보유한다. 노드에서 노드로 전달되어 수신 측에 해당하는 단말기로 전송되며 이때 교환 노드는 임시의 저장 장소를 보유한다. 각 노드는 모든 메시지를 수신하는 시간지연과 전송을 기다리는 대기지연시간을 소요한다. 즉, 메시지 교환에서는 전송되는 데이터를 교환기가 수신하고 필요하면 저장하였다가 이를 다시 적절한 경로를 통해 전달하는 '축적 후 전송(store-and-forward)' 방식을 사용한다.

메시지 교환은 단순히 메시지를 전달하는 것이 주목적이기 때문에 빠른 응답시간을 요하는 대화 형 서비스에는 적합하지 않다. 이러한 특성으로 인해 네트워크가 과부하가 걸려도 데이터를 버리는 것이 아니라 전송할 수 있을 때까지 데이터를 저장하므로 지연만 점점 커지게 된다.

광범위한 지역에 걸친 효율적인 통신을 위해서는 회선 교환방식이나 메시지 교환방식보다 뛰어난 방식이 요구된다. 이를 위해 다음에 소개할 패킷 교환방식이 제안되었다. 이 방식은 메시지 교환의 일종으로 메시지를 패킷이라는 더 작은 단위로 나누어 전송속도를 향상시키면서, 동시에 자원을 효율적으로 사용하고자 하는 것이다.

메시지 교환 방식은 디지털 데이터 교환에 적절하며, 그 예로서 전보 전자우편(e-mail), 컴퓨터 파일 등이 있다. 메시지 교환 방식은 회선교환 방식과 비교해서 다음과 같은 장점을 갖는다. 첫 번째는 두 단말기가 동시에 사용가능한 상태일 필요가 없기 때문에 회선 효율성이 좋다. 두 번째는 축적 교환 방식을 사용하므로 한 개의 메시지를 여러 목적지로 보낼 수 있다. 세 번째는 메시지에 주소가 있으므로 재 전송이 가능함으로서 오류에 대비할 수 있다. 네 번째는 축적 교환 방식을 사용하므로 전송대기 중인 여러 메시지 중에서 우선순위를 결정할 수 있다. 그러나 메시지 교환 방식은 지연시간이 길어 실시간 통신 및 대화 식 통신에는 부적합하다는 단점을 가지고 있다. 현재는 이와 같은 메시지 교환 방식의 단점을 개선한 패킷 교환 방식의 등장으로 거의 사용되지 않고 있다.

패킷 교환(packet switching)을 이용한 대표적인 통신망으로는 ARPANet과 TYMNet이 있다. 1960년대 말 미국 정부는 컴퓨터가 교육과 국방 연구에 지대한 영향을 끼친다는 것을 깨닫고 미국 국방성 산하의 ARPA(The Advanced Research Projects Agency)라는 단체를 중심으로 ARPANet이라는 컴퓨터 네트워크를 구성하기로 결정했다. 이러한 ARPANet은 1969년 최초로 4개 지역(UCLA, UCSB, 유타 주립대학, 스탠포드 연구센터)을 중심으로 구성되었으며, 최초의 패킷 교환 방식을 이용한 컴퓨터 통신망이다. 이어서 1970년대에는 패킷 교환 기술의 본격적인 상용화가 추진되어 미국에서는 TYMNet과 같은 상용 컴퓨터 통신망들이 등장하였다. 이 TYMNet은 1968년 하와이 대학에서 실험을 시작한 무선 패킷 교환 네트워크인 ALOHA(Additive Links Online Hawaii Area)시스템이 개선되어 1975년에 서비스를 개시한 미국 민간 기준의 패킷 교환 데이터 통신망이다.

이러한 패킷 교환 방식은 현재도 원거리 컴퓨터 통신망에서 널리 사용되고 있다. 패킷 교환망의 대표적인 기능은 다음과 같다. 첫 번째는 각 패킷을 네트워크를 통해서 노드에서 노드로 보내기 위해 경로를 배정하는 기능이다. 두 번째는 트래픽(traffic)의 양을 효율적이고 안정되도록 통제하는 트래픽 제어 기능이다.

세 번째는 접속되어 있는 단말기들의 타격을 경감시키기 위한 오류 제어 기능이다. 다음으로는 패킷 처리 방식에 대해서 먼저 알아보고, 패킷 교환망의 대표적인 기능 세 가지에 대해서 자세히 알아보기로 한다.

패킷 처리 방식은 전체 데이터를 일정한 크기의 데이터 블록으로 나누어 정해진 형식에 따라 전송하는 방식으로 목적지 주소에 따라 통신경로가 선택된다. 일반적으로 교환기에서 소요되는 지연이 없는 방식으로 빠른 응답시간이 요구되는 응용에 적합하다. 링크의 효율적인 사용과 신뢰성이 높은 교환방식이기 때문에 과부하시 지연은 발생해도 송신 자체의 거부는 발생하지 않는다. 동시에 여러 사용자에게 전송이 가능하며 패킷 구조의 변환장치를 이용해 이 기종 단말기간의 통신도 가능하다. 패킷 교환방식은 데이터 전용 교환방식으로 대역폭의 효율적인 이용이라는 요구를 충족시킬 수 있고 교환기 자체의 비용 또한 현저하게 낮출 수 있다. 또한 패킷에 우선순위를 부과할 수 있으며 동일한 패킷을 여러 사용자에게 동시에 전송할 수 있다. 교환 행위는 컴퓨터 메모리의 어떤 부분에 있는 데이터를 다른 메모리 위치로 움직이는 컴퓨터 명령어에 의해 수행되므로 패킷교환 방식은 소프트웨어에 의한 교환이라고 볼 수 있다. 그림 2.5에는 일반적인 패킷교환 망에 대해서 표현하였다.

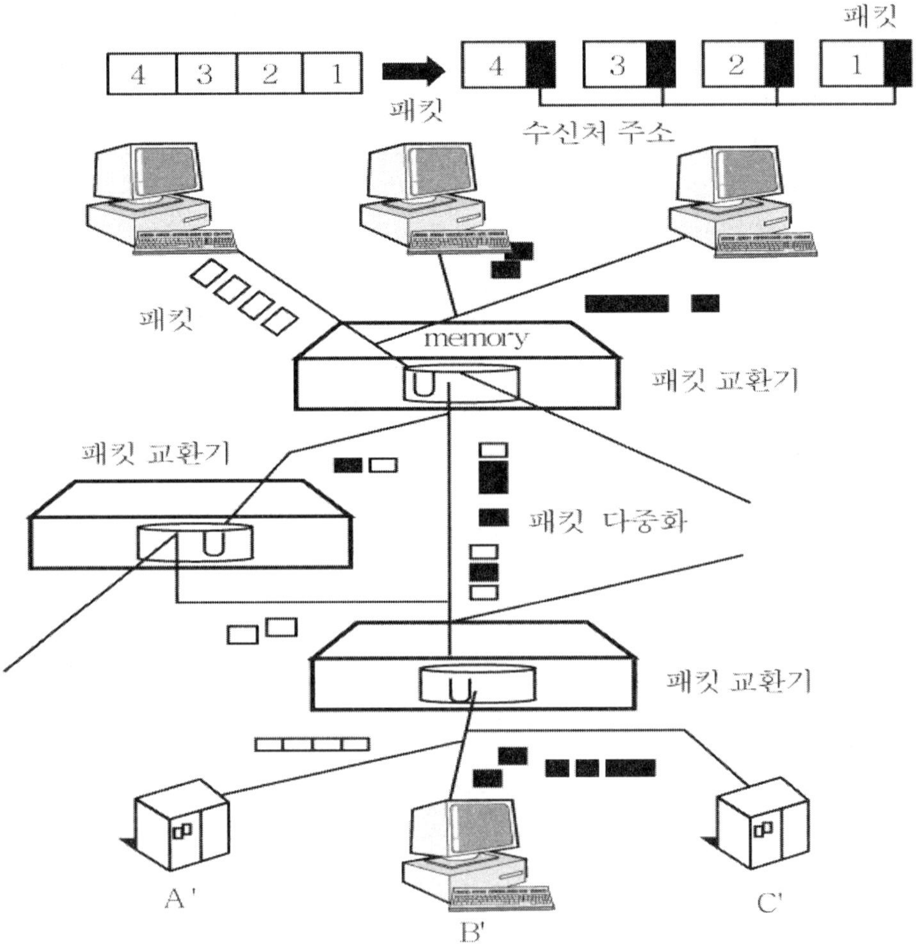

그림 2.5 일반적인 패킷교환 망

패킷 교환 방식은 세 가지 방식 중에서 가장 우수한 방식으로서, 메시지 교환이 갖는 장점을 그대로 유지하면서 대화 형 데이터 통신에 적합하도록 개발된 효율적인 방식이다. 패킷 교환 방식은 축적-전달 방식을 사용한다는 측면에서는 메시지 교환 방식과 동일하다. 그러나 메시지 교환 방식은 하나의 메시지 단위로 데이터를 전송하는 반면에 패킷 교환 방식은 메시지를 일정한 크기의 패킷

(packet) 단위로 나누어서 전송한다는 측면이 근본적인 차이점이다. 패킷이란 전송 데이터를 정해진 길이로 분리한 것에 상대방 번지 등을 나타내는 헤더를 붙인 통신 전송 단위를 말한다. 일반적으로 패킷의 최대 길이는 제한되어 있는데, 메시지가 이 최대 패킷 길이보다 긴 경우에만 여러 개의 패킷으로 나누어지게 된다. 이와 같은 패킷의 처리 방식에는 데이터 그램(datagram) 방식과 가상 회선(virtual circuit) 방식이 있다.

데이터 그램 방식은 비 연결형 접속 방식으로 메시지 교환 방식과 마찬가지로 패킷을 전송하기 전에 경로를 미리 설정할 필요가 없다. 따라서 각 패킷이 목적지로 가기 위한 경로 배정이 독립적으로 이루어지는데, 이와 같이 독립적으로 취급되는 각 패킷을 데이터 그램이라 한다. 각 패킷은 독립적으로 처리되기 때문에 각 패킷은 각기 다른 경로로 전송되어 순서대로 수신되지는 않는다. 따라서 목적지 노드는 패킷들의 순서를 재구성하는 기능을 가져야 한다. 이와 같은 데이터 그램 방식은 비 연결 접속 방식을 사용하므로 패킷들을 전송하기 위한 시간이 단축되고, 경로가 지정되어 있지 않으므로 복잡한 통신망을 피해 경로설정이 가능하다는 장점을 가지고 있다.

데이터 그램 방식은 가상회선과는 달리, 노드의 부하를 고려해서 패킷을 받은 각 노드가 그 상황에서 최적의 경로를 설정한다. 데이터 그램 방식은 상황에 따라 새롭게 경로가 결정되므로 네트워크 내에서 장애가 발생했을 때도 호를 재성립할 필요가 없다는 장점이 있다. 즉, 데이터 그램은 매 패킷마다 주소를 넣어 패킷을 구성하는 방식으로 데이터 전송 전에 경로를 미리 확보해야 하며 회선도 공유할 수 있다. 이때, 패킷은 순차적으로 전송된다.

가상 회선 방식은 연결형 접속 방식으로 회선 교환 방식과 마찬가지로 패킷을 전송하기 전에 논리적인 연결 설정이 이루어져야 한다. 이 논리적인 연결은 회선 교환망과 유사하게 경로가 고정되기 때문에 가상 회선이라 부른다. 경로 설정은 연결 설정 시 한 번만 이루어지기 때문에 연결이 설정된 다음에 각 패킷은 최종 목적지를 찾아가기 위해서 헤더에 가상 회선을 식별할 수 있는 번호만 가지고 있으면 된다. 따라서 각 패킷은 모두 같은 경로로 전송되기 때문에 순서대로 수신된다는 장점을 가지고 있다.

정보 전송을 시작할 때 우선 두 지점 사이에 논리적인 전송로를 설정하고 이후에는 매 패킷마다 송수신자의 주소를 넣지 않고 그 논리적 전송로의 번호만으로 전송을 행하는 방식으로 링크의 상황에 따라 적절히 전송되며 효율적인 경로를 제공한다. 그러나 패킷의 재조립이 요구된다. 가상 회선은 통신을 행할 때마다 새로운 통신 경로를 설정/해제하는 교환 가상 회선(SVC : Switched Virtual Circuit)과 통신할 상대방에 따라 고정된 통신경로를 미리 설정하는 고정 가상 회선(PVC : Permanent Virtual Circuit)으로 구분된다. 또한 하나의 물리회선에 여러 개의 가상 회선을 구성하는 것이 가능하다.

지금까지 데이터 통신망을 교환 기술 측면에서 회선 교환, 메시지 교환, 패킷 교환으로 나누고, 패킷 교환은 다시 데이터 그램과 가상 회선 방식으로 나누어 설명하였다. 여기서는 이들을 비교 종합하여 그 특성과 성능에 대해서 간단히 비교한다.

성능 평가 시 다음과 같은 세 가지 종류의 지연 시간에 대해서 고려한다.

① 전파 지연 시간(propagation delay time) : 신호가 한 노드에서 다음 노드까지 도달하는데 걸리는 소요되는 시간

② 전송 시간(transmission time) : 송신 단말기가 데이터의 한 블록을 전송하는데 소요되는 시간

③ 노드 지연 시간(node delay time) : 한 노드가 데이터를 교환할 때 필요한 처리를 하는데 소요되는 시간

회선 교환(circuit switching) 방식은 메시지가 전송되기 전에 수신 단말기와의 연결을 위해 호출요청 신호를 전송한다. 그러면, 이 호출요청신호가 한 노드에서 다음 노드로 도달하기 위해 소요되는 전파지연시간과 다음 노드를 찾기 위해 소요되는 처리시간이 필요하다. 호출요청신호를 받은 수신 단말기가 바쁘지(busy) 않으면 호출 승낙 신호를 전송하게 되는데, 이때는 이미 연결된 전용 통신 로를 사용하므로 별도의 처리시간은 소요되지 않고 송신 단말기에 도달하는 전파지연시간만이 필요하다. 이와 같은 접속 구성이 끝나면 메시지가 전송되는데, 이 때 중간 교환 노드에서 소요되는 특별한 지연 시간은 없고 메시지가 송신 단말기에서 수신 단말기로 도착하는데 소요되는 전파지연시간만이 필요하다. 끝으로, 메시지의 전송이 모두 끝나면 메시지를 잘 수신했다는 수신확인 신호의 전송을 위한 전파지연시간이 필요하다.

메시지 교환(message switching) 방식은 미리 경로 구성을 할 필요가 없다. 한 노드에서 다른 노드로 메시지 전송이 모두 이루어져야 다음 노드로 메시지 전송이 가능하기 때문에 회선 교환 방식보다 전체 지연 시간은 길어지게 된다.

가상 회선(virtual circuit) 패킷 교환 방식은 회선 교환 방식과 유사하지만 데이

터가 패킷 단위로 전송된다는 점과 호출 승낙 패킷의 처리지연 시간이 필요하다는 점만이 다르다. 회선 교환 방식의 경우와는 달리 가상 회선의 경로가 이미 설정되었다 하더라도 전용 통신 로가 주어지는 것이 아니기 때문에 호출 승낙 패킷이 되돌아올 때 각 노드에서 대기행렬(queue)에 들어가 차례를 기다려야 한다. 일단 가상 회선이 설립되면 메시지는 정해진 경로를 따라 패킷 단위로 축적-전달되므로 회선 교환 방식보다는 데이터 전송 시간이 더 많이 걸리게 된다. 이러한 가상 회선 패킷 교환 방식은 주로 긴 데이터의 교환에 적합한 방식이다.

데이터 그램(datagram) 패킷교환 방식은 메시지 교환 방식과 마찬가지로 전송하기 전에 미리 경로를 설정할 필요가 없다는 점과 축적-전달 방식을 사용한다는 측면에서는 동일하다. 그러나 데이터 그램 패킷 교환 방식이 메시지 교환 방식과 다른 점은 각 노드에서 다음 노드로 완전한 메시지를 수신할 때까지 기다리지 않고 수신되는 패킷을 즉시 다음 노드로 전송하기 때문에 하나의 메시지를 최종 송신 단말기까지 전달하는데 소요되는 시간은 훨씬 짧아진다. 이와 같은 데이터 그램 패킷 교환 방식은 주로 짧은 데이터의 교환에 적합한 방식이다.

지금까지 설명한 네 가지 교환 방식은 상대적인 측면을 고려한 것으로 이들의 실제적인 성능은 링크된 단말기의 수, 노드의 수와 배열, 시스템 전체의 작업량, 두 단말기의 데이터 교환시간, 노드의 처리 속도, 패킷의 크기에 의해 달라진다.

2) 방송통신망

교환통신망(switched communication network)이 교환기를 통해서 단말기들이 서로 통신하는 방식인 반면에 방송통신망(broadcast communication network)은 중간에 교환기 없이 단말기들이 서로 직접 통신 매체를 공유하여 데이터를 송수신하는 방식이다. 따라서 방송통신망은 교환통신망에 비해 구조는 비교적 간단하기도 하지만 부가적으로 복잡한 기술들이 필요하다. 방송통신망은 통신 매체를 공유하기 때문에, 통신 로 상에 존재하는 여러 개의 전송 데이터 중 MAC(Medium Access Control) 기술을 이용하여 자신의 데이터를 선택하여 수신하여야 한다. 이러한 MAC 기술에 대해서는 이후에 논의하기로 하자. 방송통신망(Broadcast Communication Network)은 중간에 교환 노드 없이 단말기들이 통신 매체를 공유하여 데이터를 송수신하는 방식으로 구성된다. 이와 같이 방송 통신망은 통신 매체를 공유하기 때문에, 통신 로 상에 존재하는 여러 개의 전송 데이터 중 매체 액세스 제어(MAC : Medium Access Control) 기술을 이용하여 자신의 데이터를 선택하여 수신하여야 한다. 단말기 간의 데이터 전송 율과 거리에 따라 패킷라디오 망, 인공위성 망, 로컬 망으로 분류된다.

패킷 라디오 망(packet radio network)의 구조는 크게 집중형망(centralized network)과 분산형망(distributed network)으로 분류된다. 집중형망은 중앙 제어기가 전송 순서의 권한을 전담하고 모든 노드를 관리하는 네트워크를 말한다. 이러한 형태의 네트워크에서 각 노드들은 반드시 중앙 제어기를 통해서만 상대 노드들과 통신이 가능하다. 이와 같은 집중 형 시스템의 대표적인 예로는 ALOHA(Additive Links Online Hawaii Area)-Net이 있다. 분산형망은 중앙 제어기가 없고 통신을 원하는 노드는 상대 노드와 직접적으로 통신이 가능한 네트워크를 말한다. 이러한 형태의 네트워크에서 노드들은 각자가 패킷 라디오망의 MAC 프로토콜을 이용하여 전송 순서를 결정하게 된다. 이와 같은 분산 형 시스템의 대표적인 예로는 MP-Net이 있다.

모든 방송통신망에서는 한 번에 단지 하나의 단말기만이 공유된 전송 매체를 통하여 패킷을 전송할 수 있도록 제어하는 액세스 제어(access control) 기술을 필요로 한다. 따라서 패킷 라디오 망과 같은 다중 액세스 망에서는 MAC 프로토콜이 필요하게 된다. 패킷 라디오 망에서 사용되는 주요한 매체 액세스 기법은 경쟁(contention) 기법이다. 경쟁 기법이란 중앙 통제가 없어 모든 단말기들이 공유된 전송 매체를 먼저 점유하여 패킷을 전송하기 위해서 경쟁하는 기법을 말한다. 패킷 라디오 망에서 사용되는 대표적인 경쟁 프로토콜의 종류에는 ALOHA(Additive Links Online Hawaii Area) 프로토콜, 슬롯(Slotted) ALOHA 프로토콜, CSMA(Carrier Sense Multiple Access) 프로토콜 등이 있다.

ALOHA 시스템은 1970년 하와이 대학 연구팀에 의해 개발된 최초의 경쟁 기법 패킷 라디오 망으로서 여러 섬에 분산되어 있는 사용자들에게 중앙 컴퓨터의 이용을 쉽고 값싸게 제공하기 위해 설계된 것이다.

ALOHA의 전송 기법은 다음과 같다. 첫 번째, 송신 단말기는 원하는 단말기로 패킷을 전송한다. 두 번째, 송신 단말기는 패킷을 전송한 다음 일정한 시간 동안 수신 단말기의 응답을 기다린다. 세 번째, 수신 단말기는 정확한 패킷을 받으면 ACK(acknowledgement)를 송신 단말기로 전송하고, 잡음이나 패킷간의 충돌(두 패킷이 서로 부딪혀 데이터가 파괴되는 현상)로 인해 정확하지 않은 패킷을 받으면 무시하고 응답을 하지 않는다. 네 번째, 송신 단말기는 수신 단말기로부터 ACK를 받으면 그 다음 패킷을 전송하지만, 일정한 시간이 지나도 응답이 오지 않으면 동일한 패킷을 재 전송한다. 동일한 패킷을 재전송한 다음에 또 응답이 없으면 전송을 포기한다.

이와 같이 ALOHA는 단순하다는 장점을 가지고 있으나, 부하가 증가할수록 충돌의 횟수가 늘어나기 때문에 채널의 최대 이용률은 18% 정도 밖에 안 된다는 단점을 가지고 있다.

슬롯(Slotted) ALOHA는 최대 이용률이 18%인 ALOHA를 개선한 프로토콜이다. 슬롯 ALOHA의 전송 기법은 ALOHA와 유사하지만, 채널을 시간 슬롯(slot)으로 나누어 각 단말기는 할당된 시간 슬롯의 경계에서만 패킷을 전송한다는 차이점을 가지고 있다. 따라서 이와 같은 방법으로 패킷의 충돌 횟수를 줄여 채널의 최대 이용률을 37%로 증가시켰다. ALOHA와 마찬가지로 슬롯 ALOHA도 이용률이 별로 좋지 않음을 알 수 있다.

CSMA(Carrier Sense Multiple Access) 방식은 전송을 원하는 단말기가 패킷을 전송하기 전에 전송매체를 살펴서 사용 여부를 판단하여 전송을 시도하는 방식을 말한다.

CSMA 방식의 전송 기법은 다음과 같다. 첫 번째, 전송을 원하는 단말기는 패킷을 전송하기 전에 전송매체를 살핀다. 두 번째, 전송 매체를 다른 단말기가 사용하고 있으면 일정한 시간만큼 기다린 다음 다시 시도한다. 세 번째, 전송 매체가 사용 중이 아니면 전송을 시작한다. 그러나 이 때, 둘 이상의 단말기가 동시에 전송 매체를 살펴서 사용 중이 아니라고 판단하여 동시에 전송하면 충돌이 발생하게 된다. 네 번째, 송신 단말기는 얼마의 시간 동안 ACK를 받지 못하면 동일한 패킷을 재 전송한다.

CSMA를 사용했을 때의 최대 이용률은 ALOHA나 슬롯 ALOHA의 경우보다 훨씬 크다. 이 때 최대 이용률은 전파지연시간과 패킷의 길이에 따라 달라진다. 다시 말해, 패킷의 길이가 길고 전파지연시간이 짧을수록 이용률은 높아지게 된다.

인공위성 망(Satellite Network)에서 모든 단말기들은 인공위성의 중계를 거쳐 데이터 송수신하게 된다. 각 단말기는 인공위성에 데이터를 전송하고 인공위성은 그 데이터를 다른 단말기로 재전송하게 된다. 인공위성 망의 통신과정을 간단하게 설명하면 다음과 같다. 송신 단말기가 업-링크(up-link) 주파수대를 사용하여 인공위성으로 신호를 전송하면, 인공위성은 그 신호를 수신하고 다운-링크(down-link) 주파수대를 사용하여 수신 단말기로 내려 보낸다. 다운-링크로 보내지는 신호는 그 신호가 도달하는 지역 내에 있는 모든 단말기들에 의해 수신된다. 그 신호는 음성, 영상, 데이터, 텔레비전 비디오 신호일 수 있다.

인공위성의 장점은 다음과 같다. 첫 번째, 인공위성은 매우 큰 전송 용량을 갖고 있다. 위성은 Giga-Hz 수준의 넓은 대역폭을 사용하기 때문에 수천 개까지의 음성 급 채널을 지원할 수 있다. 두 번째, 인공위성은 서비스할 수 있는 지역이 대단히 광범위하다. 따라서 세계를 대상으로 사업을 하는 조직체에게는 매우 유용할 수 있다. 세 번째, 신호를 전송하는 비용은 지구상의 두 단말기 간의 거리와는 무관하다. 두 단말기 사이의 거리가 100미터 떨어진 곳인지 수 천 킬로미터 떨어진 곳인지에 상관없이 동일한 인공위성에 의해서 서비스가 제공된다면 송신 비용은 동일하다. 네 번째, 비용적인 측면에서 다수의 물리적 전송 선로와 교환기를 사용하는 지상 교환망보다 훨씬 저렴하다.

인공위성의 장점은 다음과 같다. 첫 번째, 단말기와 위성간의 거리는 멀리 떨어져 있으므로 전파지연시간이 크므로 데이터 전송이 느려지게 된다. 따라서 인공위성 망에서는 가능한 재 전송을 줄여야 한다. 두 번째, 폭풍우와 같은 고르지 못한 날씨가 인공위성에 의해서 전송되는 신호를 방해할 수 있다. 세 번째, 신호를 암호화하지 않으면 보안 측면에서 심각한 문제가 될 수 있다.

로컬 망(Local Network)의 구조는 크게 링(ring) 구조, 성형(star) 구조, 버스(bus)/트리(tree) 구조로 나눌 수 있다. 로컬망의 대표적인 MAC 프로토콜에는 CSMA/CD(CSMA with Collision Detection), 토큰 링(token ring), 토큰 버스(token bus) 등이 있다. CSMA/CD(CSMA with Collision Detection) 프로토콜은 버스/트리 구조를 가지는 로컬망의 MAC 프로토콜로 가장 많이 사용되는 방식이다. CSMA/CD 프로토콜은 이름에서도 알 수 있는 바와 CSMA 방식을 사용하되 데이터를 전송하는 동안 전송 매체를 계속 살펴서 충돌(collision)이 감지(detection)되면 전송을 중단하는 방식이다.

CSMA/CD의 동작 원리는 다음과 같다. 첫 번째, 전송 매체가 사용 중이 아니면 데이터를 전송하고 전송 매체가 다른 단말기에서 사용 중이면 전송을 마칠 때까지 대기한다. 두 번째, 데이터를 전송하는 동안 전송 매체를 계속 살펴보고 있다가 전송 도중에 충돌이 일어난 것을 감지하면, 모든 단말기에게 충돌이 일어났다는 것을 알리는 잼(jam) 신호를 보내고, 전송을 중단한다. 세 번째, 잼 신호를 보낸 다음 적당한 시간을 기다린 후에 다시 전송을 시도한다.

CSMA/CD의 동작 원리는 다음과 같다. 먼저 단말기 A가 t_0 시간에 전송을 시작한다. 이어서 t_1 시간에 단말기 A의 패킷이 단말기 C에 도착하기 전에 단말기

C가 전송을 시작한다. 단말기 C는 t_2 시간에 곧 충돌을 감지하여 전송을 중지하고, 잼 신호를 모든 단말기에게 전송한다. 따라서 단말기 A는 잼 신호를 감지하고 전송을 중단한다. 따라서 충돌 감지 시간은 두 단말기가 가장 멀리 떨어져 있는 최악의 경우 종점 간 지연시간의 2배가 걸리게 된다. 이와 같이 방식으로 동작하는 CSMA/CD는 채널의 이용률이 30% 이하로 비교적 낮을 때 최적의 상태로 동작한다. 그러나 로컬 망을 지속적으로 사용하는 환경에서는 다른 형식의 프로토콜이 더욱 효과적일 수 있다. 예를 들면, 채널 이용률이 높은 상황에서는 일반적으로 토큰 링 방식이 CSMA/CD 방식보다 우수하게 동작한다.

토큰링(token ring) 기법은 IEEE802 표준 위원회에서 표준화를 위해서 선택한 링 액세스 방법이다. 토큰링의 기법은 링 주위를 순회하는 작은 토큰 패킷을 사용하여 데이터를 전송하게 된다.

토큰링의 동작원리는 다음과 같다. 첫 번째, 프리 토큰(free token)이 링 주위를 순회한다. 여기서 프리 토큰이란 모든 단말기가 휴지(idle) 상태에 있을 때의 토큰 패킷을 말한다. 두 번째, 패킷을 전송하려는 단말기는 프리 토큰이 지나가기를 기다리다가 프리 토큰이 지나가면 잡는다. 세 번째, 프리 토큰을 잡은 단말기가 01111111 형태를 가지는 프리토큰의 비트 패턴을 01111110 형태의 비지(busy) 토큰으로 바꾸고, 비지 토큰에 연이어서 곧 바로 패킷을 전송한다. 이 때, 링 내에는 프리 토큰이 없으므로 전송을 원하는 다른 단말기는 대기해야 한다. 네 번째, 패킷 전송이 모두 끝난 다음 비지 토큰을 프리 토큰 형태의 비트 패턴으로 바꾸고 전송이 끝난 패킷을 제거한다. 일반적으로 패킷 제거는 패킷을 받은 수신(destination) 단말기에서 수행할 수도 있고 패킷을 전송한 송신(source) 단말기에서 수행할 수도 있으나, 후자가 더 좋은 방법이다. 그 이유는 송신 단말기가 수신 단말기의 ACK의 여부를 알 수 있기 때문이다.

토큰 버스(token bus) 방식은 단말기들이 물리적으로는 버스/트리 구조를 갖고 논리적으로는 링 구조로 동작하게 된다. 이 때, 단말기들의 논리적인 순서가 정해지기 때문에 단말기들은 자신의 순서에 맞게 동작하게 된다.

토큰버스의 동작 원리는 다음과 같다. 첫 번째, 토큰링과 마찬가지로 전송을 원하는 단말기는 토큰을 잡는다. 두 번째, 토큰을 소유한 단말기는 일정한 시간 동안 전송 매체를 제어하면서 패킷을 전송한다. 세 번째, 토큰을 소유한 단말기가 패킷 전송을 모두 끝냈거나 일정한 시간이 지나면 토큰은 다음 순서의 단말기로 이동된다. 이와 같이 동작하는 토큰 버스는 토큰(token)이 어차피 모든 단말기를 다 지나가기 때문에 네트워크의 부하(load)가 작을 때는 성능이 떨어지고, 부하가 클 때는 성능이 좋아진다는 특징을 가지고 있다. 또한 토큰 버스 기법은 공정한 액세스가 이루어지므로 경쟁이 없다.

2.3 이동통신망

이동통신이 정상적으로 동작하기 위해서는 이동통신 주파수 대역의 전파를 전송매체로 이용하여 음성, 문자, 데이터, 영상 등 모든 종류의 정보를 송·수신하는 서비스를 제공하기 위하여 기획, 설계, 검사, 시험, 운용, 최적화, 유지보수, 관리를 단계적으로 수행해야 한다. 이동통신 운용을 세부적으로 이해하기 위해서는 이동통신 방식에 대한 학습이 선행되어져야 한다. 이 번장에서는 이동통신 방식에 대해서 살펴보기로 하자. 이동통신 방식에는 기술 개발 순서에 따라 일반적으로 1G(Generation)인 AMPS(Advanced Mobile Phone Service), 2G인 CDMA(Code Division Multiple Access)와 GSM(Global System for Mobile communications), 3G인 CDMA2000, EV-DO, Rev.A, WCDMA(Wideband CDMA), HSPA(High Speed Packet Access)와 Wibro((Wireless Broadband Internet)), 4G인 LTE 등으로 분류된다.

1) AMPS

AMPS(Advanced Mobile Phone Service)는 아날로그방식으로 1G(Generation)이다. 즉, 음성을 그대로 전송하는 방식이기 때문에 전송하는 데이터양이 컸을 뿐만 아니라 전송속도의 한계도 있었다. 게다가 사용자가 많이 몰릴 경우 주파수가 부족해 아예 통화가 되지 않는 경우도 발생하는 등 문제점이 많았다. 미국 AT&T의 벨연구소는 83년부터 상업적으로 서비스를 실시해오고 있는 AMPS라 불린 아날로그 프로토콜의 휴대폰 1세대 이동전화의 한 방식. 표준형 아날로그 휴대폰을 한 번이라도 소유한 적 있다면, 그 휴대폰은 바로 AMPS를 사용한 휴대폰 이었다. AMPS 이전에는 라디오폰과 워키토키, 삐삐만이 있었다. AT&T는 1983년, 일곱 군데의 베이지 벨로 나뉜다. 연방통신위원회(FCC)는 AT&T 그룹을 해체하여 미국 전역에 걸쳐서 주파수 두 영역을 라이센스하여 휴대폰 시장에 경쟁을 일으키려 하였다. 즉, 한 영역은 원래의 AT&T가 해체된 지역 내 벨 회사, 다른 영역은 다른 독립 회사에게 나눠준 것이며, 이용자들은 이 두 회사 간 이동이 자유로워서 심지어 다른 통신망으로 넘나들 때에는 다른 기업이 제공하는 로밍도 사용이 가능했었다. 주파수 폭을 30kHz 간격으로 분할, 그 하나의 폭을 하나의 음성채널로 사용한다. 하나의 채널로는 한 번에 한 통화밖에 하지 못하고 주파수자원은 한정돼 있으므로 가입자 수용에 한계가 있을 수밖에 없었다. 또한, 보안에 취약한 문제가 생겼다. 누구라도 라디오 스캐너가 있다면 감청이 가능했으며, 게다가 다른 가입자의 전화기를 가로채는 것도 꽤 쉬웠다. 즉, 휴대폰을 복제하여, 희생자의 요금에 자기 통신 요금 부과가 가능했다. 이 문제를 해결하기 위해 개발된 방식이 디지털 방식이다.

2) CDMA와 GSM

2G 이동통신 방식은 기존 아날로그 방식인 1G 이동통신의 단점을 개선해 음성을 디지털 데이터 형태로 변환해 전송하는 디지털 통신이다. 통신 방식이 디지털로 전환됨에 따라 1G 이동통신 방식보다 적은 데이터 용량으로 훨씬 더 깨끗한 품질로 통화할 수 있게 되었다. 데이터 전송속도는 14.4~64Kbps이고, 1996년 국내에 도입된 이래 현재까지 사용되고 있다. 대체로 휴대폰 번호 앞자리가 010이 아닌, 01X(011,017,019 등)가 2G 이동통신 규격이라고 보면 된다. 참고로 2G 이동통신 규격은 미국방식인 CDMA(Code Division Multiple Access)와 유럽방식인 GSM(Global System for Mobile communications)으로 나뉜다. 전세계적으로 GSM을 더 많이 사용하는 데, 국내는 모두 CDMA 방식을 채택했다. 위에서 언급한 GSM과 CDMA의 아주 큰 차이점은 주파수를 어떻게 사용하여 사용자에게 서비스를 제공하느냐 이다. GSM은 기본적으로 TDMA(Time Division Multiple Access) 방식이고 CDMA는 코드분할 다중접속 방식이다. 그림 2.6에는 2,3세대 이동통신망에 대한 기본적인 구조를 표시하였다.

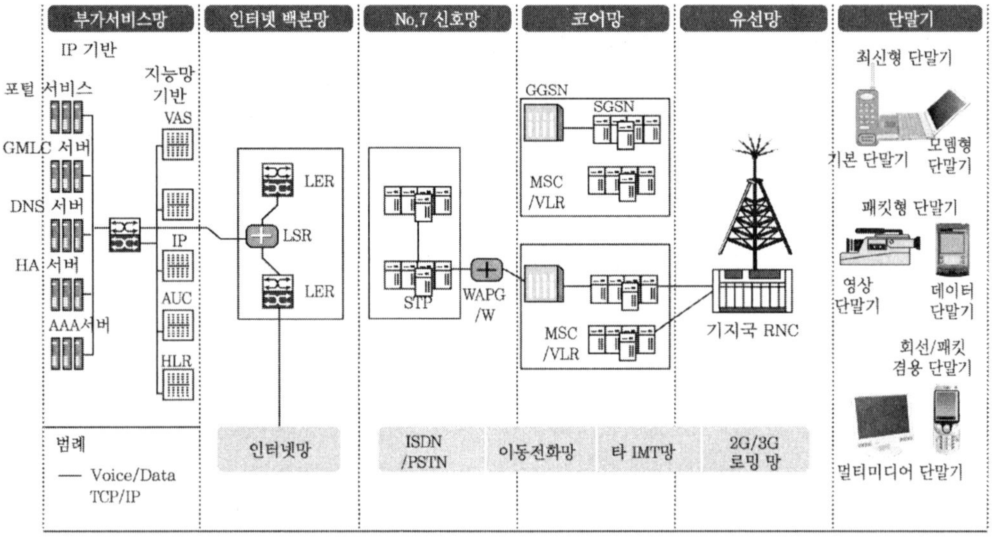

그림 2.6 2,3세대 이동통신망 기본적인 구조

(1) CDMA

CDMA(Code Division Multiple Access)는 미국 퀄컴사에서 북미의 디지털 셀룰라 자동차/휴대 전화의 표준 방식으로 대역폭 1.25MHz의 CDMA 방식을 제안하였으며, 1993년 7월 미국 전자 공업 협회(TIA)의 자율 표준 IS-95로 제정되었다. CDMA는 여러 사용자가 동일한 주파수를 동시에 사용하고 각 송신자의 통화에 특별한 확산코드를 더하여 주파수 대역을 넓혀 송신하며, 부여된 코드에 따라 수신 측에서도 부여된 것과 동일한 코드에 의해 자기에게 오는 통화를 구별해 내는 방식이다. CDMA의 특징은 첫째, 아날로그 TDMA 방식에 비해 대역폭 당 사용자 채널을 최대 10~20배 증가시킬 수 있고, 둘째, 송신주파수가 광 대역이므로 다중 경로 신호에 의한 주파수 선택성 페이딩에 강하며, 셋째, 비화성이 확보된다. 음성 비화(voice privacy) 및 신호 암호화(signaling encryption)에 관련된 내용이다. 일반적으로 전화를 할때 음성이 전달되어 상대방이 전화 건 사람의 목소리를 들을 수 있다. 그러나 중간에 도청이 가능하다. 이러한 도청을 방지하기 위해 음성을 비화하여 무선 구간에서 도청을 할 수 없게 만드는 기술이 음성 비화이다. CDMA는 기본적으로 군사적으로 먼저 이용되었기 때문에 다른 통신 방법보다 비화성이 보장된다. 이와 같이 기존 방식보다 가입자 수용 용량을 증대시킬 수 있는 대용량이므로 대도시에 적합하고, 또한 서비스 지역의 광역화에 따른 셀 수의 감소와 주파수 계획이 간단한 장점이 있다. CDMA 방식은 확산대역기술을 이용한 디지털 자동차 휴대전화에 쓰이는 미국 표준기술의 하나로서, 사용자는 사용자 통신 채널 고유의 PN(Pseudo-Noise:유사 잡음) 부호를 사용해 구별한다.

CDMA의 특징은. CDMA 즉 코드분할접속방식은 FDMA(주파수분할접속방식)와 TDMA(시분할접속방식)와 함께 3대 무선전화 송신기술 중 하나로써, GSM 또는 그와 비슷한 TDMA와는 전혀 다른 접근방식이다. 우리나라는 1993년 11월에 체신부 고시를 통해 디지털 이동전화방식의 표준이 CDMA로 공식 결정되었으며, 세계 최초로 CDMA 상용화에 성공한 나라가 되었다. CDMA를 개발한 회사가 미국의 퀄컴 회사이다. SK텔레콤은 800MHz의 신호를 사용하여 잘 끊어지지 않고, KTF, LG텔레콤은 1.8Ghz의 신호를 사용하고 있어서 SK텔레콤보다 음영지역이 많다고 볼 수 있다. 때문에 같은 CDMA 방식이지만 주파수 대역에 의한 차이로 CDMA에서는 SK텔레콤이 통화품질이 우수하다고 볼 수 있다.

CDMA는 무엇보다도 주파수 효율이 다른 통신 방식에 비해 월등히 높다는 점과 서로 다른 코드를 사용하여 통신하기 때문에 무선 구간의 통신 비밀 보호 특성이 매우 우수하다는 장점이 있다. 아날로그 FDMA 방식에 비해 대역폭 당 사용자 채널을 최대 10~20 배 증가시킬 수 있고 송신 주파수가 광대역이므로 다중 경로 신호에 의한 주파수 선택성 페이딩에 강하며 비화성이 확보된다. 이와 같이 기존 방식보다 가입자 수용 용량을 증대시킬 수 있는 대용량이므로 대도시에 적합하고, 또한 서비스 지역의 광역화에 따른 셀 수의 감소와 주파수 계획이 간단한 장점이 있다. 미국 퀄컴사에서 북미의 디지털 셀룰러 전화의 표준 방식으로 대역폭 1.25 MHz의 CDMA 방식을 제안하였는데, 이것은 1993년 7월 미국 전자 공업 협회(TIA)의 자율 표준 IS-95로 제정 되었다.

FDMA(frequency division multiple access)는 주파수분할 다중접속으로서 2G이다. FDMA는 무선 셀룰러 통신에 할당된 주파수 대역을 30개의 채널로 분할한 것이며, 각 채널은 음성 대화나 디지털 데이터를 옮기는 서비스에 사용될 수 있다. FDMA는 북미에 가장 광범위하게 설치된 셀룰러폰 시스템인 아날로그 AMPS의 기본 기술이다. FDMA에서는 각 채널이 한 번에 오직 단 한 명의 사용자에게만 할당될 수 있다. FDMA는 TACS (Total Access Communication

System)에도 역시 사용될 수 있다.

D-AMPS(Digital-Advanced Mobile Phone Service)는 2G로서 역시 FDMA를 사용하지만, 시분할 다중접속 기술을 가미함으로써 각 FDMA 채널당 3개의 채널을 가질 수 있어, 종전에 비해 채널당 3배 더 많은 통화량을 감당할 수 있게 된다.

TDMA(time division multiple access)는 시분할 다중접속으로서 2G이며 TDMA는 디지털 셀룰러폰 통신에 사용되는 기술로서, 전송할 수 있는 데이터 량을 늘리기 위해 각 셀룰러 채널을 3개의 시간대로 나누기 위한 기술이다. TDMA는 D-AMPS (Digital-American Mobile Phone Service), GSM 및 PDC (Personal Digital Cellular)에 의해 사용된다. 그러나 이러한 각 시스템들은 서로간에 다소 다르고 호환성이 없도록 TDMA를 구현하였으며, TDMA의 대안으로 제시되고 있는 다중화 개념으로 코드분할 다중접속 즉 CDMA가 있는데, 이는 주어진 서비스에 할당된 전체 주파수 범위를 가지고 모든 사용자들의 정보를 광범위하게 동시에 다중화 한다. TDMA는 처음 EIA/TIA 임시표준 54 (IS-54)에 표준으로 규정 되었다. IS-54에서 진보된 버전인 IS-136이 850 MHz 주파수대역을 이용하는 셀룰러와 1.9 GHz 대역을 쓰는 PCS 둘 모두에 대한 미국의 TDMA 표준이다. TDMA는 또한 DECT (Digital Enhanced Cordless Telecommunications)에도 사용된다.

(2) GSM

GSM은 유럽 전기 통신 표준화 기관인 ETSI에서 제정한 디지털 셀룰러 이동통신 시스템 표준으로서 상호 호환성이 없는 북유럽 각국의 NMT(Nordic Mobile Telephone), 영국의 TACS(Total Access Coverage Service), 프랑스의 RADIOCOM 등 유럽 각국의 다양한 아날로그 시스템을 단일 시스템으로 표준화하기 위해 1982년에 당시 유럽 전기 통신 표준 기관인 CEPT 산하에 설치된 이동 통신 기술 위원회(Group Special Mobile)의 이름을 따서 GSM 시스템이라고 하였다. 1989년에 유럽 연합의 방침에 따라 CEPT의 표준화 업무를 이관 받아 계승한 ETSI는 통일 표준의 이름을 범 유럽 셀룰러 디지털 시스템(Pan-European Digital System)이라고 하였다가 다시 GSM이라는 현재의 이름으로 변경하였다. GSM은 당초에는 900MHz대의 주파수를 사용하는 TDMA 방식의 디지털 셀룰러 시스템으로 1991년부터 상용화가 개시되었다. 이 방식은 아날로그 방식과는 호환성이 없고 ISDN과의 연동성을 중시한 시스템이다. 유럽 전 지역에서의 로밍(roaming)이나 데이터 및 팩스 전송 등 여러 가지 특성을 가지고 있다. 1989년 영국 정부의 주도로 1.8GHz대의 150MHz를 유럽 개인 휴대 통신망(PCN)용으로 할당하고 GSM 개념을 유럽 PCN 표준으로 채택하였다. DCS 1800이라고 불리는 이 시스템은 GSM 표준을 새로운 주파수대에 적용하여 큰 셀과 작은 셀의 오버레이(overlay)를 수용하여 셀룰러 자동차/휴대 통신 서비스와 PCS인 개인 휴대통신 서비스를 위한 망을 구성할 수 있게 한다.

GSM(Global System for Mobile communication)은 유럽표준통화방식으로서 사실상 유럽에서는 무선 통신방식의 표준이라 할 수 있다. 이 통신방식은 TDMA(시분할접속방식)의 변종으로서, CDMA와 더불어 가장 널리 사용되는 디지탈 무선전화기술 중 하나이다. GSM은 송신할 데이터를 디지털화 하고 압축한 다음 그것을 두 개의 커다란 사용자 데이터와 함께 한 채널을 통해 보내는데 각각의 데이터는 약간의 시간차를 두어 고유한 시간대에 보내지는 방식이다. 유럽표준통화방식은 약 120개국에서 사용되고 있으며, 각 GSM 네트워크 운영자들은 외국의 운영자들과 연계를 통해 로밍 규약을 맺고 있기 때문에, 외국을 여행할 때에도 가입자들은 자신의 휴대폰을 계속 사용할 수 있는 장점이 있다.

3) CDMA2000, EV-DO, Rev.A, WCDM, HSPA와 Wibro

3G 이동통신 규격은 2002년 12월부터 상용화되어 현재까지 보편적으로 사용되고 있다. 처음에는 IMT-2000(International Mobile Telecommunication 2000)이라고 명명되었던 프로젝트로 진행되어, 2000년부터 1,800~2,200MHz 주파수 대역을 전 세계 공통으로 적용하려 했으나 제대로 시행되지는 않았다. 유럽식 GSM은 WCDMA(Wideband CDMA)로, 미국식 CDMA는 CDMA 2000으로 각각 나뉘어 발전됐기 때문이다. 3G 이동통신규격의 전송속도는 144K~2.4Mbps로 실시간으로 동영상, 사진 등을 전송할 수 있을 만큼 속도가 향상되었다. 이후 3G 이동통신은 각자의 방식대로 지속적인 발전을 거듭했다. 미국식 CDMA 2000은 CDMA 2000 EV-DO(Evolution-Data Optimized 또는 Evolution-Data Only, CDMA 1xEV-DO), 리비전(Rev.) A/B 등으로, 유럽식 WCDMA는 HSPA(HSDPA/HSUPA), HSPA+ 등으로 발전하며 데이터 전송속도가 향상되었다. 전 세계적으로 보면 WCDMA 방식이 70%이상 차지하고 있으며, 현재 국내에는 SK텔레콤과 KT가 HSPA, HSPA+ 방식으로, LG U+는 CDMA 2000 EV-DO

리비전 A 방식으로 서비스하고 있으며 한편, 국내 순수 기술로 개발한 Wibro((Wireless Broadband Internet))가 있다.

(1) CDMA2000

CDMA2000은 2.5G와 3G의 혼합형 기술로 CDMA을 사용한다. CDMA2000은 1xRTT(Radio Transmission Technology)에서는 2.5G 기술로 고려되며, EV-DO에서는 3G 기술로 고려된다. CDMA는 모바일 디지털 무선 기술로 코드(PN sequence)를 통해 채널이 정의된다. CDMA는 동일한 주파수 채널에서 여러 전송이 동시에 일어날 수 있으며, 이는 GSM, D-AMPS((Digital-Advanced Mobile Phone Service)에서 사용되는 TDMA나 AMPS에서 사용되는 FDMA와는 다르다. 더 작은 수의 cell 사이트에서 더 많은 수의 무선 단말을 사용할 수 있어 CDMA 기반의 표준은 TDMA, FDMA 기반의 표준보다 경제성을 갖는다. CDMA2000은 상대적으로 오랜 기술적 역사를 가지고 있으며 퀄컴에서 개발한 CDMAOne과 같은 과거의 CDMA 통신 기법과의 호환성을 갖는다. CDMA2000 표준인 CDMA2000 1xRTT, CDMA2000 EV-DO 그리고 CDMA2000 EV-DV(Evolution-Data and Voice)는 ITU의 IMT-2000 표준에서 승인되었고, 2G CDMA, IS-95(CDMAOne)을 계승하는 표준이다. CDMA2000은 3GPP2(3rd Generation Partnership Project 2)에서 표준화가 진행되었다. CDMA2000은 TIA-USA의 공인 트레이드마크이며 CDMA와 같은 일반적인 용어가 아니다. CDMA2000은 3G 표준인 UMTS와 호환되지 않으며, 450 MHz, 700 MHz, 800 MHz, 900 MHz, 1700 MHz, 1800 MHz, 1900 MHz, 2100 MHz 대역에서 동작한다.

(2) EV-DO

EV-DO(Evolution-Data Optimized 또는 Evolution-Data Only, CDMA 1xEV-DO)는 퀄컴이 개발한 CDMA 기반의 무선 데이터 통신 기술이다. 각 사용자의 데이터 레이트(data rate)와 전체 시스템 데이터 레이트 모두를 극대화하기 위해 시간 분할 다중 접속(TDMA, Time Division Multiple Access)은 물론 코드 분할 다중 접속(CDMA, Code Division Multiple Access)를 포함한 다중화 기술을 이용한다. CDMA2000 계열 규격의 일부분으로 3GPP2(3rd Generation Partnership Project 2)에서 표준화하였고, 특히 이전에 CDMA 네트워크를 구축

한 세계 여러 곳의 이동전화 서비스 사업자에 의해 채택되었으며, 글로벌스타 위성 전화 네트워크에서도 사용된다. CDMA 기술은 IS-95A 방식부터 시작되어 IS-95B, IS-95C(CDMA1x-2000)를 거쳐 현재는 EV-DO 방식이 많이 사용되고 있으며, W-CDMA 방식도 현재 서비스되고 있다. 이런 방식의 차이는 통신 속도의 차이로 설명되는데, 무선인터넷 사용 시 초기 95A 방식의 경우 최대 64Kbps로 사용이 가능했지만, EV-DO 방식의 경우 최대 2.4Mbps(=2400Kbps)의 속도로 사용이 가능하다. 이렇게 사용할 수 있는 무선인터넷의 속도가 증가함에 따라 제공되는 서비스의 종류와 성격도 많이 변했다. EV-DO는 높은 데이터 레이트를 지원하고 무선 사업자의 음성 서비스와 함께 활용될 수 있도록 CDMA2000(IS-2000) 표준의 진화 형태로 고안되었다. 하나의 EV-DO 채널은 IS-95 계열이 사용하는 것과 같은 1.25MHz의 주파수 대역폭을 갖는다. 반면, 채널 구조는 매우 다르다. 또한, 완전한 패킷 기반 네트워크로 운영되기 때문에 서킷 스위치 네트워크에 전형적으로 존재하는 제약을 받지 않는다. 그러다 3.9G의 LTE로 넘어와서는 LTE와의 연동 및 3G서비스를 하는 CDMA 사업자들에게 VOLTE가 나오기 전의 음성통화를 EV-DO로 할 수 있도록 나온 EV-DO 규격인 eHRPD로써 EV-DO Rev.A eHRPD 와 EV-DO Rev.B eHRPD 이 있는데 다음과 같이 구분할 수 있다.

(3) Rev.A

Rev.A는 지금까지 국내에서 써 온 2세대(2G) 부호분할다주접속(CDMA) 방식을 개량한 기술이다. 올해 전국 서비스를 시작한 HSDPA보다 성능은 약간 뒤지지만 화상통화와 고속데이터 통신이 가능하다. 또 유럽식 이동통신(GSM) 기술인 HSDPA와 달리 기존 CDMA 주파수를 그대로 쓸 수 있어 통신망 투자비용이 상대적으로 저렴하다. 2세대 기술인 동기식 CDMA EV-DO를 개량, 광대역 부호분할 다중 접속(W-CDMA), 고속 하향 패킷 접속(HSDPA) 등 3세대 이동 통신 서비스에 해당하는 빠른 데이터 전송과 화상 통화 등을 가능하게 하는 기술. CDMA 2000 EV-DO 리비전A를 가리키는 것으로, 막대한 신규 투자 없이 현재 사용 중인 주파수와 기술을 활용하여 3세대 이동 통신이 목표로 하는 동영상 휴대 전화에 버금가는 서비스를 구현할 수 있는 기술이다. 현재 한국에서 사용되는 것은 EV-DO 리비전 0입니다. 이에 미국 등은 속도가 좀 더 빠른 Rev A를 채택했다. EV-DO 장비는 단말기가 아닌 이동통신 시스템에서 전통적인 교환기를 바탕으로 한 통신장비 망에 EV-DO를 위한 패킷장비를 추가하여 EV-DO 서비스를 제공하는데 이 장비를 흔히 EV-DO 장비라고 한다.

(4) WCDMA

WCDMA(Wideband CDMA)는 3세대 이동통신서비스 기술로 기존 CDMA 방식에 비해 대역폭이 크며 데이터 전송속도가 빠르다. 이 기술을 적용하면 데이터 통신 속도가 빨라져 동영상 보기, 음악 다운로드, 양방향 화상통화 등 멀티미디어 기능이 강화된다. 최근 WCDMA 기술을 채택하는 국가들이 늘어나 LG전자, 삼성전자 등 핸드폰 제조업체들이 단말기를 많이 출시하고 있다. 이러한 CDMA 방식에 견줘 wideband CDMA를 사용함으로써 여러 장점들이 있다. 첫째 광대역일수록 주파수 선택적 페이딩에 강하고, 동일한 데이터를 전송하는 경우 대역폭이 증가함으로써 처리이득이 증가하기 때문에 그 만큼의 간섭이 감소하여 용량이 증가한다. 둘째 RAKE 수신기를 이용하여 다중경로를 분해할 수 있기 때문에 마이크로 셀일 경우에도 실내 환경에서의 전파지연을 극복할 수 있다. 셋째 1MHz 대역폭 당 대역폭 효율이 우수하여 가입자 용량 면에서 유리하며 처리이득이 증가하여 전력증폭기의 용량을 작게 함으로써 구현 시 비용이 절감되고, 전력증폭기의 크기를 작게 함으로써 단말기의 소비전력과 크기를 줄일 수 있다. 한국에서는 한국전자통신연구원에서 이 방식을 이용한 WLL 표준 초안을 작성해 한국통신기술협회(TTA)에 1996년 11월 제출한 이래로 수차례 보완 개정 작업을 벌여왔으며, 현재 국가표준을 위한 마무리 준비단계에 와 있다. WLL 서비스의 국내 도입을 위한 사용주파수는 1995년 12월에 할당되었으며, 사업자별 주파수 할당은 1997년 3월에 이루어졌다. 이 방식을 이용하는 대표적 WLL 시스템은 인터디지털, 지멘스 및 삼성전자(주)가 공동 개발 중인 CDMALink 시스템과 DSC가 개발한 AirSpan 시스템, 루슨트 테크놀로지의 AirLoop 시스템 등이 있다.

WCDMA는 TDMA 대신에 CDMA를 사용함으로써, 기존 GSM 시스템의 데이터 전송속도를 높이기 위한 기술이다. 이 통신 방식은 기존 1세대 아날로그 셀룰러폰과 2세대 GSM, CDMA, TDMA와 달리 영상과 음성을 합친 멀티미디어 전송을 위해 개발되었으며 가장 많은 국가가 채택하고 있는 3세대 이동통신이다. 2세대는 문자와 음성통화, 데이터 통신만 가능했지만 3세대는 문자, 음성통화, 영상통화, 데이터 통신, 멀티태스킹 등 다양한 메뉴가 추가되었다. WCDMA란 신호는 모두 같은 주파수를 사용기 때문에 3세대 이동통신은 통화품질이 거의 비슷하다고 볼 수 있다.

(5) HSPA

HSPA(High Speed Packet Access)은 HSDPA(High Speed Down Packet Access)와 HSUPA(High Speed Down Packet Access)을 결합한 용어이다. 3GPP 진영에서는 W-CDMA의 데이터 전송률을 증가시키기 위해서 하향링크를 14.4Mbps까지 향상시킨 HSDPA를 우선 개발한 뒤, 상향링크도 5.76Mbps까지 향상시킨 HSUPA를 표준화하고 HSPA라는 용어로 대치하여 사용한다.

HSPA+(High Speed Packet Access+)는 현재의 3세대 이동통신인 HSPA(하향 14.4Mbps, 상향 5~6Mbps)을 개량한 것으로 HSPA보다 속도가 두 배 이상 빠른 기술을 말한다. 하향 42Mbps, 상향 11Mbps를 지원한다. 기존의 HSPA가 인터넷전화 서비스를 안정적으로 지원하기 힘든 것과 달리, HSPA+는 향상된 속도와 용량을 바탕으로 상용 망에서 인터넷전화를 성공적으로 지원할 것으로 예상된다. 4세대 이동통신기술 전단계로 간주된다. HSPA+는 WCDMA(Wideband CDMA)를 확장한 이동통신모듈의 규격이다. 3GPP 규격인 HSDPA와 HSUPA보다 뒤에 나온 규격인 3GPP 기술표준 Release 7에 기술되어 있다. MIMO와 더 높은 모듈 연산 (64QAM)을 이용해서 같은 3GPP 규격인 HSDPA와 HSUPA보다 더 높은 속도를 낼 수 있다. 이론적인 최대 다운로드 속도는 168 Mbps이다.

(6) Wibro(와이브로)

국내 순수 기술로 개발한 Wibro((Wireless Broadband Internet))는 무선 광대역 인터넷 서비스, 무선 광대역 인터넷 등으로 풀이된다. 와이브로의 특징은 휴대폰, 스마트폰의 3G, 4G 이동통신처럼 언제 어디서나 이동하면서 인터넷을 이용할 수 있다는 점이다. 이론적으로 최대 다운로드 속도는 10Mbps, 최대 전송거리는 1km이며, 시속 120km로 이동하면서 사용할 수 있다. 와이브로의 평균적인 속도는 100Mbps급 초고속 인터넷에는 미치지 못하지만, 3G 이동통신망보다는 빠르다. 과거 인기를 끌었던 넷북이나 노트북 등으로 인터넷을 사용하는 데 있어 큰 지장은 없을 정도다. 단, 이는 지역에 따라 다를 수 있다. 사용 반경으로 따지면, 기존 휴대폰용 이동통신과 와이파이(Wi-Fi, 무선 랜)의 중간 영역에 위치하는 통신 규격인 셈이다. 참고로 '와이브로'는 '2.3GHz 휴대인터넷' 등으로 불리다가 지난 2004년 4월부터 공식적으로 '와이브로'라는 정식 명칭을 갖게 됐다. 해외에서는 '모바일 와이맥스(Mobile WiMAX)'라고 불린다.

와이브로는 지난 2002년 10월, 한국전자통신연구원(ETRI)과 삼성전자를 중심으로 우리나라에서 세계 최초로 개발되었다. 이후 우리나라 사업자로 KT와 SK텔레콤이 선정되면서 2006년 6월 30일부터 서울과 경기도 일부 지역에서 세계 최초로 상용화 서비스를 시작했다. 그리고 2007년 10월 18일, 국제전기통신연합(ITU)에서 3G 이동통신의 6번째 기술 표준으로 채택됐다.

와이브로는 고속 이동 중에도 사용 가능 하다는 것이 장점이다. 비슷한 이름 때문에 와이브로, 와이파이, 와이맥스를 혼동하는 이가 적지 않다. 무선 통신 기술이라는 점에서는 유사하지만 엄연히 다른 개념의 무선 통신 기술이다. 와이파이는 'Wireless Fidelity'의 줄임말로, 흔히 '무선 랜'이라고 하는 근거리 무선 통신 기술이다. 엄밀히 말하면, 와이파이는 IEEE 802.11 무선 통신 표준에 입각한 제품임을 표시하는 일종의 상표명이다. 현재 노트북이나 스마트폰, 태블릿 PC 등에 보편적으로 사용 중이다.

한편, 와이맥스(WiMAX, World Interoperability for Microwave Access)는 휴대인터넷의 기술 표준을 목표로 미국의 인텔 사가 개발한 IEEE 802.16d 규격의 무선 통신 기술이다. 전송 속도는 빠르지만 사용 반경이 좁다는 와이파이의 단점을 보완한 기술로, 이론적으로 장애물이 없는 지역에서는 전송 거리가 약 45km에 달한다. 전송 속도는 최대 75Mbps라고 하지만 실제로는 약 5~10Mbps 정도다. 다만, 와이브로와는 달리, 한 기지국(핫스팟)에서 다른 기지국으로 이동될 때 지속적인 네트워크 연결을 보장하지 않았다. 참고로 와이브로와 와이맥스는 같은 기술 표준을 사용하고 있기 때문에 기존 와이맥스를 고정형 와이맥스(fixed WiMAX), 와이브로를 모바일 와이맥스(mobile WiMAX)로 분류한다. 정확한 표기는 와이브로 IEEE 802.16e이고 와이맥스 IEEE 802.16d이다.

지난 2011년 1월, 기준 국내에 와이브로 서비스를 제공한 업체는 KT와 SK텔레콤으로, 각각 '쇼와이브'와 'T로그인 와이브로'라는 서비스를 제공했다. 당시 이용자 수는 KT가 약 35만 명, SKT가 약 9만 명으로, 총 44만 명 정도가 이용했다. LTE의 등장으로 와이브로는 2013년을 기준으로 사용자 수는 지속적으로 감소했다. 국내 와이브로 사용자 수는 2012년 12월 기준 104만 9,788명으로 가장 많았으며, 2013년 12월 98만 3,387명, 2014년 12월 86만, 8,481명으로 감소했다. 가장 최근인 2015년 2월 기준 사용자 수는 85만 364명이다. 참고로, 같은 기간 이통사별 와이브로 사용자 수는 KT 73만 8,827명이며, SK텔레콤 11만

1,537명이다. KT는 2010년 10월 1일부터 수도권 지역에서만 시행하던 와이브로 서비스를 전국으로 확대했다. 해외의 경우, 2008년 일본 KDDI, 미국 SprintNextel, 브라질 TVA, 이탈리아 텔레콤 이탈리아(TI), 베네수엘라 Omnivision, 크로아티아 PORTUS 등 세계 여러 나라의 통신사와 시험 서비스를 진행하기도 했다. 다만, 국내용 와이브로와 해외용 와이브로(모바일 와이맥스)는 같은 기술이지만 사용주파수와 대역폭이 달라 서로 상호 호환이 어려웠다. 이에 지난 2010년 10월 1일부터 KT는 국내 와이브로 서비스를 세계 표준 주파수 대역에 맞춤으로써 상호 호환성을 제공했다. 한편, 지난 2010년 10월 미국 시카고에서 열린 차세대 통신 전문 전시회인 '4G 월드 2010'에서 삼성전자는 와이맥스의 전송 속도를 최대 330Mbps로 향상시킨 '와이맥스 2' 기술을 공개했다.

와이브로를 사용하기 위해서는 먼저 이동통신사의 와이브로 서비스에 가입해야 한다. 각 이동통신사는 데이터 사용량에 따라 와이브로 상품을 등으로 나눠 서비스한다. 한 달 기준으로 1GB, 10GB, 50GB, 무제한 요금제 등으로 나누는 방식이다. 무제한 요금제에 가입하지 않을 경우, 데이터 사용 한계를 초과하면 MB당 이용요금을 추가로 지불해야 한다. 따라서, 와이브로 서비스에 가입하기 전 자신의 인터넷, 데이터 사용 패턴을 파악할 필요가 있다. 노트북 등으로 와이브로를 이용해 인터넷에 연결하려면 기본적으로 와이브로 수신기(중계기)가 필요하다. 수신기는 노트북 안에 내장되어 있을 수도 있으며, USB 연결형 모뎀이나 외장 기기(KT 에그, SKT 브릿지)의 형태로 사용할 수도 있다. 모델이나 외장 기기는 와이브로 서비스 가입 시 무상으로 제공된다. USB 연결형 모뎀의 경우 노트북 등에 있는 USB 포트에 연결하고 별도의 접속 프로그램을 설치해 인터넷에 접속할 수 있으며, 외장 기기는 무선 공유기처럼 노트북에서 와이파이(Wi-Fi)로 연결해 인터넷에 접속할 수 있다. 별도의 프로그램을 설치하지 않아도 된다는 점에서 외장 기기를 통한 와이브로 접속이 간편한 편이다. 아울러 2010년 말부터는 와이브로 수신기를 내장한 일부 노트북도 출시해 와이파이와 와이브로를 함께 사용할 수 있다. 휴대폰이나 스마트폰을 구매할 때 사용기간 약정에 따라 단말기를 무료로 받거나 가격을 할인할 수 있는 것처럼, 와이브로 서비스에 가입하고 약정에 따라 넷북이나 노트북, 태블릿PC 등을 할인된 가격으로(차액은 할부구매) 구매할 수도 있었다. 다만, 약정기간(2년 또는 3년) 동안 와이브로 서비스를 계속 사용해야만 했다. 초기 비용이 발생하기 않아 얼핏 부담 없게 느껴질 수 있지만, 매월 나가는 비용을 잘 계산해보고, 자신의 환경과 처지를 고려하여 신

중히 결정해야 하겠다.

앞서 언급한대로 와이브로 가입자 수는 2013년 이후 지속적으로 감소했다. 특히, LTE 무제한 요금제 출시 이후 와이브로는 사양길을 걸었다. 이미 국내 이동통신 시장에서 와이브로 점유율은 1%대에 불과하다. 와이브로 사용의 감소는 이동통신 기술 발전에 따른 자연스러운 쇠퇴로 분석된다.

5) LTE

4세대(IMT-Advanced)는 3GPP 계열은 LTE 어드밴스트 등이 있고 와이맥스 계열은 와이브로 에볼루션 (IEEE 802.16m) 등이 있다. 지난 2008년 ITU(International Telecommunication Union, 국제 전기통신 연합)에서 4세대 이동통신 규격을 정의하면서, 저속 이동 시 1Gbps, 고속 이동 시 100Mbps의 속도로 데이터를 전송할 수 있어야 한다고 규정했다. 이에 따르면 현재 국내 및 해외에 적용된 LTE, 와이브로(Wibro)는 엄밀히 말해 4세대 이동통신 규격이라 할 수 없다. 또한, 당시 ITU는 4세대 이동통신 규격의 선정 후보로 LTE(Long Term Evolution)를 개선한 LTE-Advanced와 와이브로를 개선한 와이브로-에볼루션(Wibro-Evolution, 와이맥스2)을 언급한 바 있다. 그래도 LTE와 와이브로는 기존 3G 규격에 비해 기술적으로 상당히 발전한 규격인 점은 분명하다. 따라서 LTE와 와이브로는 'pre-4G' 혹은 '3.9세대'로, 진정한 4G 규격은 각각이 발전한 LTE-Advanced와 와이브로-에볼루션(와이맥스2)으로 보는 것이 대체적인 견해였다. 그런데, 2010년 12월 ITU에서 LTE, 와이브로, 다른 진화한 3G 망(예: HSPA+) 등도 4G라고 부를 수 있다고 하지만 현재 명확한 세대 구분은 할 수 없는 상황이다. 따라서 각 국의 이동통신사는 이를 4G라고 부르고 있다. LTE(Long Term Evolution)는 일반적으로 4G에 속하는 하나의 통신기술이며, 4세대 이동통신이라고 하면 하향링크 최대속도 100Mbps 여야하고 상향링크 최대속도가 50Mbps가 되야 4G(4세대 이동통신)이라고 불릴 수 있으나 LTE는 그에 못 미치기 때문에 4G라고 불리는 데에는 조금 부족하지만 확실한 구분이 없기 때문에 이동통신사들은 LTE도 4G라고 칭하고 있다.

제3장 이동통신 용어와 개념

이동통신 기술은 하루가 다르게 급속하게 발전하고 있다. 그렇지만 기본적인 이동통신 기술은 유효하다. 따라서 다양하게 발전하고 있는 이동통신 기술에 대해 학습하기 위해서는 먼저 이동통신에 대한 기본 개념과 기술이 절대적으로 필요하다. 이동통신시스템의 기본적인 운영과정과 이동통신시스템 운영을 위한 기본적인 기술 사항들에 대해서 알아보기로 하자.

3.1 데이터, 정보, 신호, 주파수 및 전자기파

전송매체를 통해 정보를 전송하기 위해서는 먼저 몇 가지 용어에 대해 정확하게 정의할 필요가 있다. 데이터, 정보, 신호 및 전자기파에 대해서 정확하게 이해하는 것은 통신을 이해하기 위한 필수적인 조건이라 할 수 있다. 또한 추가적으로 주파수, 대역, 대역폭에 대한 이해도 반드시 필요하다.

1) 데이터, 정보와 신호의 정의

일반적으로 사람들은 데이터(data)와 정보(information)를 특별히 구분하지 않고 사용하고 있다. 실제로 일상생활에서 데이터통신과 정보통신을 별로 구분하지 않는 것과 비슷하다고 할 수 있다. 그렇지만 데이터와 정보는 약간의 차이점이 존재한다.

데이터란 가공 처리되지 않은 단순한 기록을 말하며, 넓은 뜻으로 실세계에 존재하는 모든 사물, 상황의 상태를 의미한다. 한편 정보는 데이터를 가공 처리하여 특정 상황에 맞게 정리하여 의미와 가치를 가지는 기록을 의미한다. 예를 들면 도자기를 가마에 굽는 요령과 온도 등은 일반 사람들에게는 대부분 유용하고 가치 있는 내용이 아닐 것이다. 그렇지만 도자기에 관심이 있는 사람들과 도자기를 전공하는 사람들에게는 매우 유용하고 가치 있는 내용이 될 것이다. 결과적으로 도자기에 대한 내용은 일반인들에게는 그저 데이터일 뿐이지만 도자기를 전공하는 사람들에게는 매우 유용하고 가치 있는 정보가 되는 것이다. 위에서 설명한 바와 같이 데이터와 정보의 차이점은 데이터와 정보를 사용하는 사람에 따라서 단순한 데이터가 될 수도 있고 아니면 유용한 정보가 될 수도 있다. 가공처리는 데이터를 사용하는 사람이 자신의 사용목적에 알맞게 변환시켜 유용한 정보로 만드는 과정을 말한다. 한편 이후에 이 책에서 실제로 데이터와 정보에 대해서 논의될 때는 데이터와 정보를 구분하지 않고 사용할 것이다. 일반적으로 정보라는 개념을 가지면서 용어는 데이터로 사용하는 것이 일반적이다. 데이터의 형태에는 저장의 의미에서 아날로그 데이터(analog data)와 디지털 데이터(digital data)가 있다.

데이터와 신호(signal)를 구분하는 주요한 요소는 데이터는 저장의 개념이고 신호는 전송의 개념을 사용한다. 데이터의 형태에는 아날로그 데이터(analog data)와 디지털 데이터(digital data)의 두 가지 형태가 존재한다. 그리고 이와 같은 데이터를 전송하고자 할 때는 신호의 형태로 변환시켜 주어야 하는데, 신호의 형태 역시 아날로그 신호(analog signal)와 디지털 신호(digital signal)의 두 가지가 존재한다.

부호화(encoding)란 디지털 데이터 또는 아날로그 데이터를 부호기(encoder)를 통해 디지털 신호로 변환하는 것을 말하며, 이와 같이 부호화된 디지털 신호를 복호기(decoder)에서 다시 원래의 데이터 형태로 복원하는 것을 복호화(decoding)라 한다. 부호기와 복호기를 합쳐서 코덱(CODEC : COder & DECoder)이라 부른다.

변조(modulation)란 디지털 데이터 또는 아날로그 데이터를 변조기(modulator)를 통하여 아날로그 신호로 변환하는 것을 말하며, 이와 같이 변조된 아날로그 신호를 복조기(demodulator)에서 다시 원래의 데이터 형태로 복원하는 것을 복조(demodulation)라 한다. 이들을 합쳐서 모뎀(MODEM : MOdulator & DEModulator)이라 부른다.

2) 주파수와 전자기파 개념

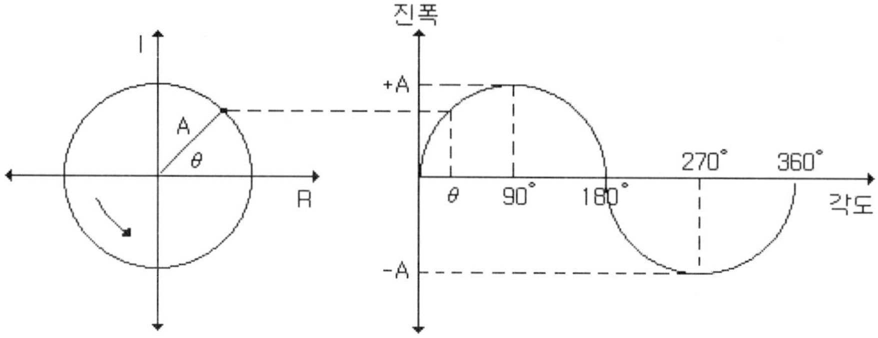

그림 3.1 사인파의 구성

그림 3.1에서는 사인파의 구성 원리를 표현하였다. 사인파는 파형을 수학적으로 분석하기 위해 가장 보편적으로 이용된 삼각함수이다. 왜냐하면 사인파는 파동 형태로 표현되며, 다양한 수학적 표현이 용이하기 때문이다. 대표적인 교류로써 정현파라고도 표현되며 크기, 위상, 및 주기를 갖는다. 이때 크기를 진폭이라고 하며 일반적으로 최대 진폭을 지칭한다. 또한 위상은 사인파가 시작에서부터 얼마나 이동했는지의 여부를 나타낸다. 한 번 변화하기 시작해서 다시 원상태가 되기까지를 1 사이클(cycle)이라고 하는데, 그때까지 소요된 시간을 주기라고 하며, 이의 역수인 주파수는 1초 동안의 회전수로써 그 단위로 헤르츠(Hz)를 사용한다. 사인파의 기본적인 형태는 다음과 같다.

$$A\sin(\omega t+\Theta)$$

이때 ω는 각속도 또는 각주파수라고 부르며, 360도의 라디안 표기법인 2π에 주파수 f를 곱한 값으로서 사인파가 얼마나 빨리 회전하는가를 나타낸다. 따라서 ω는 $2\pi f$가 된다.

(1) 정현파

정현파(sine wave)는 시간에 따라 전압의 크기가 변하는 교류전압을 표기할 때 일반적으로 사용하며 일반적인 형식은 다음과 같다.

$v(t) = V_m \sin(\omega t + \alpha)$, $\quad (-1 \le \sin\omega t \le 1)$

여기서, V_m : 정현파 교류 전압의 최대 값

$\omega = 2\pi f\ (rad/\sec)$: 각속도(angular velocity)

각주파수(angular frequency)

$f = \frac{1}{T}$: 주파수(frequency), T : 주기(period)

α는 위상(phasor)

(2) 전자기파 용어

정현파를 표현하는 수식에 대한 설명은 다음과 같다.

① 1 사이클(cycle) : 전압 또는 전류가 시간에 따라 변화하다 다시 원상태로 될 때까지의 기간이다.

② 주파수(frequency) : 1[sec] 동안의 반복되는 사이클 수를 말한다.

③ 정현파에서는 공간각에 관계없이 1 사이클의 각을 $2\pi\ [rad]$로 정의하고 이것을 기준으로 표시되는 각을 전기 각(electrical angle)이라고 한다.

④ 주파수가 f [Hz]인 경우, 1[sec] 동안에 변화하는 전기 각은 $2\pi f\ [rad]$이며, 이는 각속도(angular velocity) 또는 각주파수(angular frequency)라 부르고 ω로 표시한다.

⑤ $\omega = 2\pi f\ [rad]$, $\quad f = \frac{1}{T}\ [Hz]$, $\quad T = \frac{1}{f}\ [\sec]$

⑥ 주기 T : $2\pi\ [rad]$ 변화하는데(1 cycle 동안) 걸리는 시간

⑦ 파장 λ : 주기적 변화를 거리의 관점에서 고찰할 때, 1 사이클의 주파수에 해당하는 길이를 파장, 즉 1주기 간에 정현파 교류가 전파되는 거리를 파장(wave length)이라 하고 λ로 표시한다. 파장은 빛의 속도에 비례하고 주파수에 반비례한다.

⑧ 위상 α : 사인파의 시작 위치를 나타낸다.

한편, 우리가 통신에서 정보를 전달하기 위해 사용하는 전파 또는 전자기파는 기본적으로 여러 가지 종류의 주파수를 가지는 정현파들의 모임이라고 할 수 있다. 전파는 3000GHz 이하 주파수의 전자기파(전자파)로서 전자파는 주파수가 높아짐에 따라 성질이 크게 변화하므로 유사한 성질을 갖는 주파수 범위를 묶어

주파수대로 정하여 각각 명칭을 붙이고 있다. 전파의 주파수대는 장파, 중파, 중단파, 단파, 초단파, 극초단파, 마이크로파, 밀리파, 준밀리파 등으로 구분한다. 지상 약 100Km에 있는 전리층과 약 200Km에 있는 전리층이 반사경의 역할을 하기 때문에 둥근 지구상에서 지구 반대편까지 무선통신이 가능하게 된다. HF(High Frequency), MF(Medium Frequency), LF(Low Frequency), VLF(Very Low Frequency) 등은 전리층에서 반사가 되므로 원거리 통신에 사용되며 VHF(Very High Frequency), UHF(Ultra High Frequency), SHF(Super High Frequency) 등은 전리층을 뚫고 지나갈 수 있으므로 위성통신 등에 사용된다. 아마추어 무선에서는 1.9MHz부터 23GHz까지의 주파수와 송신전력이 지정되어 있다. 표 3.1은 전파의 주파수 대역에 대한 용도를 표시한다.

표 3.1 전파의 주파수 대역과 용도

명 칭	기 호	주파수 범위	용 도
장 파	VLF	3 - 30KHz	선박 무선통신 중파방송 기상통보
	LF	30 - 300KHz	
중 파	MF	300 - 3,000KHz	
단 파	HF	3 - 30MHz	단파방송, 국제통신, 선박전신
초단파	VHF	30 - 300MHz	비상용 무선, 항공관제, 내항선박, FM 방송
극초단파	UHF	300 - 3,000MHz	TV 방송, 이동무선
	SHF	3 - 30GHz	마이크로파 회선, 전력회사
	EHF	30 - 300GHz	빌딩간 통신, 구내 무선
		300 - 3,000GHz	

3.2 이동통신시스템 운영 과정

이동통신망은 기본적으로 대부분의 정보통신망을 거의 모두 사용한다. 이동통신망은 정보통신망의 종합이라고 생각하면 된다. 교환통신망인 회선교환 망, 메시지교환망, 패킷교환망을 기본으로 사용하며 방송통신망인 패킷라디오망, 인공위성 망, 로컬 망을 일부 또는 모두 사용한다. 이동통신에서는 음성통신의 경우 기본적으로 회선교환 망을 사용하고 데이터통신을 위해서는 패킷교환망을 사용한다. 또한 부가적인 기능으로 패킷라디오망, 인공위성 망, 로컬 망을 사용한다. 우리가 일반적으로 사용하는 와이파이는 로컬 망에 포함되는 망으로서 무선 로컬 망이라고 생각하면 이해하기 편하다.

이동통신시스템에 대한 세부적인 운영을 살펴보기 전에 휴대폰의 전원이 켜짐과 동시에 일어나는 동작들과 기본적으로 휴대폰 사이의 통화 과정과 휴대폰과 고정 전화기와의 통화 과정 및 통화 종료에 대해 살펴보기로 하자.

1) 초기동작

가입자가 이동전화 단말기를 동작시키면 단말기는 자동적으로 수신 상태가 되어 333개 채널(운용 대역폭이 10MHz의 경우) 중에서 신호채널로 지정된 21개의 설정 채널(set-up channel)을 차례로 탐색한다. 이 때 21개의 설정채널 중 가장 전파세기가 큰 채널을 선택하여 그 채널 주파수에 동조한다. 주변에 있는 기지국에는 모두 다른 설정채널이 할당되어 있기 때문에 가장 강한 설정채널에 동조시켜 고정된다는 것은 단말기가 가장 가까운 기지국을 선택한다는 것을 의미한다. 이러한 상태는 통화중은 아니지만 언제라도 잦기를 호출하면 응답할 수 있는 상태인 동시에 가입자가 통화를 하려고 할 때 곧바로 신호를 전송할 수 있는 준비를 갖춘 상태이며 가입자 의도와는 상관없이 자동적으로 단말기의 통화준비가 완료되어 있는 상태이다.

2) 발신 및 착신 호 처리과정

이동통신에서 발신 및 착신 호 처리과정에 대해서 세부적으로 살펴보기로 하자. 이동통신 가입자끼리의 통화 과정과 이동통신 가입자와 고정통신 가입자와의 통화 과정을 구분하여 살펴보기로 하자. 또한 이동통신 가입자끼리의 통화 과정에서 같은 이동통신 회사 가입자끼리의 통신과정과 더욱더 확대해서 다른 이동통신 회사 가입자끼리의 통신과정에 대해서도 살펴보기로 하자.

(1) 이동전화 상대자 상호간 통화하는 경우

이동전화 가입자 A가 통화하고자 하는 상대방 단말기 B의 번호를 단말기 A에 입력하고 SND(SEND) 버튼을 누르면 단말기 A는 미리 선택하고 있는 설정채널을 통해 기지국 A로 정보(발신 단말기 A의 번호와 착신단말기 B의 번호)를 송출한다. 기지국 A는 수신한 발신신호의 정보를 데이터 링크를 통해 이동 전화 교신 국 A로 송신한다. 기지국 A는 음성채널이 비어있는 경우 이동전하 교환국 A의 지시를 받아 통화 가능한 음성채널을 단말기 A에 지정한 후 해당 음성채널을 작동시키고 감시 톤(SAT, Supervisory Audio Tone, 6KHz)을 송출한다. 단말기 A는 감시 톤을 수신하여 음성채널에 동조한 후 채널 동조 확인 응답으로 감시 톤을 역전송하여 기지국 A가 단말기 A의 음성채널 동조를 확인할 수 있게 한다. 이동전화 교환국 A는 호출하고자 하는 단말기 B의 번호를 관리하고 있는 해당 이동전화 교환국 B로 호출신호를 넘겨주어(만약 단말기 B가 이동전화 교환국 B의 영역을 벗어나서 다른 지역에 있더라도 사전에 위치등록이라는 기능을 이용하여 다른 이동 전화 교환국 C의 관할영역에 있다는 것을 알기 때문에 이 경우에는 호를 교환국 C에 넘겨줌) 단말기 B를 호출하고 단말기 B는 기지국 B를 통하여 이동전화 교환국 B에 호출에 대한 응답을 보고한다. 기지국 B는 음성채널이 비어있는 경우 이동전화 B의 지시를 받아 통화 가능한 음성채널을 단말기 B에 지정한 후 해당 음성 채널을 작동시키고 감시 톤을 송출한다. 단말기 B는 감시 톤을 수신하여 음성채널에 동조한 후 채널 동조 확인 응답으로 감시 톤을 역전송하여 기지국 B가 단말기 B의 음성채널 동조를 확인할 수 있게 한다. 기지국 B는 단말기 B의 음성채널 동조를 확인한 후 단말기 B에 경종을 지시하고 단말기 B는 경종을 발생시키면서 기지국 B로 신호 톤(Signaling Tone, 10KHz)을 송출하여 단말기 B의 경종상태를 확인할 수 있게 한다. 단말기 B의 가입자가 SND 버튼을 누르면 신호 톤 송출이 중단되어 기지국 B는 이동전화 교환국 B로 단말기 B가 응답하였음을 보고하고 이동전화 교환국 B와 이동전화 교환국 A가 연결된 상태에서 통화가 이루어지게 된다.

(2) 이동전화 가입자가 PSTN 가입자에게 전화 하는 경우

이동전화 단말기 A에서 이동전화 교환국 A까지의 호 처리 절차는 1)의 경우 같다. 이동전화 교환국 A에서 호출신호를 일반 유선전화국의 시외 전화 교환기로 넘겨준다. 이를 넘겨받은 시외전화 교환기는 해당 시내전화 교환기로 호출 신호를 넘겨주고 시내전화 교환기는 해당번호의 가입자에게 호출신호를 보내고 호출신호를 듣고 가입자가 수화기를 들면 통화가 연결된다.

(3) PSTN 가입자가 이동전화 가입자에게 전화하는 경우

PSTN 가입자가 이동전화번호를 누른다. 일반 유선전화의 신호를 받은 일반 유선전화국의 시내전화 교환기는 이동전화 식별번호에 따라 호출신호를 시외전화 교환기로 넘겨준다. 시외전화 교환기는 이동전화 교환국으로 호출신호를 넘겨주며 호출신호를 받은 이동전화 교환국에서 기지국, 이동전화 단말기기 연결절차는 1)의 경우와 같다.

3) 통화종료

이동전화 가입자간 통화를 끝내고 통화종료 표시를 행하면 단말기는 특정 신호 톤(10KHz)을 일정시간(1.8초)동안 기지국으로 송출한 후 단말기의 송신회로를 차단시킨다. 기지국은 단말기로부터의 통화종료신호를 접수한 후 해당 음성채널을 유휴(idle)상태로 복구시키고 교환국으로 그 상태를 통지한다. 단말기는 다시 수신대기 상태로 되기 위하여 가장 강한 설정채널에 동조되어 기지국에서 송신되는 메시지를 수신한다.

4) 통화채널 전환과정

통화가 지속되는 동안에도 이동전화 가입자는 계속 이동하기 때문에 특정 기지국의 서비스 구역을 벗어나게 되므로 통화중인 음성채널의 전파세력이 약해진다. 그러면 그 기지국은 교환국에 통화채널 전환을 요구하게 되고 가입자는 통화채널 전환이 이루어진 것을 거의 감지할 수 없는 상황에서 전파세력이 충분한 새로운 기지국의 음성채널로 통화 채널이 전환된다.

3.3 채널할당 과정

이동통신의 급격한 수요의 증가로 인해 그와 관련된 통신 기술들도 많이 발전하였다. 기존의 시스템에서 가장 크게 직면하고 있는 문제가 가용할 수 있는 무선채널의 수가 제한되어 있다는 것이다. 모든 나라에서 주파수 할당 정책은 최소한도의 대역폭을 가지고 이용 율을 극대화하면서 이용자에게 만족을 줄 수 있는 시스템을 찾아서 결정하는 것이다. 만일 이동전화 시스템을 할당 주파수 대역에서 지역적인 제한 없이 수많은 이용자들이 동시에 사용할 수 있다면 매우 이상적일 것이다. 그러나 이런 이상적인 상황이 실제로는 불가능하다. 그래서 많은 연구가 진행되었고, 그러한 목표에 도달하려면 할당된 주파수 대역에서 채널을 최대한으로 나누어서 사용하는 방법 즉 주파수분할다중화방식, 시간분할다중화방식 및 코드분할다중화방식과 할당된 주파수 대역을 다른 지역 내에서 재사용하는 방법 즉 주파수 재사용 방식, 그리고 주파수를 다양한 사용자의 목적에 맞게 효율적으로 사용하는 방법과 다양한 셀 크기 적용 방식 등이 폭넓게 연구되었고 앞으로도 연구되어질 것이다. 그 가운데 방법 중의 하나가 제한된 주파수를 효율적으로 사용하여 시스템의 성능을 향상시키는 방법이다. 이러한 목적으로 채널할당 알고리즘에 대한 연구가 이루어져 왔으며 앞으로도 계속해서 연구해야할 분야이다.

이동통신 시스템에서 고려되는 호의 종류로는 새로운 호와 핸드오버 호가 있다. 즉 새로운 호는 이동가입자가 발신 또는 착신하는 경우와 같이 새로운 무선채널을 할당하는 경우를 의미한다. 또 임의의 셀에서 호가 설정된 후 이동가입자와 기지국 사이의 무선채널의 통화품질을 계속 유지시키기 위해 통화하기에는 신호 강도가 약해진 무선채널을 양호한 무선채널로 절체를 요구하는 것을 핸드오버이라 하는데 이러한 핸드오버를 요구하는 호를 핸드오버 호라고 한다.

임의의 셀에서 새로운 호가 발생했을 때, 셀에 할당된 무선채널중 하나가 이동가입자에게 할당되는데 셀에 할당된 모든 무선채널이 사용 중일 때 발생되는 새로운 호는 차단된다. 또한 호가 설정된 후 이동가입자가 인접 셀로 핸드오버 하는 경우 인접 셀에서 핸드오버 호에게 새로운 무선채널을 할당할 수 없다면 그 핸드오버 호는 차단된다. 핸드오버 호가 차단되면 통화 중에 호가 절단되는 것을 의미하므로 이동가입자가 느끼는 불편함은 새로운 호의 차단보다 훨씬 크게 느껴지므로 가능한 핸드오버 호의 차단을 낮추기 위해 많은 방식들이 제시되고 있다.

셀룰러 이동통신 시스템에서 서비스 영역은 셀이라는 작은 영역들로 분할되어 서비스 영역 내에서 주파수 채널을 반복하여 사용함으로써 한정된 주파수 채널을 효율적으로 이용하고 있다. 이러한 주파수를 더욱 효율적으로 이용하기 위하여 많은 채널할당방법이 제시되었는데 그중 대표적인 것이 고정채널할당과 동적채널할당 그리고 하이브리드 채널할당으로 나눌 수 있다. 기본적으로 고정채널할당, 동적채널할당과 하이브리드채널할당 방식의 차이점은 시스템의 어느 부분에서 채널을 할당하는 주체가 무엇인가에 따라 다르게 되며 또한 다양한 통신환경에 따라 각각의 방식의 성능은 변하게 된다.

3.4 위치관리 과정

위치관리(location management)는 위치갱신과 가입자의 위치를 찾는 프로토콜(search protocol)로 구성되어 있다. 위치관리에는 위치갱신 비용과 위치를 찾기 위한 페이징 비용이 있는데, 이 둘은 상관관계를 가지고 있다. 그러므로 효과적인 위치관리의 목적은 두 가지의 비용의 합을 최소화하는데 있다.
기존의 셀룰러 방식에서는 전체 시스템 영역을 여러 개의 셀로 이루어진 위치영역으로 분할하는 위치관리를 하고 있다.

전체 네트워크는 셀로 나누어지고, 각 셀에 있는 이동 국들은 기지국을 통하여 유선네트워크나 다른 이동국과 통신한다. 하나의 위치영역은 여러 개의 셀들로 구성되고, 각 위치영역에는 LS(Location Server)가 있다. 위치영역에 있는 모든 기지국은 이동 국 교환국과 연결된다. 각 이동 국 교환국은 유선네트워크인 백본(backbone) ATM(Asynchronous Transfer Mode) 네트워크와 연결되어 이동 국이 유선네트워크나 다른 이동 국 교환국의 사용자들과 통신할 수 있도록 한다. 각 이동국은 특정한 위치영역에 영구적으로 홈(home)으로 등록되어 있다고 가정한다. 그 위치영역의 위치서버를 이동 국에 대한 HLS(Home Location Server)라 부른다. 각 HLS는 자신을 홈으로 등록한 이동 국에 대한 위치정보를 유지한다. 위치서버는 자신이 담당한 위치영역 내의 셀에 위치하고 있는 이동 국에 관한 위치정보도 유지한다.

1) 위치갱신

위치갱신이란 네트워크가 가입자(이동 국)의 위치를 유지하기 위해 이동국은 자신의 위치를 네트워크에 보고해야 한다. 이러한 절차를 위치갱신이라 한다.

2) 페이징

페이징은 이동 국 src(source)가 다른 이동 국 dest(destination)와 통신하기 위해 찾는 과정이 필요하다. 이러한 과정을 페이징이라 한다.

3.5 주파수 재사용

셀룰러 시스템에서 가장 핵심 개념 중의 하나가 주파수 재사용 개념이다. 즉 셀 반경이 R인 기지국 A에서 주파수 f1을 사용하고 있다면 동시에 D만큼 떨어진 다른 기지국에서도 같은 주파수 f1을 재사용할 수 있다는 것이다. 주파수 재사용 시스템에서는 가입자들이 일정거리만큼 떨어진 지점에서는 같은 주파수로 동시에 통화할 수 있고, 주파수 스펙트럼 효율을 극대화 할 수 있기 때문에 가입자의 수용용량을 상당히 증대시켜 준다.

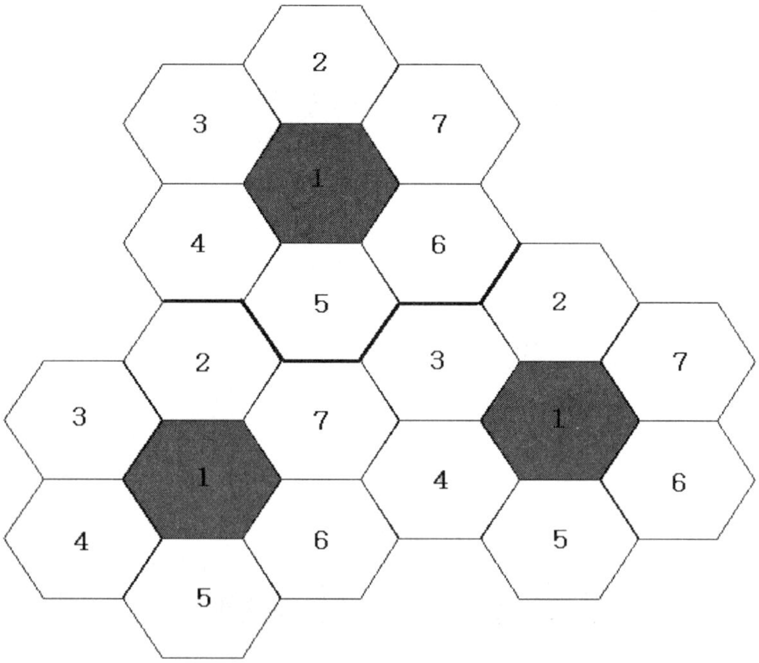

그림 3.2 주파수 재사용

같은 주파수의 채널을 여러 기지국에서 동시에 사용하기 때문에 생기는 간섭을 동일 채널간섭(Co-channel Interference)이라 하며 주파수를 재사용하는 시스템에서는 가장 중요한 관건이다. 주파수 재사용할 수 있는 최소거리는 중심기지국 근처에 있는 동일채널 기지국의 수, 지형상의 특성 등 여러 가지 요인에 따라 달라진다. 일반적인 주파수 재사용 거리 D는 다음과 같은 식으로 결정된다. D= $\sqrt{3K}$ R 여기서 K는 주파수 재사용 계수이고, R은 셀의 반지름을 말한다. 모든 기지국의 송신출력이 같다면 K값이 커질수록 주파수 재사용거리 D도 증가한다. 그러므로 D가 증가하면 동일채널 간섭이 발생하는 확률은 줄어들기 때문에 K의 값이 큰 것이 바람직하지만 할당된 총 채널의 수가 한정되어 있기 때문에 K의 값이 크면 기지국 당 할당되는 채널의 수는 적어지게 된다. 그러므로 셀룰러 시스템의 설계자는 시스템이 필요로 하는 성능을 만족시킬 수 있는 범위 내에서 K값의 최소치를 구하는 것이다.

3.6 핸드오버

핸드오버(hand over)란 통화자가 전화를 걸면서 한 기지국에서 인접 기지국으로 이동할 때 이 두 기지국은 서로 다른 주파수를 사용하고 있지만 통화자가 거의 인식될 수 없는 상태에서 단말기의 주파수가 자동적으로 새로운 기지국의 주파수로 변경되어 통화가 끊어지지 않고 지속되도록 하는 방법이다. 즉 이동 국이 통화 중에 계속 이동할 경우 이동 단말기는 서비스 영역으로부터 수신되는 전계 강도가 점차적으로 약해질 것이며 일정수준 이하로 낮아지는 경우 기지국은 그 회선을 핸드오버 대상으로 판단하고 교환기에게 핸드오버를 요청한다.

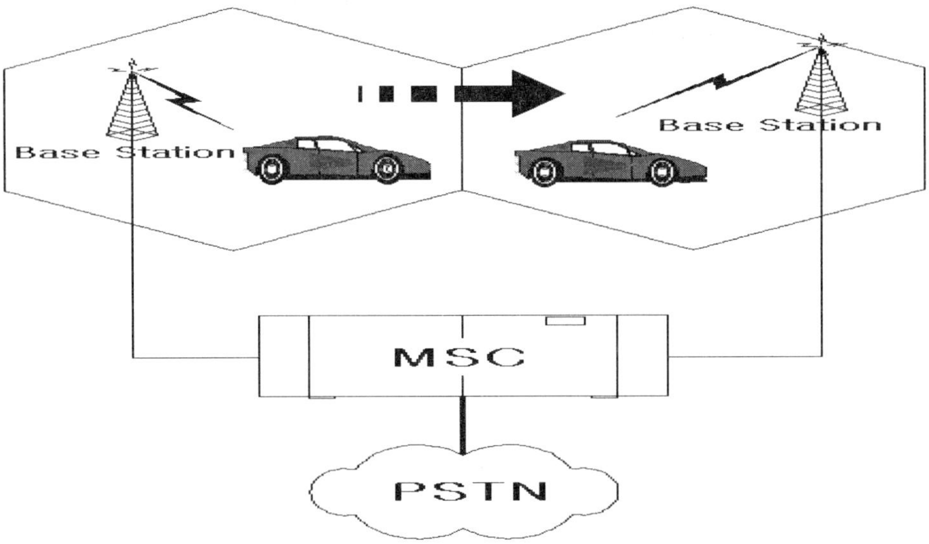

그림 3.3 핸드오버

핸드오버가 일어나는 절차는 다음과 같다.

① 서비스 중인 기지국과 그 주변의 기지국은 사용 중인 채널의 전송 품질을 감시한다. 이동 교환국은 데이터 링크를 통해 정보를 받으며, 이를 분석하여 호를 어떤 기지국으로 넘겨야 할지를 결정한다.

② 이동교환국은 새로운 기지국에 특정채널로 통화가 핸드오버가 되었음을 알린

다.

③ 이동교환국은 서비스 중인 기지국에 통화가 새로운 기지국으로 핸드오버 되었음을 알린다. 이동국은 사용 중인 음성채널을 통해 새로운 채널에 대한 정보를 받는다.

④ 이동국은 새로운 채널로 튜닝한 후에 그 전의 채널을 반납한다.

⑤ 새로운 기지국은 새로운 채널을 통하여 그 호를 계속 활성화시킨다.

핸드오버 알고리즘은 시스템에 따라 다를 수 있으며, 가장 단순한 방법은 신호의 세기를 측정하는 방법이다.

이러한 핸드오버의 목적은 이동 국 사용자가 현재의 셀에서 다른 셀로 이동을 하더라도 핸드오버 시 발생할 수 있는 문제점 즉 핸드오버 지연시간의 증가나 호 절단(Call Dropping)으로 인한 사용자의 불편을 최소화하는데 있다. 그리고 사용자로 하여금 핸드오버 절차를 알아차리지 못하도록 하는데 목적이 있다. 그러므로 이를 해결하기 위해서 핸드오버의 기술은 적은 지연시간과 주어진 서비스 품질(QoS : Quality of Service)을 유지하여야하며, 새로운 호 요청과 핸드오버 요청 간에 트래픽 설정을 효과적으로 관리할 수 있어야 한다. 또 버퍼링(buffering)을 최소화하여 지연시간으로 인한 핸드오버 문제를 최소화 하여야 한다.

3.7 로밍 서비스

이동 국이 계속 이동을 하다보면 가입등록지역 이외의 지역 즉 서비스 관리지역을 달리하는 시스템의 서비스 지역으로 들어가는 경우가 생기게 된다. 로밍(roaming)이란 것은 이와 같이 가입등록 지역 이외의 지역에 이동 국이 통화를 할 수 있도록 해주는 것을 말한다.

2개의 사업자가 존재하는 지역에서 거주 지역을 떠나 통화를 시도할 경우, 가입자는 자기 등록지역 사업자로부터 정상적인 서비스를 받을 수 없다. 로밍 서비스가 가능하도록 하려면 우선적으로 관련 사업자간에 협정이 체결되어야 하고 상호 동일한 방식의 시스템이어야 한다. 방식이 상이한 시스템 간 로밍은 기술적 호환성이 없어서 불가능하다. 가입자가 타 사업자 서비스의 영역에서 단말기를 바꾸는 경우는 진정한 의미에서의 로밍이라고 할 수 없다.

이동전화교환기는 자체의 시스템 식별 번호를 갖고 있으며 단말기가 이동전화 교환 시스템에 가입할 때는 해당 시스템 식별 번호를 메모리 내에 기록하게 된다. 단말기가 시스템을 달리하는 지역으로 이동한 경우, 기지국의 순방향제어채널을 통하여 시스템 식별 번호를 수신하고 역방향 제어채널을 통하여 단말기에 기록된 시스템 식별 번호를 전송하며 자율 등록(Autonomous Registration)절차에 따라 등록을 하게 된다. 시스템은 단말기로부터 접수된 시스템 식별 번호를 자체 시스템 식별 번호와 비교한다. 시스템 식별 번호가 일치하지 않는 경우에는 타 시스템 가입자로 관리한다. 타 시스템 가입자에 대한 서비스를 로밍 서비스라 한다. 따라서 로밍 서비스를 제공하기 위해서는 시스템 식별 번호를 달리하는 시스템 간에 상호 로밍 데이터관리와 그에 따른 파라미터를 적절하게 설정하여야 한다.

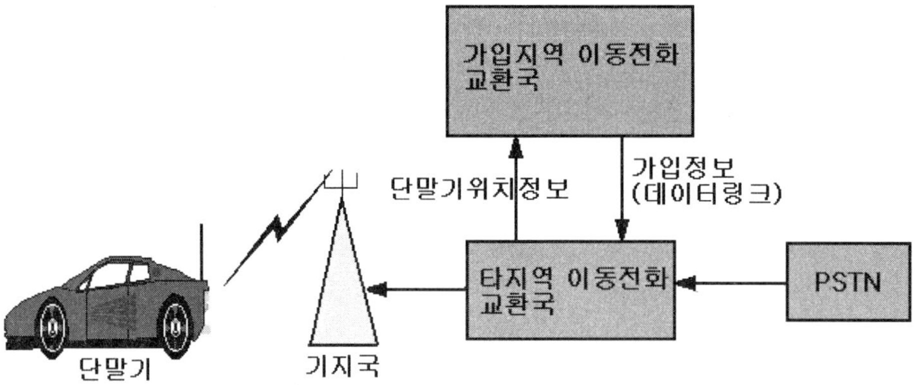

그림 3.4 로밍 서비스

이러한 로밍의 필요성은 시스템이 늘어나고 서비스 지역이 확대됨에 따라 더욱 부각되고 있다. 세계적으로 로밍의 가치가 가입자들의 요구에 따라 더욱 부각되고 있으며 사업자간의 쌍무협정도 수없이 이루어지고 있다. 이와 같이 로밍의 필요성은 일반적으로 널리 인식되고 있으며 사업자 측으로서는 가능한 한 광범위한 영역에서 저렴한 가격에 의한 로밍 서비스를 제공하고자 하는 것이다. 그러므로 제한된 주파수를 가지고 최소한도의 대역폭을 가지고 이용 율을 극대화하면서 이용자에게 만족을 줄 수 있는 시스템을 만드는 것이 주파수 할당의 목적이다.

3.8 이동통신 운영

각 나라들은 이동성과 편의성을 제공으로 오늘날 눈부시게 성장한 이동 통신 기술인 셀룰러(Cellular)방식을 표준으로 사용하고 있다. 셀룰러 방식 이전의 초창기에는 일부의 국가에서 제한적으로 수동식을 사용하였다. 이때의 이동 통신 기술은 채널의 수가 매우 제한적이었고 핸드오버(handover) 또는 핸드오프(handoff)를 지원하지 못함으로써 서비스 지역을 벗어날 경우 통화가 끊기는 등의 불편함이 있었다. 이러한 단점을 보완하여 1979년 미국의 시카고에서 최초로 셀룰러 방식을 실용화하였다.

이 셀룰러 방식은 통화권을 반지름 2~20Km의 소구역으로 세분화하고, 분할된 각 셀마다 저출력의 무선 기지국을 설치하여 인집 무선 기지국 간의 상호 간섭을 방지하도록 한 기술이다. 예를 들어 통화 중인 이동 전화가 다른 무선 기지국 권내로 이동할 경우 자동 교환 시스템에 의해서 통화 중인 다른 채널로 연결해 줌으로써 셀이 바뀌어도 이용자는 불편 없이 통화를 계속할 수 있게 된다. 또한 인접하지 않은 분리된 무선 기지국은 같은 주파수의 채널을 동시에 사용할 수 있으므로 채널 용량이 크게 증가한다. 국가에서 정한 직무표준에 의한 이동통신 서비스 직무는 이동통신서비스 검사는 이동통신 무선국 설비에 대하여 기술기준에 적합한지와 허가 시 지정한 제반사항 등의 이행 여부를 확인받는 행정절차를 실행하는 능력함양을 배양한다.

이동통신을 간단하게 정의할 수 있을까 휴대폰을 간단하게 정의할 수 있을까 세상에는 어떤 용어를 알기위해 그 용어에 대해 정의하는 것이 무의미하다고 느껴지는 것이 너무나도 많다. 왜냐하면 용어에 대한 특별한 정의 없이도 아무런 불편함 없이 당연한 용어로 사람들이 받아들이기 때문이다. 예를 들어 아버지를 정의하는 것은 무의미하다. 그냥 아버지인 것이다. 하지만 굳이 정의하자면 나를 낳아준 남자 사람 정도일 것이다.

이동통신이란 사용자가 자유롭게 이동하는 중에도 계속적인 통신이 가능하도록 해 주는 통신시스템을 말한다. 이동통신이 무선통신의 기술을 사용하므로 그 일부의 범주에 포함되기는 하지만, 사용자의 이동성이 보장되어야 하므로 무선을 이용했다고 해서 반드시 이동통신이 되는 것은 아니다. 무선을 이용한 통신이 시작된 것은 1900년대 초부터였지만 무선을 이용한 전화가 등장한 것은 1921년으로, 미국 디트로이트 경찰의 차량 이동전화 서비스가 시작되면서부터였다. 하지만 이는 교환이 필요했고 일방으로만 통신이 가능한 방식이었다. 따라서 전화라기보다는 무전기에 가까운 서비스라고 평가받기도 한다.

제4장 이동통신 기술

우리에게 휴대폰 없는 세상을 상상할 수 있겠는가 오늘날 이동통신시스템과 이동네트워크는 모든 분야에서 다양하게 이용되고 있어서 우리에게는 없어서는 안 될 중요한 일부분이 되었다. 우리 주변에서 사용되고 있는 다양한 이동통신시스템과 이동네트워크에 대해서 살펴보기로 하자. 다양한 이동통신시스템과 이동네트워크를 통해서 창의적이고 혁신적인 새로운 이동통신시스템과 이동네트워크 개발에 대해 깊이 생각해 보는 시간을 갖도록 해 보자.

4.1 유비쿼터스

유비쿼터스(Ubiquitous)의 사전적 의미는 언제 어디서나 어떤 기기로든 자유롭게 통신망에 접속하여 다양한 자료들을 주고받을 수 있는 것을 말한다. 유비쿼터스는 물이나 공기처럼 시공을 초월해 언제, 어디에나 존재한다는 뜻의 라틴어로 사용자가 컴퓨터나 네트워크를 의식하지 않고 장소에 상관없이 자유롭게 네트워크에 접속할 수 있는 환경을 말한다. 생활 구석구석에 스며들어 있음을 뜻하는 퍼베이시브 컴퓨팅(pervasive computing)과 같은 개념이다.

유비쿼터스가 이루어지면 가정, 자동차는 물론 심지어 산꼭대기에서도 정보기술을 활용할 수 있고 네트워크에 연결되는 컴퓨터 사용자의 수도 늘어나 정보기술 산업의 규모와 범위도 커지게 된다. 그러나 유비쿼터스 네트워크가 이루어지기 위해서는 광 대역 통신과 컨버젼스(convergence) 기술의 일반화, 정보기술 기기의 저가격화 등 정보기술의 고도화가 전제되어야 한다. 휴대성과 편의성뿐 아니라 시간과 장소에 구애받지 않고도 네트워크에 접속할 수 있는 장점들 때문에 세계적인 개발 경쟁이 일고 있다.

유비쿼터스는 우리 일상생활 속에서 편리함을 주는 정보통신 첨단기술이다. 출근하기 전 정보기기로 신문 등 정보를 집에서 간편하게 얻을 수 있으며 차량운행 중 교통상황을 체크하여 체증이 덜한 길로 우회하여 간다. 이는 모든 차량에 부착되어 있는 RFID(Radio Frequency Identification)로부터 정보를 얻어 가능하게 되었다. 또한 자신이 원하는 사람의 위치와 자신에게 필요한 정보를 넘겨받을 수 있는 기능 또한 추가되어있다. 언제든지 실시간으로 누구에게나 정보를 공유받을 수 있다는 장점이 있다.

유비쿼터스 컴퓨팅은 컴퓨팅의 주체가 사람에서 사람과 사물을 포함한 모든 것으로 바뀌는 패러다임의 변화라고 할 수 있다. 유비쿼터스라는 단어의 의미대로 언제 어디서나 존재하는 즉 상호 네트워크로 연결 편재된 컴퓨터의 의미에서 본다면 단순히 컴퓨팅 환경의 확장 및 확대된 개념으로도 볼 수 있다. 그러나 물리공간에 존재하는 모든 것 사물, 기계 , 식물 , 동물 , 사람 등에 컴퓨팅과 통신능력을 갖는 유비쿼터스 칩 을 심고, 서로 네트워크로 연결해 전자공간과 융합되어진 유비쿼터스 공간 을 창출한다는 유비쿼터스 컴퓨팅 개념은 단순한 컴퓨팅 환경의 확장 그 이상이다. 즉 새로운 공간 의 창조라고 할 수 있다.

유비쿼터스는 집에서부터 하루일과에 편리함을 주는 정보통신 첨단기술이다. 출근하기 전 디스플레이어로 신문 등 정보를 집에서 간편하게 얻을 수 있으며 차량운행 중 교통상황을 체크하여 체증이 덜한 길로 우회하여 간다. 이는 모든 차량에 부착되어 있는 RF-ID로부터 정보를 얻어 가능하게 되었다. 또한 자신이 원하는 사람의 위치와 자신에게 필요한 정보를 넘겨받을 수 있는 기능 또한 추가되어있다. 언제든지 실시간으로 누구에게나 정보를 공유 받을 수 있다는 장점이 있다. 유비쿼터스는 이제까지의 공간적 커뮤니케이션 한계를 극복하고. 모든 사물에 컴퓨터와 네트워크를 연결해 언제 어디서나 커뮤니케이션이 가능하도록 한다는 개념이다. xerox의 mark wiser 가 처음 제시한 유비쿼터스 는 mems라는 초소형 전자기기 시스템을 통하여 사람 눈에 보이지 않게 사물과 물리공간에 컴퓨터를 장착해 사물 공간, 공간 사람, 사람 사물, 간에 네트워크 환경을 구성 한다 는 것이다. 공기처럼 보이지 않지만 거미 같은 네트워크로 연결된 세상은 혁신이라고 할 만큼 다양한 변화를 가져 올 것으로 예상된다.

유비쿼터스 컴퓨팅은 컴퓨팅의 주체가 사람에서 사람과 사물을 포함한 모든 것으로 바뀌는 패러다임의 변화라고 할 수 있다. 유비쿼터스 라는 단어의 의미대로 언제 어디서나 존재하는 즉 상호 네트워크로 연결 편재된 컴퓨터의 의미에서 본다면 단순히 컴퓨팅 환경의 확장 및 확대된 개념으로도 볼 수 있다. 그러나 물리공간에 존재하는 모든 것에 컴퓨팅과 통신 능력을 갖는 유비쿼터스 칩 을 심고, 서로 네트워크로 연결해 전자공간과 융합되어진 유비쿼터스 공간 을 창출한다는 유비쿼터스 컴퓨팅 개념은 단순한 컴퓨팅 환경의 확장 그 이상이다. 즉 새로운 공간 의 창조라고 할 수 있다.

유비쿼터스의 가장 큰 장점은 모든 정보를 손쉽게 얻을 수 있다는 것이다. 또한 최적의 환경을 제공한다는 것 이다. 모든 정보가 단말기를 통해 내게 모이는 것이다. 모든 정보가 손 안에 다 들어오는 것이다. 마트에 가더라도 따로 지갑을 가지고 갈 필요가 없어지고 진열장에 있는 물건의 가격이 얼마이고, 생산일자가 언제이고, 유통기한이 언제인지, 그리고 생산자, 생산지, 품질검사자 등을 모든 정보를 핸드폰을 통해서 확인해 볼 수 있을 것이고, 결제 또한 카운터를 거치지 않고 진열대에서 바로 할 수도 있고. 생전 처음 가보는 낯선 곳에 가더라도 주변에 어떤 가게들이 있고, 어디에 무엇이 있는지 모두 확인해볼 수 있죠. 지도가 없더라도 단말기로 모든 정보를 얻을 수 있으니까요. 택배로 물건을 배송하더라도 컴퓨터로 배송업체의 인터넷 사이트에 들어가 보지 않더라도 물건이 어디쯤에 있고, 누구의 손을 거치고 있는지도 다 확인 할 수 있을 겁니다. 길거리에서, 공원 벤치에서, 카페에 앉아서 냉장고도 살 수 있고, 그 냉장고가 어디까지 와 있는지도 확인 할 수 있습니다. 생전 가본 적이 없는 낯선 지역을 가던 단말기에 정보 전송만 원활 하다면 그 지역 도로 상황정보 또한 쉽게 알 수 있다는 점이 있다. 유비쿼터스의 단점은 일단 상용화는 되어있지만 현재 주류인 유선초고속인터넷에 비해 턱없이 부족한 인프라는 단점으로 지적되고 있다. 현재는 중요 시내, 관공서, 대기업 등 유동인구가 많은 곳 위주로 중계기 모뎀이 설치되었기에 그 외 대다수 지역에서는 이용하기가 힘들다. 때문에 필요지역에선 통신사에 따로 중계기 모뎀설치를 요구해야하는 실정이다. 안정성 또한 아직은 불안하다고 할 수 있다. 과거 초기에 초고속인터넷이 겪었던 잦은 다운과 속도 저하현상 등이 종종 나타나는 점 보안상 취약하다는 점이 단점으로 지적되고 있다. 하지만 요즘 들어 단점 들이 많이 보완/보강 되었다고 알려져 있다.요즘 개발 지어 지고 있는 아파트 또는 개인주택에도 서비스가 도입 되며 보편화 되고 있다.

유비쿼터스는 물이나 공기처럼 시공을 초월해 언제 어디에나 존재한다는 뜻의 라틴어로, 사용자가 컴퓨터나 네트워크를 의식하지 않고 장소에 상관없이 자유롭게 네트워크에 접속할 수 있는 환경을 말한다. 컴퓨터 관련 기술이 생활 구석구석에 스며들어 있음을 뜻하는 퍼베이시브 컴퓨팅과 같은 개념이다. 1988년 미국의 사무용 복사기 제조회사인 제록스의 마크 와이저가 유비쿼터스 컴퓨팅이라는 용어를 사용하면서 처음으로 등장하였다. 당시 와이저는 유비쿼터스 컴퓨팅을 메인프레임과 퍼스널컴퓨터(PC)에 이어 제3의 정보혁명을 이끌 것이라고 주장하였는데, 단독으로 쓰이지는 않고 유비쿼터스 통신, 유비쿼터스 네트워크 등과 같은 형태로 쓰인다. 곧 컴퓨터에 어떠한 기능을 추가하는 것이 아니라 자동차·냉장고·안경·시계·스테레오장비 등과 같이 어떤 기기나 사물에 컴퓨터를 집어넣어 커뮤니케이션이 가능하도록 해 주는 정보기술(IT) 환경 또는 정보기술 패러다임을 뜻한다. 유비쿼터스화가 이루어지면 가정·자동차는 물론, 심지어 산꼭대기에서도 정보기술을 활용할 수 있고, 네트워크에 연결되는 컴퓨터 사용자의 수도 늘어나 정보기술 산업의 규모와 범위도 그만큼 커지게 된다. 그러나 유비쿼터스 네트워크가 이루어지기 위해서는 광대역통신과 컨버전스 기술의 일반화, 정보기술 기기의 저가격화 등 정보기술의 고도화가 전제되어야 한다. 휴대성과 편의성뿐 아니라 시간과 장소에 구애받지 않고도 네트워크에 접속할 수 있는 장점들 때문에 세계적인 개발 경쟁이 일고 있다.

4.2 와이브로

와이브로(WiBro : Wireless Broadband Internet)는 이동하면서도 초고속인터넷을 이용할 수 있는 무선 휴대 인터넷 시스템을 말한다. 현재 와이브로는 와이파이(WiFi : Wireless Fidelity)와 함께 무선 인터넷 분야에 폭넓게 이용되어지고 있다.

와이브로는 우리나라의 삼성전자와 한국전자통신연구원이 개발한 무선 광 대역 인터넷 기술이다. 처음엔 고속 데이터 통신 기술을 가리키는 용어로 창안된 것이지만 통신업체에서 기술 명을 서비스명으로 이용하면서 기술 이름보다 서비스 이름으로 더 잘 알려져 있으며 국내 사업자로 KT와 SK텔레콤이 선정돼 2006년 6월 30일부터 서울과 경기도의 일부지역에서 세계 최초로 상용화 서비스가 시작됐다. 특히 2007년 10월 18일, 우리나라가 세계 최초로 개발한 와이브로 기술이 국제전기통신연합 전자기파총회에서 'IMT-2000'으로 통칭되는 3세대 이동통신(3G)의 6번째 국제표준으로 채택되면서 화제가 되기도 했다.

와이브로는 휴대형 단말기를 이용하여 정지 및 이동 중에 언제, 어디서나 고속의 전송 속도(약 1Mbps 급)로 인터넷에 접속하여 다양한 정보 및 콘텐츠 사용이 가능한 초고속인터넷 서비스를 말한다. 즉, 실내의 유선 초고속인터넷 서비스를 실외에서 이동 중에도 사용할 수 있도록 확장하는 개념이다. 이것은 2.3GHz 주파수 대역을 이용하여 셀 반경 1Km이내, 이동시 최소 60Km/H 이상에서도 끊김

없는 무선 인터넷 서비스를 보장하고, 보다 저렴하게 무선 인터넷을 이용할 수 있는 새로운 서비스이다. 현재에는 70Km/H의 이동성과 가입자당 1Mbps의 전송속도까지 지원하는 수준으로 개발되었으며, 상용화되면 100Km/H 의 이동성과 3Mbps의 전송속도까지 가능할 것으로 전망된다. 와이브로 서비스가 시작되면 노트북용 무선 랜 카드나, USB 무선 랜 카드처럼 생긴 장치를 연결하면 길거리나 달리는 차 안에서 영화를 즐기고, 온라인 게임을 이나 웹 서핑을 하는 것을 지금 사무실에서 인터넷 서핑을 하듯 할 수 있게 된다.

와이브로의 가장 큰 기술적 특징은 무선 인터넷 접속에 이동성을 더하였다는 것이다. KT의 네스팟과 같은 기존의 WI-FI 기반의 무선 랜 인터넷 접속은 AP(액세스 포인트 : Access Point) 장치를 중심으로 일정한 반경(커버리지:coverage)에 인터넷을 접속할 수 있게 하였으나 AP 장치는 핸드오프(hand off)를 지원하지 못하기 때문에 일정 범위(셀 커버리지:cell coverage)를 벗어나면 연결이 끊길 수밖에 없었다. 와이브로는 이동통신의 직교 주파수 분할 다중접속(OFDMA) 기술 및 셀룰러(cellular) 기술을 응용하여 서비스 셀을 구성하고 핸드오프를 구현하여 이동하면서 인터넷에 접속할 수 있게 하였다. Global WiBro 기술인 WiMAX는 2006년 이동성을 제공할 수 있는 규격 개선을 완료하였고, 와이브로의 규격도 이 WiMAX와 호환되도록 규격개정이 이루어졌다.

와이브로는 요금 면에서 저렴하게 사용 할 수 있다는 것과 약 1Mbps 정도의 빠른 전송속도로 이동전화 무선인터넷보다 데이터 전송에 유리 하며 60km 이상의 속도로 이동 중에도 무선 인터넷을 할 수 있다. 또한 유선 초고속 인터넷처럼 자유롭게 다양한 컨텐츠를 이용 할 수 있는 장점이 있지만. 서비스 특성상 중계기가 미설치된 건물이나 주택 실내에서는 신호가 미약하여 정상적인 접속 및 이용에 어려움이 있을 수 있다.

한편, 와이브로 모듈이 내장된 인텔의 칩 셋을 노트북이나 넷 북에 탑재할 경우 이용자들은 별도로 와이브로 모뎀을 구매하지 않고 와이브로를 이용할 수 있기 때문이다. KT는 인텔의 칩 셋을 이용할 수 있도록 10MHz 대역으로 전국망을 구축하여 새로운 무선망을 구현해 네트워크 트래픽의 효율을 높이고 네트워크 및 운용비용을 절감할 수 있도록 하였다. 컴퓨팅 서비스를 언제 어디서나 손쉽게 사용할 수 있는 최적화된 디바이스 사용, 인텔의 클라우드 컴퓨팅 기술을 접목하여 클라우드 컴퓨팅 서비스의 필수 요소인 가상화, 최적화, 효율화를 구현하는 것이 가능하다.

와이브로는 일반적인 무선 인터넷 사용방식인 Wi-Fi에 이동성을 추가한 것으로 이동 중에도 사용할 수 있고 무선이기 때문에 언제 어디서나 손쉽고 간편하고 편리하게 사용 될 수 있다는 장점을 가지고 있다. 그렇지만 가정, 사무실 등 내부에서는 접속이 되더라도 속도가 느린 점, 유무선공유기를 구입해서 이용하는 번거로운 방법과 최초에 유무선공유기 가격 비용이 든다는 단점도 가진다.

와이브로(Wireless Broadband, 해외에선 Mobile WiMAX로 알려짐)는 우리나라의 삼성전자와 한국전자통신연구원이 개발한 무선 광대역 인터넷 기술이다. 처음엔 고속 데이터 통신 기술을 가리키는 용어로 창안된 것이지만, 통신업체에서 기술명을 서비스명으로 이용하면서 기술 이름보다 서비스 이름으로 더 잘 알려져 있으며 국내 사업자로 KT와 SK텔레콤이 선정돼 2006년 6월 30일부터 서울과 경기도의 일부지역에서 세계 최초로 상용화 서비스가 시작됐다. 특히 2007년 10월 18일, 우리나라가 세계 최초로 개발한 와이브로 기술이 국제전기통신연합 전파총회에서 'IMT-2000'으로 통칭되는 3세대 이동통신(3G)의 6번째 국제표준으로 채택되면서 화제가 되기도 했다.

4.3 WLL

WLL(Wireless Local Loop) 시스템은 전화국과 일반가정, 사무실을 유선이 아닌 무선으로 연결하여 음성, ISDN, 팩스, 데이터 서비스 등을 제공하는 시스템을 말한다. 특히 전화국에서 전화 가입자의 댁내까지를 연결하는 유선 선로 대신 무선시스템을 이용하여 전화선을 구성해 주는 것을 시작으로 개발되었다. 이 기술은 농어촌 지역과 같이 인구밀도가 희박한 지역에 전화를 가설할 경우 가설비를 줄이기 위한 방편으로 지난 70년대 초 미국 벨연구소에서 처음 고안되었지만 무선 주파수의 확보가 쉽지 않았고 안테나와 무선 송수신 장치의 제조 및 설치비용이 과다하여 상용화 단계에까지 이르지 못하였다. 그러나 최근 전자통신 기술의 급격한 발달과 더불어 여러 제조업체에서 경제성 있는 제품을 시장에 속속 출시해 통신사업자들도 이 WLL의 상용화에 지대한 관심을 보이고 있다.

현재 전 세계의 전송망 사업자 사이에서 WLL 기술은 구리나 알루미늄 케이블보다 무선 시스템의 보다 낳은 장점으로 인하여 지방에서 가입자의 접속 비용을 줄일 수 있고, 서비스 요구에 따른 더욱 빠른 접속을 제공한다는 장점 때문에 인기 있는 전송 매체로 선택되고 있다. 몇 년 전만 해도 공중 무선 통신망 접속은 신형 통신 사업에 포함되어 있어, 사우디아라비아 사막, 오스트레일리아 오지나 텍사스 평원과 같이 인구밀도가 희박한 고립 지역에서 서비스 되었다. 오늘날 다른 방식의 시스템이 위협을 받고 있는 것과는 대조적으로 WLL은 확장된 대중매체와 인구 밀도가 희박한 지역에서 활기를 띠고 있다.

예를 들면, 인도네시아, 영국, 남아프리카와 브라질 등의 시장에서 무선망이 저가 비용으로 가입자간의 접속을 제공할 것으로 예상되고 있다. 일시적으로 후진국에서 근간을 이루던 WLL 사업은 이제 선진 시장에서 진보적이고, 영구적으로 수용할 수 있는 기술로써 받아들여지고 있다.

WLL의 장점은 다음과 같이 정리할 수 있다. WLL은 fixed-to-fixed 전자기파이다. WLL에서 fixed-to-fixed 전자기파의 경로 손실은 20dB/decade나, 이동무선전화(fixed-to-mobile)의 경우에는 40dB/decade이고, 이는 상당히 높은 손실에 해당한다. 안테나는 건물의 높은 곳에 위치하므로 WLL은 다중경로 조건이 아니다. 페이딩이 없는 fixed-to-fixed 조건의30KHz FM 채널에서 carrier-to-interference ratio(C/I)는 10dB이 필요하다. 반면에 이동 통신 조건하에서는 C/I가 18dB이 요구된다. 이는 WLL에서는 페이딩이 없는 조건하에서 수신된 신호는 더 많은 간섭까지도 허용할 수 있다는 것을 의미한다. WLL에서 주파수 재사용 거리는 WLL의 fixed-to-fixed 연결이 간섭거리를 줄이기 위해 양단에 방향성 안테나를 사용하고 있기 때문에 더욱 짧아질 수 있다. 주파수 재사용 거리의 감소는 용량의 증가를 의미한다. WLL에서는 fixed-to-fixed 연결로 인해 핸드오프가 발생하지 않는다. 각 건물과 cell까지의 무선 연결은 간섭을 줄이기 위해 설치될 수 있다. 이런 연결은 설치 이후에는 변하지 않으며 디자인 역시 매우 간단하다.

WLL의 단점은 다음과 같이 요약할 수 있다. 첫 번째로 Loop의 거리, 인구분포, 인프라 구조의 이용도 등의 변화 때문에 유선과 무선 시스템간의 비용문제를 직접 비교해 보기 어렵다. 두 번째로 현재의 고정 무선 시스템은 동선에 비해서 서비스 영역이 적다. 따라서 대부분이 음성, 팩시밀리, 저속데이터에 한정된다. 세 번째로 WLL 기술에 대한 국제 표준화가 마련되어있지 않다. 그래서 WLL과 무선 망의 요구사항을 만족시켜줄 만한 해결책이 없다.

사실상 셀룰러 시스템은 WLL에 적합한 시스템이며, CDMA와 같은 디지털 방식은 아날로그 방식에 비해 15에서 20배 정도의 용량을 갖고 있다. 더욱이

CDMA를 WLL 시스템에 사용할 때가 이동통신 시스템에서 이용될 때보다 두 세배 정도의 용량을 갖는다. 이두 시스템은 같은 CDMA 셀룰러 통신 장비를 이용할 수 있다. 다음 그림은 기본적인 WLL 시스템의 배치를 보여주고 있다.

무선 기지국은 무선 송수신기와 기지국의 두 부분으로 구성된다. 그리고 WLL에는 핸드오프나 전력 제어 기능이 없어 제어 기능이 간단해 진다. WLL은 경제적인 통신 방식을 찾는데 많은 기여를 해 오고 있다. 일반적으로 셀룰러와 PCS망은 고 대역을 제외하고는 동일하게 사용될 수 있으며 자유 공간 조건 때문에 신호 손실이 최소가 되도록 설계되어 있다.

무선가입망(WLL)이란 전화국에서 전화가입자의 댁내까지를 연결하는 유선 선로 대신 무선시스템을 이용해 전화선을 구성해 주는 것을 말한다. 이 기술은 농어촌지역과 같이 인구밀도가 희박한 지역에 전화를 가설할 경우 가설비를 줄이기 위한 방편으로 70년대 초 미국 벨연구소에서 처음 고안되었지만 무선주파수의 확보가 쉽지 않았고 안테나와 무선 송수신장치의 제조 및 설치비용이 과다하여 상용화 단계에까지 이르지 못했었다. 그러나 90년대 중반 전자통신기술의 급속한 발전과 더불어 여러 제조업체에서 경제성 있는 제품을 시장에 속속 출시하고 있어 통신사업자들도 이 WLL의 상용화에 지대한 관심을 보이고 있다. WLL의 장점을 요약하면 전자기술의 발달로 회선당 단가가 저렴한 경제성과 함께 유선 선로에 비해 설치가 용이하다는 점이다. 또한 전파가 도달하는 지역은 어디에나 간편하게 설치할 수 있어 통신망 구축이 유연하다. 또한 송·수신 장치가 고정돼 있어 전파환경이 이동통신보다 우수하다. 특히 WLL기술은 차세대 이동통신 서비스인 IMT-2000과 동일한 광대역 코드분할다중접속(W-CDMA)기술을 사용하고 있어 IMT-2000의 기반기술을 조기에 확보할 수 있다.

이동통신 기술을 이용한 멀티미디어 기술은 IMT-2000이 완성될 경우 6.4K~2Mbps 정도가 지원되므로 향후 유선망에서 형성될 155Mbps까지의 정보는 다른 무선통신기술을 필요로 하지 않으면 안 된다. 이에 한국통신은 WLL을 가입자망 초고속화에 활용키로 하고 현재 국내 표준시스템을 개발했으며, 98년 말부터 WLL시스템을 적용하기 시작해 2005년까지 3백80만 가입자를 수용할 계획이다. 한편 데이콤은 오는 3월까지 시스템 개발업체의 상용 제품의 성능 검사를 마무리해 공급업체를 선정하고 오는 10월부터는 서울, 광역시, 제주 지역을 대상으로 시범 서비스를 개시할 방침이다.

4.4 무선 LAN 기술

무선 LAN(Local Area Network)은 협 대역(Narrow band) 마이크로웨이브, 적외선(Infrared), 그리고 확산 대역(Spread Spectrum)대역을 사용하며, 적외선 LAN은 가시광선 바로 아래의 주파수 대역을 사용한다. 산업, 과학, 의료계의 용도를 위해 지정된 ISM 대역은 902~928MHz, 2.4~2.484GHz, 5.725~5.805GHz를 포함한다. 신호를 확산하는 확산대역 방식을 사용할 경우 많은 주파수 대역을 사용하게 되어 그 효율은 떨어지지만 안정성과 신뢰성을 유지할 수 있기 때문에 현재 많은 상용화 제품이 확산 대역 전송 기술을 사용한다.

무선 LAN이 더 활성화되기 위해서는 이동성뿐만 아니라 유선 LAN의 속도에 버금가는 전송 율을 제공할 수 있어야 한다. 현재 대부분의 상용 무선 LAN제품은 유선 LAN에 비해 상당히 낮은 전송 율을 제공하고 있다. 전송율의 향상을 위해서는 라디오 변조 기법을 향상시키고 RF(Radio Frequence) 부품과 DSP(Digital Signal Processor)와 같은 기본적인 하드웨어 기술의 발달이 병행되어야 한다.

적외선을 사용한 최초의 무선 LAN은 1980년대 말에 개발되었다. 그 이후로 많은 적외선 LAN이 출현했다. 이러한 시스템들은 무선망의 통신매체로 라디오 대신 적외선의 많은 장점을 이용하려고 했던 것이다. 예를 들면, 적외선은 대역폭이 풍부하고, FCC(Federal Communication Commission)의 면허가 필요 없으며 라디오 간섭을 받지 않고 적외선 소자들은 작고 가격이 저렴하고 전력을 거의 사용하지 않는다.

파장이 거의 비슷한 적외선과 가시광선은 특성이 거의 비슷하다. 즉, 어두운 물체에 의하여 흡수되고 밝은 물체에는 산란되며 거울이나 빛나는 금속에서는 반사된다. 적외선은 유리는 통과하지만 벽을 통과하지 못한다. 바로 이 점이 라디오에 대한 중요한 특징인데, 벽으로서 선을 구성하며 이웃하는 셀끼리의 간섭이 생기지 않게 된다. 특히 적외선 방사가 방안에만 한정시키므로 통신보안이 좋다. 적외선은 여러 가지 단점도 가지고 있다. 적외선 링크는 송신기와 수신기 사이의 사물 또는 사람에 의해 전송이 방해된다. 이것은 비방향성 시스템에 대하여는 빛이 벽 등의 반사에 의하여 수신기로 도달되므로 치명적이지는 않다. 적외선의 다른 단점은 안전에 대한 고려로 적외선 송신기의 파워에 제한을 주고 또한 벽을 통과하지 못하기 때문에 전달범위가 제한된다는 점이다. 따라서 적외선을 사용하는 고속 무선망에는 반경 약 5m의 작은 셀들이 생기게 된다. 셀 사이의 연결은 유선으로 하기 때문에 적외선 무선망에서 사용되는 선의 양은 유선망에서 사용되는 선의 양보다 약간 작게 된다. 그러나 무선 적외선망의 백본(backbone)을 구성하는 셀 기지국의 유선망은 일단 설치되면, 단말기의 이동에 관계없이 변하지 않게 되므로, 기존의 유선망 보다 효율적이다. 이러한 방해물에 의한 전송방해와 작은 셀 크기에도 불구하고 적외선은 무선망의 매체로서 아직까지도 유망하다고 여겨진다. 사실 면허가 필요 없는 풍부한 대역폭 때문에 100Mbps 이상의 고속 망을 경제적으로 구현 할 수 있는 유일한 방법이기도 하다.

125Kbps의 속도로 동작하는 최초의 적외선 LAN은 천장물질의 우수한 확산성이 있는 반사 성을 이용했다. 각 셀은 각각의 기지국을 가지며, 기지국은 천정에 위치하며 광소스로 LED 배열(array)를 사용한다. 각 기지국들은 유선으로 연결되고, 단말기로부터 기지국까지의 업 링크(up-link) 신호는 기지국에서 수신되어 유선 백본을 통하여 각 기지국으로 브로드캐스트(broadcast)되고, 각 기지국에서는 다시 각각의 셀에서 적외선으로 브로드캐스트된다. 따라서 단말기 입장에 서 보면 모든 셀들은 하나의 공동채널로 보이게 된다. 업 링크 충돌을 피하기 위하여 CSMA/CD가 사용되었으며, 업 링크와 다운 링크(down-link) 전송은 간섭을 피하기 위해 서로 다른 주파수를 사용했다. 이러한 확산성을 이용하는 장점은 송신기와 수신기 사이의 정교한 정렬을 하지 않아도 된다는 점인데 특히 이동단말기인 경우에 매우 중요한 점이다. 반면에 단점은 반사파에 의해 생기는 분산인데, 이점 때문에 전송속도가 제한되기도 한다. 다중 경로 파에 의한 분산은 방향성 있는 광학 빔을 사용하면 많이 감소하므로 높은 비트속도를 달성 할 수 있다. 그러나 시스템 성능이 방향에 매우 민감하므로 이동단말기 에는 적절하지 않다.

고속의 적외선 통신을 이루는 데는 크게 3가지의 장애사항이 있는데, 주위 환경의 빛, 포토다이오드의 높은 용량 성 및 다중경로에 의한 분산으로부터 생기는 잡음이다. 일반적으로 사무실의 램프로부터 방사되는 빛의 상당부분이 적외선이기 때문에 무선 광학링크의 주된 잡음의 소스가 된다. 가장 흔한 빛의 소스 가운데 백열전등이 적외선을 가장 많이 내며 그 다음에 햇빛, 형광등의 순이다. 대부분의 사무실에서 형광등을 사용하는 것은 그나마 대행한 일이다. 그러나 백열전등과 햇빛과는 다르게 형광등은 교류 전원의 주기에 맞추어 빛의 세기가 깜박거리는데 이 저주파수의 강도변화는 포토디텍터(photodector) 전류의 스펙트럼에 그 전원 주파수의 정수배의 주파수에서 나타난다. 100KHz 이상까지 나타나는 이 전원주파수 간섭은 라인 코드를 사용하거나 수백KHz이상의 반송파에 데이터를 변조시킴으로써 해결할 수 있다. 100Mbps의 속도를 내려면 어떤 변조 방법을 사용하여도 반송파의 주파수가 매우 크므로 형광등에 의한 간섭은 baseband 시스템에 국한된다. 실내 환경에서 송신기로부터 수신기까지의 광 신호는 벽이나 그 밖의 반사체로부터의 반사에 의해 분산이 생긴다. 이 분산으로 인해 다중경로 페이딩이 생기게 된다. 이 다중 경로 페이딩은 피드백 이퀄라이저(equalizer)를 사용하거나 적절한 변조 방법을 선택하여 줄일 수 있다.

협 대역 마이크로웨이브 LAN은 일반적으로 18GHz 라디오파를 사용하는데 빛과 같이 어떤 물체에 의해 막히기도 하고 산란되기도 하며 반사되기도 한다. 라디오 채널에서 제공되는 물리적 연결성이 간헐적이라는 점이 무선매체의 가장 먼저 나타나는 특징이다. 그 반면에 유선 매체는 연속적인 물리적 연결성을 유지해준다, 마이크로웨이브 주파수대에서는 사무실 또는 공장에서의 움직이는 사람이나 신호의 블록킹(blocking)도 간헐성의 주요 원천이 되다. VHF나 UHF대역에서는 전기적 잡음도 역시 문제가 된다. 그러나 다행스럽게도 CSMA/CD망에서 충돌을 처리하는 것과 마찬가지로 이러한 문제점들을 다루기 위한 에러 검사 및 재 전송 프로토콜이 많이 이용되고 있다.

무선 채널과 유선 채널의 두 번째 큰 차이점은 매체를 통해 전달되는 정보신호의 특성이다. 대부분의 유선 LAN은 baseband를 이용하므로, 신호 파형을 스칼라 양으로 나타낼 수 있지만, 무선 통신에서는 반송파를 이용하는 변조신호를 사용하므로 신호파형을 벡터와 같이 크기와 위상의 두 양으로 이루어지는 복소수로 나타낸다. 데이터통신에 이용되는 라디오 신호는 RF반송 주파수의 신호와 데이터 주파수(데이터 비트속도)에 관련된 신호로 특정 지어진다. 보통 반송파의 파장과 데이터 신호의 파장은 수 천 배의 차이가 나는데 이것은 밑에서 설명하는 다중경로에 의한 간섭에서 중요한 요소이다.

공중을 통과하는 라디오 신호의 가장 특징적이고 골치 아픈 특성은 신호가 송신 측에서 수신 측까지 여러 경로를 통하여 전달되는 점이다. 따라서 수신 측에서는 전송신호의 여러 복사 신호의 합을 수신하게 된다. 진폭 널이 20dB 정도 생기는 것이 보통인데 무선 LAN에서는 매우 적은 전력으로 전송하기 때문에 20dB 정도의 감쇄 때문에 신호가 없어지기도 한다. 이것보다 더 파괴적인 다중 경로의 형태는 벽에서 반사되어 오는 경우이다. 이때의 반사 벽의 거리가 데이터 신호의 파장과 비슷한 경우가 많으므로 직접 수신되는 신호 반사파 신호 사이의 도착 시간 차이가 크게 된다. 이 지연 확산된 다중경로에 의해 ISI(Inter Symbol Interference)가 생기게 된다. 이것은 반사파의 비트가 직접 수신되는 신호의 다음 비트와 겹치는 현상이다. 일단 ISI가 원래신호 레벨의 어느 정도 레벨이 되면 데이터 통신 시스템에서 에러 율이 급격히 커지게 된다. 이러한 지연확산 다중경로는 감쇄도 야기 시키는 데 아주 복잡한 형태로 나타나게 된다.

라디오 전자기파의 다양한 환경 하에서 다중경로 문제를 해결하기 위한 많은 기술들이 개발되었는데 일반적으로 적응등화(adaptive equalization), 스프레드 스펙트럼, 다중화(diversity, multiplexing) 등의 3가지 방법이 사용된다. 음성 급 전화선에 사용되는 고속 데이터 모뎀의 동작을 위해 개발된 적응등화 기술이 굽은 대기와 지상의 반사파에 의한 지연확산 다중경로에 의해 생기는 ISI를 없애기 위해 현대의 점 대 점 마이크로웨이브에 널리 사용되고 있다. 그러나 등화기 하드웨어는 10Mbps 데이터 신호를 등화하기 위해 필요한 하드웨어의 크기, 비용, 전력소모 등의 실질적인 어려움도 있다. 이러한 문제점 때문에 아직까지는 적응등화 기술이 무선 LAN에 사용되지는 않고 있다. 다중경로를 극복하는 다른 방법은 스프레드 스펙트럼 기술을 이용하는 것이다. 이 기술은 현재 무선 LAN에서 많이 사용되고 있다. 이 스프레드 스펙트럼은 지연 확산 다중경로에 효과적이나, 단점은 일반 LAN의 속도에서 필요한 대역폭이 크다는 점이다.

마지막으로 다중화 방법이 있다. 가장 간단한 형태로 안테나 다중화 방법은 송신기와 수신기 사이의 신호경로를 만들어서 가장 좋은 경로를 선택하는 것이다. 이러한 다중화 기술은 local scattering 다중경로로 생기는 진폭 페이딩을 감쇄시키는 최적방법으로 오랫동안 이용되었다. 여러 면에서 실내통신 환경에서 다중경로를 다루는 데는 안테나 다이버시티가 이상적인 기술이다. 왜냐하면 우선, 스프레드 스펙트럼과 같은 대역폭에 대한 단점이 없으며 10Mbps 신호를 등화하기 위한 비싼 신호 프로세서가 필요 없기 때문이다.

확산 대역 기술은 1940년대부터 연구가 시작되었으며, 장거리 데이터 통신에 관련된 다중 경로 문제를 해결하기 위해 제안된 이래로 강력한 비화성과 간섭, 방해에 강하다는 특징 때문에 군용으로 널리 이용되고 있다. 1960년대 이후에는 비동기로 다중 접속이 가능하다는 점에서 위성간의 통신 방식에도 이용되고 있으며, 무선 LAN 및 이동통신 등에서도 사용되고 있다.

확산대역 방식은 자연적으로 생기는 잡음이나, 고의적인 전자기파 방해 같은 간섭에 강하다. 하지만 이 의미는 단지 탐지 당할 확률이 적다는 것이며, 안전한 데이터 전송 환경을 완벽히 보장하지는 못한다. 만일 확산 대역을 사용해도 신호가 탐지된다면, 암호와 기법을 사용하여 데이터를 안전하게 전송할 수 있다. 이와 같은 장점으로 인하여 1985년 FCC에서 ISM 대역으로 허가 받지 않고 사용할 수 있는 확산 대역 방식을 인가함으로써 무선 LAN시스템에 본격적으로 적용되게 되었다. 인가가 필요 없는 ISM 밴드 대역 내에서 2.4Ghz 주파수대는 여러 제조업체들에게 유용하게 사용되고 있다. 이 주파수대는 무선 LAN 에 있어서 편리하고 빠른 속도를 보장할 수 있는 가히 혁신적인 기회를 제공하고 있다. 특히 우리나라에서는 902Mhz대가 이동통신 영역으로 사용되고 있기 때문에 2.4GHz 대의 사용은 필연적이다.

확산 대역 방식은 전송하고자 하는 정보를 필요한 대역폭에 비해 훨씬 넓은 대역폭으로 신호를 송신하고, 수신 측에서는 원래의 정보 대역폭에 비해 훨씬 넓은 대역폭으로 신호를 송신하고, 수신 측에서는 원래의 정보 대역폭으로 수신된 신호를 복원하는 방식으로, 이 협 대역 신호와 광 대역 신호간의 변/복조가 이 방식의 핵심 기술이다.

사용자를 적절히 할당하여 스펙트럼을 공유함으로 다중 접속이 가능하며 원래의 정보 대역폭에 비해 넓은 대역폭을 사용한다. 특히 전력 스펙트럼 밀도가 낮기 때문에 신호 은닉이 가능하여 보안성을 높여준다. 또한 다른 사용자의 고의적인 전자기파 간섭에 대해 강하며 다중 경로 효과로 인하여 지연된 신호에 대한 자체 방어가 가능하다는 특징을 갖는다.

통신 시스템 설계자들은 시스템의 효율성을 논할 때, 주로 시스템이 신호의 에너지와 대역폭을 이용하는 것에 대해 고려한다. 물론 대부분의 통신 시스템에 있어서 그것은 중요한 이슈이다. 하지만 그 외에도 시스템이 외부적인 간섭 현상에 대항하고, 낮은 스펙트럼 에너지를 취급하며 외부 제어 없이도 다중 접속 능력을 제공하고, 외부에서 접근할 수 없는 비밀 채널도 제공해야 하는 상황이 있을 수가 있다. 여러 가지 무선 통신 기술 중에서 확산 대역 기술은 이러한 목적을 가장 잘 만족시키는 기술이다.

확산 대역 기술은 안정되고 보안성이 뛰어난 무선 통신 환경을 제공하는 통신용 제품들에 주로 적용되고 있다. 확산 대역은 과거에 군사용 디지털 통신용으로 사용되던 기술이었다. 현재는 확산 대역을 무선 LAN에 적용한 상업적 응용들도 다수 존재한다, 통합 바코드 스캐너, 라디오 모뎀 장치와 디지털 셀룰러 전화 통신, 그리고 팩스교환, 컴퓨터 데이터, 전자우편, 멀티미디어 데이터 등을 위한 광대역 네트워크를 구축한 소위 "정보화 사회"를 위한 핵심 기술이 바로 확산 대역 기술인 것이다.

확산 대역 기술은 협 대역 방식과는 정반대로 전송하고 싶은 정보를 필요한 최저한도의 대역폭으로 전송하는 것이 아니라 의도적으로 그것보다 더 확실하게 넓은 주파수 대역폭을 사용하여 정보를 전송한다. 송신 측에서는 PSK(Phase Shift Keying: 위상변조)와 FSK (Frequency Shift Keying:주파수 변조)라고 하는 일반적인 변조 방식을 사용하여 일차 변조를 행한다. 또한 이 일차 변조파의 대역폭을 넓히기 위해서 이차 변조를 행한다. 이 과 정을 확산 변조라고 한다. 수신 측에서는 확산 변조된 신호를 원래대로 받기 위해서 이차 복조 혹은 역 확산시킨다. 역 확산 된 신호는 송신 측에서의 일차 확산된 신호와 거의 유사하기 때문에 마지막으로 일차 복조를 행한다.

확산 대역은 광대역이며 잡음과 유사한 신호를 사용한다. 이러한 특성 때문에 신호를 다른 사람이 감지하기가 상당히 어렵다. 또한 확산 대역 신호는 가로채거나 복조하기도 비교적 어렵다. 나아가서 협 대역 신호에 비해 좀처럼 방해받지 않는다. 이러한 낮은 차단 가능성(LPI : Low Probability of Intercept)과 잼(Jam) 방지 특성은 과거 오랫동안 군사용 목적으로 사용된 확산 대역 방식의 유용성을 말해주는 것이다. 확산대역의 통신 방식에는 DSSS(Direct Sequence Spread Spectrum)과 FHSS(Frequency Hopping Spread Spectrum) 방식 두 가지가 주로 사용되고 있다.

DSSS 방식은 전달될 각 비트에 대해 여분의 비트 패턴을 발생시킨다. 이 비트 패턴은 칩(chip)이나 치핑 코드(chipping code)라고 불린다. 칩이 크면 클수록, 원래의 데이터가 복원될 가능성이 커진다.(물론, 더 넓은 대역폭이 요구된다). 칩 안에 있는 하나 혹은 그 이상의 비트가 전송될 동안 손상을 입을 수 있지만, 무선 장치에 적용된 통계적인 기술로 신호를 재 전송할 필요 없이 복원이 가능하다. 관계없는 수신기에 대해서는 DSSS는 저 에너지의 광 대역 노이즈로 인식되며, 대부분의 협 대역 수신기들은 DSSS 신호를 무시한다. 다시 말해, DSSS 방식은 스펙트럼을 확산시켜야 할 신호에 이 신호가 갖는 대역폭에 비해 충분히 넓은 스펙트럼을 가진 확산 부호를 이용하여 협 대역 신호에서 광대 역 신호로 변환하는 방식이다. DSSS 방식은 신호를 확산함으로서 그 에너지를 분산시킨다.

데이터 시퀀스로 변조된 반송파를 광 대역 확산신호(spreading signal)로 직접 변조하여 주파수 대역을 확산시키는 것을 DSSS 방식이라 한다. 이 +1과 -1로 구성된 확산 신호는 확산시퀀스, 확산 코드, 또는 코드 시퀀스라고 부른다. 주파수 대역에 확산된 신호를 전송하며 전송 신호는 잡음, 간섭, 신호 방해 등에 의해 변형되어 수신기에 도달한다. 수신기에서는 송신기에서 사용한 것과 동일한 확산 신호를 이용하여 수신 신호의 확산된 대역을 대역 환원한다. 이 신호를 복조하면 원하는 데이터 시퀀스가 얻어진다. +1, 또는 -1을 곱하는 것은 위상을 반전시키는 것과 같으므로, 변조에 위상 변조 방식인 BPSK(Binary Phase Shift Keying), QPSK(Quadrature Phase Shift Keying) 또는 MSK(Minimum Shift Keying) 등이 주로 사용된다.

FHSS 방식은 발신기와 수신기 모두가 알고 있는 패턴의 범위 내에서 주파수를 변화시키는 협대역이 반송파를 사용한다. 수신기와 발신기 양측이 적절하게 동기화되면, 하나의 논리적인 채널로 유지되는 효과를 얻을 수 있다. 관계없는 수신기에 대 해서는 FHSS는 지속성이 짧은 임펄스 노이즈로 인식된다. 다시 말해, FHSS방식은 스펙트럼을 확산시켜야 할 신호의 반송파 주파수를 얻던 특정한 패턴에 따라 시간적으로 전환해 감으로서 시간평균으로 협 대역 신호를 광대역 신호로 변환하는 방식이다. 데이터 시퀀스로 변조된 반송파의 주파수를 주파수 합성기에 의하여 불규칙적으로 바꿈으로서 주파수 대역을 확산시킨다. 송신기에서 하는 변조 작업을 주파수 도약이라 하고 이 장치를 주파수 도약기라고 한다. 수신기에서는 주파수 환원 기(dehopper)가 송신기와 정반대의 방법으로 반송파 주파수를 도약환원(dehopping)함으로써 주파수 대 역을 환원시킨다. 변조에는 주파수 변조 방식인 BFSK(Binary Frequency Shift Keying)또는 MFSK(M-array FSK)등이 주로 사용된다.

4.5 블루투스

블루투스(Bluetooth)는 휴대폰과 휴대폰 또는 휴대폰과 PC간에 사진이나 벨소리 등 파일을 전송하는 무선전송기술을 말한다. 블루투스라는 명칭은 10세기 덴마크와 노르웨이를 통일한 바이킹헤럴드 블루투스(Harald Bluetooth; 910~985)의 이름에서 따왔다. 그는 블루베리를 즐겨 먹어 치아가 항상 푸른빛을 띠고 있어 '푸른 이빨'로 불렸다고 한다. 블루투스가 스칸디나비아 반도를 통일한 것처럼 PC와 휴대폰 및 각종 디지털기기 등을 하나의 무선통신 규격으로 통일한다는 상징적 의미가 담겨 있다. 처음에는 프로젝트 명으로 사용했으나 브랜드 이름으로 발전했다.

1994년 세계적인 통신기기 제조회사인 스웨덴의 에릭슨은 휴대폰과 그 주변장치를 연결하는 무선 솔루션을 고안해 케이블을 대체하기 위한 연구를 시작했다. 즉 휴대폰과 주변기기 간에 소비전력은 적으면서 값싼 무선 인터페이스를 연구하기 시작한 것이다. 이후 에릭슨은 다른 휴대장치 제조사와 제휴를 추진했고 마침내 1998년 2월 에릭슨을 주축으로 노키아, IBM, 도시바, 인텔 등의 대표적인 첨단 IT 기술회사로 구성된 블루투스 SIG(Special Interest Group)가 발족했다. 블루투스 SIG에는 현재 모토로라, 마이크로소프트, 루슨트테크놀로지, 스리콤 등 세계적인 기업이 참여하며 전 세계적인 표준 규격으로 자리 잡았다.

블루투스가 정보통신 분야에서 주목받는 이유는 다음과 같다. 첫 번째, 블루투스는 저렴한 가격에 저 전력(100㎽)으로 사용할 수 있다는 점이 장점이다. 두 번째, 블루투스는 주파수 대역을 나누기 때문에 데이터 전송을 여러 주파수에 걸쳐서 분할해 보낼 수 있다. 그렇기 때문에 무선 전송에 따른 보안 위협에서도 상대적으로 안전하다. 세 번째, 블루투스 신호는 벽이나 가방 등을 통과해서 전송될 수 있으므로 배선이나 연결 상황을 육안으로 확인할 필요가 없고 장애물이 있어도 신호를 주고받을 수 있다. 넷째, 주파수 특성도 전 방향으로 신호가 전송되므로 각 장치를 연결하기 위해 일정한 각도를 유지할 필요가 없어 사용하기에 편리하다. 마지막으로 무엇보다 전 세계 수많은 국가가 블루투스 표준 규격을 준수하기 때문에 세계 어느 곳에서나 같은 기술을 이용할 수 있다. 따라서 블루투스를 이용한 무선 네트워크는 언제 어디서나 모든 정보기기 간의 자유로운 데이터 교환이 이뤄질 수 있다.

블루투스는 무선 근거리 통신 장치로서 작동 원리는 트랜시버(transceiver)와 유사하다. 트랜시버는 전송기(transmitter)와 수신기(receiver)를 하나의 패키지에 합쳐놓은 것이다. 이 용어는 휴대폰이나 무선전화기, 휴대용 무전기 등과 같은 무선 전송장치들에 적용되며, 아날로그나 디지털 신호를 송신하고 수신할 수 있다. 그러나 이 용어가 이따금 케이블이나 광케이블 시스템의 송수신기와 관련하여 사용될 때도 있는 데 무전기 트랜시버에서는 송신 중 수신기가 동작하지 않는데 전자 스위치를 사용하면 송신기와 수신기가 같은 안테나에 접속될 수 있고 송신기의 출력이 수신기를 방해하는 것을 예방할 수 있다. 이러한 종류의 트랜시버를 이용하면, 송신 중에도 신호를 수신하는 것이 가능하며 이것을 반 이중 방식이라고 하며 송신과 수신은 항상은 아니지만 같은 주파수로 이루어지는 경우가 많다. 어떤 종류의 트랜시버는 송신 중에 신호를 수신할 수 있도록 설계되기도 하는 데 전이중 방식이라고 하며, 송신기와 수신기는 충분히 다른 주파수를 사용함으로써 송신 신호가 수신을 방해하지 않도록 한다. 휴대폰이나 무선전화기 등이 이러한 방식을 사용하며 위성 통신 네트워크는 육상에 기반을 둔 가입자선들에서 흔히 전 이중 방식의 트랜시버를 채용한다. 트랜시버에서 위성으로 전송된 신호를 업 링크라고 부르고, 위성에서 트랜시버로 수신된 신호를 다운 링크라고 부르며 트랜시버는 실제로 네트워크 전선 상에 있는 회선에서 신호들을 사용하고 전선을 통해 지나가는 신호들을 감지해내는 근거리 통신망의 장치를 나타내기 위해 가장 자주 사용된다. 많은 근거리 통신망에서 트랜시버는 네트워크 카드 내에 장착되지만 어떤 종류의 네트워크에서는 외장 형 트랜시버를 필요로 하며 이더넷 네트워크에서 트랜시버를 MAU(Medium Access Unit)라고 부른다.

4.6 모바일 VoIP

먼저 VoIP에 대한 간단한 용어정리부터 시작해보자. VoIP는 Voice over Internet Protocol의 줄임말이다. 그렇다면, 이번에는 인터넷 프로토콜(Internet Protocol)을 보자. IP라는 약자로 더 많이 알고 있을 인터넷 프로토콜은 보통 인. 터넷 공간에서 상대방의 PC 혹은 단말기의 위치정보를 나타낼 때 사용된다. 즉, 인터넷 공간에서 통신을 하기 위한 가장 기초적인 주소의 역할을 담당한다고 볼 수 있다. 또한 VoIP의 앞 단어인 'Voice'는 '음성'을 뜻한다. 즉, 용어를 최종 정리하면 Voice (음성) + over + IP 인터넷주소로, '인터넷 망 위에서 음성을 전달할 수 있는 기술'이라고 정의할 수 있다.

기존의 전화망과 인터넷 전화의 차이점은 VoIP가 인터넷 망을 이용한 전화기술이라는 것이다.

VOIP는 IP를 사용하여 음성정보를 전달하는 일련의 설비들을 위한 IP 전화기술을 지칭하는 용어로써 일반적으로, 이것은 공중교환 전화망인 PSTN처럼 회선에 근거한 전통적인 프로토콜이 아니라, 불연속적인 패킷들 내에 디지털형태로 음성정보를 보낸다는 것을 의미한다. VOIP와 인터넷 전화기술의 주요 장점은 기존 IP 네트워크를 그대로 활용해 전화서비스를 통합 구현함으로써 전화 사용자들이 시내전화 요금만으로 인터넷, 인트라넷 환경에서 시외 및 국제전화 서비스를 받을 수 있다. 또한 VOIP는 공중 인터넷 또는 기업 내부의 인트라넷상에서 IP를 이용해 음성과 비디오를 전송하기 위한 표준인 ITU-T H.323의 사용을 장려하기 위해, VOIP 포럼을 통해 시스코, 보컬텍 등 주요 장비제작회사들의 노력으로 생겨났다. VOIP 포럼은 또한 디렉토리 서비스 표준을 장려함으로써, 사용자들이 다른 사용자들의 위치를 찾아낼 수 있고, 자동 전화분배와 음성메일을 위한 터치폰 신호의 사용을 가능하게 한다.

VOIP의 장단점과 특징을 살펴보면, 패킷망을 사용하여 이용요금이 저렴, 멀티미디어를 통합함으로써 영상통화, 메시지 등 다양한 기술 구현이 가능, 통합 망을 구성함으로써 회선 교환망보다 효율적인 망 관리가 가능, 기존에 구축된 인터넷 장비(라우터, 스위치)등을 활용함으로써 구축비용이 저렴, 신규 서비스 개발과 수요 창출에 따른 새로운 수익 창출이 가능하지만 통화 품질 저하와 DATA 전달 속도는 빠르지만 UDP 특성상 전송 도중에 패킷 손실이 발생할 수 있다.

기존유선 VOIP가 초고속 인터넷망을 기반 인프라로 활용하는데 반해, 모바일 VOIP는 모바일 브로드밴드망인 무선랜(Wi-Fi), WiBRO(WiMAX), 이동통신의 3G 망이 사용된다. 현재까지의 모바일 VOIP는 FMC 폰을 사용하거나 스마트폰에 VOIP S/W를 설치해서 WiFi를 통해 사용하는 방법이 있다. 그러나 이동통신사에서의 통화료 수익의 감소 등에 의해 모바일 VOIP에 적극적이지 않고 또한 무선환경의 속도가 유선보다 빠르지 않고 안정적이지도 않기 때문에 이를 좀 더 보완해야 활성화 될듯하다.

4.7 RFID

RFID(Radio-Frequency IDentification) 기술이란 전자기파를 이용해 먼 거리에서 정보를 인식하는 기술을 말한다. 여기에는 RFID 태그(이하 태그)와, RFID 판독기(이하 판독기)가 필요하다. 태그는 안테나와 집적회로로 이루어지는데, 집적회로 안에 정보를 기록하고 안테나를 통해 판독기에게 정보를 송신한다. 이 정보는 태그가 부착된 대상을 식별하는 데 이용된다. 쉽게 말해, 바코드와 비슷한 기능을 하는 것이다.

RFID가 바코드 시스템과 다른 점은 빛을 이용해 판독하는 대신 전자기파를 이용한다는 것이다. 따라서 바코드 판독기처럼 짧은 거리에서만 작동하지 않고 먼 거리에서도 태그를 읽을 수 있으며, 심지어 사이에 있는 물체를 통과해서 정보를 수신할 수도 있다. RFID는 사용하는 동력으로 분류할 수 있다. 오직 판독기의 동력만으로 칩의 정보를 읽고 통신하는 RFID를 수동형(Passive) RFID라 한다. 반수동형(Semi-passive) RFID란 태그에 건전지가 내장되어 있어 칩의 정보를 읽는 데는 그 동력을 사용하고, 통신에는 판독기의 동력을 사용하는 것을 말한다. 마지막으로 능동형(Active) RFID는 칩의 정보를 읽고 그 정보를 통신하는 데 모두 태그의 동력을 사용한다. RFID를 동력 대신 통신에 사용하는 전자기파의 주파수로 구분하기도 한다. 낮은 주파수를 이용하는 RFID를 LFID(Low-Frequency IDentification)이라 하는데, 120~140 킬로헤르츠(khz)의 전자기파를 쓴다. HFID(High-Frequency IDentification)는 13.56 메가헤르츠(Mhz)를 사용하며, 그보다 한층 높은 주파수를 이용하는 장비인 UHFID(UltraHigh-Frequency IDentification)는 868-956 메가헤르츠 대역의 전자기파를 이용한다.

RFID를 이용하면 쉽게 물류의 위치뿐 만 아니라 판매량 재고 등을 한눈에 알아볼 수가 있고 회사의 직원을 많이 필요로 하지 않기 때문에 인건비 등을 절약할 수 있다. 그리고 어려운 기술이 아니기 때문에 누구나 사용가능하다.

요즘 물류 창고에서는 RFID를 사용한다. 더베이직 하우스는 국내 패션업체로는 최초로 첨단 RFID 시스템을 도입해 물류 시스템을 혁신하고 있다고 발표했다. 패션의 유행 사이클이 갈수록 짧아지면서 제품 기획에서부터 최종 판매 시점까지 걸리는 시간을 단축하는 것이 의류업계의 핵심 과제로 떠오르면서 RFID 시스템을 활용한 제품 공급 기간 단축 및 효율적 공급 망 운영에 대한 관심이 크게 높아지고 있다. 더베이직 하우스는 자사의 4개 브랜드 중 마인드브릿지, 더클래스 2개 브랜드에 우선적으로 RFID 시스템을 도입해 본격적인 운영을 개시했으며, 공급 기간 단축 및 물류 비용 절감, 적정재고 관리에 효과를 거두고 있다고 밝혔다. 더베이직 하우스의 RFID 시스템은 해외의 생산 공장과 국내의 물류센터는 물론 마인드브릿지와 더클래스의 백화점 및 전 매장에 구축 될 예정이며, RFID 태그가 부착된 약 2백만 점의 의류가 최첨단 물류 시스템에 의거해 운송되게 된다. RFID 시스템은 해외의 생산 공장에서 출하되는 순간 RFID 리더가 자동으로 해당 물품의 정보를 인식해 실시간으로 물류센터로 전송하며, 물류센터에서는 주문서와 일치 여부 및 도착 시간 등을 즉시 파악할 수 있게 된다. 물류센터에서 매장으로 배송될 때도 동일한 방식으로 매장에서 정확한 정보를 전송받게 된다.

매장에서는 해당 의류가 판매되는 순간 해당 정보가 본사의 ERP 시스템으로 전송되기 때문에 본사에서는 전체 매장에서의 판매량과 재고량을 실시간으로 파악할 수 있다. 이에 따라 본사에서는 추가 생산에 대한 결정을 정확하고 신속하게 내릴 수 있게 됐다.

4.8 차량 통신 시스템

차량 통신 시스템에서 차량은 컴퓨팅(computing), 통신(communication), 센싱 능력(sensing capability)과 사용자 인터페이스(user interface)를 갖추고 있으며, 이들 장치를 통해 차량 안전 및 효율을 높일 뿐만 아니라 운전자와 보행자에게 신규서비스를 제공할 수 있게 된다. 특히, 차량 통신시스템은 무선 통신망, 이동통신망 등의 기존 인프라 네트워크와 연결되어 인터넷 망의 다양한 정보를 차량에게 전달해 줄 수 있다.

차량 통신 시스템은 크게 차량 대 차량 통신(V2V: Vehicle-to-vehicle), 차량 대 인프라 통신(V2I: Vehicle-to-infrastructure)으로 분류할 수 있으며, 인프라 통ㅅ니이란 도로 노변 장치(RSU:Roadside infrastructure unit)과 통신하여 기존 인프라 네트워크로부터 정보를 수집하는 것이다.

차량 통신 시스템을 이용할 경우 장점은 운전자는 시간에 따라 변하는 도로 방향 변화, 응급 정지, 차량 접근에 따른 위험 상황 등의 정보를 실시간으로 보고받게 되고, 도로 노변 장치로부터 차량 혼잡 상황 및 위험 상황을 보고 받을 수 있으므로 보다 안전하고 신속하게 운전할 수 있다. 차량 통신 시스템을 이용할 경우 단점은 통신 문제로 인해 차량의 위치가 정확하지 않을 경우 잘못된 정보를 보내주기 때문에 운전자는 그것만 믿고 운전하게 되면 위험한 상황이 올수 있다.

4.9 화상전화

CCITT REC.H.100에서 규정하고 있는 화상전화 서비스에 대한 정의는 `화상전화 서비스(VISUAL TELEPHONE SERVICE)는 동화상 또는 정지화상을 전송할 목적으로 가입자 단말기간의 접속을 달성하기 위한 광 대역 아날로그 회선이나 디지털 회선의 교환 네트워크를 사용하는 쌍방향 통신 서비스이다. 또한 감시와 정보검색 등과 같은 특수목적의 한 방향 시스템이나 전용회선에 의한 화상회의 서비스도 화상전화의 축퇴형서비스로 간주 한다`로 되어 있다.

텔레비전 카메라·텔레비전 수상기와 전화기를 조합하여, 전화와 같이 상대를 다이얼로 불러내어 텔레비전 화상으로 상대를 보면서 통화하는 장치이다. 상대의 얼굴을 볼 뿐만 아니라, 서류나 도면을 보내거나 회의를 하는 등의 용도로도 이용할 수 있다. 텔레비전 방송에서는, 방송국으로부터의 전파를 직접 각 가정에서 수신하면 되지만, 화상전화는 가입자에서 국(局)까지의 전화선이나 교환기·중계기·시외 전화회선 등을 경유한다. 또한 전화의 음성과는 달리, 화상 신호는 주파수 대역폭이 약 1,000배나 넓기 때문에, 도중의 케이블이나 장치에 많은 경비가 소요된다는 이유로, 세계 각국이 실험단계에 머무르고 있었다. 그러나 미국에서는 1970년 피츠버그에서 텔레비전 전화 서비스가 개시된 이래, 화상전화 보급이 늘어가고 있다. 화질(畵質)은 방송에 비하면 다소 뒤지고 있으며, 방송이 4MHz의 주파수 대역폭인 데 대해, 화상전화의 대역폭은 500kHz 또는 1MHz(전화의 250배)인데, 화면이 일반적으로 작아 화질이 그리 떨어지지는 않는다. 기술이 더욱 향상되면 방송과 같은 4MHz의 주파수 대역폭이 되어, 화상전화로서만 아니라 팩시밀리나, 전화기와 계산기를 연결하여 계산기의 숫자나 기호를 비추는 디스플레이 장치도 포함한 화상통신 서비스가 될 것이다.

화상전화의 장점은 화상전화는 전화가 가능한곳이라면 어디에서든 음성 신호뿐만 아니라 화상신호를 송수신 하므로 서로 얼굴을 마주 보며 전화를 할 수 있다. 또한 주위 사물과 환경들을 알려 줄 수 있으므로 편리하다. 한편 화상전화의 단점은 화상 신호는 음성 신호와는 달리 신호 주파수 대역이 약 1000배나 넓기 때문에 도중의 케이블이나 장치에 비용이 많이 드는 단점이 있고 또 그로인해 사용료가 음성 통화료 보다 비싸다는 단점이 있다. 그리고 화상전화의 화면이 다소 제한적이어서 화질 면에서 작은 사물은 식별이 힘들다는 것이 단점이다.

4.10 모바일 보안기술

보안 기술과 애플리케이션 기술 그리고 서비스 경험을 융합한 새로운 모바일 보안 기술이 각광을 받을 전망이다. 이는 특정 단말기와 플랫폼에 구애받지 않으면서도 보안성이 뛰어나며, 애플리케이션의 프로비저닝을 가능케 하는 기술을 뜻한다. 이러한 새로운 모바일 보안 기술은 가벼운 클라이언트 아키텍트와 애플리케이션 서비스, 네트워크 엑세스 컨트롤(NAC), 가상화 기술, 클라우드 바이러스 스캐닝 등의 기술이 요구된다. 이러한 기술은 단말기에 무거운 보안 클라이언트를 설치하지 않아도 CIO가 기업용 애플리케이션을 사내의 다양한 모바일 디바이스에 배포할 때 보안 문제에 대한 위험을 걱정하지 않도록 해 줄 것이다. 단말기에 무겁지 않은 보안 클라이언트를 설치함으로써 기존보다 더 가벼워진다. 바이러스에 의한 보안 문제 걱정을 지금보다는 조금이나마 줄여줄 수 있다.

4.11 기가파이

기가파이(Giga Fi)는 60GHz 대역을 이용해 데이터를 기가급으로 전송할 수 있는 기술을 의미한다. 전 세계적으로 비 허가 대역으로 지정된 57GHz~64GHz 범위의 주파수를 이용하고 대역폭이 넓어 높은 데이터 전송률을 얻을 수 있는 있다는 점이 기가파이 기술의 장점이라 할 수 있다. 또 전파의 직진성이 강해 주변 간섭에 매우 강하고 보안성이 뛰어나며 주파수 재사용도 용이하다. 특히 무선국 허가를 받지 않고 사용할 수 있는 비 허가 대역으로 분배되는 새로운 주파수 영역인 60GHz대역을 사용한다는 점에서 주파수 이용 용도를 정하지 않고 정해진 기술 기준만 맞으면 어느 용도로든지 사용이 가능하다는 특징도 갖고 있다. 또 60GHz 주파수 대역은 짧은 전파거리와 직진성의 특징으로 오히려 보안성을 높일 수 있다. 60GHz 주파수 대역을 사용한 무선통신은 기존 Wi-Fi 무선 랜을 사용할 때 발생하는 보안문제를 해결할 수 있다.

기기파이 기술의 장점은 다음과 같다. 첫째, 기가파이 기술은 기존 무선전송기술인 블루투스나 광랜, UWB 기술과 비교해 전송속도나 범용성 측면에서 월등히 앞선 기술로 평가를 받고 있다. 둘째, 미개척 비 허가 주파수 대역을 활용할 수 있다는 점에서 향후 무선전송 분야에서 활용할 가치가 높다. 셋째, 파장이 짧아 각종 소자의 소형화 및 경량화가 가능하기 때문에 초고속 무선 랜을 위한 최적의 주파수 대역으로 최근 홈 네트워크 및 실내 무선 랜의 고화질 멀티미디어 전송 및 응용 서비스 지원에 최적이다. 이밖에 주파수 이용대역이 달라 주파수간 충돌우려가 없으며 별도의 안테나 시스템 장착 시 옥외에서 1Km 이내의 빌딩간 사내통신이나 광케이블 구축이 어려운 도서, 항만, 운하, 산간지역 무선통신 및 대학 캠퍼스 내 통신에도 유용하게 활용될 수 있다. 무엇보다 기가파이의 가장 큰 장점이라면 고효율의 데이터 전송률은 물론 직진성이 강해 주변 간섭에 매우 강하고 보안성이 뛰어나며 주파수 재사용이 용이하다는 등 기술 응용이 쉽다는 점을 꼽을 수 있다.

ETRI(한국전자통신연구원, Electronics and Telecommunications Research Institute)는 60GHz대 주파수 대역에서 무선전송기술을 활용해 대용량 멀티미디어 정보를 3Gbps 속도로 무선 전송할 수 있는 기가파이 기술을 개발했다. 시연를 통해서도 기술의 우수성을 입증 받았다. 우선 풀 HD급 동영상을 압축하지 않고 실시간으로 무선 전송한 결과, 화질의 열화(뭉개짐)와 전송 지연 등의 현상 없이 선명한 화면을 보여줬다. 이는 기존 기술에 비해 최소 6배가 넘는 3Gbps의 전송속도를 달성해 풀 HD급 고화질 화면 전송 시 어떠한 압축 기술 없이 고화질, 고선명 화면전송이 가능하다는 점을 보여준 셈이다. 보다 쉽게 설명하면 블루투스 기술을 적용할 경우 650MB 용량의 CD 1장을 내려 받는데 1시간 30여분이 소요되는 것에 비해 기가파이 기술을 이용하면 단지 1~2초 만에 내려 받을 수 있다는 것이다.

기가파이를 이용해 초고속 데이터 전송을 필요로 하는 다양한 응용모델들의 개발이 이뤄지고 있다. 우선 가정이나 사무실 등의 실내 환경에서 디지털 셋톱박스와 TV간 비디오/오디오 전송, PC와 멀티미디어 기기간의 데이터 통신 등 앞으로 기가파이 기술을 이용한 다양한 제품들이 선보일 예정이다. 60GHz 무선통신 기술의 경제적 파급효과는 오는 2013년까지 2조440억 원의 생산유발과 7972억 원의 부가가치 효과를 거둘 것으로 전망됨에 따라 무엇보다 기가파이 기술은 국내 공동연구업체와의 협력 및 IEEE 표준화, 국제 공동연구를 통해 좀 더 다양한 응용분야에 적용한 기술개발이 필요한 상황이다.

4.12 RF 카드

국민들의 차량이용이 급증하면서 하이패스, 아파트, 빌딩, 상가, 학교, 백화점, 마트 등에는 차량통제를 위해 여러 방면의 최신식 차량통제시스템을 도입하고 있다. 예전엔 차량 출입구에 경비원이 직접 통제에 나섰지만 요즘은 RF(Radio Frequency) 카드 등을 이용한 출입통제가 이루어지고 있다.

RF 카드란 라디오 주파수를 이용한 식별 기술을 카드에 접목 시킨 것이다. RF 기술은 사물에 전파를 매개로 하는 칩(chip)과 안테나를 태그 형태로 부착하여 안테나와 리더기를 통하여 사물 및 주변 환경정보를 무선주파수로 네트워크에 전송하여 처리하는 일종의 비접촉형 자동식별 기술이다. 즉, 칩과 안테나에 정보를 저장해놓고, 리더기에 접촉할 때, 특정 정보를 담은 라디오주파를 송신함으로써, 카드 정보가 읽혀지도록 되어 있다. 이러한 시스템은 차량뿐만 아니라 지하철이나 버스를 탈 때에도 용이하게 쓰이고 있다.

RF 카드 사용의 한 가지 예를 들어보면 강남의 한 아파트에 입주하여 살고 있는 김모씨는 관리사무소에서 입주민인 것을 증명하고 RF 카드를 구입하였다. 김모씨는 회사를 마치고 집을 들어갈 때에 출입구 앞에 설치되어 있는 RF 카드 단말기에 카드를 접촉한다. 접촉과 동시에 차량통제 게이트가 올라가고 김모씨는 차량출입을 하게 된다. 지하주차장에 주차를 한 후 김모씨는 아파트 공동현관문을 통해 집을 들어가려한다. 이곳에서도 마찬가지로 RF 카드 단말기에 카드를 접촉시켜 인식을 시킨다. 공동현관문이 열리고 김모씨가 출입을 한다. 엘리베이터를 타고 17층인 본인 집 문 앞에 향한다. 역시 마찬가지로 집 문 앞 현관문에 달려있는 RF 카드 단말기에 카드를 접촉시킨다. 쉽게 문이 열리고 김모씨는 집 현관문을 출입한다. 이와 같이 RF 카드 한 장만으로 출입통제가 철저하게 된다.

아파트 차량출입을 할 때에 차량통제 게이트와 RF 카드 단말기가 없었더라면 외부인 차량 출입통제를 하지 못하여 각종 도난과 잡상인들 출입이 잦았을 것이다. RF 카드는 이런 면을 보안하여 입주민만이 출입을 할 수 있도록 체계를 잡았고 공동현관문에도 자동문설치 및 RF 카드 단말기를 설치하여 통제를 할 수 있도록 하다. 또한 세대를 출입하는 현관문에도 RF 카드단말기가 설치되어 있어 카드 접촉 시에 자동으로 열리게끔 되어있다. 이처럼 RF 카드의 최대 장점은 차량 및 인원 통제를 할 수 있고 최대 단점으로는 기기고장이다. 기기들이 노후화 되면서 고장이 빈번하게 되는데 고장이 나지 않도록 관리를 철저히 해주지 않는다면 기기사용을 안하는 만큼 못하다는 것이다.

하이패스(Hi-pass)는 주행(무정차) 상태에서 톨게이트의 안테나와 차량내 탑재된 단말기(전자카드가 삽입된 상태)간의 무선통신에 의해 통행료를 지불하는 무인운영시스템이다. 하이패스에서 사용하는 무선(적외선 및 주파수)통신 방식은 적외선(IR) 주파수통신(RF) 방식 두 가지가 있다. 하지만 전파통신 특성상 전파장애를 언제든 받을 수 있기 때문에 1%이하의 에러 율이 발생할 수 있다.

하이패스 결제를 위해서는 하이패스 카드와 OBU로 불리는 단말기가 반드시 있어야한다. 우선 카드와 단말기간의 컨택(contact) 방식으로 데이터 통신을 합니다. 요즘은 콤비카드로 컨택 과 컨택리스(contactless) 방식 두 가지로 데이터 통신이 가능해졌습니다. 단말기가 RF(13.56MHz) 통신도 수용할 수 있는 것입니다. 그래서 교통카드로 하이패스 결제가 가능하다. 교통카드는 ISO 14443 표준의 통신주파수는 13.56MHz입니다. 그리고 카드와 단말기간의 데이타는 단말기와 톨게이트 안테나가 무선통신을 한다. 이때는 IR(적외선)과 RF(무선통신) 두 가지 방식으로 이루어진다. 보통의 경우 하이패스라하면, 5.8GHz 통신의 결제방식을 하이패스라 합니다. 차량통제 메카니즘을 제외하고 하이패스 결제 프로세만 보면, 먼저 차량을 인지하고 안테나에서 차량으로 결제요청 정보를 보내면, 차량의 OBU 가 카드의 결제정보(카드종류/결제방식 등)를 OBU에 보내고 OBU 는 다시 톨게이트 안테나로 보낸 후, 결제가 완료된 후 다시 결제완료 정보를 역순으로 카드까지 보내면서 카드에 기록하는 것이다. 물론, 톨게이트 서버에도 그 기록은 남는다. 사후 정산을 위해 카드 발행사에 결제 데이터를 보내고 교통요금을 청구(후불의 경우)하는 등의 또 다른 결제 프로세스가 이어지는 것이다.

제5장 이동통신서비스 개념

이동통신서비스의 개념은 한 마디로 표현하면 이동통신 사용자가 자신의 목적에 맞는 방식으로 정확하고 신속하고 편리하게 다양한 이동통신서비스를 이동할 수 있도록 모든 것을 지원하는 것을 말한다. 이동통신서비스가 잘 이루어지고 있는 것에 대한 판단은 오직 이동통신 사용자에 의해서 좌우된다. 따라서 이동통신 공급업체는 이동통신 사용자들의 다양한 욕구를 충족할 수 있는 서비스를 개발하고 이에 따른 기술적인 지원이 반드시 필요하다고 할 수 있다.

국가에서 제정한 국가직무능력표준에서의 이동통신서비스는 이동통신 주파수 대역의 전파를 전송매체로 이용하여 음성, 문자, 데이터, 영상 등 모든 종류의 정보를 송・수신하는 서비스를 제공하기 위하여 기획, 설계, 검사, 시험, 운용, 최적화, 유지보수, 관리를 수행하는 직무를 말한다. 세부적인 내용으로는 이동통신서비스 기획, 이동통신서비스 설계, 이동통신서비스 검사, 이동통신서비스 시험, 이동통신서비스 운용, 이동통신시스템 최적화, 이동통신무선망 최적화, 이동통신시스템 유지보수, 이동통신무선망 유지보수 및 이동통신망 관리로 나누어진다. 이동통신서비스에 대해 세부적으로 살펴보면 다음과 같다.

이동통신서비스 기획은 현재 제공되고 있는 이동통신서비스의 시장수요와 단말기와 같은 기술발전추세를 분석하고, 이용자의 요구사항을 파악하여 새로운 이동통신서비스의 필요성, 규모, 예산, 평가 등을 조사, 분석하는 기획 업무를 처리하는 능력, 이동통신서비스 설계는 이동통신서비스를 제공하기 위한 이동통신시스템, 무선망, 부가서비스망 및 네트워크 보안 부문에 대한 기본설계 업무를 처리하는 능력, 이동통신서비스 검사는 이동통신서비스를 제공하기 위하여 설치된 이동통신 무선국 설비에 대하여 검사기관의 검사원이 전파법령에 의한 기술기준에 적합한지와 허가 시 지정한 제반사항 등의 이행여부를 확인받는 행정절차 관련 능력, 이동통신서비스 시험은 이동통신서비스 시험을 수행하기 위하여 이동통신서비스의 기능, 성능, 품질에 대한 기술과 시험방법을 숙지하고 기능시험 결과보고서, 품질시험 결과보고서, 인수시험 결과보고서를 작성하는 능력, 이동통신서비스 운용은 이동통신서비스를 제공하기 위하여 전체 망을 관리하는 통합망 운용과 이동통신 교환망, 전송망, 엑세스망 장비를 효율적으로 장애 없이 운용하는 능력, 이동통신시스템 최적화는 이동통신서비스를 제공하기 위하여 구성된 교환망시스템, 전송망시스템, 부가서비스망시스템을 서비스 환경에 맞게 성능, 용량, 기능을 개선하여 경제적으로 최적의 이동통신서비스가 가능하도록 시스템을 개량, 개선하는 업무를 수행하는 능력, 이동통신무선망 최적화는 이동통신서비스를 제공하기 위하여 단위기지국에서 방사되는 전파의 커버리지의 적정성을 확인하는 시험 최적화, 단위기지국을 중심으로 인접된 기지국을 연동하여 서비스품질을 최적의 상태로 유지하는 단위체적화, 광범위한 지역에서 서비스품질을 최적의 상태로 제공하는 광역 최적화 업무를 수행하는 능력, 이동통신시스템 유지보수는 이동통신서비스를 제공하기 위하여 통합망, 교환망, 전송망, 엑세스망을 운용하는 과정에서 발생하는 장애처리를 수행하는 능력, 이동통신무선망 유지보수는 이동통신서비스를 제공 시 이동통신 엑세스망의 옥내·외에 설치된 이동통신무선망이 상시 정상으로 동작할 수 있도록 정기, 비 정기, 장애처리를 수행하는 능력이며 이동통신망 관리는 이동통신서비스를 안정적, 효율적으로 제공하기 위하여 실시간 자산의 운용상태 관리 및 비용관리, 보안관리, 서비스 품질관리 직무업무를 수행하는 능력을 말한다.

이동통신서비스를 학습하기 위해서는 위에서 살펴본 다양한 능력에 대한 세부적인 고찰이 필요하며 이동통신서비스에 대한 용어와 개념에 대한 이해가 꼭 필요하다고 할 수 있다. 이동통신서비스에 우리가 다루고자 하는 이동통신서비스 운용에 대해 세부적으로 학습하기 위해 먼저, 이동통신서비스 검사와 시험에 대해 개략적으로 살펴보기로 하자.

5.1 이동통신서비스 검사

이동통신서비스 검사는 이동통신 무선국 설비에 대하여 기술기준에 적합한지와 허가 시 지정한 제반사항 등의 이행 여부를 확인받는 행정절차를 실행하는 능력을 배양하기 위해 실시한다. 이동통신서비스 검사란 무선국 운용을 위한 무선설비 즉, 이동통신 기지국 장치, 중계기 (장치)에 대한 사용 전 검사를 하는 것이다. 이것은 무선설비 구매자(서비스 사업자)와 제조 회사(기지국 장치 및 중계기 납품회사) 사이에서 구매 조건에 따른 시스템 규격을 검사하는 단계이다. 이 과정은 제품의 신뢰성 검사를 주로 하는 것으로써 제품 내구성을 보장하기 위한 환경시험(고온. 저온에서의 동작, 진동, 방수, 염수시험 등)과 장치 간 신호의 간섭, 서비스 장해 혹은 전자파 인체 유해성을 최소화하기 위한 전자파장해 방지에 관한 시험들이 주요한 내용이다. 물론 이 시험들은 두 가지 시험 환경 하에서도 무선설비의 정상적 동작 검사를 하게 된다. 그래서 제품 납품 전 검사 계획을 수립하여 충분히 검사를 진행하는 것이 좋다. 여기서 무선국은 일반적으로 사용자가 사용하는 휴대폰과 이동통신 서비스를 위한 이동통신 기지국 등을 말한다. 예를 들어 가장 기본적인 이동통신서비스의 검사는 전자파 등급제에 대한 내용이 있다. 전자파 등급제는 휴대폰과 이동통신 기지국의 전자파에 관련된 내용이다. 소비자는 국내에 신규 출시되는 휴대전화 모델의 전자파 등급 또는 전자파 흡수율 측정값을 직접 확인하고 제품을 구매할 수 있다. 전자파 등급 또는 측정값은 휴대전화 본체, 포장상자, 설명서, 별도 안내문 또는 휴대전화 내 정보메뉴 중 한군데에서 확인이 가능하다. 또한 일상에서 쉽게 접하던 이동통신 기지국 등 무선국들의 전자파등급도 쉽게 확인할 수 있다. 무선국의 전자파 등급은 일반이 쉽게 식별할 수 있도록 펜스, 울타리, 철조망, 공중선주(안테나, 안테나기둥), 해당 무선설비 등에 표시된다.

먼저, 이동통신서비스 검사에 필수적인 전파법에 대해서 살펴보기로 하자. 전파법에는 이동통신 및 전파에 필수적인 다양한 용어에 대한 설명이 나온다. 이동통신 및 전파에 대한 다양한 용어를 이해하고 학습하는 것은 이동통신서비스 직무를 수행하는 데 있어 상당히 중요한 부분이라 생각된다.

1 전파법(출처 : 미래창조과학부, 방송통신위원회)

전파법(Radio Regulation Law)은 전파 이용 및 기술 개발을 촉진하여 공공의 복리 증진을 목적으로 하는 전파 관련 기본법을 말한다. 전파법은 국제 전기 통신 협약 부속 RR(Radio Regulation : 전파 규칙)을 근거로 하며, 전파법과 RR의 규정이 서로 다를 경우에는 RR가 우선한다. 전파법은 주로 용어(무선국 종류 등), 전파 자원의 확보, 전파 자원의 분배와 할당, 전파 자원의 이용(허가, 운용), 방송국의 허가와 운용, 우주 통신, 전파 자원의 보호(감시, 혼신 방지), 전파 진흥, 종사자, 벌칙에 대하여 규정하고 있다. 또한 전파법에 나오는 용어에 대해서 기본적으로 학습해야 이동통신서비스 직무를 수행하는 데 불편함이 없을 것으로 보인다. 따라서 전파법에 나오는 용어에 대해서는 철저한 학습이 필요할 것이다.

전파법에 대한 기본적인 사항을 확인하기 위해서 제1장 총칙 전체와 각 장의 앞 부분만 인용하였다.

제1장 총칙

「 제1조(목적) 이 법은 전파의 효율적이고 안전한 이용 및 관리에 관한 사항을 정하여 전파이용과 전파에 관한 기술의 개발을 촉진함으로써 전파 관련 분야의 진흥과 공공복리의 증진에 이바지함을 목적으로 한다.

「 제2조(정의) ① 이 법에서 사용하는 용어의 뜻은 다음과 같다.

1. "전파"란 인공적인 유도(誘導) 없이 공간에 퍼져 나가는 전자파로서 국제전기통신연합이 정한 범위의 주파수를 가진 것을 말한다.

2. "주파수분배"란 특정한 주파수의 용도를 정하는 것을 말한다.

3. "주파수할당"이란 특정한 주파수를 이용할 수 있는 권리를 특정인에게 주는 것을 말한다.

4. "주파수지정"이란 허가나 신고로 개설하는 무선국에서 이용할 특정한 주파수를 지정하는 것을 말한다.

4의2. "주파수 사용승인"이란 안보·외교적 목적 또는 국제적·국가적 행사 등을 위하여 특정한 주파수의 사용을 허용하는 것을 말한다.

4의3. "주파수회수"란 주파수할당, 주파수지정 또는 주파수 사용승인의 전부나 일부를 철회하는 것을 말한다.

4의4. "주파수재배치"란 주파수회수를 하고 이를 대체하여 주파수할당, 주파수지정 또는 주파수 사용승인을 하는 것을 말한다.

5. "무선설비"란 전파를 보내거나 받는 전기적 시설을 말한다.

5의2. "무선통신"이란 전파를 이용하여 모든 종류의 기호·신호·문언·영상·음향 등의 정보를 보내거나 받는 것을 말한다.

6. "무선국(無線局)"이란 무선설비와 무선설비를 조작하는 자의 총체를 말한다. 다만, 방송수신만을 목적으로 하는 것은 제외한다.

7. "무선종사자"란 무선설비를 조작하거나 설치공사를 하는 자로서 제70조제2항에 따라 기술자격증을 발급받은 자를 말한다.

8. "시설자"란 미래창조과학부장관으로부터 무선국의 개설허가를 받거나 미래창조과학부장관에게 개설신고를 하고 무선국을 개설한 자를 말한다.

9. "방송국"이란 공중(公衆)이 방송신호를 직접 수신할 수 있도록 할 목적으로 개설한 무선국을 말한다.

10. "우주국(宇宙局)"이란 인공위성에 개설한 무선국을 말한다.
11. "지구국(地球局)"이란 우주국과 통신을 하기 위하여 지구에 개설한 무선국을 말한다.
12. "위성망"이란 우주국과 지구국으로 구성된 통신망의 총체를 말한다.
13. "위성궤도"란 우주국의 위치나 궤적(軌跡)을 말한다.
14. "전자파장해"란 전자파를 발생시키는 기자재로부터 전자파가 방사(방사: 전자파에너지가 공간으로 퍼져나가는 것을 말한다) 또는 전도[전도: 전자파에너지가 전원선(電源線)을 통하여 흐르는 것을 말한다]되어 다른 기자재의 성능에 장해를 주는 것을 말한다.
15. "전자파적합"이란 전자파장해를 일으키는 기자재나 전자파로부터 영향을 받는 기자재가 제47조의3제1항에 따른 전자파장해 방지기준 및 보호기준에 적합한 것을 말한다.
16. "방송통신기자재"란 방송통신설비에 사용하는 장치·기기·부품 또는 선조(線條) 등을 말한다.
17. "전파환경"이란 인체, 기자재, 무선설비 등을 둘러싸고 있는 전파의 세기, 잡음 등 전자파의 총체적인 분포 상황을 말한다.

제3조(전파자원의 이용촉진) 정부는 한정된 전파자원(電波資源)을 공공복리의 증진에 최대한 활용하기 위하여 전파자원의 이용촉진에 필요한 시책을 마련하고 시행하여야 한다.

제2장 전파자원의 확보

제5조(전파자원의 확보) ① 미래창조과학부장관은 전파자원을 확보하기 위하여 다음 각 호의 시책을 마련하고 시행하여야 한다.
1. 새로운 주파수의 이용기술 개발
2. 이용 중인 주파수의 이용효율 향상
3. 주파수의 국제등록
4. 국가 간 전파의 혼신(混信)을 없애고 방지하기 위한 협의·조정

제3장 전파자원의 분배 및 할당

제9조(주파수분배) ① 미래창조과학부장관은 다음 각 호의 사항을 고려하여 주파수분배를 하여야 한다.
1. 국방·치안 및 조난구조 등 국가안보·질서유지 또는 인명안전의 필요성
2. 주파수의 이용현황 등 국내의 주파수 이용여건

3. 국제적인 주파수 사용동향
4. 전파이용 기술의 발전추세
5. 전파를 이용하는 서비스에 대한 수요

② 미래창조과학부장관은 제1항에 따라 주파수분배를 하는 경우에는 주파수 용도가 제1순위인 업무와 주파수 용도가 제2순위인 업무를 구분하여 주파수분배를 할 수 있다.

③ 미래창조과학부장관은 제1항에 따라 주파수분배를 한 경우에는 이를 고시하여야 한다. 주파수분배를 변경한 경우에도 또한 같다.

④ 미래창조과학부장관은 제1항의 주파수분배에 따라 주파수를 사용할 수 있는 기간이 특정되는 경우에는 해당 주파수를 사용하는 방송통신기자재의 적합성 평가 유효기간과 해당 방송통신기자재를 수입·판매할 수 있는 기간을 함께 고시할 수 있다.

제4장 전파자원의 이용

제1절 무선국의 허가 및 운용

「 제19조(허가를 통한 무선국 개설 등) ① 무선국을 개설하려는 자는 대통령령으로 정하는 바에 따라 미래창조과학부장관의 허가를 받아야 한다. 허가받은 사항 중 대통령령으로 정하는 사항을 변경하려는 경우에도 또한 같다.

② 제1항 전단에도 불구하고 「전기통신사업법」 제2조제6호에 따른 전기통신역무를 제공받기 위한 무선국으로서 대통령령으로 정하는 무선국을 개설하려는 자가 해당 전기통신역무를 제공하는 자와 이용계약을 체결하였을 때에는 그 무선국은 미래창조과학부장관의 허가를 받은 것으로 본다. 이 경우 제1항 후단, 제22조, 제24조, 제25조의2 및 제69조제1항제2호는 적용하지 아니한다.

③ 전기통신사업자는 제2항에 따른 무선국을 개설하려는 자와 이용계약을 체결하였을 때에는 대통령령으로 정하는 바에 따라 신규로 이용계약을 체결한 가입자의 수와 전체 가입자의 수를 미래창조과학부장관에게 통보하여야 한다.

제5장 전파자원의 보호

「 제45조(기술기준) 무선설비(방송수신만을 목적으로 하는 것은 제외한다)는 주파수 허용편차와 공중선전력 {공중선의 급전선(給電線)에 공급되는 전력을 말한다. 이하 같다} 등 미래창조과학부장관이 정하여 고시하는 기술기준에 적합하여야 한다.

제6장 전파의 진흥

「 제60조(주파수이용 현황의 공개) ① 미래창조과학부장관은 전파이용을 촉진하기 위하여 필요한 경우 주파수이용 현황을 공개하여야 한다.

② 제1항에 따른 공개의 범위·절차 및 시기 등에 필요한 사항은 대통령령으로 정한다.

「 제61조(전파 연구) ① 미래창조과학부장관은 전파이용을 촉진하고 보호하기 위하여 필요한 연구를 수행하여야 한다.

② 제1항에 따라 수행하는 연구는 다음 각 호와 같다.

1. 기술기준의 연구
2. 전파의 전파(傳播) 분석 및 주파수할당 기법의 연구
3. 위성망의 혼신조정 기준에 관한 연구
4. 전자파장해 및 전파가 인체에 미치는 위해에 관한 연구
5. 전자파 흡수율의 측정에 관한 연구
6. 전파기기의 측정방법 및 측정기술에 관한 연구
7. 우주전파 수신기술 연구 및 수신자료 분석
8. 지자기(地磁氣) 및 전리층(電離層)의 관측
9. 태양 흑점의 관측
10. 제8호와 제9호에 따른 관측결과의 분석 및 예보·경보

제7장 무선종사자

「 제70조(무선종사자의 자격) ① 무선종사자가 되려는 자는 국가기술자격에 관한 법령 또는 대통령령으로 정하는 바에 따라 시행하는 기술자격검정에 합격하여야 한다.

② 미래창조과학부장관은 제1항에 따른 기술자격검정에 합격한 자에게 대통령령으로 정하는 바에 따라 기술자격증을 발급한다.

③ 무선종사자의 자격종목 및 자격종목별 종사범위는 대통령령으로 정한다.

④ 무선국의 무선설비는 무선종사자가 아니면 이를 운용하거나 그 공사를 하여서는 아니 된다. 다만, 선박이나 항공기가 항행 중이어서 무선종사자를 보충할 수 없거나 그 밖에 대통령령으로 정하는 경우에는 그러하지 아니하다.

제8장 보칙

「 제72조(무선국의 개설허가 취소 등) ① 시설자등이 다음 각 호의 어느 하나에 해당하는 경우에는 무선국의 개설허가나 개설신고 또는 주파수 사용승인은

그 효력을 상실한다.
1. 제11조 및 제12조에 따라 주파수할당을 받은 시설자가 제15조의2에 따라 주파수할당이 취소되거나 제16조제1항에 따른 재할당을 받지 못하는 경우
2. 제20조제1항제1호부터 제3호까지의 규정에 따른 결격사유에 해당하게 된 경우
3. 제22조제1항에 따른 재승인이나 재허가를 받지 못하는 경우
제9장 벌칙
「 제80조(벌칙) ① 무선설비나 전선로에 주파수가 9킬로헤르츠 이상인 전류가 흐르는 통신설비(케이블반송설비 및 평형2선식 나선반송설비를 제외한 통신설비를 말한다)를 이용하여 「대한민국헌법」 또는 「대한민국헌법」에 따라 설치된 국가기관을 폭력으로 파괴할 것을 주장하는 통신을 한 자는 1년 이상 15년 이하의 징역에 처한다.
② 제1항의 미수범은 처벌한다.
③ 제1항의 죄를 범할 목적으로 예비하거나 음모한 자는 10년 이하의 징역에 처한다.

2) 무선국 검사의 개요 및 절차

이동통신서비스를 제공하기 위하여 설치된 이동통신 무선국 설비에 대하여 검사기관의 검사원이 전파법령에 의한 기술기준에 적합한지와 허가 시 지정한 제반 사항 등의 이행 여부를 확인받는 행정절차를 할 수 있다. 이동통신서비스 무선국 검사 시 효율적인 표준검사 시행 업무의 주요 절차를 준수하여 무선국 검사 수검계획을 수립할 수 있고 이동통신서비스를 위하여 검사기관인 체신청과 한국전파진흥원에서 실시하는 검사대상 및 관할 지역을 확인할 수 있으며 이동통신서비스를 위하여 무선국검사 방법인 성능검사, 검사성적 결정, 검사결과 판정, 검사필증 교부에 관한 사항을 이행할 수 있다.

무선국검사란 허가받은 무선설비가 전파법령에서 정하는 기술기준에 적합한지와 무선 종사자 배치 및 허가 시 지정받은 제반 사항의 이행 여부를 확인하는 절차이다. 이것은 무선국의 전자파 신호가 여타 장치, 설비 또는 인체에 영향을 미치는지를 검사하는 것이다.

무선국 검사 절차는 무선국 설치장소 도착, 신분증 제시, 측정기 예열 및 교정, 검사 내용 및 방법 설명, 허가 사항 검사(시설자, 설치장소, 무선종사자, 기

기형식 일련 번호 및 전파형식, 전원설비, 보호 장치, 안전시설, 공중선, 공용화 및 환경 친화), 기술 기준 검사(주파수 허용편차, 점유주파수 대역폭, 불요발사 허용치, 공중선 전력, 인접채널 누설 전력, 수신 설비의 부차적 전파발사 강도), 종합시험, 검사결과 총평, 검사필증 교부, 검사 확인증 부착의 순서로 진행한다.

무선국 검사는 성능검사로 대조검사로 나누어져 실시된다. 성능검사는 무선설비의 성능에 대하여 행하는 검사로서 무선국종별로 분류된 검사 항목에 따라 실시하고 그 항목별 기준에 적합한지를 확인하며 대조검사는 무선국허가·신고사항이 실제상황과 일치하는지 여부를 대조 및 확인하는 검사이다.

3) 무선국의 관리, 검정 및 허가

정부에서 무선국을 관리하는 것은 전파법 제1조에 있는 바와 같이 전파의 효율적인 이용으로 국민의 복리를 증진하기 위한 것이다. 동법 제4조에는 무선국을 개설하고자 하는 자는 정보통신부장관의 허가를 받아야 하고, 허가를 받은 무선국은 법에 의한 허가조건과 기술기준에 적합함을 확인하기 위한 준공검사 및 무선국 개설 후 일정기간이 지난 후에도 전기적 특성 등에 변화가 없는지 확인하는 정기검사를 받도록 되어 있다. 다만, 발사하는 전파가 미약한 무선국은 허가나 신고하지 아니하고 개설할 수도 있으며 이 경우에는 검사도 생략된다. 우리나라의 무선국 허가 및 검사는 주관청인 정보통신부 소관이나, 무선국의 급격한 증가로 업무가 폭주되어 정보통신부 산하에 무선국 관리 사업단을 설립하고, 국가에서 직접 행하던 무선국 검사 및 관리업무의 일부를 위임하였다. 무선국 관리 사업단은 전파법 제71조 2항과 동법시행령 제100조 및 제103조에 의거, 전파의 진흥을 위한 사업과 전파에 관한 기술을 연구, 개발, 보급하고 정부로부터 위탁받은 업무를 효율적으로 수행하기 위하여 설립된 것이다.

무선국 검사의 종류는 준공검사, 변경검사, 정기검사, 임시검사의 4종류가 있다. 준공검사, 변경검사는 허가 절차상 검사로서 신규허가 및 허가 내용 변경 시 필요하며, 임시검사는 말 그대로 전파법상 위반을 범하여 행하는 불규칙적인 검사이다. 정기검사는 일정한 주기마다 행해지는데 그 주기는 무선국 허가 유효기간을 기준으로 하고 있다. 모든 무선설비는 무선국 검사라는 절차상, 감독상 검사를 받아야 한다. 발사하는 전파가 미약하거나 수신전용 무선국은 허가를 받지 않아도 되므로 검사가 생략된다.

4) 무선국 관리실태 및 검사 지침

전파이용기술의 발달과 전파이용의 활성화 정책에 따라 무선설비의 이용범위가 다양해지면서 무선국은 매년 52%씩 증가하는 추세인 반면에 허가를 받지 아니하거나 허가받은 사항을 임의로 변경하여 변칙적으로 운용하는 경우 또는 검정을 받지 않은 기기를 유통시키는 사례가 증가하여 적법하게 운용하는 이용자에게 불편을 초래하는 등 전파이용질서를 문란케 하는 요인이 되고 있다. 불법전파설비 유형은 불법무선국, 변칙운용 설비, 검정미필기기의 유통으로 나타낸다.

무선국 검사의 종류는 전파법 제 9조, 제 17조, 제 61조, 제 62조 및 제 70조에 의한 준공검사, 변경검사, 정기검사 및 임시검사로 구분하여 각종 검사에서 불합격될 경우 재검사를 실시한다. 그러나 전파법령에 따라 서류검사로 대신할 수 있다. 무선국의 검사시행기관은 정보통신부 각 체신청과 한국무선국관리사업단으로 되어 있다. 검사원은 체신청장이 지정하는 공무원 또는 한국무선국관리사업단의 장이 정하여 장관의 승인을 얻은 자로 한다. 검사를 효율적으로 실시하여 전파관리업무에 유효하게 이용할 수 있도록 무선국의 시설 등을 고려하여 매 회계연도 말에 종합적인 검사계획을 수립하여 검사를 실시하여야 한다. 정보통신부장관은 필요한 경우 검사전담반을 구성하여 운영할 수 있다. 검사를 효율적으로 실시하기 위하여 무선국 시설대장을 정리하여 관리하여야 한다. 또한 효율적인 검사가 될 수 있도록 검사의 기본원칙을 준수하여 검사를 실시하여야 한다. 검사 시 필요하다고 인정하는 경우, 인접한 기설 무선국에 대하여 방해, 혼신유무를 조사할 수 있으며, 조사결과 유해한 혼신 등 이 있을 경우 그 결과를 중앙전파관리소장에게 통보한다. 검사 시 검사 실시 요령에 의하여 실시하되, 변경검사는 당해 변경사항에 한하여 검사를 실시한다. 간이 중계국의 검사는 별도로 정하는 검사방법에 의하여 검사를 실시할 수 있다. 무선국 검사결과 전파의 질로 인한 부적합 또는 불합격의 경우에 그 사항이 다른 무선국 운용에 방해를 줄 우려가 있거나, 기타 필요하다고 인정되는 경우에는 6개월 이내의 기간을 정하여 전파발사의 정지처분을 할 수 있다. 무선국 검사기관의 장은 매 반기 익월 10일까지 무선국 검사실적을 작성하여 정보통신부장관에게 보고하여야 한다.

5) 무선국 검사의 목적 및 필요성

무선국검사는 무선설비가 설치된 현장에서 송수신장치, 공중선, 급전선, 부속

장치(안전시설) 등의 기술적 특성이 국제 규정(ITU 전파규칙) 및 국내 전파법령에서 정하는 기술기준에 적합한 지 여부와 허가 시 지정한 제반 사항(주파수대역 준수, 자격 요건을 갖춘 인력배치 등)의 이행 여부를 확인하는 행정 절차를 말한다. 무선국 검사는 무선설비의 성능품질을 확보하여 이용자의 서비스 품질을 보장하며, 혼신 등 불량 전파 신호를 사전에 확인하고 차단하여 많은 전파이용자와 국가 주요 통신망시설을 보호하는데 있다. 이로써 전파관리의 효율성을 증진시킴으로써 전파관리의 궁극적인 목적인 전파진흥을 도모하여 국민의 복리 증진에 기여함을 목적으로 한다. 무선국검사의 근거는 전기통신사업법 즉, 이 법은 전기통신 사업의 적절한 운영과 전기통신의 효율적 관리를 통하여 전기통신사업의 건전한 발전과 이용자의 편의를 도모함으로써 공공복리의 증진에 이바지함을 목적으로 한다.

전파는 그 발생원으로부터 전 공간으로 발사되는 특성이 있으나, 전파의 활용은 주파수 스펙트럼 상 시간적, 공간적으로 유한하여 엄격한 통제적 관리가 되지 않고는 상호 혼선 등으로 그 효용 가치가 없으며, 통제적 관리가 엄격히 지켜지면 지켜질수록 가치는 배가되어 인류의 가장 유효한 공동자산으로 그 활용성은 무궁무진하다. 따라서 세계 각 국은 국가마다 전파법을 제정하여 관리하고 있으며, 국제적으로는 RR(Radio Regulation)규정으로 무선국 검사에 대해 다음과 같이 정하고 있다. 주관청은 적당한 경우에는 제20조(국제감시)에서 말하는 시설을 사용하고 또한 제22조(혼신의 경우의 절차)에 정하는 절차에 의하여 유해한 혼신의 탐지 및 제거에 협력해야 한다. 허가서가 제시되지 않은 때 또는 명백한 위반이 인정되는 때는 정부 또는 주관청은 무선설비가 이 규칙에 의하여 과하여지는 조건에 적합한가 여부를 확인하기 위하여 그 설비를 검사할 수 있다. 선반국의 발사 주파수는 국이 속하는 검사기관이 될 수 있는 한 빈번히 검사하여야 한다. 선반지구국의 발사 주파수는 국이 속하는 검사기관이 될 수 있는 한 빈번히 검사하여야 한다. 육상이동국의 발사 주파수는 국이 속하는 검사기관이 될 수 있는 한 빈번히 검사하여야 한다. 주관청은 본래의 무선업무에 유해한 혼신을 발생시키지 않도록 필요로 하는 실행 가능한 모든 조처를 취해야 한다.

무선국검사는 무선설비가 설치된 현장에서 송수신장치, 공중선, 급전선, 부속장치(안전시설) 등의 기술적 특성이 국제규정(ITU 전파규칙) 및 국내 전파법령에서 정하는 기술기준에 적합한지 여부와 허가 시 지정한 제반사항(주파수대역 준수, 자격요건을 갖춘 인력배치 등)의 이행여부를 확인하는 행정절차를 말한다.

무선국 검사는 무선설비의 성능품질을 확보하고, 혼신 장애 요인을 사전에 확인 해소하여 불법 전파로부터 다수의 전파 이용자를 보호하는데 그 목적이 있다.

무선국검사의 필요성은 국제 협약에서 정한 전파환경 정비와 전파질서 유지 및 인명 안전 준수 의무 이행과 유해한 전파혼신으로부터 국가 주요 통신망과 다수의 전파 이용자를 보호하는데 있으며, 이를 통하여 국내의 전파 이용에 관련한 산업을 보호하고, 신기술 통신과 전파를 이용하는 다양한 서비스가 원활하게 제공될 수 있는 기반을 구축하는데 있다고 볼 수 있다.

6) 무선국 검사의 법적 근거

무선국검사를 시행하는 법적 근거는 전기통신기본법[법률 제9701호]에 따른 것으로써 사업용 전기통신 설비를 보유·운용하고 있는 전기통신사업자는 그가 제공하는 전기통신 역무의 안정적인 공급을 위하여 그의 전기통신설비를 대통령령이 정하는 기술기준에 적합 하도록 유지·보수하여야 한다[전기통신기본법 제16조(전기통신설비의 유지·보수), 전기 통신 사업법 제61조(전기통신설비의 유지·보수)]. 그리고 그에 따른 전기통신설비 설치의 신고 및 승인을 받아야 한다. 즉, 기간통신사업자는 중요한 전기통신설비를 설치 또는 변경하고자 할 경우에는 대통령령이 정하는 바에 의하여 미리 방송통신위원회에 신고하여야 한다. 다만, 새로운 전기통신기술방식에 의하여 최초로 설치되는 전기통신설비에 대해서 대통령령이 정하는 바에 따라 방송통신위원회의 승인을 얻어야 한다[전기통신기본법 제17조(전기통신설비설치의 신고 및 승인 등), 전기통신사업법 제62조(전기통신설비 설치의 신고 및 승인)].

7) 무선국검사의 종류

이동통신서비스 무선국 검사(inspection of radio station) 시 효율적인 표준검사 시행업무의 주요절차를 준수하여 무선국 검사 수검계획을 수립하며 이동통신서비스를 위하여 검사기관인 체신청과 한국전파진흥원에서 실시하는 검사대상 및 관할지역을 확인한다.

이동통신서비스를 위하여 무선국 검사방법인 성능검사, 검사성적 결정, 검사결과 판정, 검사필증 교부에 관한 사항을 이행하며 이동통신서비스를 위하여 무선국 무선설비 검사인 준공검사, 변경검사, 임시검사를 받을 수 있으며 이동통신서비스 준공 및 변경검사 결과에 따른 무선국 검사 후속사항을 처리한다.

무선국 검사는 무선 설비가 전파법상의 기술 기준에 적합한가를 확인하기 위한 검사를 말한다. 검사 목적에 따라 분류하면 다음과 같다. 허가를 요하는 무선국의 검사는 공사 준공 후의 준공 검사, 변경 검사, 정기 검사, 임시 검사의 4종류가 있다. 허가를 요하지 않는 무선국의 무선 설비는 방송 수신 설비 이외의 무선 설비로, 다른 설비의 기능에 계속적이고 중대한 장애를 미칠 우려가 있는 설비에 대한 검사이다. 또한 고주파 이용 설비에 대해서도 전파법의 시행을 확보하기 위해서 특히 필요하다고 인정될 때는 검사를 할 수 있다.(한국정보통신기술협회)

전파행정의 대상은 무선국과 고주파 이용설비 및 시설자로 구체화할 수 있으며, 무선국의 허가와 감독업무가 전파행정의 주류라고 할 수 있다. 무선국의 감독업무는 전파 이용 상의 질서 유지를 주목적으로 하는 전파감시와 무선국검사로 분류되는데, 감시업무는 사후 감독행정에 속하며, 무선국 검사는 예방적 감독행정이다.

무선국의 검사는 무선국을 감독하는 방법이며, 준 법률행위로서 확인행위에 속한다. 즉, 특정사실에 관하여 그 존재여부를 공정권위로서 행정 선언하는 판단표시의 행위이다. 무선국은 고유기능을 유지함으로써 허가목적을 달성할 수 있으며 허가당시의 기능을 유지케 하기 위한 수단으로 검사를 집행하는 것이다. 다시 말하면 무선국 검사는 전파법령이 정하는 바에 따라 무선설비의 기술 기준이 적법한 가, 법정서류가 비치되어 있는가, 행정상의 처분에 적합하게 이행하고 있는가에 대하여 공개적으로 확인 행정수단을 다하는 것이다. 따라서 무선국의 검사는 무선국이 적법하게 개설되고 무선설비를 조작하는 자는 적절한 무선종사자로서 무선국을 적법하게 운용케 하여 전파질서를 확립함으로써 전파법의 목적을 달성하는데 그 의의가 있다.

전파법령의 집행을 확보하기 위하여 궁극적으로는 전파질서를 확립하기 위한 수단으로서 허가 시에 수반되는 검사와 기존 무선국에 대하여 행하는 검사로 크게 분류할 수 있으며, 전자는 허가절차상의 검사로서 허가업무과정의 일부라고 할 수 있는 반면에, 후자는 기 허가된 무선국에 대한 감독상의 검사로서 시설감독기능의 일부라고 할 수 있다. 현재 무선국검사는 정보통신부와 정보통신부장관의 관한 위임·위탁에 의하여 한국무선국관리사업단에서 집행하고 있다.

무선국 검사의 준공검사, 변경검사, 정기검사, 임시검사의 세부사항은 다음과 같다.

(1) 준공검사

무선국 개설허가를 받은 자가 무선설비를 준공하고 최초로 그 무선설비가 기술기준 및 무선종사자의 자격·정원배치기준 등에 대하여 확인을 받는 검사이며 무선국 개설허가를 받은 후 허가증에 적힌 준공기한 내에 준공검사를 받아야 하며, 합당한 사유로 연장 신청할 경우 총 연장기간이 1년을 초과하지 않는 범위에서 준공기한을 연장할 수 있고 준공검사에 불합격된 경우에는 준공기한 내에 재검사 신청을 하여야 하여야하는데, 준공기한이 경과한 후 30일 이내에 재검사를 신청하지 않을 경우 허가가 취소된다. 허가를 받은 자는 무선국이 준공된 경우에는 미래창조과학부 장관에게 신고하여 그 무선설비와 무선종사자의 자격 및 정원에 대하여 검사를 받아야 한다.

(2) 변경검사

무선국 변경허가를 받은 자가 변경허가를 받은 대로 변경하였는지 여부에 대하여 실시하는 검사이다. 변경허가를 받은 시설자는 미래창조과학부 장관의 검사를 받고 변경의 결과가 변경 허가내용과 합치된다고 인정받은 후가 아니면 무선 설비를 운용하지 못한다.

(3) 정기검사

개설허가를 받은 무선국에 대하여 정기검사 유효기간 내에서 정기적으로 실시하는 검사이다. 다만, 외국을 항행중인 선박이나 항공기의 무선국, 그 밖에 정기검사를 실시할 필요가 없다고 인정되는 무선국의 경우에는 정기검사시기를 연기하거나 정기검사를 면제 또는 생략할 수 있다. 미래창조과학부 장관은 허가를 받은 무선국에 대하여 5년의 범위 내에서 무선국별로 대통령령이 정하는 기간마다 정기검사를 실시하여야 한다.

(4) 임시검사

전파법 시행을 위하여 특히 검사가 필요한 무선국이 있는 선박이나 항공기가 외국에 출항하려는 경우, 그밖에 전파의 효율적 이용이나 관리를 위하여 특히 필요한 경우와 무선설비의 기술기준, 무선종사자의 자격과 정원, 기타 필요한 사항 등을 확인하는 검사이다.

정보통신서비스를 하려는 통신사업자는 「전기통신사업법」 제2조 제11호 본문에 따른 기간 통신역무를 제공하기 위한 무선국 중 다음 각 목의 어느 하나에 해당하는 무선국이 검사 대상이 되며, [전파법 제24조(신고하고 개설할 수 있는 무선국)] 그에 따라 신고하고 개설할 수 있다.

무선국 검사는 주로 대조검사 형태를 취하며, 다음과 같은 내용을 중점 점검사항으로 보며, 검사 종류별로 신청에 필요한 서류 및 방법, 문서 등은 다음과 같이 준비해야 한다. 대조검사의 주요 점검사항은 시설자, 설치 장소, 공용화 및 환경친화형, 무선종사자 확인, 기기형식, 일련번호, 전파형식, 주파수 확인, 공중선, 전원설비, 안전시설, 보호 장치 등 확인해야 한다.

8) 전자파 강도 측정의 목적 및 용어

대통령령으로 정하는 기준에 해당하는 무선국의 시설자는 전자파강도를 측정하여 그 결과를 미래창조과학부에 보고하도록 하는 의무를 부여함으로써 무선국 전자파 세기가 인체 보 기준을 준수하도록 하고 유비쿼터스 사회에서의 안전한 전파이용 환경 조성에 기여함을 목적으로 한다. 여기서 전자파란 전기장과 자기장으로 구성되며 공간상에 전기장이 시간 적으로 변화하게 되면 그 주위에 자기장이 발생하고, 또한 자기장이 시간적으로 변화하면 그 주위에 전기장이 발생하게 되어 공간상을 빛의 속도로 전파(傳播)하는 파동을 말한다. 이러한 전자파의 종류는 감마선, X선, 자외선, 가시광선(빛), 적외선, 전파(3㎑ ~ 3,000㎓인 전자파) 등이 있다.

(1) 주파수 허용 편차

주파수 허용 편차는 발사에 의하여 점유하는 주파수대의 중심주파수와 지정주파수 사이에 허용될 수 있는 최대편차 또는 발사의 특성주파수와 기준주파수 사이에서 허용될 수 있는 최대편차를 말하며 백만분율 또는 헤르츠(㎐)로 표시한다. 허가 시 지정받은 주파수와 발사되는 주파수의 차이가 허용 범위 내에 있는지를 확인한다. 주의사항은 무선설비 규칙 제3조 제1항 관련 자료 중에서 이동통신서비스에 해당되거나 인접한 주파수대역 위주로 축약한 내용이 주파수 허용

편차 이다. 한편 인접 주파수를 사용하는 무선국과의 혼신을 방지할 필요가 있다.

(2) 점유주파수 대역폭

변조의 결과로 생기는 주파수대폭의 하한주파수 미만의 부분과 상한주파수를 초과하는 부분에서 각각 발사되는 평균전력이 따로 정하는 경우를 제외하고 각각 0.5퍼센트 와 같은 주파수대폭 즉, 발사되는 고주파 에너지의 99%가 허가된 대역폭 이내 인지를 확인한다. 검사 목적은 인접 신호에서의 유입 방지를 통하여 주변 무선국의 원활한 통신을 보장해야 하며 적정한 점유주파수대역폭 확보를 통하여 원활한 통신이 가능해야 한다.

(3) 불요 발사 허용치

통신에 필요한 전파 이외에 발사되는 불필요한 전파 신호가 기술기준에서 정한 허용 치 이내인지 확인하는 과정이며, 주로 대역외 발사 및 스퓨리어스(spurious) 발사를 말한다. 여기서 "불요발사(不撓發射)"란 대역외(帶域外) 발사 및 스퓨리어스(spurious) 발사를 말하며, "대역외 발사"란 변조 과정에서 발생하는 필요주파수대폭의 바로 바깥쪽에 위치한 하나 이상의 주파수에서 발생하는 발사(스퓨리어스 발사 제외)를 말한다. 또 "스퓨리어스 발사"란 필요주파수대폭 바깥쪽에 위치한 하나 이상의 주파수에 서 발생하는 발사(대역외 발사 제외)로서 정보 전송에 영향을 미치지 않고 그 강도를 저감시킬 수 있는 것으로 고조파발사, 기생발사, 상호변조 및 주파수 변환 등에 의한 발사를 포함한 발사를 말한다. 검사 목적은 불요파로 인한 혼신 방지로 전파 이용 기기의 원활한 통신을 보장하며 불요파가 수신 주파수와 중첩되어 통신망 두절을 방지해야 한다.

(4) 공중선 전력

송신설비의 전력은 공중선 전력으로 표시한다. 공중선의 급전선에 공급되는 전력이 지정된 전력의 허용치를 초과 또는 미달되는지를 점검하며 송신설비의 전력은 공중선전력으로 표시한다. 다만, 다음 각 호의 어느 하나에 해당하는 송신설비의 전력은 규격전력으로 표시하고 송신설비의 전력에 대하여 전파이용질서의 유지 및 보호를 위해 필요한 경우에는 제1항에 따른 전력 외에 등가등방복사

전력 또는 실효복사전력을 함께 표시할 수 있다. 검사 목적은 공중선 전력의 초과로 다른 무선국과의 장애를 방지하고 공중선 전력의 저하로 서비스 영역을 축소(통화 서비스 불량)해야 한다.

9) 신뢰성 검사

신뢰성(Reliability) 검사의 경우에는 공인 시험기관에 의뢰하여 진행을 한다. 신뢰성(Reliability)이란 시스템, 제품, 부품 등이 규정된 조건 하에서 의도한 기간 중 규정된 기능을 고장 없이 수행하는 정도나 성질을 말하며, 신뢰도는 신뢰성을 확률로 나타낸 것이다. 즉, 기계, 기기 또는 부품이 주어진 조건 하에서 의도하는 기간 내에 요구된 기능을 적정하게 수행할 수 있는 확률(신뢰도)을 말한다. 여기서 신뢰도의 정의는 신뢰성의 확률을 말한다. 기능이란 "육체적, 정신적 작업을 정확하고 손쉽게 해 주는 기술상의 재능"을 말하고, 고장을 정의하기 위한 기준이 되며 신뢰도 평가를 위해 아이템의 기능부터 접근하는 이유는 아이템의 고장이 아이템 기능의 상실, 정지 등을 나타내기 때문이다. 고장이란 "설비가 요구 기능을 수행하지 못하게 되는 사건"이다. "요구 기능을 수행하지 못함"이란 설비의 기능 중에서 특정 기능을 수행할 수 없는 경우만을 의미하는 것은 아니며, 설비가 기능을 수행하지만 성능이 요구 수준(기능 수준)을 만족하지 못하는 경우도 포함된다(예 : 전화기의 잡음 등).

무선설비 기기류의 전자파 적합성시험은 무선 통신기기 및 관련 보조기기에 대한 공통 요구 조건이 포함되어 있으며, 특정 목적의 무선기기에 대한 전자파 적합성시험을 하기 위해 필요한 제품별 배열과 시험 결과에 대한 평가는 KN 301 489의 해당 제품 관련 규격에 상세히 제시되어 있다. 본 내용(규격)에서는 제품 관련 규격과 함께 무선기기와 관련 보조 기기에 대하여 적용 가능한 전자파 적합성시험, 측정 방법, 허용 기준, 그리고 성능 평가 기준 등을 명시하였고, 본 규격과 KN 301 489의 해당 제품 관련 규격 사이에 차이가 있을 경우(예를 들어 특수 조건, 정의, 약어에 관한 차이점) 제품 관련 규격이 우선한다.(출처 : 국가직무능력표준)

이동통신서비스 직무에서 이동통신서비스 검사의 능력을 배양하기 위해서는 이동통신기술에 대한 지식수준, 이동통신 네트워크/서비스 동향현황 파악 수준, 검사장비에 대한 이해 수준, 검사 수검 항목에 대한 이해, 검사 수검 전 사전 준비 사항, 망 연동 및 전체적인 시스템 및 네트워크 구성 이해, 환경규격 시험대상 및 검사시험에 대한 이해와 검사 후 후속순서에 대한 이해가 절대적으로 필요하다. 위에서 언급한 사항들에 대해서 세부적으로 살펴보기로 하자.

10) 이동통신기술에 대한 지식수준

이동통신에 대한 기본적인 기술은 전자기파에서 출발해서 주파수, 대역, 대역폭, 채널에 대한 개념을 이해가 필수적이다. 또한 이동통신망의 기본 토대가 되는 정보통신망에 대한 학습도 필수적이라고 할 수 있다. 세부적인 이동통신기술에 대해 폭넓게 살펴보도록 하자.

지금은 휴대폰(스마트폰)이 잠시만 손에서 떨어져도 불안 증세를 느낄 만큼 필수적인 요소가 되었지만, 불과 20여 년 전만 해도 지금과 상황이 많이 달랐습니다. 처음 휴대폰이 등장해 무선으로 전화를 거는 것만으로 신기해했던 그때에는, 지금처럼 휴대폰이 전화, 카메라, 음악 듣기, 업무 등 다양한 역할을 하게 될 거라고 예상하지 못했다. 하지만 세상은 빠르게 발전해 스마트폰 하나만 있으면, 업무에서 문화생활까지 다양하게 즐길 수 있는 시대가 되었다. 그렇다면 과연 이동통신이 그동안 어떤 발전 단계를 거쳐 왔고, 앞으로 어떻게 발전할 것인가 알아보자.

이동통신 서비스의 진화인 유선 전화부터 스마트폰까지의 발전은 우리사회를 급속하게 변화시켰다. 유선 전화를 사용하던 이동통신 1세대부터 지금 LTE-A 속도의 스마트폰을 사용하는 이동통신 4세대까지를 구분할 때 우리는 보통 데이터 전송 속도에 따라 구분한다.

1세대(1G)는 음성통화만 가능한 아날로그 시대, 2세대(2G)는 디지털 이동전화가 등장했으며, 음성통화 외에 문자 메시지, E메일 등의 데이터 전송이 가능, 3세대(3G)는 스마트폰의 등장. 문자, 음성, 동화상 등 멀티미디어 데이터를 현재 휴선 인터넷과 비슷한 속도와 화질로 이용 가능, 4세대(4G,LTE)는 하나의 단말기를 통해서 위성망, 무선랜, 인터넷을 모두 사용할 수 있으며 3G에 비해 이론상 12배 빠른 전송속도를 가지고 있다.

3G 통신망으로 넘어오면서 초당 전송할 수 있는 더욱 빨라지면서 음악을 끊김없이 듣고, 어느 정도 퀄리티의 동영상을 폰을 통해 볼 수 있게 되었습니다. 하지만 그 후 4G로 넘어오면서는 고음질 음악, Full HD 동영상, 영상통화를 거뜬히 할 수 있는 수준이 되었다.

유선보다 빠른 무선 인터넷은 LTE-A의 등장은 정보화 시대에 적합한 형태로 통신시장을 발전시켰다. 현재 지원되는 4세대 이동통신(LTE)은 더욱 진화된 LTE-A(LTE-Advanced)이다. 단어 그대로 LTE보다 진화된 기술이며, 데이터 전송 속도는 최고150Mbps이다. 여기에서 LTE-A의 150Mbps 속도가 가지는 의미가 특별하다. 우리가 일반적으로 가정에서 사용하는 PC의 유선 광랜 속도가 보통 100Mbps이다. 즉, LTE-A는 유선보다 빠른 데이터 전송 속도를 갖게 되는 시점이 된다. 사용 환경에 따라 차이는 있겠지만, 이동통신 역사상 처음으로 유선의 속도를 넘어선 무선 데이터 통신이라는 점만으로도 큰 의미가 있다. LTE-A의 150Mbps 속도를 우리의 일상생활 속에서 비유해 보자면, 영화 1편(약 800MB)를 스마트폰으로 다운받는다고 했을 때, 약 43초밖에 걸리지 않는다. LTE가 1분 25초, 유선 인터넷이 1분 4초, 3G가 7분 24초의 시간이 걸리는 것에 비해서 상당한 속도이다. 이렇게 유선보다 빠른 무선 인터넷으로 이동통신 기술의 한 획을 그은 LTE-A는 자랑스럽게도 우리나라에서 세계 최초로 상용화를 시작했다. 2012년 6월 전 세계 중 우리나라에서 최초로 SKT가 LTE-A 서비스를 시작했다. LTE는 전 세계에서 22번째로 상용화되었고 LTE-A는 세계 최초이며 LTE 상용화가 된 지, 약 2년 만에 이루어낸 성과이다.

LTE-A가 상용화 되는 데에는 가장 핵심적인 기술은 주파수결합기술(CA: Carrier Aggregation)이다. 주파수결합기술은 서로 떨어진 대역의 주파수를 묶어 연결대역처럼 광대역화 하는 기술을 뜻하는데, 세계적으로 파편화가 심한 LTE 주파수의 활용도를 높여 데이터 수요 폭증을 해소할 수 있는 핵심 기술이기 때문에 중요하게 손꼽히는 기술이다. CA기술 또한 세계 유력 이동통신사들을 제치고 국내 통신사인 SKT가 가장 먼저 이루어냈고, 뒤를 이어 일본의 NTT도코모, 미국의 AT&T 등도 LTE-A 상용화 계획을 발표하고 있지만, 현재 기술수준은 최소 1년 이상 한국이 앞서 나간다는 평을 받고 있다. 글로벌 모바일 어워드(Global Mobile Awards)에서 이동통신 분야 세계 최고 권위의 상인 '최고의 LTE 공헌상' 수상하고, 세계이동통신사업자협회(GSMA)에서 전 세계 처음으로 LTE-A 상용화 결과 등을 발표한 것이 그 반증이라고 할 수 있다. 이렇게 SKT가 누구보다 빨리 LTE-A를 상용화할 수 있었던 데에는 LTE 기반에서부터 닦아 온 탄탄한 기술력이 뒷받침되었기 때문이다. 2011년 7월 LTE 상용화 후, 1년 만에 자동으로 최적 주파수를 선택해 사용하는 멀티캐리어(MC) 서비스를 실시했고, LTE 상용화 2년 만에 주파수결합기술(CA)를 활용한 LTE-A 상용화 등 단기간 내 서비스 고도화에 성공했다.

2012년 국내 LTE 가입자수는 2000만명을 넘어서, 3G 가입자 수보다 LTE와 LTE-A 가입자 수의 비율이 더 높아졌다. 올 연말쯤에는 전체 가입자 중 LTE-A 가입자 수가 50% 수준으로 상향될 것으로 예측하고 있다. 통신사별 가입자수는 SKT가 가장 많으며, 또한 6월 말 첫 LTE-A 상용화를 시작으로 8월 초 전국 84개 도시에 망설치를 완료하고, 올해 연말까지 전국 총 3만 2천여 개까지 커버리지 확장으로, LTE-A 서비스 안정화에 박차를 가할 예정이다.

2개의 주파수를 묶어주는 CA기술은 차세대 이동통신 서비스인 광대역 LTE-A에도 핵심적인 역할을 하게 되었다. 광대역 LTE-A란, 광대역 LTE와 LTE-A를 동시에 구현하여 최대 225Mbps까지 끌어 올리는 기술이다. 무엇보다 광대역 LTE-A는 1.8Ghz 대역의 광대역LTE를 SKT는 800Mhz, KT 경우, 900Mhz대의 2개의 주파수와 결합하여 제공해야 하기 때문에 주파수를 묶어주는 CA 기술이 핵심이라고 할 수 있다. SKT는 이미 세계 최초로 공인 받은 CA기술 기반의 LTE-A 서비스를 타 통신사들보다 앞서 전국에서 서비스하고 있다. 이미 100메가 유선인터넷보다 더 빠른 무선인터넷을 지원하는 4세대 이동통신망이 앞으로 더욱 빨라질 것이다. 향후 나올 5세대 이동통신은 지금 사용하고 있는 LTE 보다 무려 1000배가 빠르다고 하니 앞으로 어떤 변화가 있을지 상상하기 힘들 정도이다.

11) 검사장비에 대한 이해 수준

이동통신시스템에 검사 대상에 속하는 장치로는 중계기, CPE(Customer Premises Equipment, 고객 댁내 장비, 가입자 장치), 전송장비, 와이브로 등이 있으며 이번 절에서는 다양한 장치에 대해서 살펴보기로 하자.

(1) 중계기

특성과 목적에 따른 다양한 중계기에 대해 살펴보자.

① CDMA

CDMA 서비스의 실현을 위한 핵심 장비인 중계기는 80W급에 이르는 대용량 광 중계기에서부터 소형 급의 RF중계기까지 중계기 전 영역에 걸쳐 다양하게 생산되고 있다. 다양한 중계기들은 국내 이동통신망의 진화를 선도해 나가고 있으며 고객이 안정적이고 자유로운 통신 환경을 영위할 수 있도록 서비스를 제공하고 있다.

② DUO

CDMA와 WCDMA의 통합형 중계기로써 중계기 장비의 각 모듈들을 통합하여 그 구성을 간결화하고 제조사간의 모듈 호환성을 개선함은 물론, 향후 업그레이드의 용이성을 제고하는 데 탁월한 역량을 발휘하여 그 기술력을 높이 인정받고 있다.

③ WCDMA

WCDMA 서비스의 실현을 위한 핵심 장비인 중계기는 80W급에 이르는 대용량 광 중계기에서부터 소형 급의 RF중계기까지 중계기 전 영역에 걸쳐 다양하게 생산되고 있다. 다양한 중계기들은 국내 이동통신망의 진화를 선도해 나가고 있으며 고객이 안정적이고 자유로운 통신 환경을 영위할 수 있도록 서비스를 제공하고 있다.

④ TRIPLE

CDMA와 WCDMA 및 WiBro[MIMO]용 아날로그 광 중계기로써 각 서비스의 기지국으로부터 받은 RF신호를 Donor를 통하여 원격에 위치한 Remote까지 광선로를 통해 전송한다. 기지국의 커버리지 확대나 음영지역을 해소하기 위하여 기술력을 향상 시키고 있다.

⑤ 와이브로 광중계기

와이브로 기지국의 커버리지 확대나 음영지역 해소를 위한 광중계기로써 RF 신호를 광 신호로 변환, 광선로를 이용하여 원하는 음영지역으로 전송 후, 다시 RF신호로 변환하여 방사하는 중계기로 외곽지역 및 도심 트래픽 밀집 지역 등에 커버리지 확장 및 음영 지역 개선에 사용된다.

⑥ WiFi

인터넷 망에 접속하여 데이터 트래픽을 WiFi 또는 LAN 인터페이스를 통해 Smart Phone, 가입자 PC, VoIP Phone 등에 서비스를 제공하는 장비로 IEEE

802.11nac 방식을 채택하여 최대 300M1300Mbps급의 무선 인터넷 속도를 지원한다.

⑦ LTE

CDMA용으로 설치 및 운용되고 있는 중계기와 LTE가 함께 서비스가 가능하도록 하는 정합장치를 생산 공급하고 있으며 신규 LTE용 중계기를 개발하여 중계기 전 영역에 걸쳐 완벽한 장비를 구축해 나가고 있다.

⑧ TRIO

RF중계기로써 기존 DUO타입 중계기처럼 CDMA와 WCDMA에서의 안정된 성능을 보장하면서 LTE 서비스에 특성화된 기능을 제공한다. 기존 중계기로 LTE 서비스 시 발생되는 Coverage 변동 문제를 해결하여 Traffic에 상관없이 안정적인 LTE 서비스를 제공할 수 있다.

⑨ 통합형 광중계기

CDMA, WCDMA, WiBro, 800MHz LTE 및 LTE-Advanced까지 현재 서비스되고 있는 모든 이동통신기술을 지원하는 광분산 중계기이다. 앞으로 기존 및 새로운 이동통신기술을 지원할 수 있는 통합형 광중계기의 지속적인 개발을 통해 국내 이동통신기술의 진화를 선도해 나갈 것이다.

⑩ 위성DMB

Gap Filler 장비는 CFR (Crest Factor Reduction) 기술을 적용하고 Amp 및 PSU(Power Supply Unit)를 저전력화와 경량화 시켜 가격, 크기, 소모전력 절감 측면에서 높은 경쟁력을 보유하고 있다. Gap Filler는 이러한 위성 음영 지역에서도 양질의 DMB서비스 커버리지를 확보하기 위해 설치/운용되는 시스템이다.

(2) CPE

WiBro 기지국과 접속하여 트래픽 데이터를 WiFi(2.4G/5G Dual) 인터페이스를 통해 가입자 PC, Smart Phone 등에 제공하는 댁내 형 장비 즉 가입자 장치를 말한다.

(3) 전송장비

① DCS

고속 디지털 회선에서 각 디지털 신호에 대한 전자적 교차 접속을 수행하는 기능을 한다. 협대역과 광대역 2가지 형식이 있으며, 입 중계 디지털 회선을 원래 신호로 복원하는 역 다중화 기능과 출 중계 디지털 회선에서 매트릭스를 통한 신호를 다른 시간 슬롯에 교환하는 기능을 갖고 있다. 이러한 기능을 이용하여 트래픽의 통합, 회선 분배 및 재분배가 가능하게 되고 네트워크의 이용과 효율성을 증진 시킨다.

② WDM

다른 곳에서 온 여러 종류의 데이터를 하나의 광섬유에 함께 싣는 기술로서, 통신 용량과 속도를 향상시켜 주는 광전송 방식이다. 각 데이터들은 고유한 광파장으로 전송되는데, 광섬유 하나에 최고 80개의 파장이나 데이터 채널을 실을 수 있다. 인터넷 데이터와 SONET 데이터 ATM 데이터 등과 같이 각기 다른 속도의, 각기 다른 데이터들을 함께 전송할 수 있다.

③ MSPP

단일 장비 상에서 전용선, 이더넷, SAN, ATM 등의 서비스 제공이 가능한 복합 서비스 장비. 초고집적 반도체 기술을 바탕으로 종래에는 별도의 장비로 운용되던 SDH ADM, DCS, LAN Switch 등을 하나의 장비에 포함하고 있다. MSPP의 가장 중요한 특징 중의 하나는 기존의 SDH 기술과 Virtual Concatenation, LCAS, GFP, MPLS 등의 신기술을 이용하여 고품질/고신뢰의 이더넷 서비스를 사용자가 원하는 다양한 속도로 제공할 수 있다는 점이다.

④ 마이크로웨이브

마이크로웨이브(microwave) 장비는 약 300MHz~300GHz 대역의 주파수를 이용하는 통신장비로, 주파수의 특성상 직진성이 강하기 때문에 주로 위성통신 및 군 통신에 이용된다. 또한 사용주파수의 범위가 넓기 때문에 광대역 통신이 가능해 Backhaul로도 이용된다.

⑤ E1 집선 장치

2G, 1X, 1Xevdo 및 WCDMA 이동통신 장치와 연동하여 기지국 회선을 절감하는 장치이다

⑥ DOTS

DOTS(Digital Office Timing Supply)는 GPS 위성 또는 외부로부터 공급되는 동기신호를 수신 하여 시스템에서 요구되는 고정밀의 다양한 동기신호 및 주파수를 생성, 공급하는 디지털 공급 장치이다.

(4) 와이브로

① EMS

EMS(Element Management System)는 통신망 장비를 네트워크를 통해 감시 및 제어를 할 수 있는 시스템으로써 관리대상인 통신망 장비(NE, Network Element) 관리의 효율성 및 일관성 유지가 가능하다.

② ACR

ACR(Access Control Router)는 최대 100~300대까지의 RAS를 제어/관리할 수 있는 시스템으로써 확장성과 고 신뢰도의 기반으로 Mobility (Location) Management , ACR 정합 기능 및 RAS Control 등의 기능을 수행한다.

③ RAS

RAS (Radio Acess System)는 사용자에게 인터넷망으로 부터 서비스를 연결해주는 시스템이며 주요 부분은 Redundancy 방식을 채택, 장애 발생 시에도 지속적인 서비스가 가능한 구조로 설계되었다. 또한 Coverage 확장을 위해 필요한 중계기와의 정합기능도 수행하고 있다.

추가적으로 이동통신 장비 중에서 가장 중요한 세 가지 장비에 대해 살펴보도록 하자. 첫 번째는 안테나(antenna)이다. 안테나라고 하면 머릿속에 떠오르는 이미지부터 생각해보자. TV가 크면 넓은 화면으로 세밀하게 영상을 볼 수 있습니다. 대용량 하드디스크엔 보다 많은 데이터를 저장할 수 있다. 안테나가 많다면 그만큼 많은 양의 전파를 주고받을 수 있다. 실제로 기지국과 휴대전화 안테

나를 두 개 이상으로 늘릴 경우, 무선통신 용량도 그만큼 증가한다. MIMO(Multi Input Multi Output)은 다중입출력으로 여러 개의 안테나로 데이터를 동시에 송·수신하는 기술을 말한다. 두 번째는 주파수 대역폭이다. 주파수란 단위 시간(대개 1초)당 한 점을 통과하는 파동의 수를 말한다. 예를 들어 800MHz와 900MHz 사이 주파수라면 대역폭은 100MHz가 된다. CA(Carrier Aggregation)는 서로 떨어져 있는 2개 이상의 주파수 대역을 1개 주파수처럼 묶어 더 넓은 주파수 대역을 쓰게 하는 기술이다. CA 같은 기술도 넓은 주파수 대역폭에 대한 수요 증가에서 그 등장 배경을 찾을 수 있다. 세 번째 개념은 변조(modulation)이다. 변조의 사전적 정의는 하나의 신호를 다른 신호에 의해 변화시키는 것이지만 좀 더 효과적인 통신을 위해 신호를 변화시켜 보낸다. 변조의 효과는 다양하다. 안테나를 소형화할 수 있고 다른 신호들과의 간섭을 줄일 수 있으며 신호를 멀리 보내는 데다 주파수 분할로 다중통신도 가능해진다. 통신 신호를 변조하려면 전파의 크기나 주파수(의 위상)를 변화시켜야 하는데 최근엔 기술 발달과 함께 변조 방식도 점차 진화하고 있다. CA 외에도 SON(Self Organizing Networks, 자동 구성 네트워크), FeICIC(Further enhanced Inter-Cell Interfernce Coordination, 기지국 간 간섭 제어), 유니파이드 헷넷(Unified Heterogeneous Network, 통합 이종 네트워크) 등 다양한 최신 기술이 더해져 사용자에게 특화된 기능을 제공한다.

12) 검사 수검 항목에 대한 이해

사용자들에게 다양한 서비스를 제공하는 이동통신시스템을 최적의 상태로 유지하고 관리하기 위해서는 많은 관심과 주의가 필요하다. 또한 이동통신시스템에 대한 기본적인 지식을 가지고 임해야 한다. 사용자들에게 편리한 이동통신서비스 제공하기 위해서는 실제로 많은 장비와 인력이 필요하다. 각각의 이동통신서비스를 위해서 단계적으로 거쳐야 하는 시험 방법 및 유지 관리 방법에 대하여 살펴보기로 하자.

먼저, 이동통신서비스를 제공하기 위한 다양한 장비들에 대한 신뢰성 기준과 시험 장비 및 시험 방법을 숙지한다. 낙하 시 화면이나 기구의 벌어짐 등이 발생하는지(낙하 시험), 고온·고습·저온을 반복하여 기구의 뒤틀림, 변색, 벌어짐 등이 발생하는지(열 충격 시험), 기구 틈새로 먼지 등이 유입되어 화면 및 카메라 등에 들어가는지(분진 시험), 염분을 포함한 대기에 대한 제품의 저항성, 내열화성, 보호피막의 품질, 균일성을 판단(염수분무 시험), 힌지(hinge)의 내구성 시험(개폐 시험)을 한다. 위에서 살펴본 모든 시험 방법들을 토대로 신뢰성 시험 보고서를 작성한다.

시스템 구동을 위해 다양한 시험을 통해 최적화된 작업 과정 안내도에 따라 조립할 단말기 기구의 부품 및 작업도구(컨베이어 벨트, 전동드라이버, 핀셋, 정전기 방지 장갑 및 매트 등)를 확인한다. 기구물의 외관 및 치수를 정밀하게 검사하여 조립 순서에 따라 조립한다. 조립 후 들뜸이나 유동성을 시험하고 부품의 공차나 삽입 공간의 공차를 확인한다. 조립된 단말기 기구를 적재하여 다음 공정으로 이동한다.

이동통신시스템에 대해 세부적으로 이해하고 관리 및 개발하기 위해서는 이동통신 단말의 기능, 요구조건, 제약사항(데이터 통신 서비스의 대역폭, 하드웨어 구성, 보안 취약성 등)을 분석하고 이동통신 표준 및 기술 표준을 숙지한다. 모뎀 프로토콜을 개발하는 경우 이동통신 프로토콜의 구조, 검증방법, 단말 소프트웨어 구조, 프로토콜과 일반 단말 응용 소프트웨어의 연동방식, 프로토콜 모뎀 하드웨어 구조에 대한 지식을 활용하여 개발하며 VIOP를 개발하는 경우 데이터 통신 및 TCP/IP네트워크, VOIP모듈 및 API와 응용 사이의 인터페이스, 공개 소프트웨어 VOIP솔루션에 대한 지식을 활용하여 개발한다.

WiFi가 설치된 곳의 일정 거리 안에서 초고속 인터넷을 할 수 있는 근거리통신망)모듈을 개발하는 경우 데이터 통신 및 TCP/IP네트워크, WiFi 표준, WiFi 지원 하드웨어의 기능 및 CPU사이의 인터페이스, WiFi 지원 소프트웨어 및 관련 도구에 대한 지식을 활용하여 개발한다. PAN(PAN : Personal Area Network) 기술, IrDA(Infrared Data Association : 국제적외선통신데이터협회), 블루투스(bluetooth) 즉 근거리 무선통신 규격의 하나로, 반경 10~100m안에서 각종 전자·정보통신 기기를 무선으로 연결, 제어하는 기술규격 등을 개발하는 경우 PAN 기술 표준 및 처리방식, 인증절차, 기술 처리를 위한 소프트웨어 계층구조에 대한 지식을 활용하여 개발한다.

RFID(Radio Frequency Identification : IC칩을 내장해 무선으로 관련 정보를 관리하는 인식 기술/NFC(Near Field Communication : 13.56MHz 주파수 대역을 사용하는 비접촉식 근거리 무선통신 모듈로 10cm의 가까운 거리에서 단말기간 데이터를 전송하는 기술) 기술을 개발하는 경우 이동통신 단말에서 RFID/NFC 활용 방법, 관련 표준, 관련 하드웨어, 활용 서비스의 종류 및 구현방법에 관한 지식을 활용하여 개발한다. TCP/IP 응용 소프트웨어를 개발하는 경우 네트워크 계층구조, TCP/IP 프로토콜, 운영체제 내 TCP/IP 지원 계층구조, 소켓 프로그래밍에 대한 지식을 활용하여 개발한다. 각종 통신기술의 개발이 완료되면 소스코드, 기능명세서, 검증 방법 및 세부 설계사양서를 작성한다.

세부적으로 이동통신시스템의 기술적인 사항들을 고려하여 이동통신 단말 제품의 기획 의도에 맞는 베이스밴드 부품을 선정한다. 블록 다이어그램(자동제어계의 각 요소를 블록으로 나타내어 입출력 신호 사이의 관계를 나타내는 계통도)을 작성하고 회로를 설계하고 회로도를 작성한다. 설계된 부품들의 사이즈 및 회로 난이도를 고려한 PCB 사양을 결정하여 결정된 형태에 적합한 부품 목록을 작성하고 부품을 배치한다. PCB 패턴을 레이아웃하고 전원 회로 단 패턴, 주요 시그널 패턴, 전자파장 방지패턴, 정전기 방지패턴 등 각종 패턴을 설계한다. PCB보드 재질 및 유전율에 따른 기판을 선정하고 부품특성, 부품 간 간섭 및 전원 노이즈, 열 발생 등을 고려해서 PCB보드를 완성한다. 완성된 보드의 성능개선, 및 성능 테스트를 실시하며 KCC 인증(방송통신기기인증) 및 해외인증을 하기 위하여 인증에 필요한 서류를 작성하고 테스트 시료를 준비한다.

이동통신 단말의 기능, 요구조건, 제약사항(데이터 통신 서비스의 대역폭, 프로세서 구성, 단말 소프트웨어 플랫폼의 기반운영체제 등)을 분석한다. 지원솔루션 포팅, 커널 프로그래밍, OS 및 플랫폼 설정, 소프트웨어 업그레이드, 디바이스 드라이버, 하드웨어 애플리케이션, 전력소모 관리, 멀티미디어 장치 지원 기술, 스토리지 지원 기술, Serial(직렬)인터페이스 지원기술, 오디오 장치 지원기술 등을 활용하여 단말의 성능이 최적화된 시스템을 구성한다. 각종 성능측정 장비를 사용하여 성능을 검증하고 기능을 테스트한다. 오류 발견 시 수정과 재시험을 반복한다. 각 기술별 소스코드, 기능명세서, 검증 방법 및 세부 설계사양서를 작성한다.

이동통신 단말 제품의 기획 의도에 맞는 RF부품을 선정한다. 블록 다이어그램(자동제어계의 각 요소를 블록으로 나타내어 입출력 신호 사이의 관계를 나타내는 계통도)을 작성한다. 안테나를 설계한다. 회로를 설계하고 회로도를 작성한다. 설계된 부품들의 사이즈 및 회로 난이도를 고려한 PCB사양을 결정한다. 부품 목록을 작성한다. 부품을 배치한다. PCB 패턴을 레이아웃하고 전원 회로 단 패턴, 주요 시그널패턴, 전자파장애 방지패턴, 정전기 방지패턴 등 각종 패턴을 설계한다. PCB보드 재질 및 유전율에 따른 기판을 선정하고 부품특성, 부품 간 간섭 및 전원 노이즈, 열 발생 등을 고려해서 PCB보드를 완성한다.

이동통신 단말의 기능, 요구조건, 제약사항(그래픽 사양, 화면사양, 데이터 통신 서비스의 대역폭, 기타 단말기 자원의 제약 등)을 분석하고 각종 이동통신 단말기 플랫폼인 WIPI (WirelessInternetPlatformforInteroperability : 무선인터넷 표준으로 개발된 한국형 플랫폼), 안드로이드(Android : 스마트폰에서 프로그램을 실행하도록 하는 모바일 전용 운영체제), 아이폰(Iphone : 애플사가 개발한 스마트폰. 터치스크린 기반의 아이팟, 휴대전화, 모바일 인터넷의 주요 기능을 갖춘 모바일 기기), BREW(BinaryRuntimeEnvironmentforWireless : 코드분할다중접속 방식의 이동통신기기용으로 개발된 플랫폼), 윈도우모바일 플랫폼 등이 단말에서 응용될 수 있도록 개발하고 검증한다.

플랫폼 응용 소프트웨어의 소스코드, 기능명세서, 검증 방법 및 세부 설계사양서를 작성한다. 각종 플랫폼의 표준, 처리방식, 서비스 구조, 응용 인증절차, 새로운 기능 추가에 대한 지식을 숙지하고 변화에 대응하며 다른 개발자들과 협의하여 소프트웨어를 안정시킨다.

이동통신 단말의 기능, 요구조건, 제약사항(그래픽 전용 프로세서의 존재 유무, 화면사양, 데이터 통신 서비스의 대역폭, 기타 단말기 자원의 제약 등)을 분석하고 개발 할 애플리케이션의 목표 기능을 정의한다. 게임 애플리케이션을 개발하는 경우 단말의 실행 메모리, 실행 속도, 코드 사이즈의 최적화를 고려하고 터치, 근접 센서, 가속도 센서 등을 활용한 게임 애플리케이션을 소프트웨어 에뮬레이터, 리소스 에디터, 이벤트 제너레이터, 컴파일러, 단말 시료 및 참조 하드웨어, 하드웨어 디버깅 장비 등을 이용해 개발하고 검증한다.

PIMS(개인정보관리시스템 : personal information management system) 및 DB 애플리케이션을 개발하는 경우 주소록, 폰북, 캘린더, 일정관리, 명함관리 등 개발할 기능을 정의하고 이동통신을 통한 데이터 동기화 및 전송기술, PC동기화에 의한 데이터관리, 데이터와 웹 서비스와의 연동기술을 응용하여 개발한다. 메모리 및 스토리지 사용의 최적화, 데이터의 상호배제 접근 및 무결성 처리방안, 사용자 편의성을 검증한다.

단말 브라우저를 개발하는 경우 이동통신 망, 사업자 표준, WAP 및 HTTP, 단말기 종류(피처폰, 스마트폰) 등을 고려하여 C, C++ 및 객체지향 프로그래밍, TCP/IP 데이터 통신 처리 및 소켓 프로그래밍, 이동통신 망에서 브라우저 처리 프로그래밍, 플랫폼의 시스템 콜 처리 및 시스템 수준 API(application programming interface)와의 연동기술을 응용하여 개발하고 에뮬레이터, 망 연동을 통해 검증한다. Location-based 애플리케이션(위치기반 애플리케이션)을 개발하는 경우 이동통신 망에서의 데이터 서비스, GPS 데이터 수신 및 위치인식 기술, GPS 데이터와 맵 연동기술을 응용하여 개발하고 GPS 통신을 통해 검증한다.

멀티미디어 애플리케이션을 개발하는 경우 멀티미디어 코덱, 이동통신 서비스가 가능한 멀티미디어의 응용특성 및 제약사항, 모바일 방송 서비스의 특성 등을 고려하고 멀티미디어 코덱 API 및 멀티미디어 프레임웍, 멀티미디어 가속 칩, VOD 서비스 및 모바일 방송 서비스 기술을 응용하여 개발한다. 에뮬레이터(emulator : 어떤 하드웨어나 소프트웨어의 기능을 다른 종류의 하드웨어나 소프트웨어로 모방하여 실현시키기 위한 장치나 프로그램) 및 망연동을 통해 검증한다. 각종 애플리케이션의 개발이 완료되면 소스코드, 기능명세서, 검증 방법 및 세부 설계사양서를 작성한다.

이동통신 단말의 기능, 요구조건, 제약사항(그래픽 전용 프로세서의 존재 유무, 화면사양, 이동통신 서비스 사업자의 요구조건, 기타 단말기 자원의 제약 등)을 분석하고 개발할 사용자 환경(UI : User Interface)의 목표 기능을 정의한다.

API(application programming interface), 하드웨어 디버깅 장비, 개발 호스트 시스템, GUI(graphical user interface)설명자료, 웹캠, 단말 에뮬레이터(emulator : 어떤 하드웨어나 소프트웨어의 기능을 다른 종류의 하드웨어나 소프트웨어로 모방하여 실현시키기 위한 장치나 프로그램), 단말시료 및 참조 하드웨어를 이용하여 UI시나리오, 단말 통합 GUI, 응용 중심 GUI, Non-graphicUI를 구현하고 검증한다. 소스코드, 기능명세서, 검증방법 및 세부 설계 사양서를 작성한다. 단말의 디자인, 기능, 성능을 고려하여 단말 자원 활용의 최적화 방안을 마련한다. UI개발 중에 발생한 문제점을 단말디자이너 또는 이동통신 서비스 제공자와 협의하여 해결하기도 한다.

이동통신 단말의 품질을 보증하기 위하여 시스템, 플랫폼, 미들웨어 등을 포괄하는 종합적인 테스트 케이스를 구현하고 발생 가능한 모든 시나리오를 통해 기능 및 안정성을 검증한다. 효율적인 코드 빌드를 위해 코드 빌드 시스템 및 코드 관리 시스템을 운용한다. 결함 검출, 결함 등록, 결함 이력 관리, 결함 담당자 지정, 결함 해결 여부를 관리하는 코드 결함 관리 시스템을 운용한다. 정적 코드 분석 결과를 통해 소프트웨어의 특성을 파악하고 단말 최적화에 적용한다. 라이

선스 분석을 위하여 단말제품 소프트웨어에 포함된 다양한 라이선스들의 준수 여부 및 양립성을 보장하고 특허권 침해 요소를 사전에 파악한다. 휴대폰 인증에 요구되는 기술문서를 작성한다. 휴대폰 사용자 매뉴얼을 작성한다.

이동 통신에서의 전파 환경 측정용 장비. 전파 수신 세기를 측정할 수 있으며, 이동 전화에 대해서는 통화 채널 전환(hand-off), 즉시 단말기 재시도(directed retry), 동적 출력 조정 등이 이루어진 지점까지 정확하게 알 수 있는 호 추적 기능이 있다. 이동 통신 전파 전파 환경 측정 시스템(PROMAS)은 자동 위치 추적 기능을 수행하는 위성 위치 확인 시스템(GPS)을 이용하면 지구 상공 약 2만 km에 위치한 6개 궤도를 회전하는 24개의 인공위성으로부터 전파를 직접 수신하여 지구상의 어떤 위치에서도 24시간 실시간으로 정확한 위치, 이동 방향, 속도를 알 수 있다. 걸프전 때 정확한 명중률로 각광받은 미국의 토마호크 미사일도 GPS를 이용했는데 이처럼 GPS와 PROMAS를 이용하면 전계 강도 측정과 측정 위치 기록이 동시에 이루어져 문제 지점에 대한 파악이 쉽고 측정 결과를 지도로 중첩해 볼 수 있어 시각적인 분석이 가능해진다. PROMAS는 100kHz~2GHz의 넓은 주파수 대역을 하나의 측정기로 동시에 측정할 수 있는데 이동 전화, 무선 호출, 무선 데이터서비스, 개인 휴대 통신(PCS) 등의 무선망을 설계하기 위한 전파 환경 측정에서도 위력을 발휘할 수 있다.

통신설비운용에 따른 연간소요예산계획을 수립한다. 월중 작업 및 보수실적을 수합하여 정리 분석한다. 각종 장비의 주요 장애현황을 분석하고 대비책을 강구한다. 통신설비공사에 대한 하자보수 검사를 한다. 직무 및 안전교육실적을 정리한다. 장애발생에 대비하여 비상자재를 확보하고 장애 시 비상복구대책을 수립한다. 무선국 정기검사에 대비하여 시설물을 확인 점검하고 검사준비를 한다. 안전점검계획을 수립하고 시행한다. 통신관련 직무교육계획을 수립하고 교안을 작성한다.

통신 중계 시설계획을 수립한다. 이동 통신 전파 전파 환경 측정 시스템(propagation measurement analysis system)을 이용하여 전파의 세기를 측정한다. 지도상의 기지국의 비서비스 지역으로 이동한다. 기지국을 신설하기 유리한 지역인 높은 곳을 임의로 선정한다. 무선환경측정장비(EMDM: Enhanced Mobile Diagnostic Monitor)를 이용하여 이동전화 신호를 발사하고 차량 탑승하여 신호세기를 측정한다. 적절한 위치가 선정되면 계약을 무선망 관제원에게 요구한다. 트래픽 분석에 의한 사용량을 산출하여 기지국 용량을 결정한다. 원가분석을 통해 기지국의 개폐, 보정을 결정한다.

장비의 규격 및 설계대로 시공되었는지 설치공사를 감독한다. 장비설치 완료시 인수시험을 하고 기지국운용원에 통보한다. 무선국 허가검사를 받는다. 중계기의 시설공사를 한다. 서비스 지역을 측정하고 전파지도를 작성하여 관리한다. 기지국공용화 업무를 수행한다. 타회사 지역의 기지국공용화를 위하여 문서를 발송하고 허가를 취득하여 기지국 장비를 설치한다. 타회사가 기지국 이용을 요구하면 타당성을 검토하고 기지국 장비에 영향을 주는지 장소공간을 확인한다. 기지국에서 교환기에 이르는 전송로를 확보한다.

통화품질 관리의 경영계획을 수립한다. 무선통신, 위성통신, 인터넷통신, 부가서비스, 에이에스(A/S) 등에 대한 임시조사(Quick Survey)를 설계하고 조사·분석한다. 고객의 통화품질의 요구(Needs)를 조사한다. 영업상담 품질을 측정한다. 지점 및 대리점의 신속, 정확, 친절에 관한 사항을 스펙으로 하는 조사리스트를 작성하고 출구, 전화, 면접조사를 한다. 통화품질을 조사한다.

이엠디엠(EMDM)기기를 이용하여 수도권, 대도시, 고속도로 등을 이동하며 통화의 품질(전파의 세기)을 모니터링 한다. 고객센터 상담품질을 측정한다. 고객센터로 걸려오는 전화 응대시의 시간측정, 해결도를 측정한다. 부가서비스, 빌딩내 서비스, 지하철 등 차별화 할 수 있는 부분의 품질을 측정한다. 고정망, 무선망, 신호망, 지능망의 트래픽을 분석하고 트래픽 예측 시뮬레이션 모델을 개발하여 장단기 예측을 한다. 망요소(Network Element)별 성능분석을 한다. 전국망 서비스 중단율을 분석하고 망요소별 장애원인을 분석하여 가용도를 향상시킨다.

LSTI(LTE SAE Trial Initiative)는 4G 이동 통신의 후보 기술 중 하나인 3GPPLTE 기술의 조기 상용화를 목적으로 통신 사업자와 제조사가 결성한 기술 연합체를 말한다. 3GPP LTE 기술의 상용 검증 규격 개발, 실제 무선 환경에서의 전송 성능 및 호환성테스트 등을 공동으로 추진하고 있으며 이를 통해 서비스 운영 비용 절감, 데이터 전송 시간 단축, 데이터 전송률 개선 등 실질적인 상용화 연구를 주도하고 있다. 이동 통신 사업자인 보다폰, 오렌지, T-모바일, 이동 통신 장비 제조사인 에릭손, 노텔, 알카텔-루슨트, 노키아, 지멘스 등 10여개 업체가 주도적으로 결성한 단체이다. 우리나라는 LG 전자가 가입했다.

TETRA(Terrestrial Trunked Radio)는 유럽 전기 통신 표준 협회(ETSI)가 개발한 유럽 이동 무선 통신 기반의 표준을 말한다. 경찰·소방 무선과 같은 공공 기관, 공공 단체의 이동 무선 통신의 필요에 따라 음성 및 데이터 통신서비스를 제공할 목적으로 개발된 것으로, 디지털 트렁크 무선 기술을 기반으로 한 이동 무선, 디지털 이동 전화, 페이징, 무선 데이터 기능이 주요 특징이다. 또한 테트라 제품들은 암호 기능을 내장하고 있어 비밀성을 보장하며, 기존의 이동 통신 장비보다 빠른 속도의 데이터 전송이 가능하다.

기지국 관리 시스템을 운용·관리한다. 기지국, 중계기의 상황 및 데이터를 관리한다. 기지국 관리에 필요한 계측기, 예비품, 공기구, 유지용품, 비품, 차량을 관리한다. 냉방기, 철탑, 중계기의 유지보수 등에 대한 용역을 관리한다. 수리차량을 종합 관리한다. 기지국 출입통제 및 시설 보안 관리를 한다. 긴급복구를 지원한다. 전파사용료 및 면허세관리를 한다. 기지국을 정기 점검한다. 장애처리 및 긴급 복구를 한다. 기지국 장애상황을 기록 관리한다. 기지국의 신설·증설·변경·이설 및 인수 업무를 수행한다. 이동중계기를 설치하고 운용하며 유지보수를 한다. 가입자 통화불만을 접수하여 처리한다. 기지국 통화품질 불량이 발생하면 특별 점검을 실시한다. 통화품질을 측정하고 관리한다. 무선국을 정기 검사하고 기지국 건물의 민원 발생 시 처리를 하며 기지국 유니트의 고장 시 수리를 의뢰한다.

정보화 사회 진입과 첨단기술 발달로 전파는 통신용·의료용은 물론 가정용까지 널리 이용되고 있으며, 특히 전파 이용 활성화 정책과 국민 편익 증진을 위한 대폭적인 규제 완화로 전파 이용이 급속히 증가하고 있다.

기존 이동전화 이용자의 증가와 함께 IMT-2000 등 새로운 이동통신서비스를 도입하여 이동통신부문은 앞으로도 지속적인 성장이 예상된다. 인터넷 활성화로 B-WLL, 성층권 무선통신시스템 등을 이용한 광대역 무선멀티미디어 서비스 수요가 급증하여 새로운 통신시장이 형성될 것으로 예상된다. 이에 따라 정부는 급변하는 전파 이용환경 변화에 신속하게 대처하고 고도화된 정보화 사회를 구현하기 위하여 전파관련 제도를 개선하는 한편, 전파 이용 질서를 확립하기 위하여 전파환경 보호대책 등 다각적인 시책을 추진했다.

무선주파수(RF)엔지니어는 무선 주파수(RF: RadioFrequency)를 이용하여 무선통신장비들을 연구, 개발, 설계하는 일을 담당한다. 시장조사와 경쟁업체의 제품 및 세계 무선통신장비 업계의 기술변화 등에 대해 분석하고, 새로운 기능과 성능을 갖춘 무선통신장비를 기획하고 개발한다. 실험과 검사를 통해 새롭게 개발된 무선통신장비의 성능과 품질을 검사하며, 무선통신장비의 결함이나 불량 원인에 대해 분석하여 해결책을 제시한다. 기본적으로 수학, 확률 등에 대한 흥미와 재능이 있어야 하며, 전자공학 및 통신공학 등 직무와 관련된 학문에 대한 지식이 요구된다. 새로운 기술에 대한 정보수집, 관리 및 활용능력, 창의성, 그리고 문제해결을 위한 논리적 사고력 등이 요구된다. 여러 명이 함께 공동 작업을 하는 일이 많으므로 원만한 인간관계능력을 형성하고 유지할 수 있는 능력이 필요하다. 무선주파수(RF)엔지니어가 되기 위해서는 대학교의 전자공학 관련 학과를 졸업하는 것이 유리하며, 업계에 따라서는 석사 이상의 학위를 요구하기도 한다.

13) 검사 수검 전 사전 준비 사항

이동통신시스템에 대한 사전 검사는 결국 소비자들에게 정확하고도 편리한 서비스를 적절하게 제공하기 위한 사전 작업이라 할 수 있다. 또한 시스템 검사는 사용자들에게 사용상의 불편함을 최소화할 수 방향으로 진행되며 사용자에게 유해성을 차단하는 것을 원칙으로 운영되어져야 한다. 한편, 검사의 기준은 기본적인 통신 장치에 따라 다양하게 적용될 수 있으며 결국 사용자의 사용의 편리성에 중점을 두고 진행되어야 한다. 공사 품질을 향상시킬 수 있는 간단을 과정을 아래에 예를 들어 설명하였다. 결국 절차에 의하여 공사를 진행하고 사전에 충분한 준비를 하는 것이 공사가 잘 되기 위한 방편으로 작용하게 된다.

공사자재를 해당공사에 적합한 물품 및 케이블을 사용, 시방서에 나온 일정에 맞춰서 공사를 진행하여 일정 내에 공사를 종료, 각 공사에는 공사에 적합한 인원을 투입, 공사 주자재(장비)는 미리 불량여부를 테스트 하여 불량이 나올 경우에는 제품을 교체하여 설치 후에 불량이 발생하지 않도록 하며 각 케이블이나 장비에는 네임타이 나 네임밴드로 잘 프린트 하여 잘 보이도록 붙이며 현장에 해당 시스템의 구성도를 비치하며 케이블 정리를 가지런하게 해놓고 공사일지 및 준공서류를 잘 작성하며 각 공사 담당자는 공사시작 전에 시방서를 잘 숙지하도록 한다.

이통통신 감리를 포함하는 정보통신 감리실무는 설계용역감독, 시공감독, 장비구매감독, 감리용역감동 득의 업무 수행 과정에 계약심사, 일상감사요청, 설계변경, 기성처리, 시공관리, 준공처리업무 분야 현장 감사에서 많이 지적되고 있는 감사정보를 포함하며 감리원과 감독자들에게 도움이 되는 다음과 같은 내용을 포함한다. 정보통신 감리시행, 발주기관감독관의 계약심사와 일상감사 요청이행, 감리원과 감독관의 수행업무, 정보통신공사의 착공 전 감리업무, 감리용역 착수단계 업무, 정보통신 공사시행 단계별 감리업무, 감리원의 보고업무, 감리원의 현장관리, 설계변경과 계약금액 변경, 준공검사 업무와 감리결과 보고와 정보통신설비의 인수인계와 하자관리 등에 대해서 철저하게 수행해야 한다.

14) 이동통신서비스 검사의 지식

- 이동통신서비스 시스템 규격
- 시스템 규격검사 평가기준
- 시스템 정상 동작(운용) 및 특성시험 규격
- 전기통신설비 내진시험 결과 요약서(인증서) 내용을 파악할 수 있는 지식
- 전기설비 설계(IEC 60950-1) 규격
- 풍 하중,내후성,방풍,염수분무,진동,저온저장의 규격
- 법, 전자파 장해방지 기준(국립전파연구소 제2012-13호)
- 법, 전자파 보호기준(국립전파연구소고시 제2012-14호)
- 무선랜/Femto-AP 장비 신뢰성 시험 기준

(1) IEC(International Electronical Committee)

전기 기술에 관한 표준의 국제적 통일과 조정을 목적으로 1906년에 설립된 '국제전기표준회의'를 이른다. 1947년에 ISO(국제표준화기구)가 발족됨에 따라 ISO의 전기 부문으로서 가입했다. 80개의 기술 위원회가 있으며, 현재까지 약 2,000개의 IEC 국제 규격(IEC publication)을 제정했다. 전기에 관한 국제규격의 통일과 표준을 촉진하기 위하여 1908년에 만들어진 표준화 기구로 본부가 스위스의 제네바에 설치되어 있으며, IEC에 가입한 각국의 대표들에 의해 심의를 한 후에 최신 과학기술 기준에 적합한 전기의 기본을 작성하여 국제협정으로 체결하였습니다. 또, IEC규격 작성위원회 내에 CISPR(International Special Committee on Radio Interference)이라는 EMC(Electro-Magnetic Compatibility) 전자 환경 양립성 규격작성 위원회가 있다. 그 위원회는 IEC규격에 기준하여 전기기기의 안전성 실험을 실시하여 적합을 증명하는 CB인증서(CB Test Certificate)를 발급하며, 각국의 IEC 인증 수속을 간략화 하여 무역의 촉진을 도모하는 국제적 제도인 CB 제도(Certification Body Scheme)설치되어 있다. 그리고 우리나라는 1963년 5월 공업진흥청이 가입했다.

(2) IEC 60947-2(산업용 배선용차단기)

국제전기설비표준, IEC를 기초로 전기설비의 설계, 시공, 검사, 안전관리의 국제화를 위한 목적 규격(Regulation) 이라 함은, 제품의 품목 군에 따라 어떤 시험과 어떤 규제사항을 지켜야 하는지를 기록해 놓은 문서를 말한다.

국가는 수입되거나 국민에게 판매되는 제품이 안전한 제품인지를 확인할 의무가 있습니다. 이를 확인해서 안전하다고 판단되면 인증서를 발급하고, 판매할 수 있도록 하고 있습니다. 이 제도를 인증제도라고 한다. 수입하는 물건의 종류가 워낙 다양하기 때문에 제품에 따라 어떤 시험을 해야 하는지를 구분할 필요가 있다. 예를 들면 사과는 농약잔류검사를 휴대폰은 전자파시험 검사를 한다. 위와 같이 품목 군에 따라 시험 방법과 만족 기준을 정해 놓은 것을 규격이라고 한다. 이 규격은 대부분 IEC , IEEE , ISO, CISPR 와 같은 국제기구에서 범용 규격으로 제정을 하고, IEC에서 만든 규격은 IEC-XXXXX 로 규격번호가 나가고, IEEE는 IEEE-XXXXXX, ISO는 ISO-XXXXX라고 나간다. 각 정부에서 자기 나라 실정에 맞게 (국가별로 전압 등의 차이가 있기 때문에) 수정을 해서 자기 국가 규격으로 차용해서 사용한다. 예를 들면 IEC 에서 만든 "일반 저전압 정보통신기기에 대한 안전규격" 인 "IEC-60950-1" 규격이 있습니다. 가장 유명하고, 잘 만들어진 규격 - 지침인데, 이를 각 국가 정부에서 약간 수정을 한 후, EU 에서 수정한 버전은 EN-60950-1 이라고 이름을 붙이고, 한국에서 수정한 버전은 KN-60950-1 등으로 바꿔 놓고 적용을 한다.

(3) RF 특성시험 (VSWR, PIMD 등) 규격

VSWR(voltage standing wave ratio : 전압 정재파 비)는 도파관, 동축 케이블 혹은 기타 전송 선로에 발생하는 정재파에서, 최대 전압 점에서의 전압(또는 전계)의 진폭과 인접한 최소 전압 점에서의 전압(또는 전계)의 진폭의 비율을 이른다.

① 반사손실 : 산란행렬로 전개하여 S11을 풀이한 값을 의미. 포트1에서의 신호가 포트1에서 반사되는 양을 의미합니다. 10 log (반사 양/전체 양) = ex> 전체 신호 가 100이고 반사되는 양이 50이라고 할 때 반사손실은 ..10 log(50/100) = -3.01dB 즉 반사손실에서 절반의 손실은 약 -3dB이다.

② 대역폭 : 일반적으로(흔히 논문이나 전문적으로 통용되는) 반사손실에서 -7~-10dB 이하의 범위를 대역폭 이라고 한다.

③ 스미스차트 : 미국의 '스미스'라는 RF 엔지니어가 임피던스, 어드미턴스, VSWR 등의 정합을 쉽게 하기 위해 만들어놓은 차트이다.

④ 임피던스 : DC에서는 저항, AC에서는 임피던스와 의미가 비슷하지만, 임피던스는 저항(R)성분과 리액턴스(X)성분이 합쳐진 형태를 의미하며, 리액턴스는 주파수를 포함하고 있다. 즉, 주파수가 포함된 저항 이라고 생각하면 된다.

⑤ 방사패턴 : 안테나에서 전파가 방사되는 패턴의 모양을 의미한다.

⑥ 이득 : 방사패턴에서 Peak점인 부분과 평균값 그리고 Min값을 계산하여 안테나의 성능을 수치로 표현한 것을 의미한다.

⑦ 지향성 : 포괄적으로는 안테나의 방사패턴의 방향성을 의미하며, 안테나에서 전파의 방향성이다.

⑧ 전계, 자계면 : 측정용 안테나(일반적으로 Horn)안테나를 기준으로 측정안테나를 혼안테나의 전계 면과 동일한 면으로 측정한 면이 '전계면' 이라고 하고, 혼안테나의 자계 면과 동일한 면을 '자계면'이라고 한다.

⑨ 빔폭 : 2-D(Dimension) 방사패턴에서 -3dB인 지점까지의 폭을 빔폭이라고 한다.

⑩ VSWR 정재파비 : S11(반사손실)과 의미가 동일하며, 안테나에서 전파가 나가는 양과 반사되는 양을 비율로써 나타낸 값이며 비율로 나타낸 값이므로 반사손실과는 다르게 단위가 없다.

⑪ PIMD(Passive Intermodulation Distortion : 수동 상호변조 왜곡)
급속한 성장을 보이고 있는 무선 이동통신은 수요자가 원하는 정보를 언제 어디

서든 제공할 수 있는 이동성과 편의성을 제공하고 있으며, 향후에는 음성과 문자에 국한된 서비스 시장이 화상까지 포함하는 다양한 형태로의 발전을 준비하고 있다. 그러나 최근 이동통신 시스템 상에서 중요한 간섭의 요인으로 대두되고 있는 수동 상호변조 왜곡은 통화품질의 질을 저하시키고 심한 경우 통화 단절현상을 유발하고 있다.

⑫ 상호 변조
어떤 주파수의 기본파 또는 그 고조파와 다른 주파수의 기본파 혹은 그 고조파가 비 직선 회로에 가하여질 때 그 합 또는 차의 다른 주파수를 발생하여 다른 통신로에 대하여 잡음 방해를 주는 현상을 이른다. 두개의 주파수가 같이 들어올 때 두 주파수에 의한 변조가 발생하는 량을 말한다.

⑬ 잡음지수(NF)
증폭기에서 신호만 증폭하면 좋겠지만 이때 노이즈도 같이 증폭되는데, 증폭기의 노이즈가 얼마나 발생, 증폭되느냐 하는 정도로서 낮을수록 좋다.

⑭ 험변조
증폭기는 당연히 전원을 사용한다. 이 전원은 교류전원에서 직류로 만들어 사용하다보니 전원 노이즈(험 노이즈)에 영향을 받아 변조가 발생하게 된다.

(4) Femto- AP(Access Point)

가정이나 사무실 등 실내에서 사용되는 초소형 이동 통신용 기지국(Access Point Base)으로, 이동전화와 인터넷을 연결하여 저렴한 비용으로 유무선 융합 서비스를 제공한다. 펨토셀은 사업자와 사용자 모두가 만족하는 차세대 통신 기술을 말한다. 펨토셀(Femtocell)이란 1/1,000조을 뜻하는 펨토(Femto)와 이동통신 산업에서 1개 기지국이 담당하는 서비스 구역의 최소 단위로 통용되는 셀(Cell)의 합성어로, 기존 이동통신서비스의 1개 기지국이 담당하는 커버리지 보다 훨씬 작은 집 안, 사무실 등의 제한된 영역을 커버하는 서비스를 의미한다. 실내 유선 IP망에 연결된 초소형 기지국(AP, Access Point)을 이용, 이동통신 단말기를 통해 자유롭게 유무선 통신 서비스를 이용할 수 있게 해주는 펨토셀은 옥내 중계기를 통하지 않고 기지국에서 교환기로 이동통신 데이터를 직접 전송하는 방식을 취하고 있기 때문에 통신사업자는 네트워크 구축비용 절감, 주파수 부하 감소, 통화품질 향상이라는 세 마리 토끼를 동시에 잡을 수 있으며, 사용자 측면에서도 기지국이 설치된 실내에서는 저렴한 비용으로 음성 및 데이터통신 서비스를 이용할 수 있어 사업자와 사용자 모두 윈-윈 할 수 있는 차세대 통신기술로 주목 받고 있다.

SI(국제 단위계)에서는 기본 단위에 크기를 나타내는 접두어를 붙여서 보조 단위(기본 단위보다 크거나 작은 수량을 나타내는)를 만듭니다. 그 접두어와 의미는 다음과 같다.

- 엑사(exa): 10^{18}(100경), 기호: E
- 페타(peta): 10^{15}(1000조), 기호: P
- 테라(tera): 10^{12}(1조), 기호: T
- 기가(giga): 10^{9}(10억), 기호: G
- 메가(mega): 10^{6}(100만), 기호: M
- 킬로(kilo): 10^{3}(1000), 기호: k
- 헥토(hecto): 10^{2}(100), 기호: h
- 데카(deca): 10^{1}(10), 기호: da
- 데시(deci): 10^{-1}(10분의 1), 기호: d
- 센티(centi): 10^{-2}(100분의 1), 기호: c
- 밀리(mili): 10^{-3}(1000분의 1), 기호: m
- 마이크로(micro): 10^{-6}(100만분의 1), 기호: μ(그리스 문자 뮤)
- 나노(nano): 10^{-9}(10억분의 1), 기호: n
- 피코(pico): 10^{-12}(1조분의 1), 기호: p
- 펨토(femto): 10^{-15}(1000조분의 1), 기호: f
- 아토(ato): 10^{-18}(100경분의 1), 기호: a

5.2 이동통신서비스 시험

이동통신서비스를 운용하기 위하여 기능과 품질의 결함 여부를 파악하고 최종 사용자에게 인계, 인수의 요구 충족 여부를 파악하여 후속조치를 할 수 있는 능력 함양이 절대적으로 필요하다.

우리나라 이동통신서비스는 방송, 멀티미디어 영상, e-mail, 멀티미디어 메시지 등 다양한 서비스를 제공하면서 새로운 시장의 형성 가능성을 시험하고 있다. 음성 위주의 2세대 이동통신서비스 단계를 지나 동기식 3세대 이동통신 서비스인 CDMA2000-1X 단말기를 전체 가입자의 대부분이 사용하고 있고, 비동기식(W-CDMA) 3세대 서비스가 전국적으로 폭넓게 사용되고 있다. 차세대 이동통신은 서비스의 기본개념이 현재의 음성 및 패킷 데이터 통신 위주에서 고속 이동 중에 최대 100Mbps, 정지 및 저속 이동 중에 155Mbps~1Gbps의 데이터 전송속도를 기반으로 하여 유·무선·방송 통합에 의한 진정한 멀티미디어 통신이 가능토록 하는 데 있다. 차세대 이동통신이 지향하는 궁극적인 목표는 유비쿼터스 서비스 제공을 위한 플랫폼의 실현에 있다. 즉 각각의 망을 가지고 있는 유선서비스, 이동통신서비스, 방송서비스가 하나의 망으로 융합되기 위해서는 서비스 통합부터 이루어져야 한다. 현재 인터넷은 수돗물처럼 거의 모든 국민이 필요로 할 때 자유롭게 이용할 수 있는 인프라가 되고 있으며, 이동통신의 이용 또한 국민생활에 밀접하게 연관되어 사람들에게 있어서 꼭 필요한 중요한 요소로 되어가고 있다. 유비쿼터스 사회로의 진화를 가속화 시키고 실현시키는 기반이 바로 차세대 이동통신이 될 것이다. 이동통신 서비스가 보다 풍요로운 삶을 추구하기 위하여 전 세계적으로 기술개발 및 표준화가 이루어지고 있다. 전송능력의 향상과 망간 융합을 지원하는 차세대 이동통신 개발을 위하여 ITU-R의 WP8F, EU의 WWRF(Wireless World Research Forum), 일본의 mITF(Mobile IT Forum), 중국의 FuTURE(Future Technologies for Universal Radio Environment),우리나라의 NGMC(Next Generation Mobile Communication) 등 국제기구와 세계 각국은 표준화 및 기술개발을 추진하고 있다.

이동통신서비스 시험을 위해서는 이동통신서비스 기능과 요구사항에 따라 이동통신서비스 기능 시험 계획을 수립할 수 있고 이동통신 기능시험에서 요구명세서, 설계명세서의 규격에 적합하게 기능시험 수행 시나리오를 작성할 수 있어야 한다.

이동통신서비스 시험을 이해하기 위해서는 먼저 현재 가장 보편적인 이동통신 네트워크 시스템인 LTE(Long Term Evolution)에 대해 세부적으로 살펴 볼 필요가 있다.

1) LTE 시스템 소개

LTE 시스템은 3GPP LTE(Long Term Evolution) 규격 기반의 서비스를 제공하는 이동통신 네트워크 시스템으로 기존 이동 통신 시스템의 낮은 전송 속도와 상대적으로 높은 투자비의 단점을 개선하여 낮은 투자비로 고속 데이터 서비스를 제공하는 차세대 무선 네트워크 시스템이다.

LTE(Long Term Evolution) 3세대 이동통신(3G)을 장기적으로 진화시킨 기술이라는 뜻에서 붙여진 명칭이다. WCDMA와 CDMA2000으로 대별되는 3세대 이동통신과 4세대 이동통신(4G)의 중간에 해당하는 기술이라 하여 3.9세대 이동통신(3.9G)라고도 하며, 와이브로 에볼루션과 더불어 4세대 이동통신 기술의 유력한 후보 가운데 하나로 꼽힌다.

LTE는 3세대이동통신 무선표준화 단체인 3GPP(3rd Generation Partnership Project)가 2008년 12월 확정한 표준규격 릴리스(Release) 8을 기반으로 한다. 이에 따라 채널 대역폭은 1.25~20MHz이며, 20MHz 대역폭을 기준으로 하향링크의 최대 전송속도는 100Mbps, 상향링크의 최대 전송속도는 50Mbps이다. 무선 다중접속 및 다중화 방식은 OFDM(Orthogonal Frequency Division Multiplex), 고속 패킷데이터 전송 방식은 MIMO(Multiple-Input Multiple-Output)를 기반으로 한다. 이를 이용하여 3세대 이동통신의 HSDPA보다 12배 이상 빠른 속도로 통신할 수 있고, 다운로드 속도도 최대 173Mbps에 이르러 700MB 용량의 영화 1편을 1분 안에 내려 받을 수 있으며, 고화질 영상과 네트워크 게임 등 온라인 환경에서 즐길 수 있는 모든 서비스를 이동 중에도 편리하게 이용할 수 있다. 이 기술은 3세대 이동통신인 WCDMA에서 진화한 것이기 때문에 기존의 네트워크와 연동할 수 있어 기지국 설치 등의 투자비와 운용비를 크게 줄일 수 있는 장점이 있다. 2008년 12월 LG전자가 세계 최초로 단말기용 LTE칩을 개발하였고, 2009년 12월 북유럽 최대의 통신사 텔리아소네라(TeliaSonera)가 한국의 삼성전자에서 제작한 LTE 단말기를 통하여 세계 최초로 상용 서비스를 시작하였다.

(1) 능력

하향링크와 상향링크에서 최대 데이터 속도에 대한 요구 사항은 20Mhz 스펙트럼을 사용할 경우 각각 100Mbit/s 와 50Mbit/s 이다. 사용하는 스펙트럼이 줄어들면 그에 따라 데이터 속도도 감소된다. 따라서 요구 사항은 하향링크에서는 5bit/s/Hz, 상향링크에서는 2. 5bit/s/Hz 와 같이 표현 될 수 있다. 이후 설명 되는 것처럼 LTE 는 FDD 와 TDD를 모두 지원한다. 당연히 TDD의 경우에는 상향링크와 하향링크 전송이 동시에 이루어질 수 없다. 따라서 최대 데이터 속도에 대한 요구사항 역시 동시에 만족할 수는 없다. 반면에 FDD에 대한 LTE 규격은 위에 명시된 최대 데이터 속도를 동시에 지원할 수 있어야 한다.

(2) 시스템 성능

LTE의 시스템 성능에 대한 디자인 목표는 사용자 데이터 처리량(throughput), 주파수 효율, 이동성, 커버리지 및 향상된 MBMS(Enhanced MBMS)등을 다룬다. 일반적으로 LTE의 성능 요구사항은 Release 6 HSPA를 기준 시스템으로 하여 이에 대한 상대적인 값으로 표현된다. 기지국에서는 하나의 송신 안테나 및 두 개의 수신안테나를 가정하며, 단말에서는 하나의 송신 안테나 및 최대 두 개의 수신 안테나를 가정한다. 하지만 기준 시스템에서는 단말은 두 개의 수신 안테나를 가지면서 간단한 RAKE 수신기 구조를 가지는 것을 가정한다. 비슷하게 기준 시스템에서는 공간 다중화 역시 포함되지 않았다.

LTE의 사용자 처리량 요구 사항은 2가지로 표현된다. 하나는 평균 사용자 처리량 분포의 5%-tile로 표시되는 것이다(전체 사용자들의 95%는 여기서 표시된 처리량 보다 좋은 성능을 가질 수 있는 지점이다). 주파수 효율에 대한 목표도 명시되어 있으며, 이는 셀 당 시스템 처리량으로 bits/MHz/cell 로 정의된다.

이동성 요구 사항은 단말의 이동 속도에 중점을 둔다. 낮은 단말의 이동속도인 0~15km/h에서 최고의 성능을 내도록 하며, 더 빠른 이동 속도에서는 약간의 성능 감소를 허용한다. 120km/h의 이동 속도에서도 LTE는 높은 성능을 제공할 수 있어야 하며, 120km/h 이상의 이동 속도에서는 이동 통신망에서 접속을 유지할 수 있어야 한다. LTE 시스템에서 다룰 수 있는 최대 이동속도는 350km/h(주파수 대역에 따라 500km/h까지)이다. 음성 서비스에 대한 성능 역시 특히 강조 되었는데, LTE는 WCDMA/HSPA가 제공하는 것과 동일한 품질로 음성서비스를 지원할 수 있어야 한다.

커버리지 요구사항은 셀 내에서 기지국으로부터 단말까지의 최대 거리인 셀 반경으로 표시된다. 간섭이 없는 시나리오에서는 사용자 처리량, 주파수 효율, 이동성에 대한 요구사항을 만족하는 셀 반경이 5km이다. 30km의 셀 반경까지는 사용자 처리량에서는 약간의 성능감소가 용인 될 수 있으며, 요구 사항에 따라 주파수 효율에서는 좀 더 큰 폭의 감소가 용인될 수도 있다. 하지만 이동성 요구 사항은 여전히 만족해야 한다. 한편 100km까지의 셀 반경 역시 특정한 성능 요구 사항은 없지만 규격에 의해 배제되어서는 안 된다.

향상된 MBMS 요구 사항은 방송 모드(broadcast mode) 와 유니 캐스트 모드 모두를 다룬다. 일반적으로 LTE는 Release 6보다 더 나은 MBMS 서비스를 제공해야 한다. 방송 경우에서의 요구 사항은 1bit/s/Hz의 주파수 효율을 만족해야 한다. 이는 5Mhz 스펙트럼을 사용할 경우, 300kbit/s 정도를 소모하는 모 바일 TV 채널을 16개 보낼 수 있는 것과 같다. 또한. MBMS 서비스를 같은 반송파 내에서 비 MBMS 서비스와 함께 제공할 수도 있지만, 하나의 반송파 위에 오직 MBMS 서비스만을 제공할 수 있어야 한다. 자연히 음성 서비스와 MBMS 서비스를 동시에 지원하는 것 역시 LTE 규격을 통해 가능해야 한다.

(3) 망 구축 관련 특징

망 구축 시나리오에 대한 요구사항은 LTE 시스템이 독자적인 시스템으로 구축되는 경우와 WCDMA/HSPA 및 GSM과 함께 구축되는 경우를 모두 포함한다. 타 3GPP 시스템들과의 공존 및 연동에 대한 요구사항은 LTE 와 GSM 사이의 이동성 및 LTE와 WCDMA/HSPA 사이의 이동성에 대한 요구 사항을 만든다.

공존 및 연동에 대한 요구 사항은 특정한 값들이 주어져 있는 것은 아니지만, LTE에서 브로드 캐스트 방식으로 제공되던 멀티캐스트 트래픽이 GSM 혹은 WCDMA에서는 유니 캐스트로 전환되어 제공되어야 하는 것도 포함한다.

주파수 유연성에 대한 요구사항의 기본은 사실 LTE가 기존의 IMT-2000의 주파수 대역들에 구축 될 수 있어야 한다는 요구 사항으로부터 시작한다. 즉 이는 WCDMA/HSPA 및 GSM을 포함하여 해당 대역에 이미 구축되어 있는 시스템들과의 공존을 의미한다.

(4) 무선자원 관리

무선 자원 관리의 요구사항은 향상된 end-to-end QoS의 지원을 위한 부분 및 상위계층의 전송을 보다 효율적으로 하기 위한 부분과 다른 무선 접속 기술 사이의 부하 공유와 정책관리의 부분으로 나뉜다. 향상된 end-to-end QoS 지원을 위해서는 서비스 및 어플리케이션과 상위계층 시그널 링을 포함하는 프로토콜 요구 사항들이 자원과 무선의 특성들에 좀 더 잘 적응되어야 한다.

(5) 복잡도

LTE의 복잡도 관련 요구사항은 단말의 복잡도 뿐만 아니라 전체적인 시스템의 복잡도도 다룬다. 본질적으로, 이러한 요구 사항은 불필요한 필수 기능이 없으면서도 시스템 내 옵션의 수가 최소화되어야 함을 말한다. 이는 또한 검증을 위해 필요한 테스트 개수를 최소화하는 것이기도 하다.

(6) 일반적인 특징

계획된 모든 서비스에 대하여 원하는 정도의 성능을 제공하면서 비용을 최소화하는 것이 당연히 바람직한 일이다. 비용에 대해서는 비용과 운용 및 유지에 대한 비용도 다루어져야 한다. 따라서 무선 인터페이스뿐만 아니라 기지국 국사로의 전송 및 관리 시스템 역시 LTE에 의해 다루어져야 한다. 복수 개의 제조사를 가지기 위한 인터페이스에 대한 강력한 요구사항 역시 이 범주에 든다. 아울러 단말은 당연히 낮은 복잡도 및 낮은 전력소비를 가져야 한다.

2) LTE 네트워크 구성

LTE 시스템은 크게 eNB(RU/DU), LSM, EPC(MME, S-GW, P-GW)로 구성된다.

(1) eNB(evolved UTRAN Node-B)

eNB는 UE와 EPC 사이에 있는 시스템으로, LTE에서 요구되는 규격에 따라 UE와 무선으로 접속하여 데이터 패킷 처리를 담당한다. eNB는 UE와 무선 전파 신호의 송수신 기능, 패킷 데이터 트래픽에 대한 변/복조 기능, 무선자원을 효율적으로 사용하기 위한 패킷 스케줄링 기능, 고속의 데이터 전송을 위한 HARQ(Hybrid Automatic Repeat Request)/ARQ(Automatic Repeat Request)와 MIMO 기능, 패킷 헤더 압축 PDCP(Packet Data Convergence Protocol) 기능, 무선 자원 제어 기능을 수행한다.

(2) EPC(Evolved Packet Core)

EPC는 eNB와 Backbone 네트워크 사이에 있는 시스템으로 MME, S-GW, P-GW로 구성된다. MME는 eNB와 NAS 프로토콜을 통해 Control 메시지를 처리하며, UE의 이동성 관리, 베어리어 및 세션 관리 등의 기능을 담당한다. S-GW는 3G 시스템과 LTE 시스템 간 User plane 역할을 담당한다. P-GW는 UE에 IP 주소를 할당 및 관리하며, LTE 시스템과 이기종(non-3GPP) 액세스 시스템 간의 상호 이동성 등을 관리한다.

(3) LSM(LTE System Manager)

LSM은 시스템 운용자가 eNB 운용 및 유지보수가 원활하게 진행될 수 있도록 운용자 인터페이스를 제공, 형상 관리, 시스템 통계, 성능 관리 및 장애 관리 기능을 제공한다.

(4) ESM(EPC System Manager)

ESM은 시스템 운용자가 MME, S-GW, P-GW를 운용 및 유지 보수할 수 있도록 시스템 관리에 필요한 인터페이스를 제공한다.

(5) HSS(Home Subscriver Server)

HSS는 해당 이동통신 사업자의 가입자 파라미터와 위치 정보를 저장 관리하는 데이터 베이스 시스템으로 유선통신 시스템과 구분되는 것이 가장 큰 특징이다.

(6) PCRF(Policy & Charging Function)

PCRF는 서비스 단계별로 차별화된 QoS(Quality of Service) 및 과금 정책을 적용하기 위해 Policy rule을 생성 또는 다수의 서비스 단계에 공통으로 적용 가능한 Policy rule을 자동 생성한다.

3) LTE 시스템 특징

(1) LTE eNB

LTE eNB 시스템은 UE와 EPC 사이에 위치하고 있는 시스템으로, LTE Air 규격에 따른 무선 접속으로 인터페이스하며, 가입자에게 무선통신 서비스를 제공한다. eNB는 UE와 무선신호를 송수신하며 데이터 트래픽 신호에 대한 변/복조 신호를 처리한다. LTE eNB는 DU(Digital Unit)와 RU(Radio Unit)로 구성된다.

(가) 뛰어난 호환성 및 상호 연동

LTE eNB 시스템은 3GPP 표준을 근간으로 Release된 규격에서 제시한 호환성 및 상호 연동을 지원한다.

(나) 고성능 모듈 구조

LTE eNB 시스템은 고성능 프로세서를 탑재하여 성능이 뛰어나며, 모듈 구조로서 하드웨어 및 소프트웨어의 업그레이드가 용이하다.

(다) 운용 및 유지보수 기능

LTE eNB 시스템은 운용 및 유지보수 기능을 제공하여 시스템에 접속 시 운용자 인증 후 접속이 진행된다.

(라) OFDMA/SC-FDMA 방식

LTE 표준 물리 계층을 지원하는 하향 OFDMA/상향 SC-FDMA(Single Carrier Frequency Division Multiple Access)를 지원한다. 하향 OFDMA는 개별 사용자에게 할당된 Sub-carrier를 이용하여 다수 사용자에게 동시에 데이터 트래픽을 제공한다. 상향 SC-FDMA는 기본적으로 OFDMA의 변/복조 방식과 유사한 방식이나 송신단의 변조 과정에서 사용자별로 DFT(Discrete Fourier Transform) 처리 과정을 수행하고, 수신 복조 과정에서 IDFT(Inverse Discrete Fourier Transform) 처리 과정을 수행하여 PAPR(Peak-to-Average Power Ratio)을 최소화하고 단일 사용자에게 할당되는 주파수 자원을 할당한다. 이로 인해 UE의 출력 전력을 줄여 배터리 소모 전력 절감 효과를 얻을 수 있다.

(마) 다양한 시스템 형상 지원

eNB는 DU와 RU 분리형 구조로 다양한 시스템 형상, 망 구성 및 확장성을 제공한다. DU와 RU는 광케이블로 연결되며, CPRI(Common Public Radio Interface) 규격을 기반으로 한 Digital I/Q and C & M(Control & Maintenance) 인터페이스를 통해 데이터 트래픽 신호 및 OAM 정보를 송수신한다.

(2) LTE eNB 주요기능

(가) Physical layer 처리 기능

LTE eNB는 eNB와 UE사이의 무선 채널을 통해 데이터를 송/수신한다. 이를 위해 eNB에서 처리하는 주요 기능은 다음과 같다.

- Downlink Reference signal, Downlink synchronization signal 생성 및 송신
- 채널 Encoding/decoding
- 변/복조(Modulation/demodulation)
- 자원 할당(Resource allocation) & scheduling
- Link adaptation / H-ARQ 기능
- 전력 제어(Power control) / MIMO 기능

① Downlink reference signal 생성 및 송신

Reference signal은 UE에서의 Downlink 신호의 Demodulation을 위해서 사용되고, scheduling, link adaptation, H/O 등을 위한 채널의 특성(커버리지)을 측정하는데 사용된다. H/O를 위한 신호 세기 측정 및 MIMO(2*2) 작동을 위해서는 각각의 안테나 경로로 다른 Reference signal이 전송된다.

② Downlink synchronization signal 생성 및 송신

Synchronization signal은 UE가 기지국(eNB)과의 통신을 시작하기 위해 최초 초기 동기 신호를 얻을 때 사용하는 신호로, PSS(Primary Synchronization Signal)와 SSS(Secondary Synchronization Signal)가 있다.

③ 채널 Encoding/decoding

무선 채널 상에서 발생된 채널 Error를 정정하기 위한 채널 Encoding/decoding

기능을 수행한다. eNB에서는 채널 Encoding/decoding을 위해 Turbo coding과 1/3 tail-biting convolutional coding이 사용된다.

④ 변/복조(Modulation/demodulation)
eNB는 Downlink는 상위 계층으로 부터 받은 데이터를 Physical layer의 Baseband 과정을 거친 후 무선 채널 상으로 전송한다. 이때 Baseband 신호를 무선 채널 상에서 효과적으로 원거리 전송하기 위해서는 Modulation 과정을 거쳐 높은 주파수 대역(800MHz, 900MHz, 1,800MHz, 2,100MHz, 2,600MHz 등)으로 전송한다.

⑤ 자원할당 및 Scheduling
LTE에서는 다중 접속 방식(Multiple Access)으로써 Downlink에서는 OFDMA를 사용하고, Uplink에서는 SC-FDMA를 사용한다. 두 방식 모두 Time & Frequency의 2-dimensional resource를 셀 내의 여러 개의 UE에 겹치지 않게 (직교 특성) 할당함으로써 하나의 eNB가 동시에 여러 UE와의 통신이 가능하게 한다.

⑥ Link adaptation
무선 채널은 모폴로지, 간섭정도에 따라 전송 속도와 채널 환경이 바뀐다. Link adaptation은 채널이 변경되는 상황을 알 수 있는 경우 이것을 활용하여 전송 속도를 올리거나 전체 셀의 Throughput을 최대로 높이는 기능이다. MCS(Modulation Coding Scheme)는 채널 상황에 따라 Modulation 방식과 Channel coding rate를 다르게 설정하며, MCS는 채널 환경이 좋은 경우 64QAM (64Quadrature Amplitude Modulation)과 같은 High-order modulation을 사용하여 단위 심볼당 전송 비트 수를 높여 전송속도를 향상시킨다. MIMO로 작동이 가능한 채널 환경에서는 MIMO mode로 작동하도록 하여 사용자의Peak data rate을 높이거나 셀 전체 전송속도를 올릴 수 있다.

⑦ HARQ
HARQ는 stop-and-wait 프로토콜을 사용하는 Physical layer 재전송 방법이다. 데이터 전송 시스템에서 전송오류를 제어하는 기술은 크게 두 가지로 구분할 수

있다. 전진 에러 제어방식인 FEC(Forward Error Correction) 기법과 후진 에러 제어방식인 ARQ(Automatic Repeat reQuest) 기법이다. ARQ 시스템은 오류검출 능력이 높은 부호방식을 사용하여 오류가 발생하면 송신 단으로 재전송을 요구하게 된다. FEC의 경우 채널 환경이 양호한 경우 상대적으로 낮은 효율성을 갖게 되며 오류 정정에 실패할 경우 시스템의 신뢰도를 떨어지게 된다. 반대로 ARQ의 경우에는 시스템의 높은 신뢰도를 보장하고 낮은 Redundancy로 효율적인 전송이 가능하지만 채널 환경이 나빠질 경우 상대적으로 높은 재전송이 증가하여 시스템 성능을 저하 시킬 위험이 있다. 이와 같이 두 가지 기법의 단점을 극복한 방식이 Hybrid ARQ 방식이다. Chase combining: 오류가 있는 패킷을 폐기하지 않고 이를 재전송 받은 패킷과 결합하는 방식으로 이용하는 방법이다. 여러 패킷을 결합함으로써 결과적으로 신호전력을 높이는 효과를 얻을 수 있다. Incremental redundancy scheme: Chase combining의 경우 초기 전송 시 불필요하게 높은 Redundancy의 부호 전송을 방지하기 위하여 초기에 전송할 때 부터 높은 부호율의 부호를 적용하고 재전송이 발생하였을 때 추가적인 Redundancy를 순차적으로 높여 전송하는 방법이다.

⑧ 전력제어

전력 제어는 데이터 트래픽을 전송하는데 필요한 최적의 송신 전력을 조절하는 것이다. 출력이 너무 높으면 불필요한 간섭을 발생시키고, 출력이 너무 낮으면 Error rate을 증가시켜 재전송이 발생하여 전송속도가 저하될 수 있다. LTE uplink의 경우 SC-FDMA를 사용하여 CDMA와 같은 Near-far 문제는 없으나, 인접 셀로부터 높은 레벨의 간섭으로 인해 Uplink의 성능을 나쁘게 할 수 있으므로 사용자들은 인접한 셀에 간섭을 최소화하기 위해 적정한 전력으로 송신해야 한다.

⑨ MIMO

LTE eNB는 다중 안테나를 사용하여 2Tx/2Rx MIMO을 제공한다. 이를 위해서는 eNB 채널 카드에 MIMO 처리를 위한 Baseband 부분과 각 Path를 별도로 처리할 수 있는 RF 부분이 있어야 한다. MIMO 지원을 위해서는 Power AMP(2개) 필요하며, LTE eNB에서는 여러 가지 형태의 MIMO를 지원하여 높은 성능의 데이터 트래픽 서비스를 제공한다.

(나) 호 처리 기능

① 셀 정보 전송 기능
eNB는 서비스 중인 셀 영역 내에 System information인 MIB(Master Information Block)와 SIBs(System Information Blocks)를 주기적으로 전송하여 이를 수신한 UE가 적절한 호 처리 기능을 수행할 수 있도록 지원한다.

② 호 제어 및 무선 자원 할당 기능
eNB는 UE가 LTE망에 접속 및 해제할 수 있도록 한다. UE가 망에 접속하거나 접속 해제 시 LTE eNB에서 UE와는 Uu 인터페이스, EPC와는 S1 인터페이스를 통해 호 처리에 필요한 시그널링 메시지를 송수신한다.

③ 핸드오버 기능
eNB는 동일 주파수 내 또는 주파수 간 Intra-eNB 셀 간 핸드오버, eNB 간 X2 핸드오버, eNB 간 S1 핸드오버를 지원한다. Intra-eNB 핸드오버는 eNB 내부 인터페이스를 통해 X2 핸드오버는 X2 인터페이스를 통해, S1 핸드오버는 S1 인터페이스를 통해 핸드오버 관련 메시지를 전송한다.

(다) SON 기능

① 시스템 자동 구성 및 자동 설치 기능
시스템 자동 구성 및 자동 설치 기능은 기지국 설치 시 노력을 최소화시키기 위해 Radio 파라미터를 자동으로 구성하고, 기지국 Power on 후부터 Service 전까지 자동 설치하는 기능이다.

② 자동 구성 기능
초기 PCI(Physical Cell Identity)의 자동 구성 및 네이버 정보를 자동 구성한다.

③ 자동 설치 기능
자동 IP 주소 획득 기능, 자동 OAM 접속 기능과 소프트웨어 및 형상정보 자동 설치 기능, S1/X2 자동 설정 기능, Self-test 기능을 말한다.

④ PCI auto-configuration 기능
LSM의 SON Server는 새로운 eNB의 Self-establishment 절차 중 Initial PCI를 할당하는 기능과 운용 중인 인접 셀과의 PCI collision/confusion 발생 시 문제 상황을 자동으로 감지하고 적절한 PCI를 선택하여 변경 설정하는 기능을 제공한다.

4) eNB 구조

eNB의 하드웨어 구조에 대해서 살펴보기로 하자.

(1) DU

DU는 주 프로세서 기능과 네트워크 인터페이스 기능, 클록 생성 및 분배 기능을 수행한다. UE와 EPC 간 통신 경로 설정 기능, eNB 내부의 이더넷 스위치 기능, 시스템 운용 및 유지보수 기능 등을 수행한다. 또한 eNB 내의 모든 하드웨어와 소프트웨어의 상태를 관리하고, 자원 할당 및 RU와의 CPRI, OBSAI, ORI 정합 기능을 지원한다.

(2) RU

RU는 LTE 서비스를 지원하는 Remote RF 장치로서, DU로부터 원거리(Max=20km) 설치가 가능하다. 또 RU는 2Tx/2Rx의 RF 장치로 구성된다. Transceiver, Power amplifier, Filter가 하나의 옥외형 함체에 구현된 RF 통합 Unit으로 자연 냉각 방식을 지원한다. RU의 Downlink path에서는 DU로부터 Optic CPRI를 통해 받은 Baseband 신호를 O/E 신호로 변환한다. 변환된 O/E 신호는 DAC(Digital to Analog Converter)를 거쳐 아날로그 신호로 변환한다. 아날로그로 변환된 RF 신호는 Modulator를 거쳐 주파수 상향 변환되고, 전력 증폭기를 거쳐 RF 신호로 변환된다. 증폭된 RF 신호는 필터 및 안테나를 통해 Air 상에 송신된다.

5) 중계기 종류

(1) 중계기 정의

중계기는 현재 3G망과 LTE망에서 불가피하게 발생하는 인빌딩 내의 음영지역 해소 및 서비스 품질 개선이라는 목적으로 사용된다. LTE/3G 서비스 영역을 확장하거나 전파음영 지역에서의 미약한 신호를 효과적으로 증폭시켜 중계할 수 있다. 중계기의 종류는 기지국과 중계기의 링크 구성 방식에 따라 분류되며 무선으로 신호를 송수신하는 RF 중계기와 광케이블을 통해 송/수신하는 광중계기로 분류된다. 또한 중계기의 설치 위치에 따라 지상에 설치되는 지상 중계기와 인빌딩에 설치되는 인빌딩 중계기로 분류된다.

(2) 인빌딩 중계기

기지국(3G/LTE)과 중계기간 광케이블을 통해 신호를 중계하여 커버리지를 확장하는 장비로 대형건물, 빌딩, 터널, 지하철 등 실내 커버리지 음영 지역을 개선하고 서비스의 품질을 향상시키기 위한 장비이다. 목적은 다음과 같다.

(가) 건물 내 음영지역 해소와 통화 불량지역에 대한 무선 환경을 개선하기 위한 목적이다.

(나) 유동 인구가 상대적으로 많은 백화점, 역사 등의 대형건물에 설치하여 전용 기지국이나 부하가 낮은 기지국의 용량을 분산시켜 주변 기지국의 트래픽을 해소하기 위한 목적이다.

(다) 도심 밀집지역 내 초고층 건물의 고층부는 주변 셀 간 간섭이 심해 통화 품질이 떨어지는 원인을 인빌딩 전용 중계기를 구축하여 개선할 수 있다.

(라) 광케이블 매체를 사용하여 기지국 RF 신호의 왜곡이나 손실 없이 중계기에 제공하여 기지국과 동일한 통화 품질 제공이 가능하다.

(3) 지상 중계기

기지국(3G/LTE)과 중계기 사이를 광케이블로 RF신호를 중계하여 커버리지를 확장하는 장비로 기지국 대비 상대적으로 투자비용이 절감되며, 트래픽 발생이 적은 옥외 또는 도심 음영 지역을 개선하고 서비스의 품질을 향상시키기 위한 장비이다.

(4) RF 중계기

기지국(3G/LTE)과 중계기 사이를 무선(RF)으로 신호를 중계하여 커버리지를 확장하는 장비로 트래픽 발생이 적은 지역인 중소형 건물, 지하 주차장 등의 음영 지역을 개선하고 서비스의 품질을 향상시키기 위한 장비이다. 지상 및 인빌딩 중계기에 비해 상대적으로 투자비용이 저렴하여 효율적인 투자를 통해 커버리지 확보가 가능한 솔루션이다. 서비스 커버리지는 규모가 작은 인빌딩, 지하 주차장, 댁내 공간 품질확보 등에 활용된다.

6) 안테나

(1) 안테나 정의

안테나는 단말기와 자유공간을 연결하는 RF 수동소자이다.

(2) SWR(Standing Wave Ratio)

송신단과 안테나의 연결, 수신단과 안테나의 연결에서 중요한 것은 최대 전력 전달을 하기 위한 임피던스 정합이다. 안테나의 입력 임피던스를 나타내는 다른 척도로, SWR은 반사계수와도 관계가 있다.

(3) 대역폭(Bandwidth)

대역폭은 주파수의 범위를 지칭하는 것으로, 일반적으로 Hz로 표기한다. 대역폭은 정보이론 · 전파통신 · 신호처리 등의 분야에서 중요한 기본 개념으로, 데이터 전달에서 전송로 용량과 밀접한 관계를 갖는다. 특히, 어떤 전송매체나 기기를 거쳐 정보를 전송할 때의 전송량을 대역폭 혹은 밴드 폭(Bandwidth)이라 부른다. 일반적으로는 통신에서 정보를 전송할 수 있는 능력으로 최대 전송 속도를 말한다. 대역폭이 높으면 상대적으로 높은 데이터 송수신이 가능하고 더 많은 사용자를 수용할 수 있다.

(4) 편파(Polarization)

자유 공간 내에 방사되는 전자파의 진동면은 보통 안테나 상의 전류, 전압 분포에 따라 규정되는 것으로, 이것을 편파라고 한다. 진행하는 평면파의 전자계

성분이 위치 및 시간의 추이로 그 방향을 변화하지 않는 경우 그 파를 직선 편파라 하고, 전계가 대지에 대해서 수직으로 편파 되어 있는 것을 수직 편파, 수평으로 편파 되어 있는 것을 수평 편파라고 한다. 위상이 다른 수직 편파와 수평 편파를 조합하면 원 편파와 타원 편파가 이루어진다. 최근 3G/LTE 이동통신에 사용되는 안테나는 편파 안테나가 주류를 이룬다.

(5) 정합(Matching)

안테나는 송신단과 수신단의 최종 단에서 자유공간과 매개체 역할을 한다. 정합이란 각 단의 입력된 최대 신호를 송신하기 위해 상호 조건으로 맞추는 단계이다. 수신단과 안테나의 정합이 일치하기 위해 안테나 사이에 별도의 정합회로를 추가한다.

7) 기능 시험하기

이동통신서비스에 대한 기능을 시험하기 위해서는 먼저 이동통신서비스 기능과 요구사항에 따라 이동통신서비스 기능 시험 계획을 수립하고 이동통신 기능 시험에서 요구명세서, 설계명세서의 규격에 적합하게 기능시험 수행 시나리오를 작성해야 한다. 요구사항 명세서의 구성요소로는 기능 요구사항, 성능 요구사항, 인터페이스 요구사항, 운영 요구사항, 자원 요구사항, 검증 요구사항, 인수 테스트 요구사항, 문서화 요구사항, 보안 요구사항, 이식성 요구사항, 품질 요구사항, 신뢰성 요구사항, 유지보수성 요구사항 및 안전 요구사항 등이 있다.

설계 명세서는 프로그램을 제작할 때 그 프로그램의 구성도와 데이터베이스 설계와 인터페이스 설계, 화면 설계 문서 등을 포함하는 문서가 되어야 하며 요구사항은 소프트웨어 프로젝트에 있어 요구사항 분석이란 무엇을 하는 소프트웨어를 만들지 결정하는 단계이다. 실제로 많은 소프트웨어 프로젝트가 무엇을 만들지도 확실히 결정하지 않고, 코드를 작성하고 테스트를 수행하는 모습을 볼 수 있다. 이런 일을 잘할수록 슈퍼 프로그래머로 불리고 칭송 받는 게 현실이다. 하지만 이렇게 작성된 소프트웨어는 최종 사용자가 실제로 원했던 모습이 아니며, 잘 만든 소프트웨어일수는 있어도 결국 쓸모없는 소프트웨어가 된다. 요구사항을 작성하는 목적은 다양하다. 소프트웨어의 설계와 구현뿐만 아니라, 프로젝트의 범위 확정, 비용 측정, 일정 관리, 문서화와 교육 훈련 등 다양한 제반 활동을 지원하는데 있어 요구사항 작성과 관리는 빠질 수 없는 중요한 활동이다. 이처럼, 요구사항은 개발팀뿐만 아니라 해당 소프트웨어와 이해관계를 함께 하는 모든 사람들이 참여하는 중요한 활동이다.

기능 명세서는 앞서 언급한 요구사항 명세에 들어갈 내용 중에 하나이며, 소규모 프로젝트에서는 사실상 기능 명세서만 제대로 작성되어도 프로젝트를 성공적으로 이끌 수 있다. 여기서 말하는 소규모란 개발자 1명이 일주일 이상 개발해야 하는 복잡도를 가진 모든 소프트웨어를 통칭한다. 1명의 개발자가 하루 이틀 작성하는 미니 프로그램을 제외한다면, 모든 소프트웨어는 명세 없이는 항상 일정을 초과하고 품질이 낮은 소프트웨어를 만들 수밖에 없다.

이동통신 기능시험에서 기능시험 수행 시나리오에 맞게 기능시험을 실시하며 기능시험 결과의 적합여부를 판단하여 기능시험 결과보고서를 작성하고 작성된 기능시험 결과보고서에 따라 후속조치를 해야 한다.

8) 품질 시험하기

이동통신서비스에 대한 품질을 시험하기 위해서는 이동통신서비스 품질기준과 이용자 요구사항에 의하여 이동통신서비스 품질 시험 계획을 수립, 이동통신서비스 품질요구 명세서, 설계명세서의 규격에 적합하게 요구사항에 의하여 이동통신서비스 품질 시험 계획을 수립, 이동통신서비스 품질요구 명세서, 설계명세서의 규격에 적합하게 품질시험 수행 시나리오를 작성, 이동통신서비스 품질시험 수행 시나리오에 맞게 품질시험을 실시, 이동통신서비스 품질시험 결과의 적합여부를 판단하여 품질시험 결과보고서를 작성하고 이동통신서비스 품질시험 시 작성된 품질시험 결과보고서에 따라 후속조치를 한다.

9) 인수 시험하기

이동통신서비스에 대한 인수를 시험하기 위해서는 이동통신서비스 시험 시 작성된 기능시험 결과보고서, 품질시험 결과보고서를 바탕으로 기능과 품질에 대한 인수시험 계획을 수립, 이동통신서비스 시험 시 인수할 기능시험 결과보고서, 품질시험 결과보고서를 바탕으로 기능과 품질에 대한 인수시험 계획을 수립, 이동통신서비스 시험 시 인수할 이동통신서비스와 관련한 각종 인증 준거에 대한 부합여부를 확인, 이동통신서비스 기능과 품질에 대한 시험 결과보고서를 분석하여 재시험 여부를 판단, 이동통신서비스 재시험 수행요구서에 따라 재시험을 실시하고 이동통신서비스 인수시험 수행결과에 대하여 기능과 품질의 요구명세서, 설계명세서에 맞게 시험 결과 종합보고서를 작성 한다.

10) 이동통신서비스 시험의 능력과 지식

이동통신서비스 시험의 능력과 지식을 위해서는 관련 근거 자료의 신뢰성, 고객 및 서비스 요구사항에 따른 정확한 분류, 수집, 분석 여부, 요구사항 수집 방법의 다양성, 고객 및 서비스의 요구사항이 반영된 서비스 구축에 대한 이해도, 이동통신서비스 제반 기술 지식수준, 이동통신서비스 요구명세서, 설계 명세서 해독요령, 이동통신서비스 시험 시나리오 구성 절차, 이동통신서비스 시험조건 생성 지식과 이동통신서비스와 관련된 각종 인증 준거, 각종 법규에 대한 이해가 필요하다.

제6장 정보 보안

이동통신시스템에서의 정보 보안의 문제는 상당히 중요한 분야가 되고 있다. 유선 구간과 무선 구간이 존재하는 이동통신에서 특히 무선 구간에서의 정보 보안에 대한 기술 사항은 상당히 복잡하고 다양하게 응용되어지고 있다. 정보 보안(information security)의 사전적 의미는 정보를 안전하게 유지하는 것이다. 정보를 안전하게 유지한다는 것의 의미는 내가 가지고 있는 정보가 나의 의도와는 다르게 다른 사람들에게 노출되어지는 것으로부터 안전하게 지킨다는 특성이 강하다. 즉 내가 원하는 상대방에게는 정보를 제공하고 내가 원하지 않는 상대방에게는 정보를 제공하지 않는 것을 말한다. 따라서 정보 보안의 가장 큰 특징은 정보에 대한 나의 의지가 가장 중요하다는 것이다. 나의 의지에 의해서 정보를 처리하는 것이 바로 정보 보안의 핵심 사항이다.

현재 유무선 통신에서 발생하고 있는 보안 문제는 상당히 다양하고 양은 급속하게 증가되고 있는 추세이다, 이용자가 많은 국산 소프트웨어 취약점 공격, 클라우드(cloud) 서비스의 보안위협, DNS 서버 대상 디도스 공격 등이 빠른 속도로 증가하고 있는 추세이다. 갈수록 고도화, 지능화 되는 사이버공격을 예방하기 위해 PC 이용자와 휴대폰 사용자들에게 바이러스 백신 업데이트와 프로그램의 보안패치를 주기적으로 사용해야 한다. 앞에서 잠깐 언급하였듯이 정보를 안전하게 유지한다는 것은 두 가지 측면 즉 저장 측면과 통신 측면에서 살펴보아야 한다. 우리가 가장 많이 사용하고 있는 정보의 저장과 통신 기능을 가지고 있는 컴퓨터를 통해서 살펴보기로 하자. 컴퓨터의 저장 측면에서 정보를 안전하게 유지한다는 것은 사용자의 하드디스크 등의 저장매체에 저장되어 있는 정보가 사용자의 의도와 상관없이 다른 사용자들이 유출, 훼손, 위조, 변조하는 것으로부터 안전하게 보호되어져야 한다는 것이다. 한편 컴퓨터의 통신 측면에서 정보를 안전하게 유지한다는 것은 사용자의 하드디스크 등의 저장매체에 저장되어 있는 정보를 다른 사용자에게 전송하거나 또는 다른 사용자가 전송한 정보를 수신하는 경우 통신의 대상자 즉 송신자와 수신자의 의도와 상관없이 제3자의 다른 사용자들이 유출, 훼손, 위조, 변조하는 것으로부터 안전하게 보호되어져야 한다는 것이다. 위에서 언급한 저장과 통신 측면에서 정보 보안을 위한 많은 기술 사항들이 현재 사용되어지고 있으면 또한 새로운 기술 사항들이 개발되어지고 있다.

6.1 정보통신에서의 정보 보안

요즘 정보 보안과 네트워크 보안이라는 용어가 아주 익숙해 졌다. 일반 사람들의 관점에서 보면 정보 보안과 네트워크 보안은 우리가 사용하는 데이터 및 관련 정보를 보호해 주는 것이라고 간단하게 생각할 수 있다. 하지만 실제로는 단순히 간단한 과정이 아니라 다소 복잡한 과정을 통해서 보안을 살펴보아야 한다.

우리가 일상생활에서 접하게 되는 정보통신 분야는 상당히 광범위하다. 실제 일반사람들은 대부분 자신이 사용하고 또한 자신을 위해 사용되는 정보통신시스템들이 정보통신의 한 분야라는 것을 인지하지 못한 채 생활하고 있다. 그 만큼 정보통신은 우리생활에 이미 밀접하게 관련되어져 있다. 정보통신의 정의 즉 정보를 정확하고 신속하게 또한 편리하게 다양한 터미널을 사용해서 송수신하는 것에서 알 수 있듯이 정확성과 신속성은 정보통신에서 가장 중요한 목적이다. 정보통신의 대부분 분야가 모두 상세하게 살펴보면 정확성과 신속성에 관련되어져 있다. 또한 우리가 정확성과 신속성이라는 목적에 따라 정보통신시스템들을 분석하고 개발하는 자세가 아주 중요하다. 정확성과 신속성 중에서도 가장 중요하다고 생각하는 정보통신의 목적이 바로 정확성이다. 정보를 아무리 신속하게 전송한다 할지라도 수신되어진 상태에서 정보가 정확하지 않으면 아무 소용이 없는 것이다.

먼저 정보통신에서 정확성과 신속성에 관련 있는 정보통신 분야에 대해서 알아보자. 포괄적으로 말하자면 정보통신의 모든 분야가 정확성과 신속성에 관련되어져 있다고 말할 수 있다. 구체적으로 정확성에 관련된 정보통신 분야를 열거해 보면 데이터 흐름 제어, 데이터 에러 제어, 에러 감지 및 수정 기술, 통신장비, 전송매체, 네트워크 보안, 정보 보안, 정보 암호화 알고리즘과 복호화 알고리즘 등이 있다. 한편 신속성에 관련된 정보통신 분야를 열거해 보면 데이터 흐름 제어, 데이터 에러 제어, 에러 감지 및 수정 기술, 통신장비, 전송매체, 정보 압축 알고리즘과 정보 복원 알고리즘 등이 있다. 위에서 살펴보았듯이 실제로 정보통신 분야에서 정확성과 신속성을 지원하는 분야는 상당히 중복되어져 있다. 즉 단순히 분리하여 정확성과 신속성을 지원하는 것이 아니라 두 요소가 결합되어져 동작하는 것이 일반적이다. 따라서 정보통신 분야에서 정보통신시스템의 성능을 평가할 때 정확성과 신속성이라는 두 요소를 모두 고려하는 것이 올바른 방법일 것이다. 따라서 이 책을 통해서 정확성에 관한 분야를 공부하면서도 신속성에 관련된 분야 또한 소홀히 해서는 안 될 것이다.

요즘 네트워크 보안 전문가나 정보 보안 전무가가 아주 유망 직종이라는 기사를 자주 접하게 된다. 일반적으로 네트워크 보안 전문가와 정보 보안 전문가를 특별히 구분하지는 않지만 엄밀히 말하면 차이점이 있다. 네트워크 보안 전문가는 네트워크 장비들을 설치하고 유지, 보수하는 역할을 담당하는 전문가이고 정보 보안 전문가는 악성 코드나 바이러스를 분석하고 이해하며 해당 문제점을 해결하는 전문가이다. 아주 간단하게 설명하면 네트워크 보안 전문가는 하드웨어적인 일을 주로 하고 정보 보안 전문가는 소프트웨어적인 일을 주로 한다고 생각하면 된다. 네트워크 보안전문가는 DoS(Denial of Service)와 DDoS(Distributed DoS), 스푸핑(spoofing), 스니핑(sniffing), NetBios(Network Basic Input Output System) 크래킹(cracking) 등의 실제 네트워킹 해킹 방법과 이를 막는 보안 대책인 방화벽, 침입 탐지시스템을 사용하여 네트워크 보안을 담당한다. 정보 보안 전문가는 침해대응, 취약점분석, 악성코드분석, 보안 컨설팅, 소프트웨어 웹 방화벽 개발, 전략컨설팅, 보안관제 등의 일을 담당한다.

네트워크보안이란 개방적인 네트워크 특성과 프로토콜(TCP/IP Protocol) 및 정보 시스템의 보안 취약성 등으로 인하여 바이러스 및 해킹과 같은 네트워크 인프라에 대한 침해와 네트워크 노드의 비정상적인 동작으로 인한 마비현상을 방지하고 응용 서비스의 연속성을 제공하는 수단이다. 이러한 시스템에는 침입 차단 시스템(Firewall), IDS(Intrusion Detection system : IDS), 가상 사설 망(VPN : Virtual Private Network) 시스템 등이 있다. 정보보안은 웹 관련 보안에 중점을 두고 업무를 본다고 생각하면 되고 사이트 분석, 로그 분석, 악성 코드 분석 등 분석 작업을 통해서 보안 툴이나 프로그램을 개발하고 모니터링업무를 본다고 생각하면 된다. 네트워크 보안(Network Security)이란 권한 밖의 네트워크와 네트워크로 접속 가능한 자원에 접근하려 할 때, 네트워크 관리자가 사용하는 컴퓨터 네트워크 하부 구조에서의 기본적인 설비 또는 방책이다.

6.2 정보 보안의 목적과 시스템

정보 보안의 목적을 한 마디로 표현하면 정보를 안전하게 보호하는 것이 목적이다. 즉 허용된 사용자에게는 정상적으로 정보를 제공하고 허용되지 않은 사용자에게는 정보를 제공하지 않는 것을 의미한다. 한편, 정보 보안의 목적은 정보를 이용하는 사용자의 정보 이용에 따라 다양한 형태를 가지고 있는 것도 사실이다. 정보 사용자가 소수의 개인일 경우도 있지만 수많은 사람들이 모여 단체를 이루는 경우도 있을 수 있다. 따라서 단순히 정보 보안의 목적을 모두 같은 것으로 정의할 수는 없지만 기본적으로 정보를 안전하게 보호한다는 목적에는 변함이 없을 것이다.

한편, 정보 보안의 역할과 기능을 하기 위해서는 다양하고 복잡한 기술, 여러 가지 네트워크 장비와 또한 우수한 인력이 필요한 것도 사실이다. 여기서 언급한 다양하고 복잡한 기술과 여러 가지 네트워크 장비는 우리가 바로 학습해야 할 부분이며 그러한 학습을 통해서 우리 스스로가 정보 보안 분야의 우수한 인력이 되어야 할 것이다.

조금 더 정보 보안의 목적에 대해서 깊이 있게 생각해 보면 개인이나 조직 내의 정보 시스템의 근본적인 문제점이나 또는 시스템을 운영하기 위한 정책 및 구조적인 형태의 취약성을 찾아내고 정보 시스템을 내부 위협과 외부 위협으로부터 보호하는 것을 목적으로 하고 있다. 여기서 말하는 취약성이라는 것은 상당히 중요한 말이다. 이후에 자세하게 다루게 될 것이다.

정보 보안의 기본은 개인이나 단체에 상관없이 정보 보안을 위협하는 가장 위협적인 요소와 가장 취약한 약점들은 무엇인지, 또한 그것들이 우리가 가지고 있는 정보 에 어떠한 영향을 미치는지 등의 질문을 만들고 이에 대한 답변을 스스로 제시하는 위험 일람표를 만드는 일과 적절한 정보환경을 현명하게 정의 내리고 수립하기 위해서 어떠한 요소들이 있는지 파악하고, 작은 범위서부터 광범위한 침입 행위의 모든 것에 대하여 방비책을 세우고 효과적이고 빠르게 침입을 탐지하고 모든 기술과 그것을 책임지고 있는 사람들을 융화시키는 목적이 있다.

전자문서의 효력을 법적으로 보장하는 전자서명법이 1999년부터 시행되었고, 전자거래를 법적으로 뒷받침하기 위한 전자거래 기본법이 1999년부터 시행되고 있으며, 국가 공공기관의 정보통신 기반 시설을 보호하기 위한 정보통신기반보호법이 2001년부터 시행됨에 따라서, 이들 법을 지원하기 위한 정보 보안 전문 인력에 대한 요구가 증가하고 있다. 정보 보안이 요즘과 같은 정보화 사회에서 꼭 필요한 분야라고 하는 것은 말할 필요가 없으며 정보 보안에 관련된 다양한 기술들과 장비들이 개발되어지고 있으며 다양한 정보보호법 시행에 따른 신규 정보 보안에 대한 전문 인력 수요가 증가하고 있다.

정보 공유의 중요성이 폭발적으로 증가하고 있고 인터넷에 기반을 둔 다양한 정보 서비스들이 출현하면서, 정보의 비밀성, 무결성, 인증성, 그리고 가용성에 대한 요구가 사회적으로나 국가적 차원에서 필수적으로 증가하고 있다. 정보 보안은 정보 누출, 도청, 위조, 그리고 변조 등의 다양한 공격과 위협으로부터 정보통신망과 컴퓨터를 보호하고, 해킹 및 바이러스 등의 전자적 침해 행위로부터 정보시스템을 보호하며, 전자 거래에서 개인 및 거래 정보를 안전하고 신뢰성 있게 전달할 수 있는 기반을 제공하고 있다.

정보 통신 기술의 급속한 발전과 전 세계 네트워크를 연결한 인터넷 망은 그 편리함과 신속성으로 인하여 상호 연결된 다양한 통신망 환경에서 다양한 형태의 정보 서비스가 이루어지고 있다. 유닉스(unix)로 대변되어지는 클라이언트/서버 환경은 점차 정보화 시대의 주역으로 떠오르고 있으며, 초고속 정보통신망의 구축은 이러한 인터넷 상의 서버들을 더욱 더 빠르게 엮어주고 있다. 이러한 편리함과 유익 성을 가진 인터넷은 현대인에게 필수 불가결한 존재가 되어 국내외의 많은 연구소, 대학기관, 기업, 정부 심지어 개인까지도 사용이 급증하게 되었다. 따라서 모든 개개인은 인터넷을 통하여 다양한 서비스를 받을 수 있을 뿐만 아니라 네트워크 상에서 언제, 어디서나, 누구와도 통신이 가능하게 되었다. 그러나 인터넷의 사용은 이러한 편리성과 함께 개개인은 물론 기업이나 국가에 이르기까지 중요 정보가 노출될 뿐만 아니라 시스템을 파괴하는 매우 위험하고 파괴적인 정보화의 역기능 결과를 초래하게 되었다. 최근 인터넷을 이용한 전자상거래와 기간 정보시스템 구축에 대한 논의가 활발해지면서 보안 시스템의 중요성은 더욱 크게 부각되었고 개방된 네트워크인 인터넷을 기반으로 주요 정보를 주고받기 위해서는 안심할 수 있는 정보보호 시스템이 무엇보다 선행되어야 한다는 것을 인지하게 되었다. 이러한 문제 인식은 기업과 연구소, 교육계의 주요 서비스 업무 시 인가 받지 않은 불법 사용자로 인한 정보시스템의 파괴, 개인 신상 비밀의 누설 및 유출, 각종 정보의 위·변조와 같은 심각한 위협으로부터 효율적인 정보보호 방법이 필요하게 되었다. 이에 특정한 자원에 접속하는 권한과 접속 시간 등을 강제로 규정할 수 있는 사용자 인증 기술이 커다란 논쟁이 되었다.

인증 과정은 크게 알고 있는 것과 갖고 있는 것 등 두 가지를 통해 이루어지고 있는데 전자의 대표적인 예로는 패스워드를 들 수 있으며 후자는 카드 혹은 지문처럼 몸에 지니고 다니는 것을 이용하는 방법이 대표적이다. 이 밖에 공인기관으로부터 토큰을 발급 받는 것도 인증과정의 또 다른 방법으로 최근 인터넷에서 관심을 끄는 전자 인증은 신뢰성 있는 단체에서 거래 객체의 신분을 확인해준다는데 초점을 맞추고 있다. 서로 상대방의 신분을 확인할 수 있다면 얼마든지 믿고 거래할 수 있기 때문이다.

6.3 정보 보안 서비스

정보 보안의 개념을 정확하게 이해하기 위해서는 정보 보안에 대해 더 상세하게 살펴볼 필요가 있다. 이번 절에서는 정보 보안 서비스의 특징에 대해서 상세하게 살펴보도록 하자. 정보 보안 서비스의 특성은 다음과 같이 신뢰성 또는 기밀성(confidentiality), 인증(authentication), 무 결성(integrity), 무인 봉쇄(non-reputation), 접근 제어(access control), 가용성(availability) 등으로 분류할 수 있다.

정보 보안의 신뢰성 또는 기밀성(confidentiality)은 컴퓨터 시스템의 정보 및 전송 정보가 인가 당사자만 읽을 수 있도록 통제할 필요성을 말한다. 전송되는 메시지가 외부에 노출되어 단지 클라이언트와 서버 두 통신 당사자만이 알아야 하는 메시지를 제 3자가 알 수 있다. 대응방법으로는 메시지 또는 헤더를 암호화하는 방법이 있다. 이때, 공개키를 사용한다. 서버는 메시지를 세션(session) 키로 암호화하고 클라이언트의 공개키로 세션 키를 암호화한다. 클라이언트는 자신의 비밀 키로 복호화하여 세션 키를 생성하고, 그 세션 키를 사용하여 메시지를 복호화한다. 이렇게 하여 제 3자가 메시지를 가로채더라도 클라이언트의 비밀 키를 모르므로 세션 키를 생성할 수 없고, 따라서 메시지를 해독할 수 없다.

정보 보안의 인증(authentication)은 메시지의 원본이 정확히 확인되고 그 정보가 거짓이 아님을 확인할 필요성을 말한다. 서버와 클라이언트가 서로 통신을 하려고 할 때, 각각에 대해서 실제 통신하려던 서버와 클라이언트인지 확인해야 한다. 제 3자가 서버를 가장하여 잘못된 서비스를 제공한다면 클라이언트는 원하지 않던 잘못된 서비스를 받게 된다. 마찬가지로 어느 특정 클라이언트에게만 제공해줄 서비스가 있다면 정당한 클라이언트인지 확인해야한다. 전자서명을 사용하여 이를 해결한다.

정보 보안의 무 결성(integrity)은 컴퓨터 시스템 및 전송 정보가 오직 인가 당사자에 의해서만 수정될 수 있도록 통제할 필요성을 말한다. 클라이언트와 서버 외에 제 3자가 인터넷을 통해 전송되는 메시지를 가로채, 그 내용은 알 수 없더라도 메시지의 내용을 생성, 변경 삭제할 수 있다. 이렇듯 무 결성(integrity)은 메시지의 내용을 생성, 변경, 삭제 할 수 없도록 보호하는 기능을 한다. 여기서 쓰이는 방식은 해쉬 함수이다. 해쉬 함수는 길이의 제한을 받지 않는 스트링을 입력으로 받아 특정한 길이의 이진 값을 출력하는 함수이다. 얻어진 이진 값으로부터 원래의 스트링을 얻을 수 없으므로, 클라이언트는 메시지와 해쉬 함수를 통한 이진 값을 함께 전송하고 서버는 클라이언트에서 전송된 원래의 메시지로부터 해쉬 함수를 통해 이진 값을 얻어내고, 전송된 이진 값과 비교하여 메시지의 무 결성을 검증한다.

정보 보안의 부인봉쇄(non-reputation)는 메시지의 송신자 모두 전송을 거부할 수 없게 할 필요성을 말한다. 서버와 클라이언트사이에 발송된 메시지를 부인하거나, 전송하지 않은 메시지를 받았다고 주장할 수 있고, 또는 수신사실을 부인할 수 있다. 전자서명(digital signature)을 사용하면 메시지가 특정 클라이언트에게 보내졌을 때 나중에 서버는 발송사실을 부인할 수 없고, 클라이언트에서 발송되지 않은 메시지를 받았다고 주장 할 수도 없다.

정보 보안의 접근 제어(access control)는 정보 시스템이 정보 자원의 접근을 통제할 필요성을 말한다. 클라이언트에서 통신채널을 통한 서버자원의 무분별한 사용을 금지하기 위해 서버의 시스템이나 응용프로그램의 접근을 통제하거나 사용범위를 제한한다. 클라이언트는 먼저 해당 식별 자나 인증을 얻어 각각의 사용 권한에 맞는 서비스를 사용한다.

정보 보안의 가용성(availability)은 컴퓨터 시스템이 인가 당사자가 필요로 할 때 이용할 수 있게 해주는 필요성을 말한다. 웹에 대한 다양한 공격은 서버와 클라이언트사이의 사용에 손실을 가져오거나 감소를 가져온다. 가용성은 네트워크에 접속된 전체 시스템의 성능을 안정적으로 유지하는 한편 전체시스템의 시용 효율에는 이상이 없도록 하는 것이다. 이러한 가용성을 확보하기 위해서는 데이터의 주기적인 백업, 물리적인 위협으로부터의 보호, 중복성(redundancy) 유지 등이 있다.

보안 관제 서비스(security operation service)는 고객의 IT(Information Technology) 자원 및 보안 시스템에 대한 운영 및 관리를 전문적으로 아웃소싱하여 각종 침입에 대하여 중앙 관제 센터에서 실시간으로 감시 및 분석, 대응하는 서비스로서 정보 자산에 대한 보안은 전문 보안업체에 아웃소싱하고 고객은 자신의 핵심 역량에 집중할 수 있는 선진화된 보안 서비스이다.

정보 보안은 일반적으로 시스템 보안과 네트워크 보안으로 구분하여 설명되어진다. 시스템 보안이란 운영체제, 클라이언트/서버 응용과 파일 시스템 등에 대한 보안에 관련되어져 있으며 네트워크 보안 Telnet, FTP와 HTTP 등과 같은 통신 프로토콜을 통해 전송되는 데이터에 대한 보안에 관련되어져 있다.

정보 보안 서비스에 대한 설명을 위해서는 그림 8.6과 같이 보안 인프라(security infrastructure), 네트워크 보안 (network security), 응용 보안(application security)과 시스템 보안(system security) 등으로 분류하여 살펴보아야 한다.

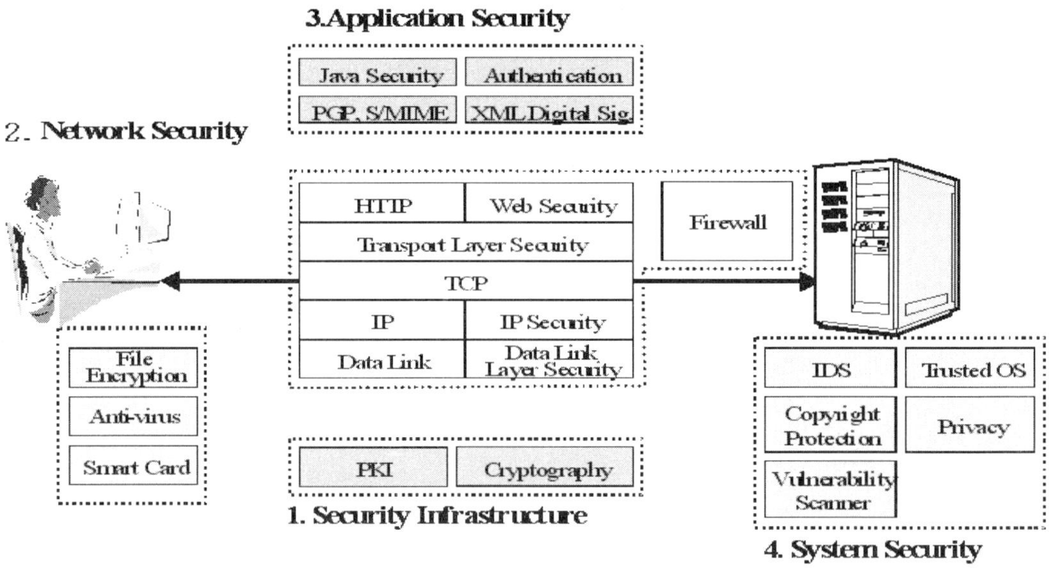

그림 6.1 정보 보안 서비스 분류

보안 인프라(security infrastructure)를 한마디로 말하자면 정보 보안을 위해 기본적으로 제공되어져야만 하는 기반 구조를 말한다. 대표적 보안 인프라는 PKI(Public Key Infrastructure), 암호작성법(cryptography) 등이 있다.

네트워크 보안(network secruity) Telnet, FTP와 HTTP 등과 같은 통신 프로토콜을 통해 전송되는 데이터에 대한 보안에 관련되어져 있다. 대표적 네트워크 보안으로는 웹 보안(web security), 전송 계층 보안(transport layer security), 방화벽(firewall), IP 보안(IP security), 데이터 링크 계층(data link layer security) 등이 있다.

응용 보안(application security)은 네트워크를 사용하면서 응용 계층에 관련된 보안을 말한다. 대표적 응용 보안으로는 자바 보안(java security), 인증(authentication), PGP(Pretty Good Privacy), S/MINE(Secure/Multipurpose Internet Mail Extensions), XML, 디지털 서명(digital signature) 등이 있다. 여기서 PGP는 인터넷의 전자우편을 암호화하거나 복호화시켜 제3자가 알 수 없도록 하는 보안 프로그램이다. PGP는 1991년 phil Zimmermann이 개발하였고 PEM(Privacy enhanced Mail)에 비해 보안 측면에서는 조금 취약한 편이지만 전자우편 보안에 있어서 사실상의 표준이 되었다. 전자우편은 인터넷상에서 마치 우편엽서와도 같아 주고받는 이들의 주소는 물론 내용까지 해킹당할 가능성이 많다. 이러한 단점을 보완하여 전자우편을 마치 편지봉투처럼 만든 것이 PGP이다. 일반 편지봉투는 뜯어서 내용을 보거나 바꿀 수 있으나, 이 프로그램은 전자우편의 내용을 암호 알고리즘을 이용하여 암호화시키므로 암호를 푸는 특정 키(key)를 가지고 있어야만 볼 수가 있다. 한편 PEM(Privacy enhanced Mail) 은 프라이버시 향상 이메일 이라는 뜻으로 인터넷에서 사용되는 이메일 보안 시스템의 하나이다. 인터넷 환경에서 이메일은 무수한 호스트를 거쳐 전송되며, 송수신자의 주소와 내용까지도 그대로 볼 수 있는 엽서와 같은 구조를 가지고 있기 때문에, 이런 과정에서 얼마든지 탈취되거나 변조 또는 위조될 가능성이 있다. 이러한 상황에서 보안을 유지하는 방법은 내용을 암호화하여 제 3자가 알아볼 수 없게 하는 것이다. 현재 인터넷에서는 PEM과 PGP등의 보안 통신 규약이 제안되어 이것을 장착한 소프트웨어가 개발되어 사용되고 있다. PEM과 PGP는 메시지의 내용을 암호화 알고리즘을 사용하여 암호화하여 보내며, 특정한 키가 있어야만 내용을 볼 수 있도록 되어 있기 때문에 비밀성, 메시지 무 결성, 사용자 인증, 발신자 부인 방지, 수신자 부인 방지, 메시지 반복 공격 방지 등의 기능을 지원한다. S/MIME(Secure Multipurpose Internet Mail Extensions) 은 MIME 데이터를 안전하게 송수신하는 방법을 제공한다. 인터넷의 MIME 표준에 의거하여 S/MIME는 전자 메시지에 있어서 인증, 메시지 무결성, 송신처의 부인방지, 프라이버시와 데이터 보안(암호 이용)과 같은 암호학적 보안 서비스를 제공한다. S/MIME는 기존의 우편 서비스의 사용자 에이전트(MUA : Mail User Agent) 에 송신하는 메시지에 암호 서비스를 부가시키고 수신 받은 메시지의 암호 서비스를 해석하는 데 이용된다. 그러나 S/MIME는 전자우편에만 한정되어 있지는 않다. HTTP와 같은 MIME 데이터를 전달하는 전송 과정도 사용된다. 따라서 S/MIME는 소프트웨어적으로 생성한 문서의 서명과 인터넷상에서 전송된 팩시밀리 메시지의 암호화와 같이 사람이 불필요한 암호학적 보안 서비스를 사용하는 자동화된 메시지의 전달 에이전트에 사용될 수 있다.

시스템 보안(system security)이란 운영체제, 클라이언트/서버 응용과 파일 시스템 등에 대한 보안에 관련되어져 있다. 대표적 시스템 보안으로는 파일 암호화(file encryption), 안티 바이러스(anti-virus), 스마트 카드(smart card), IDS(Intrusion Detection System), 신뢰성 운영체제(trusted OS), 판권 보호(copyright protection), 프라이버시(privacy), 취약성 스캐너(vulnerability scanner) 등이 있다.

그림 6.2에는 정보 보안 서비스에 대해서 간단하게 설명하였다. 정보 보안 서비스는 이전에 설명하였듯이 신뢰성 또는 기밀성(confidentiality), 인증(authentication), 무결성(integrity), 무인 봉쇄(non-reputation), 액세스 제어(access control), 가용성(availability) 등으로 분류할 수 있다. 또한 정보 보안 서비스를 방해하는 요소로는 도청(eavesdropping), 비 안전 서버(unsecure 서버), 도스(DoS : Denial od Service), 은폐 또는 변장(impersonation 또는 masquerading) 등이 있다.

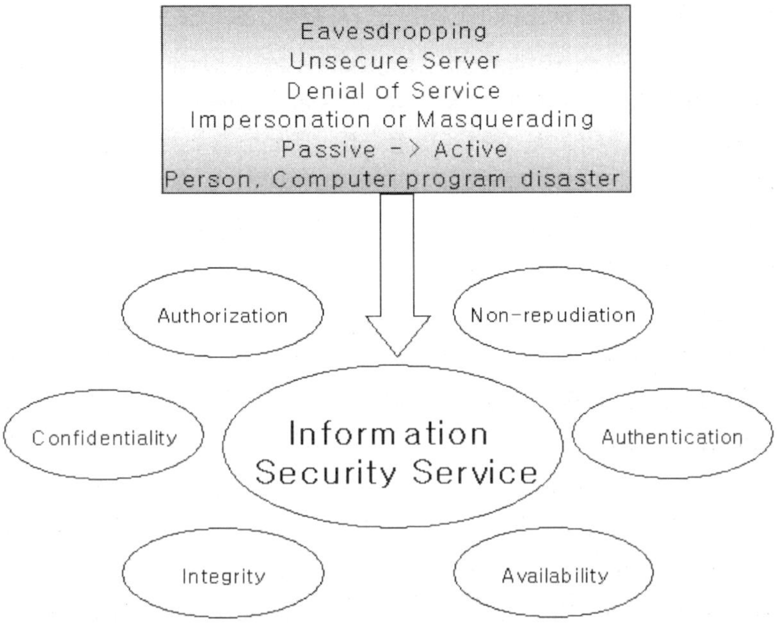

그림 6.2 정보 보안 서비스의 적용

6.4 정보 보안 기초 기술

이번 절에서는 정보 보안과 관련된 기본적인 용어와 기초 기술에 대해 살펴보고자 한다.

1) 네트워크 모니터링

정보 보안과 관련하여 사용자 또는 관리자가 관심을 가져야 하는 것은 네트워크 자체의 취약성 및 이를 악용한 공격에 대한 이해이다.

우리가 일상적으로 사용하는 인터넷 자체가 TCP/IP(Transmission Control Protocol/Internet Protocol)라고 할 수 있을 만큼 인터넷의 표준 프로토콜인 TCP/IP는 시스템이나 네트워크 분야에서 너무나 익숙하게 사용하고 있다. 하지만 그 내부를 조금만 들여다보면 TCP/IP는 자체적으로 많은 취약성을 가지고 있다는 것을 알 수 있는데 이러한 취약성은 아무리 시스템을 패치(patch)하고 보안 설정을 한다고 하더라도 네트워크 자체의 취약성은 여전히 유효하므로 근본적인 대응에는 한계가 있다. 여기서 패치란 컴퓨터 프로그램의 일부를 빠르게 고치기 위해 개발사가 추가로 내놓은 수정용 소프트웨어를 말한다. 한편 이를 악용한 공격 역시 끊이지 않고 있다. 더군다나 이러한 공격은 특별한 로그도 남지 않고 마땅한 모니터링 방법도 없어 인지하기가 쉽지 않아 관리자에게 여간 부담되는 것이 아닐 수 없다.

대부분 전체 트래픽(traffic)은 라우터나 스위치에 MRTG(Multi Router Traffic Grapher)프로그램을 통해 쉽게 알 수 있다. MRTG 프로그램은 http://www.MRTG,org에서 다운로드 받을 수 있다. 그렇다면 가장 많은 트래픽을 유발하는 IP를 소트(sort)하여 실시간으로 모니터링이 가능한가, 네트워크가 유발하는 정상적인 트래픽 중 TCP는 어느 정도인지, UDP(User Datagram Protocol)나 ICMP(Internet Control Message Protocol) 트래픽은 어느 정도인지, TCP의 경우 웹 트래픽은 어느 정도이고, SMTP(Simple Mail Transfer Protocol), https, POP(Post Office Protocol) 3 등의 트래픽은 어느 정도 인지 또는 bps뿐만 아니라 전체 트래픽의 pps(packet/sec), fps(flow/sec)는 어느 정도 인지 알 수 있는 가 쉽지 않은 일이다. 여기서 https(hypertext transfer protocol over SSL(Secure Sockets Layer) 또는 HTTP over SSL는 하이퍼텍스트 전송 규약(HTTP) 계층 아래의 SSL 서브 계층에서 사용자 페이지 요청을 암호화, 복호화하는 브라우저에 설치된 넷스케이프 웹 프로토콜을 말한다. 넷스케이프 브라우저에서 https://URL로 페이지를 지정하면 HTTPS는 그것을 암호화하고, 도착된 https://URL은 HTTPS 서브 계층에서 복호화된다. HTTPS와 SSL은 사용자의 송신자 인증을 위해 서버로부터 X.509 디지털 인증서 사용을 지원한다.

자신이 관리하는 네트워크의 전체 트래픽에 대하여 이와 같이 상세한 모니터링을 하려면 규모에 관계없이 모든 트래픽이 통과하는 백본 스위치나 라우터에서 직접 모니터링하거나 그렇지 않더라도 백본 구간에서 모니터링 하여야 할 것이다. 그러나 이러한 모니터링을 제공하는 솔루션들은 대부분 대량의 트래픽을 빠르게 처리하여야 하므로 매우 고가이고 만약의 사소한 장비 오류 시에도 치명적인 서비스 장애가 될 수 있어 실제로 도입하여 사용하는 것이 쉽지는 않다. 그러나 별도의 장비나 솔루션을 사용하지 않고도 기존의 스위치나 라우터가 제공하는 기능 중 netflow라는 모니터링 기능을 이용하면 네트워크 장비에 영향을 주지 않고 안전하면서도 상용 수준의 네트워크 트래픽 모니터링 기능을 이용할 수 있다. 시스코의 네트워크 플로우(flow)는 보내는 쪽과 받는 쪽으로 일련의 단방향성 패킷의 흐름으로 정의된다. 시스코의 netflow는 시스코 라우터가 각 네트워크 인터페이스를 통해 지나가는 트래픽의 플로우 정보를 제공하는 기능이다. 이는 장비에 netflow 기능을 설정하면 성능에 크게 영향을 주지 않으면서도 장비를 통과하는 모든 트래픽에 대해 유용한 결과(패킷의 소스 IP, 목적지 IP, 포트, 프로토콜 등)를 제공하기 때문이다. 그러나 netflow 자체는 이러한 정보만 제공할 뿐 netflow를 설정했다고 해서 MRTG와 같이 바로 웹 인터페이스로 트래픽을 모니터링할 수 있는 것은 아니다. 이를 위해서는 라우터나 스위치에서 netflow 정보를 실시간으로 원격지 호스트에 보내고, 호스트에서는 이 데이터를 받아 가공하여 그래프로 보여주어야 하는데, 이처럼 netflow의 데이터를 모아 웹이나 응용 프로그램을 통해 모니터링 할 수 있는 프로그램으로는 flowscan이라는 프로그램이 가장 대표적이다. 여기서 flowscan은 Dave Flonka가 만든 네트워크 모니터링 툴로서 라우터의 트래픽을 실시간으로 모니터링할 수 있도록 해준다.

2) 네트워크 취약성과 트래픽 모니터링

요즘 네트워크 사용자와 관리자가 관심 가져야 하는 것은 비정상적인 네트워크 트래픽에 대한 모니터링 방안이다. 지금까지는 흔히 네트워크 모니터링이라면 MRTG(Multi Route Traffic Grapher) 프로그램으로 전체 트래픽(bps) 정도를 모니터링한 것이 전부일 것이다. 물론 한 대나 소수의 서버만을 운영한다면 관계없겠지만 여러 대의 서버를 운영한다면, 더군다나 그 규모가 조금씩 커진다면 만약 내부나 외부에서 비정상적인 트래픽이 유발되었을 때 문제를 인지하고 대처하기까지 많은 노력과 시간이 필요하게 된다. 이러한 경우 비정상 트래픽의 정체(프로토콜, 포트번호 등)가 무엇이고 트래픽의 소스가 어디인지 어떻게 찾을 것인가? 그리고 프로토콜이나 포트별 트래픽 등과 같은 정보에 대한 상시적인 네트워크 모니터링은 어떻게 할 것인가? 아마도 MPRG 프로그램만으로는 이 물음에 답할 수 없을 것이다.

따라서 네트워크의 취약성을 이용한 공격 중 가장 치명적이면서도 지금까지도 자주 악용되는 스니핑을 중심으로 이 공격의 원리와 대처 방법에 대해 알아보고, 다음으로 효율적인 네트워크 트래픽 모니터링 도구인 넷플로우(netflow)를 활용하여 비정상적인 트래픽을 감지할 수 있는 방안에 대해 알아보도록 하겠다.

3) 정보 보안 용어

기본적으로 정보 보안에 대해 이해하기 위해서는 정보 보안 분야에서 많이 사용되고 있는 정보 보안 용어에 익숙해져야 한다. 이번에는 다양한 정보 보안 용어에 대해서 간단하게 살펴보기로 하자.

(1) 방화벽

방화벽(firewall)의 원래 의미는 건물에서 발생한 화재가 더 이상 번지는 것을 막는 것에서 유래되었다. 즉, 방화벽은 네트워크의 보안 사고나 위협이 더 이상 확대되지 않도록 막고 격리하는 것이라고 할 수 있다. 특히 어떤 기관의 내부 네트워크를 보호하기 위해서는 외부에서의 불법적인 트래픽이 들어오는 것을 막고, 허가하거나 인증된 트래픽만 허용하는 적극적인 방어 대책이라고 할 수 있다. 네트워크가 활성화되고 대중화되기 전에는 네트워크에서의 보안이 큰 문제가 아니었으나 네트워크가 점점 더 거대해지면서 각각의 시스템에 대한 보안 문제가 큰 이슈로 떠오르게 되었다. 방화벽 시스템은 기관의 보안 정책에 따라 인가된 인터넷 서비스에 대한 액세스는 허용하고, 인가되지 않은 서비스에 따르는 트래픽을 철저하게 막음으로써 효율적인 보안 서비스를 제공하도록 한다. 물론 방화벽 시스템을 구현하는 것만으로 네트워크의 보안을 완전하게 보장하지는 않지만, 효과적이고 비용이 비교적 적게 드는 방법이라고 할 수 있다.

(2) IDS

IDS(Intrusion Detection System)는 침입 탐지 시스템으로서 방화벽의 단점을 보완하기 위해 요즘 보안 시장에서 새롭게 부각되고 있는 시스템이다. 방화벽은 외부에서의 침입은 막을 수 있지만, 내부에서 일어나는 해킹사고에 대해서는 속수무책일수 밖에 없다는 단점이 있다. 방화벽이 효과적인 차단에 실패했을 때, 이에 따른 피해를 최소화하고 네트워크 관리자가 부재중일 때도 해킹에 적절히 대응할 수 있다. IDS은 시스템 침입에 즉시 대응할 수 있어, 해킹사실이 발견되면 즉시 휴대전화나 무선호출기, 전자우편 등을 통해 관리자에게 알릴 수 있으며, 네트워크 관리자 부재 시에도 시스템 보안을 유지할 수 있는 탐지 시스템이다. 또한 탐지에 그치지 않고 침투 경로까지 추적해 해커를 잡는데 중요한 데이터를 제공하며 데이터를 안전한 곳으로 이동시켜준다.

(3) VPN

VPN(Virtual Private Network)은 공중 통신망 기반시설을 터널링 프로토콜과 보안 절차 등을 사용하여 개별기업의 목적에 맞게 구성한 데이터 네트워크이다. 가상 사설망은 오직 한 회사에 의해서만 사용될 수 있는 자체 망이나 전용회선과 대비되는 개념이다. VPN은 모든 회사들이 저마다 개별적으로 회선을 임차하는 것보다, 공중망을 공유함으로써 비용은 낮추면서도 전용회선과 거의 동등한 서비스를 제공하려는 아이디어에서 출발하였다. 전화회사들은 음성 메시지에 대해 보안이 유지되는 공유자원을 제공한다. 가상 사설망은 데이터를 위해서도 역시 보안이 유지되는 공중망 자원의 공유를 가능하도록 한다. 오늘날 가상 사설망을 원하는 회사들은 주로 엑스트라 넷이나 넓은 지역에 퍼져있는 지사들 간의 인트라넷에 이를 이용한다. 가상 사설망은 공중망을 통해 데이터를 송신하기 전에 데이터를 암호화하고, 수신 측에서 복호화한다. 암호화는 데이터 뿐 아니라, 부가적인 차원의 보안으로서 송수신지의 네트워크 주소도 포함된다. 마이크로소프트, 3Com 그리고 몇몇 다른 회사들이 PPTP(Point to Point Tunneling Protocol)라는 표준 프로토콜을 제안하였으며, 마이크로소프트는 이 프로토콜을 윈도우 NT 서버에 내장시켰다. 마이크로소프트의 PPTP와 같은 VPN 소프트웨어는 대개 회사의 방화벽 서버에 설치되는 보안 소프트웨어도 마찬가지로 지원한다. 여기서 PPTP는 윈도우에서 제공하는 VPN 연결 클라이언트 서비스로서 단독으로는 사용이 불가능하고 VPN이 구축되어 있는 네트워크로 접속할 경우 사용한다.

(4) 게이트웨이

게이트웨이(gateway)는 다른 네트워크로 들어가는 입구 역할을 하는 네트워크 포인트이다. 라우팅의 관점에서 보면 인터넷은 많은 게이트웨이 노드들과 호스트 노드들로 구성된 네트워크라 할 수 있는데 네트워크 사용자들의 컴퓨터들과 웹페이지와 같은 콘텐츠를 제공하는 컴퓨터들이 바로 호스트 노드들이며 일반 회사의 네트워크 내에서 트래픽을 통제하는 컴퓨터들이나 인터넷 서비스제공자들의 컴퓨터가 바로 게이트웨이 노드들이다. 한 회사의 네트워크에서는 게이트웨이 노드 역할을 하는 컴퓨터가 프락시 서버나 방화벽 서버의 역할을 함께 수행하는 경우도 종종 있다. 게이트웨이는 라우터나 스위치 등의 사용을 필요로 한다.

(5) DES

DES(Data Encryption Standard)는 개인키를 사용하여 데이터를 암호화하는 방법으로서 널리 사용되며, 미국 정부는 이 알고리즘을 해독하기 어렵다고 판정하고 다른 나라들에 수출하는 것을 금지하고 있다. DES에는 72,000,000,000,000,000 (72천조)개 이상의 암호 키가 사용되는 것이 가능하다. 주어진 각 메시지를 암호화하는 키는 무작위로 선택된다. 다른 개인키 암호화 방법과 마찬가지로 송신자와 수신자 둘 모두는 동일한 개인키를 알고, 사용해야만 한다. DES는 각 64 비트 데이터 블록에 56 비트 길이의 키를 적용한다. 이 과정은 여러 가지 모드에서 실행될 수 있으며, 16번의 연산이 수반된다. 비록 DES가 강력한 암호화라고 판단되고는 있지만 많은 회사들은 세 개의 키가 잇달아 적용되는 "트리플(triple) DES"를 사용한다. 그렇다고 해서 DES로 암호화된 메시지가 해독될 수 없다고 말하는 것은 아니다. 1997년 초에 다른 암호화 방식의 소유자인 RSA가 DES 메시지 해독에 10,000 달러의 상금을 걸었다. 인터넷상에서 14,000명 이상의 사용자들이 다양한 키들을 시험하는 공동 노력으로 결국 그 메시지를 해독하였는데, 가능한 72천조 개의 키 중에서 고작 18천조 개의 시험을 통해 그 키가 발견되었다. 그러나 오늘날 DES 암호화로 발송되는 것 중, 이러한 종류의 코드 해독 노력에 영향을 받을 것 같은 메시지는 거의 없다. DES는 1977년에 IBM에서 발명하였으며, 미국 국방부에 의해 채택되었다. 이것은 ANSI X3.92와 X3.106 표준 및 미국 연방정부 FIPS 46과 81 표준에 정의되어 있다. 이 암호화 알고리즘이 비우호적인 국가에 의해 사용될 수 있다는 염려 때문에, 미국 정부는 암호화 소프트웨어의 수출을 막고 있다. 그러나 이 소프트웨어의 프리버전은 BBS나 웹 사이트 등에서 어렵잖게 입수할 수 있다. 이 암호화 알고리즘이 깨지지 않고 비교적 오래 남아있을 것이라는 일부 관심 때문에, NIST는 DES를 대체하기 위한 표준이나 대안을 다시 인증하지는 않을 것이라고 지적했다. 다음번 표준은 AES (Advanced Encryption Standard)가 될 것이라고 알려지고 있다.

(6) 디지털 워터마크

디지털 워터마크(Digital watermark)란 어떤 파일에 관한 저작권 정보를 식별할 수 있도록 디지털 이미지나 오디오 및 비디오 파일에 삽입한 비트 패턴을 말한다. 이 용어는 편지지의 제작회사를 나타내기 위해 희미하게 프린트된 투명무늬로부터 유래되었다. 디지털 워터마크는 디지털 형식으로 되어 있는 지적재산에 대한 저작권보호를 제공하기 위한 목적으로 삽입한다. 의도적으로 어느 정도까지는 볼 수 있도록 만든 프린트 워터마크와는 달리, 디지털 워터마크는 완전히 안 보이게 설계된다. 게다가 워터마크를 나타내는 실제 비트들은 그것들이 식별되거나 조작되지 않도록 파일 전체에 걸쳐 퍼져 있어야만 한다. 그리고 마지막으로, 디지털 워터마크는 그 파일에 대한 일반적인 변경, 예를 들어 압축 알고리즘에 의한 축소 등에 견딜 수 있도록 충분히 견고해야만 한다. 이러한 요건을 모두 만족시키는 것이 결코 쉽지는 않지만, 이 기술에 관해 경쟁력을 갖추고 있는 몇몇 회사들이 있다. 그 모든 회사들이 워터마크를 마치 노이즈, 즉 대부분의 디지털 파일들에 존재하는 랜덤(random) 데이터처럼 보이도록 만들고 있다. 워터마크를 보기 위해서는, 워터마크 데이터를 추출하는 방법을 알고 있는 특수한 프로그램이 필요하다.

(7) IP 스푸핑

스푸프(spoof)의 사전적 의미는 장난으로 속이다 또는 속여 넘기다. 라는 의미이다. IP 스푸핑(spoofing) 기법은 말 그대로 자신의 IP를 속이는 행위를 말하며 TCP/IP의 구조적인 결함에서 출발한 방법으로 TCP 시퀀스 수(sequence number), 소스 라우팅(source routing), 소스 IP 주소를 이용해서 상대방 호스트가 자신의 호스트를 트러스트 하게 만드는 방법이다.

(8) 해킹과 해커

해킹(hacking)이란 컴퓨터 시스템에 불법적으로 침투하여 허가 받지 않은 정보를 획득하거나 무력화 시키거나 다른 사용자들에게 피해를 주는 행위 일체를 총칭해 일컫는 말 입니다. 그리고 이런 일을 하는 사람을 해커(hacker)라고 부른다. 그런데 원래 해커는 컴퓨터를 광적으로 좋아하는 사람들을 일컫는 말이었으나, 근래에 대중매체에서 해킹을 통해서 타인에게 피해를 입히는 크래커를 마치

해커인양 보도하여 현재 해킹이란 말 자체는 크래킹(cracking)의 의미로도 쓰이고 있다. 미국에서 시작된 해킹 문화는 사실 컴퓨터 및 시스템 소프트웨어의 개발에 결정적인 역할을 했으며, 지금도 몇몇 사람은 컴퓨터 업계에서 활발히 활동을 하고 있다.

(9) 디도스 공격

디도스(DDoS : Distributed Denial of Service) 공격은 에이전트(agent) 기능뿐만 아니라 여러 시스템에서 하나의 공격목표를 공격하는 분산공격기능도 가지고 있으며, 디도스 에이전트가 설치되는 과정에 자동화된 스크립트가 사용된 점에서 자동화의 특징까지 가지고 있다. 사실 최근까지의 모든 공격기법이 종합된 공격이라고 볼 수 있다. 2000년 초 야후, CNN, 이베이 등 유명 상거래 사이트에 대한 디도스 공격은 새로운 공격기법의 변화를 보여 주었다. 공격에 이용된 Trinoo, TFN 등 디도스 에이전트는 1999년 중반부터 반자동화된 공격으로 인터넷상의 수많은 취약한 시스템에 설치되었다. 처음으로 에이전트 개념을 공격도구에서 사용하였으며 이후 많은 공격도구들이 에이전트 형태를 갖게 되었다.

(10) DHCP

DHCP(Dynamic Host Configuration Protocol)는 네트워크 관리자들이 조직 내의 네트워크상에서 IP 주소를 중앙에서 관리하고 할당해줄 수 있도록 해주는 프로토콜이다. 인터넷의 TCP/IP 프로토콜에서는, 각 컴퓨터들이 고유한 IP 주소를 가져야만 인터넷에 접속할 수 있다. 조직에서 컴퓨터 사용자들이 인터넷에 접속할 때, IP 주소는 각 컴퓨터에 반드시 할당되어야만 한다. DHCP를 사용하지 않는 경우에는, 각 컴퓨터마다 IP 주소가 수작업으로 입력되어야만 하며, 만약 컴퓨터들이 네트워크의 다른 부분에 속한 장소로 이동되면 새로운 IP 주소를 입력해야 한다. DHCP는 네트워크 관리자가 중앙에서 IP 주소를 관리하고 할당하며, 컴퓨터가 네트워크의 다른 장소에 접속되었을 때 자동으로 새로운 IP 주소를 보내줄 수 있게 해준다. DHCP는 주어진 IP 주소가 일정한 시간동안만 그 컴퓨터에 유효하도록 하는 "임대" 개념을 사용한다. 임대시간은 사용자가 특정한 장소에서 얼마나 오랫동안 인터넷 접속이 필요할 것인지에 따라 달라질 수 있다. DHCP는 사용자들이 자주 바뀌는 학교와 같은 환경에서 특히 유용하다. DHCP는 사용 가능한 IP 주소의 개수보다 더 많은 컴퓨터가 있는 경우에도 IP 주소의 임대시간을 짧게 함으로써 네트워크를 동적으로 재구성할 수 있다. DHCP는 영구적인 IP 주소를 필요로 하는 웹 서버에 대해서는 정적인 주소를 제공한다.

(11) 디지털 인증서

디지털 인증서(digital certificate)는 웹상에서 비즈니스 또는 기타의 거래를 수행할 때 사용자의 자격을 확립하는 일종의 전자 신용카드. 인증기관으로부터 발급되며 수령인이 그 인증서의 진위 여부를 확인할 수 있도록 소유자의 이름, 일련번호, 유효기간, 인증서 소유자의 공개키 사본, 인증서 발급기관의 전자서명이 포함된다. 일부 디지털 인증서는 X.509표준을 따르며 디지털 인증서는 인증된 사용자들이 다른 사용자들의 공개키를 볼 수 있도록 등록 장소에 보관될 수 있다.

(12) MIME

MIME(Multipurpose Internet Mail Extensions)은 아스키 데이터만을 처리할 수 있는 원래의 인터넷 전자우편 프로토콜, 즉 SMTP(Simple Mail Transfer Protocol)를 확장하여 오디오, 비디오, 이미지, 응용프로그램, 기타 여러 가지 종류의 데이터 파일들을 주고받을 수 있도록 기능이 확장된 프로토콜이다.

(13) DB 보안

기업에서 중요성 더해지는 DB 보안은 개인의 각종 정보의 집합체라는 점에서 정보를 수집, 이를 보유하는 기업들에게는 매우 민감할 수밖에 없는 요소라고 할 수 있다. 내부자의 고의나 불법적인 해킹으로 인해 DB가 유출될 경우 기업의 피해는 둘째 치고 라도 개인들의 프라이버시 침해나 정보 주체권 상실로 인한 법적 소송에 직면할 수 있기 때문이다. 이 때문에 DB를 보호하기 위한 정보보호 활동은 기업들이 필수적으로 수행해야 하는 핵심요소로 떠오르고 있다. DB 보안은 이론적으로는 DB를 특정서버에 집중시켜 엄격한 규정 하에 접근을 철저히 통제시키면 해결할 수 있는 문제로 볼 수 있다. 그러나 이는 이론일 뿐 현실은 이와 다릅니다. DB의 체계적인 관리에 대한 인식이 부족하면서 기업이 보유한 DB들이 여기저기에 너무 많이 산재하게 됐고 제대로 관리할 수 없게 된 것이 현실이다. 또 엄격한 규정 하에서 DB에 대한 접근을 철저히 통제하면 보안성은 높아지지만 사용 편의성이 떨어진다는 단점으로 비즈니스 측면에서 이를 외면하고 있는 것도 간과할 수 없다. 이런 점에서 DB보안은 기업들에게 양날의 검과 같은 존재라고 할 수 있습니다. 올 들어 기업들의 고객정보 유출 사고가 잇달아 발생하면서 각 기업들은 DB를 누가 어떤 방법으로 관리하는 등의 DB보안 정책을 수립하고 관련 솔루션 도입에 보다 적극적인 모습을 보이고 있어 이 같은 움직임이 현실에 어떻게 반영이 될지 관심사로 떠오르고 있다. DB 보안 솔루션은 접근제어와 암호화 등 크게 두 가지 개념의 방식으로 나눠진다고 할 수 있다. 접근제어 방식은 네트워크 상에서 IP, 시간대, 인증 등의 여러 기준을 적용, DB에 접근 가능한 관리자만 접근할 수 있도록 하는 것인데 비해, 암호화 방식은 DB 자체를 암호화해 높은 보안성을 확보하는 방식이라고 할 수 있다.

(14) IPSEC

IPSEC(IP security protocol)은 안전에 취약한 인터넷에서 안전한 통신을 실현하는 통신 규약. 인터넷상에 전용 회선과 같이 이용 가능한 가상적인 전용 회선을 구축하여 데이터를 도청당하는 등의 행위를 방지하기 위한 통신 규약이다. 이 통신 규약은 사용자 측 단말기에 탑재할 수 있으며, 인터넷을 거쳐 특정 클라이언트와 서버만이 IPSEC으로 데이터를 주고받을 수 있다. 암호화나 인증 방식은 규정되어 있지 않으나 이들 방식을 통지하기 위한 틀을 제공하고 있는데, 이 틀을 보안 연관(SA : Security Association)이라고 한다. SA 정보는 SA 데이터베이스에 보존해 두고 있으며 몇 개의 SA가 등록되어 있다. IPSEC 이용 상 주의 사항으로는 NAT(Network Address Translation) 기능을 구비한 침입 차단 장치 등과의 공존 방법이 있다. 원칙적으로는 대향하는 2개의 NAT 장치 간에 IPSEC 게이트웨이를 설치해야 한다. 이때 NAT 장치는 IPSEC 게이트웨이보다 사내 LAN에 설치하는 것이 좋다.

(15) USIM

USIM(Universal Subscriber Identity Module)은 사용자의 인증을 목적으로 휴대 전화 사용자의 개인 정보를 저장하는 모듈로서 스마트카드(USIM 카드)로 제작된다. USIM 카드는 휴대가 간편하여 단말기 종류나 통신 사업자에 구애받지 않고 국제 로밍을 포함한 음성 이동 전화와 전자 상거래 서비스를 활용할 수 있게 한다. 또한 스마트카드의 강력한 보안 기능으로 휴대 전화를 분실하거나 교체하였을 경우 개인 정보의 보호가 가능할 뿐만 아니라, 보안 등이 요구되는 지불 및 인증 기능을 제공함으로써 콘텐츠 유료 서비스의 구매 등 그 활용 범위가 매우 넓다.

(16) 생체 서명 인증 시스템

생체 서명 인증 시스템은 생체 인식 기술을 이용한 신원 확인 시스템으로서 전자 서명 방식과는 달리 서명에서 특성 벡터를 추출하여 그 진위 여부를 판별하는 기술이다. 서명할 때 그 모양뿐만 아니라 서명 속도와 시간, 획 순서와 같은 동적인 정보를 이용한다. 서명이란 오랜 습관적 행위에 의해 인간의 대뇌에 각인된 특징의 표현으로 일정 범위 내에서 일관성을 유지하며, 단기간 내에는 바뀌지 않는다. 이러한 동적인 정보는 눈에 보이지 않는데다가 여러 가지 행동 특성이 동시에 발생하므로 타인이 모방하기란 극히 힘들다.

(17) 피싱

피싱(Phishing)이란 개인정보(Private data)를 낚는다(fishing)라는 의미의 합성어로 금융기관 등의 웹 사이트나 거기서 보내온 메일로 위장하여 개인의 인증번호나 신용카드번호, 계좌정보 등을 빼내 이를 불법적으로 이용하는 사기수법이다.

(18) 프록시

프록시(proxy)는 내부 네트워크상의 한 호스트의 IP 주소를 네트워크를 통과하는 모든 트래픽에 대해 자체 IP 주소로 대체하는 방화벽 메커니즘을 말한다. 사용자 대신에 행동하는 소프트웨어 에이전트가 사용자 또는 클라이언트 IP 주소가 프록시를 사용하도록 허용할지 여부에 관해 결정을 내리고 추가 인증을 한 후 사용자를 대신하여 원격 대상지에 연결을 완료한다. 참고적으로 프록시 서버(proxy server)는 클라이언트가 자신을 통해서 다른 네트워크 서비스에 간접적으로 접속할 수 있게 해주는 컴퓨터나 응용 프로그램을 말한다. 서버와 클라이언트 사이에서 중계기로서 대리로 통신을 수행하는 기능을 가리켜 프록시라고 하고 그 중계 기능을 하는 것을 프록시 서버라고 한다.

(19) 패치

패치(patch)는 프로그램이 배포된 후 버그나 기능개선을 위해 추가적으로 배포되는 프로그램을 말하며, 특히, 보안 패치는 공격에 이용될 수 있는 취약점이 발견되어 이를 수정하기 위해 배포되는 프로그램을 말한다.

(20) TCSEC

TCSEC(Trusted Computer Security Evaluation Criteria)는 하드웨어 및 소프트웨어 확인 등급을 이용하여 기밀 또는 분류 정보의 보안을 평가하는 기준을 말한다. TCSEC는 D(최소 보안)에서 A1(최고 수준 보안)에 이르는 등급으로 보안을 정의한다. 이 등급은 지정한 수준의 신뢰를 충족시키기 위해 필요한 보안 기능들을 정의하고 대부분의 메인프레임 보안 시스템이 B 등급 기준을 충족시키는 반면 상용제품들은 C2 등급 기능으로 제출되는 것이 더 일반적이다. C2 수준으로 분류되는 제품의 한 예가 Windows NT이다.

(21) ITS

ITS(Intrusion Tolerant System)는 침입과 결함이 일부 발생하여도 데이터와 프로그램의 일관성을 유지하고 도스(DoS) 공격에 대항하는 차세대 정보보증 기술을 말한다.

(22) IPS

능동형 보안솔루션이라고도 불리는 IPS(Intrusion Prevention System)는 인터넷 웜, 악성코드 및 해킹 등에 기인한 유해 트래픽을 차단하는 네트워크 보안 기술 중 예방적 차원의 시스템에 해당한다. 악의적인 공격에 대한 공격탐지를 하고 설정해 놓은 규칙에 기반 한 즉각적인 대응이 가능한 시스템이라고 할 수 있다. 전송된 특정 패킷을 점검하여 부적절한 패킷이라 판단되면 해당 포트 및 IP에 대한 연결을 봉쇄하고 적절한 패킷에 대해서는 지연 없이 바로 전달한다. 탐지 기법으로는 주소 대조, HTTP 스트링과 서브스트링 대조, 일반 패턴 대조, TCP 접속 분석, 변칙적인 패킷 탐지, 비정상적인 트래픽 탐지 및 TCP/UDP 포트 대조 등이 있다.

(23) 화이트해커

화이트해커(white hacker)는 악의로 인터넷 시스템을 파괴하는 해커(블랙해커 or 크래커)에 대비되는 개념으로 선의의 해커를 말한다. 이들은 네트워크에 침입하지만 취약한 보안시스템을 발견해 관리자에게 제보함으로써 블랙해커의 공격을 예방하거니 퇴치한다.

(24) 청색 폭탄

청색폭탄(blue bomb)은 처리 불가능한 과도한 양의 네트워크 대역을 넘어서는 패킷을 말하며 이를 다른 시스템 사용자에게 전송함으로서 시스템 운영체제를 다운시키는 원인을 제공한다. 운영체제는 저장하지 못한 데이터 이 외에 피해 없이 다시 구동이 가능하며 청색 폭탄이란 용어는 상황이 발생했을 시에 윈도우 운영체제가 파란 에러 화면을 나타난 것에서 기인한다. 현재는 대부분의 ISP(Internet Service Provider)가 청색폭탄이 도달하기 전에 패킷을 필터링한다.

(25) 허니팟

허니팟(honeypot)은 컴퓨터 침입자를 속이는 침입탐지기법 중 하나로, 실제로 공격을 당하는 것처럼 보이게 하여 침입자를 추적하고 정보를 수집하는 역할을 한다. 침입자를 유인하는 함정을 꿀단지에 비유한 것에서 명칭이 유래했다.

(26) 정보보안 관제서비스

정보보안 관제서비스는 고객사의 정보보안과 관련된 상황을 24시간 모니터링하여 이상 징후를 조기에 탐지, 분석하며 침해사고가 발생하게 되면 침해사고에 대한 복구, 분석을 제공하는 서비스이다.

(27) DB 보안

데이터베이스에 저장되어 있는 데이터에 대하여 비인가자로부터의 접근, 데이터의 변경 및 파괴, 데이터 유출 등의 행위로부터 데이터를 안전하게 보호하기 위한 활동이다.

(28) 보안 서버

보안 서버는 인터넷상에서 사용자 PC와 웹 서버 사이에 송수신 되는 개인정보를 암호화하여 전송하는 서버를 의미합니다. 또한, 보안서버는 전자거래 업체 또는 공공기관의 실존을 증명하여 고객과 웹 서버간의 신뢰를 형성하고, 웹 브라우저와 웹 서버 간에 전송되는 데이터의 암호화와 복호화를 통한 보안 채널을 형성하여 안전한 전자거래를 보장한다.

(29) NPKI

NPKI(National Public Key Infrastructure)는 정보통신부(한국정보보호진흥원, KISA)가 운영하는 전자인증 체제를 말합니다. 국내의 6개 공인인증기관이 제공하는 공인인증서비스는 지난 99년 7월 시행된 전자서명법에 따라 정보통신부 산하 한국정보보호진흥원(KISA)을 최 상위 인증기관으로 하는 NPKI 시스템이다. 이는 금융·증권·무역·전자입찰 등 민간분야의 업무영역을 대상으로 한 서비스이다.

(30) 악성코드

악성코드(malicious code)는 특정 문제를 해결하기 위한 공식 또는 일련의 단계. 알고리즘의 각 단계는 명확하게 정의되어야 한다. 알고리즘은 프로그램 작성 언어를 포함하여 모든 언어에 대해 보편적이다. 바꾸어 말하면, 데이터를 조작하는 일련의 컴퓨터 언어 지침으로 일반적으로 명쾌하게 코딩될 수 있는 수학적 절차이다. 암호 알고리즘은 메시지를 암호화 및 복호화하고 문서를 전자적으로 서명하기 위한 목적으로 사용되는 수학적 절차이다.

(31) 능동적 IDS

능동적 IDS(Active Intrusion Detection System)는 침입자의 세션을 강제로 종료하고 이후 접속하지 못하도록 차단하는 방식으로 방화벽과 함께 동작이다.

(32) 수동적 IDS

수동적 IDS(Passive Intrusion Detection System)는 침입자가 있다는 것을 메신저나 메일을 통해 알려주는 방식이다.

(33) ARP 스푸핑

ARP 스푸핑(Address Resolution Protocol Spoofing)은 동일 네트워크에 존재하는 공격 대상 PC의 IP 주소를 공격자 자신의 랜카드 주소와 연결해 다른 PC에 전달 돼야 하는 정보를 가로채는 공격을 말한다. 어떤 PC에 ARP 스푸핑 기능을 가진 악성코드가 설치되면 약간의 조작으로 동일 구역 내의 다른 PC에 쉽게 악성코드를 설치할 수 있다. 즉, 동일 네트워크 하의 PC가 외부 네트워크로 접속을 시도할 경우 악성코드에 감염된 PC를 경유해서 접속함으로써 해당 악성코드에 자동으로 감염되게 되는 것이다. 또한 동일 네트워크 하의 모든 PC가 감염된 PC를 게이트웨이로 인식해 외부 네트워크와 통신하기 위해 발생하는 모든 패킷을 해당 PC에 전송하므로 네트워크 속도가 크게 느려진다.

(34) 스팸

스팸(spam)은 전자 매체를 통해 과도하게 큰 용량의 데이터나 무차별적인 전송을 통해 고정된 버퍼를 과도하게 사용하게 하여 프로그램 사용이나 시스템의 기능을 저하시키는 행위를 말한다. 현재 가장 흔히 나타나는 형태로는 이메일 스팸으로 사용자의 허락 없이 메일을 보내는 것이 여기에 해당한다. 또한 채팅 스팸은 채팅 시 불필요한 메시지를 다량으로 보내 다른 메시지를 읽지 못하게 하는 것이고, 뉴스그룹 스팸 역시 같은 내용이나 쓸모없는 내용의 메시지를 한 뉴스그룹에 계속 보내 다른 사용자가 원하는 정보를 찾지 못하게 방해하는 것을 말한다.

(35) 스니커

스니커(sneaker)는 네트워크 트래픽을 감시하고 분석하는 관리용 프로그램으로서 일반적으로 트래픽에 따른 병목현상을 해결하는 데 이용된다. 그러나 악의적인 용도로 LAN 등 네트워크 환경의 트래픽을 분석하여 사용자 ID나 패스워드, 이메일 정보를 수집하는 공격에 이용된다. 스니퍼 공격에 대비하기 위한 대책으로는 ifconfig 명령이나 cpm을 사용하여 탐지하거나 감청(promiscous) 모드를 지원하지 않는 네트워크 카드 및 인텔리전트 허브를 이용하여 공격에 대비한다. 이외 인증 기능을 강화하거나 암호화로 대처하는 방법이 있다.

6.5 네트워크 장비

네트워크에서 사용되는 기본적인 장비와 네트워크 보안을 위해 사용되는 네트워크 보안 장비에 대해서 살펴보자. 먼저 네트워크 장비들을 이해하기 위해서 인터네트워킹(internetworking)에 대해서 간단히 살펴보고 네트워크 기본 장비와 네트워크 보안 장비에 대해서 상세하게 설명하도록 하자.

일반적으로 네트워크는 그 규모에 따라 LAN(Local Area Network), MAN(Metropolitan Area Network), WAN(Wide Area Network)으로 분류된다. 이와 같은 통신망들을 상호 연결해 주는 것을 인터네트워킹이라(internetworking) 한다. 예를 들어, 하나의 LAN에 가입된 사용자가 전자 우편, 파일 전송과 같은 서비스를 이용하여 또 다른 LAN에 속한 사용자들과 정보를 교환하기 위해서는, 이들이 각각 속해있는 두 개의 LAN을 상호 연결해 주어야 한다. 이와 같이 개별적으로 구성되어 있는 두 개 이상의 네트워크를 상호 연결하는 것을 인터네트워킹이라 한다. 여러 네트워크들이 상호 연결되면서 사용자들의 관점에서는 이것이 하나의 거대한 단일 네트워크처럼 보인다. 그러나 상호 연결된 각 네트워크들은 독립성을 가지며 여러 네트워크를 경유하는 통신을 지원하기 위해서는 비교적 복잡한 절차가 필요하다. 이 때, 네트워크들이 상호 연결된 상태를 인터넷(internet)이라 하고 인터넷을 구성하고 있는 각각의 네트워크를 서브 네트워크(sub network)라 한다. 이와 같이 인터네트워킹을 함으로서 단일 컴퓨터 네트워크의 구조적 한계를 극복할 수 있기 때문에 보다 큰 지리적인 범위를 커버할 수 있다. 또한 보다 많은 사용자들과 접속이 가능하여 얻을 수 있는 자원도 풍부해진다.

1) 인터네트워킹의 요구사항

인터네트워킹을 지원하기 위해서 네트워크 자체에서 제공해야 할 기본적인 서비스는 여러 가지가 있다. 일반적으로 이러한 서비스에는 네트워크 사이의 링크를 제공해야 하고, 데이터의 전달과 경로 설정을 제공해야 하며, 네트워크의 운영을 위하여 과금 서비스를 제공해야 한다. 그리고 이상의 서비스를 제공하기 위해 네트워크의 구조에 변화를 주어서는 안 된다.

이와 같은 서비스를 제공하기 위해서는 각각의 서브네트워크가 갖는 다음과 같은 차이점을 조정해 주어야 한다.

① 주소지정 방법(addressing scheme)의 차이 : 각각의 서브네트워크는 독자적인 이름과 주소 및 디렉토리(directory) 유지 방법을 가지므로 이들을 전체적으로 통일시켜야 한다.

② 최대 패킷크기(maximum packet size)의 차이 : 각 네트워크에서 허용하는 최대 패킷 길이가 다르므로 각 네트워크에서 패킷 길이를 조정하여 처리할 수 있는 기법이 필요하다.

③ 네트워크 액세스 기법(network access mechanism)의 차이 : 각 네트워크마다 네트워크 액세스 기법이 다르기 때문에 이를 해결해 주어야 한다.

④ 종료시간(time out)의 차이 : 각 네트워크마다 데이터 송신 후 수신 확인(ACK 또는 NAK)이 도착하는 시간이 다르므로 이것을 통일시켜 불필요한 재전송을 방지할 필요가 있다.

⑤ 오류 회복(error recovery)의 차이 : 각 네트워크마다 데이터 전송 시 발생할 수 있는 오류에 대한 회복 기법이 다르거나, 경우에 따라서는 오류 회복 기법을 제공하지 않을 수도 있다. 따라서 이러한 문제점을 해결하여 신뢰성 있는 데이터의 송수신이 보장되어야 한다.

⑥ 경로배정 기법(routing techniques)의 차이 : 네트워크 내부에서의 경로 배정 기법이 다른 네트워크들과 다를 수 있으므로 이러한 차이를 조정할 수 있어야 한다.

⑦ 사용자 액세스 제어(user access control) 기법의 차이 : 각 네트워크마다 상용자들의 사용 방법이 달라 독자적인 사용자 액세스 제어 기법을 가지고 있다. 따라서 이를 해결할 수 있는 별도의 액세스 제어 기법이 필요하다.

⑧ 연결(connection)과 비 연결 서비스의 차이 : 각 네트워크는 연결방식(가상회

선) 또는 비 연결방식(데이터 그램)의 서비스를 제공한다. 사용자는 이러한 방식과는 무관하게 서비스를 받을 수 있어야 한다.

2) IWU

인터네트워킹에 사용되는 대표적인 장비에는 리피터(repeater), 허브(hub), 브리지(bridge), 라우터(router), 게이트웨이(gateway) 등이 있으며, 이들을 IWU(Inter Working Unit)라고 한다. 일반적으로 IWU는 서브네트워크 간의 링크를 제공해 주고, 서브네트워크 간에 데이터 교환을 위해 필요한 중계기능과 경로배정의 기능을 제공한다. 다음 표 6.1은 OSI(Open System Interconnection) 7계층과 IWU의 관계를 나타낸 것이다.

표 6.1 OSI 7계층과 IWU의 관계

허용 범위 / IWU	프로토콜		
	물리 계층	데이터링크 계층	네트워크 계층 이상
리피터	○	○	○
허브	○	○	○
브리지	X	○	○
라우터	X	X	○
게이트웨이	X	X	X

위의 표 6.1에서 기호 ○는 해당하는 계층 프로토콜이 동일해야 사용 가능하다는 의미를 가지며, 기호 X는 해당하는 계층 프로토콜이 달라도 사용 가능하다는 의미를 갖는다. 따라서 리피터와 허브의 경우는 7 계층이 모두 동일한 네트워크만을 연결시켜줄 수 있으며, 브리지의 경우는 데이터링크 계층 이상의 프로토콜은 동일해야하고 물리 계층은 달라도 네트워크를 상호 연결할 수 있다는 의미이다.

리피터와 허브는 OSI 참조모델의 물리 계층에서 망을 물리적으로 연결하고 신호재생의 역할을 수행하는 것으로서 단순히 망을 확장한 개념에 가깝다. 따라서 망의 크기, 대역폭의 이용 및 연결될 시스템의 수에 있어 기존 망의 제한점을 극복할 수 없다. 브리지는 데이터링크 계층에서 망을 연결하며 리피터가 가지고 있는 단점들을 극복할 수 있다. 그러나 네트워크 계층의 관점에서 보면, 브리지로 연결된 망은 하나의 망처럼 인식되므로 이에 따른 불필요한 브로드캐스트 프레임의 전송 등 망의 비효율적 사용이 발생하며, 네트워크 주소의 논리적 할당이 어렵다. 라우터는 네트워크계층에서 망을 연결하므로 브리지의 단점들을 해결할 수 있으나, 많은 기능을 수행함에 따라 브리지에 비해 패킷의 처리 속도가 느린 단점이 있다. 게이트웨이는 OSI 표준 모델의 4~7계층에서 망을 연결한다.

이와 같이 프로토콜의 허용범위가 클수록 더 많은 기능을 수행하지만 지연시간이 커지고 가격이 높아지게 된다. 이들 IWU와 OSI 7계층과의 관계를 그림 6.3에 나타내었다.

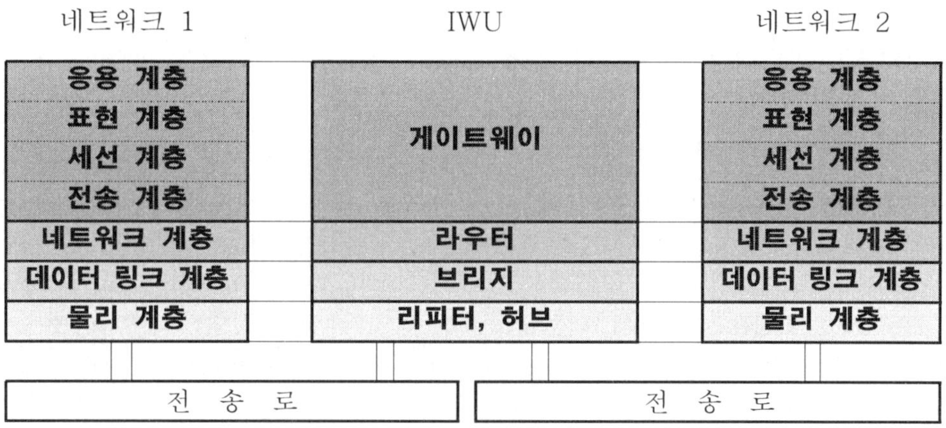

그림 6.3 OSI 7계층과 IWU의 관계

(1) 리피터

리피터는 프로토콜(OSI 7 layer)의 가장 하위 계층에서의 연결을 담당하는데 주로 감쇄된 신호를 단순히 확대하거나 전송하는 것을 목적으로 한다. 리피터는 네트워크 선로를 통해 전달되는 신호를 증폭하는 장치로써 보통 담배 갑 정도 크기의 네모난 상자이며 두 개의 네트워크 케이블을 연결하여 하나의 케이블에서 받은 신호를 증폭시켜 다른 케이블로 보낸다. 서로 분리된 동일한 LAN에서 거리를 연장하거나, 접속되는 세그먼트(segment)의 수를 증가시키기 위한 장치이다. 네트워크의 선로가 짧으면 신호를 증폭할 필요 없이 그대로 전송하지만 케이블의 길이가 길어지면 중간에 약해진 신호를 증폭시킬 필요가 있다. 하나의 링크에 최대 4 개까지 설치가 가능하다.

리피터는 동일한 전송 매체로 구성된 LAN의 거리를 연장하거나 두 개 이상의 LAN을 연결하는데 사용되는 장치이다. 물리적으로 다른 전송 매체로 구성된 네트워크 사이의 연결은 할 수 없다. 다시 말해 트위스티드 페어 케이블로 구성된 네트워크와 동축 케이블로 구성된 네트워크는 상호 연결할 수 없고, 트위스티드 페어 케이블로 구성된 네트워크는 트위스티드 페어 케이블로 구성된 네트워크만을 연결할 수 있다. 따라서, 동일한 전송 매체 사이의 연결에만 사용이 가능하므로 엄격한 의미에서 리피터는 다중 네트워크 시스템은 아니라고 할 수 있다. 이와 같은 리피터는 서브네트워크 사이의 전송 신호를 증폭하고 중계하는 기능을 수행한다. 동일한 전송 매체로 구성된 두 개의 네트워크를 리피터를 이용해 상호 연결한다.

(2) 허브

허브(hub)는 네트워크에서 여러 대의 컴퓨터를 하나의 케이블로 집중시키거나 하나의 LAN 케이블에 여러 대의 컴퓨터를 연결해 쓸 수 있도록 확장시키는 역할을 담당하는 하드웨어로써 다중포트 리피터(multi-port repeater)라고도 한다. 10BaseT(혹은 100BaseT)에서 사용되는 네트워크 케이블 집중장치로, 허브는 트위스트 페어, 동축케이블을 국부적으로는 버스 형태로, 전체적으로는 스타 형태로 연결시켜 클라이언트와 접속시키는 장치이다. 허브는 전송 중 깨진 수신 신호를 복원하여 다른 포트에 송신하고, 신호의 충돌 검사를 행하는 리피터의 기능을 수행한다.

중앙의 제어장치를 중심으로 점 대 점 연결을 위한 장비로 통신 매체로 허브를 선택하면 다음과 같은 장점이 있다. 첫째, 케이블 작업이 간단하다는 점이다. 하나의 허브에 수십 대까지의 연결이 가능하기 때문에 각각에 케이블을 별도로 연결하는 부담을 줄일 수 있다. 둘째, 신뢰성이 높아진다는 점이다. 케이블 자체의 전송용량이 기존의 전화선보다 크기 때문에 보다 안정적인 전송이 가능하며 허브 자체의 기능에 신뢰성 관련 기술을 포함시킬 경우 강력한 성능을 발휘할 수 있다. 마지막으로 통신과 관련된 문제 발생 시 해결이 간단하다는 점등이 있다. 즉, 허브는 단순히 케이블 연결 장치일 수도 있고, 지능적인 허브는 오류로부터의 보호, 원격 관리와 재방송(rebroadcasting)과 같은 추가적인 임무를 수행할 수 있다.

(3) 브리지

브리지는 OSI 모델의 데이터링크 계층에서 동작하므로 물리적으로 다른 전송 매체를 사용하여 구성된 네트워크들의 연결이 가능한 장치이다. 물리적으로 다른 전송 매체로 구성된 네트워크를 상호 연결할 수 있으므로 트위스티드 페어 케이블로 구성된 네트워크와 동축 케이블로 구성된 네트워크를 상호 연결할 수 있다.

브리지는 단순히 물리적으로 거리를 확장시켜 주는 리피터와는 달리 여러 가지 기능을 제공한다. 프레임의 주소를 확인할 수 있는 기능이 있기 때문에 전송되어온 프레임의 주소를 보고 그 프레임을 어느 통신망으로 보내야 할 것인지를 판단할 수 있다. 따라서 불필요한 트래픽이 유입되지 않게 된다. 이러한 필터링(filtering) 기능과 함께 트래픽의 양을 조절해 주는 흐름 제어(flow control) 및 오류 제어(error control) 기능도 제공한다.

이와 같은 브리지 설계 시 고려되어야 할 주요한 사항은 주소 지정과 경로 배정의 지적 능력이 있어야 하고, 최대 트래픽을 고려하여 충분한 크기의 버퍼를 확보해야 하며, 자신이 받은 프레임에 대한 내용과 형식에 대해서 수정 불가하도록 설계되어야 한다.

동종의 네트워크를 연결하는데 사용되는 고속의 스위치 장치 리피터와 유사하나 기능상 차이점으로는 필터링, 포워딩을 통하여 네트워크에 대한 트래픽을 감소시키는 효과를 가지고 있다. 최소한의 전송지연만을 허용하기 때문에 LAN 사이의 가장 간단한 접속 장치로 사용되고 있다. 따라서 LAN와 WAN 간의 상호접속이나 유사한 프로토콜을 사용하는 LAN 간의 접속이나 확장을 가능하게 한다. 최소한의 데이터 보안을 보증하지만 어드레스를 지정하지 못하기 때문에 메시지 전송에 대한 신뢰성을 보장하지 못하며 네트워크 장애 시, 현저한 성능 저하를 일으킨다. 즉, 브리지는 모든 노드로부터 발신된 패킷을 수신하고 그 패킷의 노드 어드레스를 자신의 어드레스 테이블과 비교해 확인한다. 패킷의 착신 어드레스가 그 네트워크 노드의 어드레스일 경우 즉, 동일 네트워크에서 통신하는 경우에는 다른 쪽의 네트워크로 패킷을 내보내지 않는다.

개념적으로는 동종의 프로토콜에서의 연결만을 담당하지만 장치의 특성에 따라 프로토콜에 무관해서 전송할 수 있는 제품도 생산되고 있다. 브리지는 해당 네트워크상의 모든 클라이언트를 1대의 서버에 모두 수록할 수 없는 대형 사이트에서 필요한 장비다. 혹은 네트워크를 구축할 때 도입사의 특수한 조건을 만족시키기 위해 여러 네트워크 토폴로지(이더넷, 토큰링, FDDI 등)를 적용한 사이트에서 필요한 장비다. 구체적인 예로는 대기업, 관공서, 학교, 연구기관 등에 이용되고 있다. 또한 리피터와 마찬가지로 신호 증폭 기능도 제공한다. 일반적으로 PC를 옮기거나 새로 추가하는 식으로 유연하게 대처할 수 있고, 무엇보다도 저렴한 가격이 매력적이다. 반면에 허브와 1:1로 접속되므로 대규모 LAN에서는 많은 케이블을 사용해야 하고 노이즈에 약한 것이 단점으로 지적된다.

브리지의 기능은 모든 패킷을 한 네트워크에서 다른 네트워크로 정해진 대로 보내주며 패킷이 전송되지 전에 패킷의 행선지를 다시 한번 점검하는 것이다. 브리지, 라우터와 기본 사양은 같지만 분리된 장소에 설치된 두 개 이상의 LAN을 연결하는데 사용된다는 것이 다르다.

브리지는 '접속한다'는 점에서는 리피터와 같지만 '무엇을'이라는 점을 놓고 보면 이 둘이 전혀 다른 장비라는 것을 알 수 있다. 두 장비의 기능을 비교하면 다음과 같다. 리피터는 브리지의 개별적인 네트워크 세그먼트를 서로 접속해 주는 장비로써 모든 세그먼트에 신호가 바르게 전송될 수 있도록 신호 증폭 기능을 함께 제공한다. 반면에 브리지는 개별적인 네트워크 세그먼트를 서로 접속해 주며 이것들의 세그먼트는 공통의 네트워크 계층 어드레스를 갖고 있다. 여기서 세그먼트라 함은 첫째로 이더넷의 케이블 한 개에 접속해 있는 단말기로 구성하는 범위로써 리피터나 브리지 및 라우터 등을 통해 연장한 부분은 포함되지 않는다. 일반적으로 종료기(terminator)와 종료기 사이의 네트워크 말하며 둘째로 이더넷을 이용할 때 사용자가 부서 등에 설치하는 물리적인 네트워크의 단위로써 LAN에서 여러 단말기로부터 데이터 충돌을 알리는 신호가 전달되는 범위이며 브리지나 라우터 등의 LAN 간 접속 장치로 구분 짓는 경우는 별도의 세그먼트로 분류된다. 마지막으로 세그먼트는 하나의 LAN이라고 설명할 수 있다.

브리지의 동작 원리를 이해하기 위해서 다음과 같은 두 가지의 경우를 생각해 보자. 단말기 1에서 5까지는 네트워크 A이고 단말기 6에서 10까지는 네트워크 B이다. 네트워크 A와 B는 브리지에 의해 연결되어져 있다.

첫 번째 경우는 단말기 1에서 단말기 10으로 프레임을 전송하는 경우이고, 두 번째 경우는 단말기 1에서 단말기 5로 프레임을 전송하는 경우이다. 먼저, 첫 번째 경우에 네트워크 A에 속한 단말기 1에서 프레임을 전송하면, 브리지는 전송된 프레임을 읽는다. 이어서 브리지는 프레임의 주소를 확인하고 네트워크 B를 목적지로 하는 프레임이라는 것을 확인하고 네트워크 B로 프레임을 중계한다. 브리지에 의해서 중계된 프레임은 단말기 10에 의해서 수신된다. 두 번째 경우는 단말기 1과 5는 모두 동일한 네트워크 A에 속해 있으므로 단말기 1에서 전송된 프레임은 단말기 5에 의해서 수신된다. 이어서 동일한 프레임이 브리지에 도착하게 되면 브리지는 프레임의 주소를 확인하여 네트워크 B로 중계할 필요가 없다는 것을 판단하고 통과시키지 않고 제거한다.

그러나 브리지 대신 리피터를 사용할 경우에, 리피터는 주소를 확인할 수 있는 기능이 없기 때문에, 두 번째의 경우에도 프레임은 네트워크 B로 전송될 것이다.

(4) 라우터

LAN과 LAN을 연결하거나 LAN과 WAN을 연결하기 위한 장비이며 최적의 경로를 설정하는 라우팅 기능을 보유한 장비이다. 라우터는 브리지와 비슷한 기능을 제공하여 여러 개의 작은 네트워크를 서로 연결하여 이 모두가 실제 하나의 네트워크처럼 운영되게 하여준다. 프로토콜(OSI 7 Layer)의 3 계층에서의 연결을 담당하며 종단 대 종단(end-to-end) 통신 기능을 수행한다. 기본적인 서비스를 제공할 수 있는 하드웨어 사양을 갖추면 소프트웨어적인 방법에 의해 구동된다. 즉, 네트워크에서의 서버의 개념과 마찬가지로 구동을 위한 기본적인 운영체제하에서 제공하고자 하는 서비스에 따라 원하는 사양을 소프트웨어적으로 설치함으로써 서비스를 제공한다. 라우터는 OSI 모델의 네트워크 계층에서 동작하므로, 물리적으로 다른 전송 매체를 사용하여 구성된 네트워크 및 특성이 서로 다른 데이터 링크 계층을 사용하는 네트워크들의 연결이 가능한 장치이다. 라우터는 브리지의 기능을 수행함과 동시에 라우터 내에 있는 경로 테이블을 이용하여 최적의 경로로 패킷들을 전송할 수 있으며, 패킷들을 단편화하고 재합성할 수 있다. 라우터 내에 있는 경로 테이블은 네트워크의 최초 구성 시 환경에 맞게 설정되며, 네트워크의 변경시마다 최적화할 수 있도록 수정이 가능하다. 네트워크간의 지능적 링크를 제공하며 해당 어드레스에만 데이터를 전송함으로써 전체적으로 시스템의 부담을 감소시킨다. 이종의 프로토콜 환경에 적응하도록 설계될 뿐만 아니라 보다 복잡하고 고도의 서비스 제공을 위해 설계된다. 네트워크 상에서 완전한 보안 기능을 보증하며 트래픽이 증가할 경우를 대비해 전송경로 및 대체경로를 지정한다. 다소의 중계지연 발생을 줄이기 위해 소규모 네트워크로 분할하여 관리되며 대화 형 멀티미디어에서의 장애 요인을 해결하기 위해 FDDI, ATM등의 기술이 사용된다.

이와 같은 기능을 수행하는 라우터는 네트워크의 물리적 형태(topology)에 제한을 받지 않으므로 네트워크 사이의 연결이 용이하며, 최적의 경로를 통해 패킷을 전송할 수 있으므로 트래픽의 효율적인 분산이 가능하다는 장점을 가진다. 반면에, 초기의 환경 설정이 어려우며 가격이 비싸다는 단점을 가지고 있다.

효율적인 인터네트워킹을 위해서 브리지와 라우터 중 어느 것을 사용할 것인가를 결정하는 데 소요되는 비용, 수행 능력의 범위, 트래픽 분석 등이 중요한 요소로 작용한다.

라우터는 네트워크 어드레스 체계를 이용해 원하는 목적지로 데이터를 송수신하는 기능을 수행한다. 즉, 고유한 주소 체계를 가진 네트워크 노드를 관리하는 것이 라우터의 기능이라 할 수 있다. 반면에 브리지는 사용자 LAN 카드의 고유 전호를 이용해 원하는 목적지까지 사용자의 데이터를 전송하는 장비다. 즉, 브리지는 사용자의 데이터를 송수신할 때 소스 데이터의 어드레스를 읽어서 브리지 테이블에 등록시켜 자기 LAN에 연결된 주소가 아니면 다른 네트워크 또는 다른 브리지로 데이터를 송신해 사용자의 시스템과 목적지 시스템을 연결해 준다. 라우터는 3계층에서 작동하는 장비며, 브리지는 2계층에서 작동하는 장비로써 브리지는 이더넷에서 필수적으로 발생하는 브로드캐스팅 트래픽을 차단하지 못하며 네트워크 규모가 커지면 브로드캐스팅 트래픽을 확실히 차단하는 라우터 장비가 필요해진다.

(5) 게이트웨이

두 개의 컴퓨터 네트워크를 연결시켜 주는 시스템으로, LAN 과 LAN 사이의 데이터 중계를 담당하는 통신 서버를 일컫는다. 두개의 서로 다른 네트워크의 특성을 상호 변환시켜 호환성 있는 정보를 전송할 수 있게 해준다. 전송속도 차이의 변환, 프로토콜 변환, 주소변환 기능 등이 있다. 광범위한 통신 기능을 제공하는 반면에 비교적 느린 처리속도 때문에 대기시간을 중요시하는 멀티미디어 통신망에는 부적절하다. 일반적으로 펜티엄 II급 이상의 컴퓨터 사양을 바탕으로 소프트웨어적으로 설치된다.

게이트웨이는 OSI 모델의 전송 계층과 그 이상의 계층에서 동작하므로 전혀 다른 구조를 가지는 두 개의 네트워크를 상호 연결할 수 있는 장치이다. 따라서 게이트웨이는 지금까지 알아본 IWU 중에서 가장 유연성 있는 기능을 제공하는 장치라 할 수 있다. 게이트웨이의 대표적인 기능으로는 메시지 형식 변환, 주소 번역, 프로토콜 변환 기능 등이 있다. 메시지 형식 변환 기능이란 해당 네트워크의 환경에 맞도록 데이터 형식을 바꾸어 주고 최대 메시지의 크기를 조정해 주며 코드(ASCII, EBCDIC)를 상호 변환해 주는 것을 말한다. 주소 번역이란 송신 네트워크의 주소 구조를 수신 네트워크의 주소 구조에 맞도록 변환해 주는 것을 말한다. 프로토콜 변환 기능이란 송신 네트워크로부터 수신한 패킷을 수신 네트워크에 적합하도록 단편화 및 재합성하여 전송하는 것을 말한다.

게이트웨이는 가장 유연성 있는 기능을 제공한다는 장점을 가지고 있는 반면에 로직이 복잡하고 값이 비싸며 지연시간이 길다는 단점을 가지고 있다.

(6) 게이트키퍼

게이트키퍼(gatekeeper)는 역할기반의 시스템 접근통제 기능, 패스워드 관리 등을 지원하는 네트워크 장비의 일종이다. 중앙집중식으로 모든 시스템의 접근 및 행위를 통제하고 사용자의 행위 데이터를 보관해 시스템 자원 보호 및 의도적 또는 실수로 인한 시스템 장애를 최소화한다. 또한 콘솔 및 CLA(Command Line Interface) 접속을 허용하지 않고, 시스템을 분해해 하드디스크를 분리할 시에도 모든 내용이 암호화 돼 데이터 노출을 전면 차단할 수 있다는 것이 장점이다.

근래 발생했던 농협의 전산망 마비사태와 개인정보보호법 발효 이후 최근 시스템 접근통제 시장이 급부상하고 있다. 은행권의 경우 아직 시스템접근통제 솔루션을 적용한데가 많지 않고, 대부분의 증권사들과 대형 그룹사도 현재 도입을 준비 중인 곳이 많아 내년에는 올해보다 더 큰 수요가 예상된다.

(7) NOS

NOS(Network Operating System)는 복수 개의 어플리케이션으로부터 동시에 서비스를 요청 받아 네트워크 자원을 효율적으로 사용할 수 있도록 보안기능, 신뢰성, 관리 기능을 내포하고 있는 파일 서버에 장착되며, 네트워크를 구성하는데 있어서 가장 큰 비중을 차지한다.

하드웨어 장치에 비 의존적이며 하나 이상의 제조업체가 만든 H/W 환경에서 동작할 수 있는 능력을 제공한다.

① 브리지 기능

하나 이상의 동일하지 않는 H/W LAN을 같은 NOS에서 링크할 수 있는 능력을 제공한다.

② 다중 서버 지원 기능

하나 이상의 서버를 지원하고 어느 사용자가 어느 서버에 접속되어 있는가에 관계없이 사용자에게 분명한 환경을 제공한다.

③ 다중 사용자 지원 기능

다중 사용자 환경에서 응용 프로그램과 데이터 파일에 대해 적절한 보호 기능을 제공해 주는 능력을 제공한다.

④ 네트워크 관리

네트워크 유틸리티, 서브디렉토리의 관리, 통신 량 분석 등과 같은 관리 기능을 제공한다.

⑤ 보안 및 접근 제어

고도의 네트워크 보안 기능과 사용자의 파일 접근 권한을 관리하는 기능을 제공한다.

⑥ 사용자 인터페이스

사용자 인터페이스(UI : User Interface) 메뉴, 화면, 명령, 기타 네트워크 자원에 대한 사용자 의 제어 능력을 제공한다.

⑦ 점 대 점(peer-to-peer) 방식의 NOS

PC는 공유자원의 서버가 되면서 동시에 클라이언트도 된다. 이 방식을 운용하기 위해서는 최소한 30~70KB의 메모리가 필요하며, DOC Base LAN으로 구동되어야 한다. NetWare Lite, Windows 95 등이 있다.

⑧ 클라이언트-서버(Client-Server) 방식의 NOS

전용 서버와 클라이언트(단말기)로 구성되어 있으며 서버를 통하여 자원을 공유할 수 있다. 10개 이상의 다중 프로세스와 32비트 이상의 데이터 버스의 성능을 갖는 서버가 여러 명의 사용자를 지원할 수 있다. Windows NT, NetWare, LAN Manager, LAN Server 등이 있다.

(8) NMS

NMS(Network Management System)는 네트워크 전체에 대한 관리기능을 제공하는 S/W 및 H/W로 구성되며, 네트워크 상태의 논리적인 맵(map)을 제공하며 라인, 노드의 장애 표시 기능 및 수행 관리 기능 등을 가지고 있다.

(9) RDBMS

RDBMS (Relation Database Management System)는 LAN을 기반으로 하는 관계형 데이터베이스 시스템으로 클라이언트-서버 방식으로 MS-SQL Server, Netware SQL, Gupta SQL, Ingres, Oracle, Informix, Sybase 등이 있다.

6.6 네트워크 서버 장비

네트워크 서버(network server)는 네트워크 사용자에게 필요한 다양하고 개인의 요구에 적합한 서비스를 제공하는 시스템이다. 서버는 노드(node) 자체를 하나의 워크스테이션(workstation)으로 사용할 수 있는 범용서버와 하나의 워크스테이션으로는 사용할 수 없고 단지 서버의 기능만을 충실히 수행하는 전용 서버가 있다. 따라서 범용 서버를 허용하는 네트워크 시스템에서는 자신이 가진 자원들을 다른 노드들이 사용할 수 있도록 허용해주는 노드를 모두 서버라고 말할 수 있다. 여기서 워크스테이션은 개인이나 적은 인원수의 사람들이 특수한 분야에 사용하기 위해 만들어진 고성능의 컴퓨터로서 미니컴퓨터의 처리 능력에 버금가는 고성능의 컴퓨터로서 외형은 개인용 컴퓨터와 비슷하나 운영체제로 보통 유닉스 계열을 사용하며 윈도우 NT를 사용하기도 한다. 한편 개인용 컴퓨터 사용자의 모든 욕구를 만족시키며 호스트(host) 컴퓨터와 연결하여 다른 사용자들과 정보를 쉽게 교환할 수 있는 기능을 가진 단말기 장치이다. 강력한 개인용 컴퓨터가 늘어남에 따라 이러한 욕구를 만족시켜주기 위해 처리 능력이 높은 프로세서, 고해상도의 디스플레이 그리고 다른 사용자와의 정보교환이나 주변장치의 공유를 위해 네트워크 기능이 구비된 이제까지 각각 사용되어 왔던 워드 프로세서, 개인용 컴퓨터, 데이터 단말기 등을 기능적으로 집약하여 사용자 위주로 조작을 향상시킨 다기능사무기기. 워크스테이션은 사무용의 워크스테이션과 기술용의 엔지니어링 워크스테이션의 두 가지로 대별할 수 있으나 그 중간에 속하는 것도 있다. 퍼스널 컴퓨터와 비교해서 그래픽 처리, 데이터 관리 등의 처리기능이 충분하며 대형 컴퓨터와 긴밀하게 연계되어 각종 처리를 하고 있다. 일반적으로 명령어가 간단하고 적은 RISC(Reduced Instruction Set Computer) 마이크로프로세서 칩을 사용하는데 이는 복잡한 명령어를 없앰으로서 프로세서 속도를 증가시켜 고속연산을 하기 위해서이다. 일반 컴퓨터보다 성능이 월등히 높고 처리속도가 빠른 반면에 가격은 비싼 편이다. 클라이언트와 서버 네트워크를 제어할 수 있는 다중 사용자 시스템으로 쓰이기도 하고, 고화질의 그래픽 영상을 생성하거나 일반 사무작업을 처리하는 단독 시스템으로도 사용되기도 한다. 다양한 응용 소프트웨어가 개발됨에 따라 그 사용이 증가되고 있으며 고속연산을 요하는 그래픽 처리 분야, 컴퓨터 설계, 시뮬레이션 분야 등에 활용된다.

(1) 웹 서버

일반적으로 웹 서버(web server)는 사용자에게 웹 페이지를 제공해 주는 서버를 말하는 것으로 HTTP를 사용하여 웹 페이지를 제공할 수 있는 웹 서버 프로그램이 설치되어 있고 하나의 도메인 이름을 갖고 있다. 예를 들어 사용자가 웹 브라우저에서 URL로 http://www.yit.ac.kr을 입력하면 도메인 이름이 www.yit.ac.kr인 서버에게 웹 페이지를 요청하고 서버는 기본 파일로 지정되어 있는 index.html 파일을 찾아서 브라우저에게 보낸다. 따라서 가장 일반적인 웹 서버로는 UNIX 기반의 아파치, WINDOW NT의 IIS(Internet Information Service), 넷스케이프의 엔터프라이즈 서버가 있다. 이 웹 서버들은 이메일, FTP(File Transfer Protocol) 파일의 내려받기, 홈 페이지 구축, 전자 상거래 등에 필요한 인터넷 및 인트라넷과 관련된 프로그램들의 패키지의 일부로 나온다. 웹 서버는 클라이언트/서버 모델과 웹의 HTTP를 사용하여 웹 페이지가 들어 있는 파일을 사용자들에게 제공하는 프로그램으로 생각하면 된다. 여기서 서버란 일반적으로 하드웨어의 개념이 아니고 클라이언트의 요청을 받아 프로그램으로 처리하여 다시 전송해 주는 역할을 하는 개념으로 이해하면 된다. 다시 말해 익스플로러나 파이어폭스 혹은 구글 크롬 등의 웹 브라우저가 웹 서버에 abc.html 이라는 페이지를 자신의 IP 111.111.111.111로 보내달라고 요청을 하면 웹 서버는 페이지를 찾아 네트워크가 인식할 수 있는 형태로 보내주는 것이다. 그러면 사용자는 브라우저를 통해 abc.html의 정보를 볼 수 있는 것이다. 호스팅 업체이서는 운영체제 상에 아파치나 IIS를 설치하고 고객에게 특정 폴더의 영역을 제공하고, 별도로 특정 폴더상의 위치와 도메인 주소와 매칭되도록 셋팅하여 웹 호스팅 서비스를 제공한다. 예전에는 IP 주소와 도메인 주소만 매칭되었으나 지금은 가상 디렉토리 형식으로 IP 주소하나에 무한대의 도메인 주소를 매칭시킬 수 있다. 저가 호스팅의 웹 서버의 경우 리눅스 서버 1대에 수백 개의 도메인을 매칭시키는 형태로 호스팅 고객에게 웹 서비스를 제공할 수 있도록 하고 있다.

(2) 메일 서버

일반적으로 메일 서버(mail server)는 메일의 송수신 기능을 처리하는 서버를 말한다. 메일 사용자가 컴퓨터로 작성한 메시지의 송수신을 요구하면 수신인의 메일 주소로 전송하고 전송되어 온 메시지를 수신인의 메일 사서함에 보관하여 수신인이 수시로 로그인하여 꺼내 볼 수 있게 하는 것이다. 메일 서버는 컴퓨터와 소프트웨어에 따라 개별 수신인뿐만 아니라 다수의 수신인에게 동시에 송신하는 정보통신 기능, 수신인 사서함에 메일이 전달된 사실을 발신인의 요구에 따라 통보하는 기능, 사용자가 다른 작업을 하고 있는 동안에 사서함에 메일이 도착하면 화면상에 경고 메시지를 통보해 주는 기능 등 다양한 기능을 수행한다.

(3) 파일 서버

파일 서버(file server)는 LAN(Local Area Network)에서 각종 접속기기에 공통의 파일 캐비닛(cabinet)으로서 쓰이는 파일 기능을 가진 장치이다. 파일 서버의 대표적 기능은 공통의 데이터를 파일 한다든지, 메일 박스로 사용한다든지, 네트워크 상에서 공통의 데이터베이스를 실현할 수 도 있다. 파일 서버는 저장한 파일을 네트워크를 통해 사용자와 공유할 수도 있다. 예를 들어 프로젝트 계획과 같은 중요한 파일이 필요한 경우 개별 컴퓨터로 파일을 전달하지 않고 파일 서버에 있는 해당 파일에 직접 액세스할 수 있다. 여러 네트워크 사용자가 동일한 파일에 액세스해야 하거나 네트워크를 통해 액세스할 수 있는 응용 프로그램에 액세스해야 하는 경우 이 컴퓨터를 파일 서버로 구성하면 편리하게 사용할 수 있다. 파일 서버 디스크 할당량 페이지에서 디스크 할당량을 설정하여 볼륨 단위로 NTFS(NT File System) 볼륨에서 각 사용자의 디스크 공간 사용을 추적하고 제어할 수 있으며 서버 구성 마법사는 이미 적용된 디스크 공간 할당량을 사용하여 NTFS 파일 시스템의 새 사용자에게 디스크 할당량을 자동으로 적용할 수도 있다. 서버에서 특정 디스크 공간을 사용하지 않도록 하거나 디스크 공간이 제한된 경우에만 파일 서버 디스크 할당량 페이지의 정보를 변경해야 하는 데 대부분의 경우 기본 시스템 설정을 사용할 수 있다. 사용자가 지정된 디스크 공간 제한을 초과하거나 지정된 디스크 공간 경고 수준을 초과하는 경우 이벤트를 기록하려면 이 페이지에서 지정할 수 있다.

컴퓨터 관점에서 파일 서버를 살펴보면 LAN 등의 네트워크에 접속한 컴퓨터 중에서 하드 디스크를 다른 컴퓨터가 사용할 수 있도록 해주는 서버를 말한다. 파일 서버는 LAN 상에서 사용자 간에 공유하는 파일들을 저장하고 있어 다른 사용자들이 함께 파일들을 사용할 수 있도록 해주며 LAN에서 망의 모든 사용자가 접근할 수 있는 파일 기억 장치의 기능을 가지며 LAN에서 원격 디스크 구동 장치로서의 기능을 하는 디스크 서버와는 달리 파일 서버는 파일을 격납할 뿐만 아니라 파일을 관리하고 사용자들의 파일 요구와 파일 내용 변경의 질서를 유지하는 등 고도의 기능을 수행하는 장치이다. 파일 서버는 파일 격납용 디스크 구동 장치는 물론 복수의 파일 요구와 동시 파일 요구를 처리하기 위한 프로세서 및 제어용 소프트웨어를 포함하고 있다. 많은 LAN에서 공용 파일 관리 전용의 대용량하드 디스크를 가지고 있는 컴퓨터가 파일 서버 기능을 하는 경우가 많다.

(4) DNS 서버

DNS 서버(Domain Name System Server)는 도메인 이름(domain name)에서 IP 주소를 추출하는 역할을 하는 서버를 말한다. DNS 서버는 분산 형 데이터베이스로 어떤 DNS 서버에서 IP 주소를 알지 못하면 상위의 DNS 서버를 검색하게 된다. 인터넷을 경유하여 메일을 주고받기 위해서는 메일 서버 이름을 DNS 서버에 등록해야 한다. DNS(Domain Name System)는 도메인의 계층 구조로 구성된 컴퓨터와 네트워크 서비스를 명명하는 시스템으로서 인터넷과 같은 TCP/IP 네트워크는 DNS를 사용하여 사용자에게 친숙한 이름으로 컴퓨터와 서비스를 찾게 된다. DNS는 네트워크 자원(resource)을 좀더 쉽게 사용할 수 있도록 사용자에게 친숙한 컴퓨터 또는 서비스 이름을 해당 이름과 연결된 IP 주소 등의 기타 정보에 매핑(mapping)시키는 방법을 제공한다. 사용자에게 친숙한 이름은 컴퓨터가 네트워크에서 통신하는 데 사용하는 숫자 주소보다 쉽게 확인하고 기억할 수 있도록 하며 네트워크에서 전자 메일 서버나 웹 서버를 찾는 것을 선호한다. 사용자에게 친숙한 DNS 이름을 응용 프로그램에 입력하면 DNS 서비스에서 해당 이름을 숫자 주소로 확인하는 과정을 수행한다.

DNS 서버는 TCP/IP 기반 네트워크에 대한 이름 확인을 제공하며 클라이언트 컴퓨터의 사용자가 숫자 IP 주소 대신 이름을 사용하여 원격 호스트를 식별할 수 있다. 클라이언트 컴퓨터는 원격 호스트의 이름을 DNS 서버로 보내고 DNS 서버에서 해당 IP 주소로 응답하고 클라이언트 컴퓨터에서 직접 원격 호스트의 IP 주소로 메시지를 보낼 수 있다. DNS 서버의 데이터베이스에 원격 호스트에 대한 항목이 없는 경우 이 DNS 서버는 원격 호스트에 대한 정보가 있을 가능성이 있는 DNS 서버의 주소로 클라이언트에 응답하거나 직접 다른 DNS 서버를 문의(query)할 수도 있다. 이 프로세스는 클라이언트 컴퓨터가 IP 주소를 받거나 문의된 이름이 특정 DNS 네임스페이스 내의 호스트에 속하지 않는 것이 확실해질 때까지 반복적으로 발생할 수 있다.

일반적으로 대부분의 OS의 DNS 서버는 DNS 프로토콜을 정의하고 표준화하는 RFC(Request For Comments) 집합을 준수하며 DNS 서버 서비스는 RFC를 준수하고 표준 DNS 데이터 파일과 자원 레코드 형식을 사용할 수 있기 때문에 BIND(Berkeley Internet Name Domain) 소프트웨어를 사용하는 DNS 서버 구현과 같은 대부분의 DNS 서버 구현에서 성공적으로 작동할 수 있다. 가장 단순한 TCP/IP 네트워크를 제외한 모든 네트워크는 제대로 작동하기 위해 하나 이상의 DNS 서버에 액세스해야 하며 이름 확인 및 DNS 서버에서 제공하는 기타 서비스가 없을 경우 원격 호스트 컴퓨터에 대한 클라이언트 액세스가 불가능할 정도로 어렵다. 예를 들어 DNS 서버에 액세스할 수 없는 경우 WWW 검색이 거의 불가능하게 된다. 웹에 게시된 하이퍼텍스트 링크는 대부분 웹 호스트의 IP 주소 대신 DNS 이름을 사용하며 컴퓨터 사용자가 LAN에 있는 컴퓨터의 IP 주소를 알고 있는 경우는 드물기 때문에 인트라넷에도 동일한 원칙이 적용된다. DNS 서버 서비스를 AD DS(Active Directory Domain Service)와 통합하려는 경우 AD DS를 설치하는 동시에 DNS를 설치하거나, AD DS를 설치한 후 DNS를 설치하고 DNS를 별도 단계로 통합할 수 있다. DNS 서버는 백그라운드 영역 로드를 사용하여 영역이 완전히 로드될 때까지 기다리는 대신 다시 시작될 때 거의 즉시 문의에 응답할 수 있으며 DNS 서버는 로드한 노드나 AD DS에서 검색할 수 있는 노드에 대한 문의에 응답할 수 있다. IPv6은 32비트 길이인 IPv4 주소와 비교하여 128비트 길이인 주소를 지정하고 주소의 길이가 늘어났기 때문에 전 세계적으로 급성장하고 있는 인터넷에 훨씬 더 많은 수의 고유한 주소를 사용할 수 있다. 동적 업데이트가 네트워크 관리자와 사용자 모두에게 편리하기 때문에 대부분의 TCP/IP 네트워크에서는 DNS 동적 업데이트 기능을 지원하고 동적 업데이트를 사용하면 클라이언트에서 네트워크 주소나 호스트 이름이 변경될 때마다 DNS 클라이언트 컴퓨터에서 DNS 서버를 통해 해당 리소스 레코드를 등록하고 동적으로 업데이트할 수 있다. 이렇게 하면 자주 이동하거나 위치를 변경하며 DHCP를 사용하여 IP 주소를 얻는 클라이언트의 경우 특히 영역 레코드를 수동으로 관리할 필요성이 줄어들게 된다. 이 편리한 기능은 유료로 제공되지만, 권한이 부여된 클라이언트는 사용되지 않은 호스트 이름을 마음대로 등록할 수 있기 때문에 특정 응용 프로그램에 대해 특히 중요한 의미를 가진 호스트 이름을 등록할 수 있다. 따라서 악의적인 사용자가 특수 이름을 가로채서 특정 유형의 네트워크 트래픽을 해당 사용자의 컴퓨터로 전환할 수 있다.

6.7 네트워크 보안 장비

네트워크 보안과 정보 보안의 필요성에 대한 증가 추세로 네트워크 보안 장비는 점차 다양해지고 지능화되고 있으며 또한 여러 가지 기능을 함께 제공하는 형태로 발전하고 있다. 이번 절에서는 요즘 가장 많이 사용하고 있는 네트워크 보안 장비에 대해 살펴보기로 하자.

일반적으로 네트워크 보안 장비는 방화벽(firewall), VPN(Virtual Private Network), IDS(Intrusion Detection System), IPS(Intrusion Prevention System), UTM(Unified Threat Management)의 순서로 발전되고 통합되는 추세이다. 네트 보안 장비 분야의 발전으로 네트워크 보안 장비 가격도 점차 저렴해 지고 있어서 방화벽과 VPN 장비, 방화벽과 IPS 장비도 적은 비용으로 대략 사백만원 이하 가격으로 구입할 수 있다. 최근에는 통합관리시스템 개념으로 UTM에 대한 관심이 늘어나고 있다. 일반적으로 네트워크 보안의 주요 주제는 통합위협관리

(UTM), 네트워크접근제어(NAC : Network Access Control), 애플리케이션 보안(Application Security) 등으로 분류할 수 있다.

통합위협관리는 한 마디로 정보 보안 위협을 통합하여 관리하자는 의미로 여러 가지 보안 장비의 기능을 통합하여 사용하는 것을 의미하며 네트워크접근제어는 기본적으로 사용자와 단말기의 인증, 단말기의 상태 확인, 정책 적용, 네트워크 연결 허용 이후의 감시 등을 제공하고 애플리케이션 보안은 웹 기반의 애플리케이션이 폭발적으로 늘어나고 있으므로 서버 쪽에 필요한 스위치와 보안 기능을 통합하자는 것이다.

1) 좀비 PC 대응 장비

좀비 PC를 사전에 예방할 수 있는 장비 중에서 안철수 연구소가 개발한 트러스와처(TrusWatcher)에 대해 알아보기로 하자. 안철수 연구소의 트러스와처는 최근 사회적 물의를 일으키고 있는 좀비PC에 효율적으로 대응할 수 있는 네트워크 보안 장비다. 트러스와처는 디도스 공격의 근본적인 원인인 공격자가 퍼뜨린 악성코드에 감염된 좀비 PC를 제거하기 위해 개발됐다. 이 제품은 우리나라가 초강력 디도스 공격을 여러 차례 받은 가운데 실제 사이버 재난의 실전 대응 경험을 통해 축적한 역량과 기술, 대응 시스템과 프로세스를 종합해 신 개념 보안 장비로 구성했다. 트러스와처는 안철수 연구소의 20년 이상 축적한 악성코드 분석 기술과 네트워크 보안 기술이 융합돼 최상의 시너지 효과로 좀비PC를 탐지 및 대응할 수 있다. 트러스와처는 디도스 공격을 유발하고 좀비PC를 만드는 주범인 악성코드가 갈수록 더 빠르고 손쉽게 제작되는 상황에서 해당 악성코드를 사전 검출해 효과적으로 좀비PC를 예방하고 대응할 수 있는 전문 보안 장비이다. 트러스와처는 2단계 정밀 분석 검증 시스템 구축 및 적용에 따라 악성코드 감염 파일에 대한 진단 정확도가 탁월하다. 또 네트워크 상에서 전송되는 파일 및 디도스 트래픽 상태를 분석해 좀비PC를 유발하는 악성 파일을 탐지한다. 이때 전송되는 파일은 2차에 걸쳐 정밀하게 분석된다. 트러스와처는 사전 분석과 실제 악성 행위 분석 등 초정밀 분석 기술을 구현했다. 안철수 연구소의 클라우드 기반 악성코드 분석 시스템인 ASD(AhnLab Smart Defense)를 활용해 1차 분석을 거친다. ASD에는 2억개 이상의 악성 및 정상 파일 정보가 수록돼 있어 악성 파일 탐지 정확도가 높다. 2차 분석은 트러스와처에 내장된 가상 머신(virtual Machine) 기반 기술이 악성 파일의 행위를 분석하는 단계다. 1차 분석에서 탐지되지 않은 새로운 파일을 가상 머신에서 실행해 이상 행위(레지스트리 값 변경, 파일 삭제 및 생성 등)를 하는지 검증하는 것이다. 이로써 좀비PC를 만드는 악성코드와, 디도스 공격을 실행하는 내부 좀비PC를 탐지해 대응할 수 있다.(출처 : 전자신문)

2) 방화벽

방화벽(firewall)은 침입차단시스템의 일종으로서 미리 정의된 정책에 따라 네트워크 연결을 위한 포트를 열거나 차단하는 기능을 하며 외부로부터 내부 망을 보호하기 위한 네트워크 구성요소 중의 하나로 외부의 불법 침입으로부터 내부의 정보 자산을 보호하고 외부로부터 유해정보 유입을 차단하기 위한 정책과 이를 지원하는 하드웨어와 소프트웨어를 총칭한다.

3) VPN

VPN(Virtual Private Network)는 가상사설망으로서 인터넷 망과 같은 공중망을 사설 망처럼 이용해 회선 비용을 크게 절감할 수 있는 기업통신 서비스를 말한다. 인터넷 망을 전용선처럼 사용할 수 있도록 특수통신체계와 암호화기법을 제공하는 서비스로 기업 본사와 지사 또는 지사 간에 전용망을 설치한 것과 같은 효과를 거둘 수 있으며 전용선에 비해 20~80% 이상의 비용을 줄일 수 있다. 뿐만 아니라 사용자의 이동성 보장과 편리한 네트워크 구성 등이 장점이 있다. 그러나 VPN 구축을 위해서는 데이터를 암호화하는 보안기술이 뒷받침돼야 한다.

VPN은 공중 통신망 기반시설을 터널링 프로토콜과 보안 절차 등을 사용하여 개별기업의 목적에 맞게 구성한 데이터네트워크다. 가상 사설망은 오직 한 회사에 의해서만 사용될 수 있는 자체 망이나 전용회선과 대비되는 개념이다. 전화회사들은 음성 메시지에 대해 보안이 유지되는 공유자원을 제공한다. 가상 사설망은데이터를 위해서도 역시 보안이 유지되는 공중망 자원의 공유를 가능하도록 한다. 오늘날 가상 사설 망을 원하는 회사들은 주로 엑스트라 넷이나 넓은 지역에 퍼져있는 지사들 간의인트라넷에 이를 이용한다.

4) IDS

IDS은 외부로부터 들어오는 공격을 탐지해 내는 시스템으로 탐지 대상 시스템이나 네트워크를 감시하여 허락되지 않거나 비정상적인 행동 등을 실시간으로 모니터링 하여 침입을 탐지한다. 비정상적인 사용, 오용, 남용 등 불법 접근을 탐지, 분석하여 대응책을 알려준다. 침입방지시스템이란 네트워크 라인 상에 위치하여 비정상적인 트래픽을 실시간으로 탐지, 차단하고 능동적으로 실시간 방어를 취할 수 있는 시스템을 말한다. 기존 방화벽으로 감지할 수 없는 네트워크에 대한 비정상적인 침입을 실시간으로 탐지하여 침입하려는 PC의 IP나 접근 포트를 차단할 수 있다. IDS은 정보 분석 및 실시간 모니터링 기능, 공격 패턴의 인식 및 탐지 기능, 탐지된 공격에 대한 통지 기능과 실시간 침입 대응 기능을 가져야 한다.

5) IPS

IPS(Intrusion Prevention System)은 침입방지시스템으로서 방화벽이 단순히 포트를 열고 닫는 역할을 하고 IDS는 공격 여부를 관리자에게 알려주는 역할만을 하므로 공격 발생시 대처는 관리자가 해야 하지만 IPS는 방화벽과 IDS가 지능적으로 결합된 형태로 공격 발생시 미리 정의된 방법에 따라 자동으로 대처하고 관리자에게 알리는 기능을 수행하며 인터넷에 침입 및 크래킹을 조기발견하고 차단하는 기능을 수행한다.

6) UTM

UTM(Unified Threat Management)은 하나의 장비에서 여러 보안 기능을 통합적으로 제공해 다양하고 복잡한 보안 위협에 대응하고 관리 편의성과 비용절감의 장점이 부각되면서, 네트워크 보안 시장의 거스를 수 없는 흐름이다. 보안 시장의 변화는 갈수록 급변하고 있으며 보안을 위협하는 공격이 갈수록 다양하고 복잡해지고 있다. 최근 일련의 디도스, 봇넷, 좀비PC 등을 이용한 공격은 갈수록 심각해지고 있으며 좀더 악의적이고 파괴력이 있는 각종 바이러스 공격 또한 빈번하게 일어나고 있는 것이 현실이다. 한편 정보 유출 사고의 증가 등 보안을 위협하는 요소들이 훨씬 위협적이고, 파괴력이 있고 악의적이며 복잡해지고 있다. 이러한 현실은 현재까지 개발된 단일 보안 솔루션으로 해결하기에는 역부족이다. 이처럼 단일 보안 솔루션으로 감당키 힘든 상황을 해소하기 위해 등장한 것이 바로 UTM이다. UTM은보안 위협을 효과적으로 또한 신속히 대응할 수 있는 기능, 보안 전문가나 IT전문가가 아니어도 손쉽게 관리할 수 있는 기능, 보안 위협도 방어되면서 네트워크 성능도 떨어지지 않는 기능과 또한 저렴한 가격이 요구되고 있다. 그림 6.4에는 UTM 장비 활용에 대해서 간단하게 표현하였다.

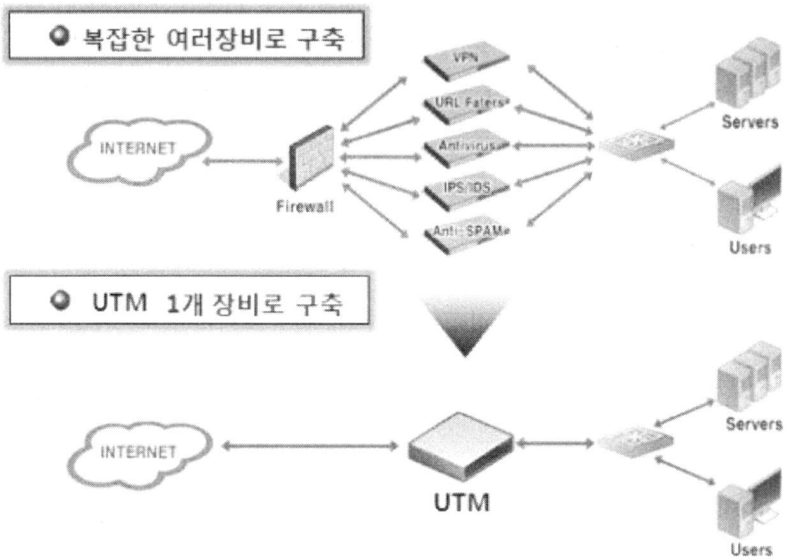

그림 6.4 UTM 장비 활용

UTM의 다양한 보안기능은 방화벽, VPN, IDS, IPS, 안티바이러스, 안티스파이웨어, 안티스팸, 웹 필터링(Web Filtering), Application Control, L2/L3 Routing, Data Loss Prevention, Wan Optimization, Wireless LAN security 등이 있다. 따라서 UTM의 도입함으로써 가질 수 있는 효과로는 복잡하고 심각한 보안위협에 신속히 대응할 수 있다는 것이다. 또한 보안 관리의 단순화함으로써 단일 보안 장비 구성으로 네트워크를 심플하게 구성하는 것이 가능하고 모든 보안 기능을 단일 장비에서 수행하므로 관리에 걸리는 노력을 최소화하며 장애 포인트를 최소화 할 수 있으므로 장애 처리 시간 단축이 가능하며 단일 장비에서 다양한 보안 기능 제공하므로 초기 투자비용 및 운용비용이 감소하여 경제성이 뛰어나다는 것이다.

제7장 이동 애드 혹 네트워크

요즘 통신기술은 하루가 다르게 발전하고 있으며 발전된 통신기술은 사용자를 위한 다양하고 편리한 서비스를 제공하는데 목적을 두고 있다. 일반적으로 통신을 분류하는 방법은 다양하지만 크게 두 가지 부류가 있다. 유선통신(wire communication)과 무선통신(wireless communication), 기반통신(infrastructure communication)과 비 기반통신(non-infrastructure communication)으로 크게 분류되어진다. 우리가 이번 장에서 다루게 될 이동 애드 혹 네트워크(Mobile Ad-hoc Network)는 무선통신이면서 비 기반통신의 범주에 포함된 것이다. 일반적인 기반통신과는 다르게 이동 애드 혹 네트워크는 기반 시설이 없는 곳에서도 편리하게 사용할 수 있는 개념이다. 애드 혹은 우리말로 임시응변 또는 특별한 실행이라는 뜻으로서 기반 네트워크 또는 고정된 기지국이 갖추어지지 않은 전쟁터나 재난 구조지역 또는 산간 지역 등에서 종단 시스템 사이의 직접적인 통신을 위해서 개발되어진 네트워크이다.

7.1 배경

1970년대 무선 통신이 처음 등장한 후, 무선 통신은 컴퓨터 관련 산업에서 점점 더 많이 사용되어 왔다. 특히 지난 10여 년 간, 무선 통신에 이동성이 추가되면서, 이러한 추세는 더욱 심화되었다. 현재 두 가지 형태의 무선 이동 통신이 사용되고 있다. 하나는 기반 네트워크로서, 고정되고 유선으로 연결된 게이트웨이(gateway) 내에서 사용되는 형태이다. 이러한 네트워크를 위한 브리지(bridge)들을 기지국(base station)이라 한다. 이러한 네트워크 내의 이동 노드(mobile node)들은 통신 반경 내의 가장 가까운 기지국에 연결되어 통신하게 된다. 이동 노드들이 이전의 기지국의 영역을 벗어나 다른 기지국의 영역으로 들어가게 되면, 이전의 기지국으로부터 새 기지국으로의 핸드 오버(hand over)가 일어나게 된다. 그리고 이 과정에서 이동 노드는 네트워크의 접속을 유지한 채 계속 통신을 할 수 있다. 현재의 무선 이동 통신 네트워크는 고정된 기지국과 사용자 종단 시스템만이 이동하는 것을 고려한 기반 네트워크이다. 따라서 기지국 사이에서의 종단 시스템이 이동할 때 서비스를 지속시켜 줄 수 있는 핸드 오버와 위치 관리(location management) 등에 대한 것이 대표적인 고려 사항이다.

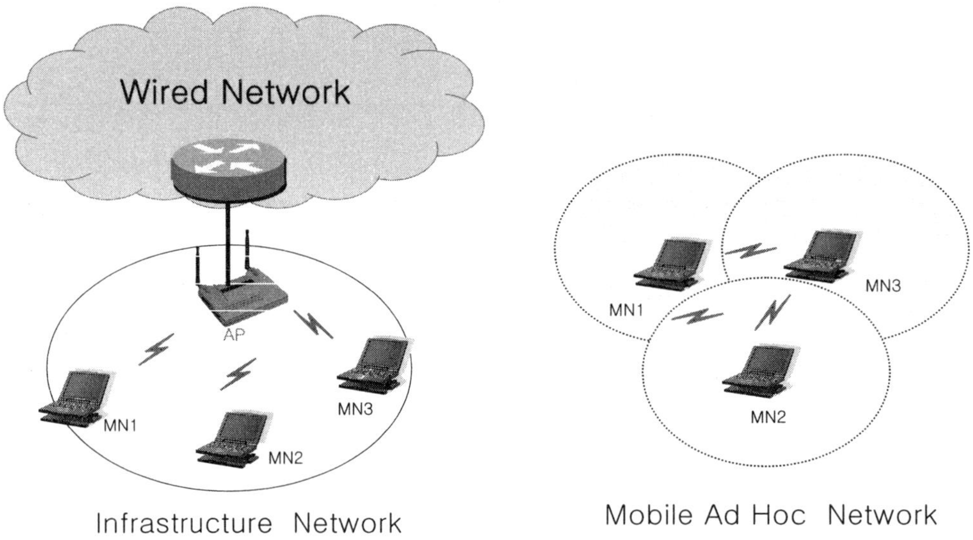

그림 7.1 기반 네트워크와 이동 애드 혹 네트워크

그림 7.1에는 기반 네트워크와 이동 애드 혹 네트워크를 설명하였다. 기반 네트워크를 설치하기 어려운 전쟁터, 기반 네트워크가 손실된 태풍, 지진, 화재 등의 재난 지역, 소수의 사용자를 위해 설비를 투자하기 어려운 산간 지역과 같은 오지, 계획되지 않은 임시회의, 기반 네트워크가 설치되어 있으나 한 지역 내에서의 소수의 사용자들에 의한 적은 양의 주기적인 통신 시 기반 네트워크를 사용하는 경우의 비용 문제로 상대적으로 비용이 적은 네트워크를 사용하기를 원하는 경우 등에서 종단 시스템들이 고정된 중계국이 없이도 서로 통신할 수 있는 또 다른 특성의 네트워크의 구성이 필요하다. 이러한 요구에 의해 구상된 네트워크가 바로 이동 애드 혹 네트워크이다. 이동 애드 혹 네트워크의 통신 환경은 각 노드들의 이동이 시간적으로 변하고 있으며 이로 인해서 네트워크 토폴로지가 동적으로 변하게 된다. 경로를 구성하는 노드들의 이동이 빈번한 환경에서

통신을 지속하기 위해서는 송신 노드와 수신 노드 사이에 재 라우팅과 같은 추가적인 과정이 필요하게 된다.

이동 애드 혹 네트워크는 중앙 집중화 된 관리나 표준화된 자원 서비스의 도움 없이 임시 네트워크를 구성하는 무선 이동 호스트들의 집합이다. 이러한 네트워크는 백본 호스트나 다른 이동 호스트로의 연결을 제공하기 위한 고정된 제어장치를 갖지 않으며, 각 이동 호스트가 라우터로 동작하여 이동 호스트로부터의 패킷을 다른 이동 호스트로 전달한다. 이러한 호스트의 이동에 의해 해당 경로가 무효화될 수 있기 때문에 통신 연결은 상당히 취약하다. 그러나 호스트는 이동에 따른 경로의 계산과 수정에 많은 시간을 소비해서는 안 된다. 왜냐하면 실제 데이터 처리 율을 저하시켜 네트워크 자체가 비효율적이고 비현실적인 시스템이 될 수 있기 때문이다. 따라서 이동 애드 혹 네트워크의 효율적인 통신을 제공하기 위해서는 잘 정의된 라우팅 기법이 요구된다.

현재 우리는 생활 곳곳에서 이동통신 사업자들이 제공하는 무선 인터넷 서비스를 너무나도 많이 받고 있지만, 그 대부분의 서비스라는 것이 고정된 기지국(infrastructure)을 통한 종단 시스템(endpoint system)만의 이동성을 고려한 서비스이며, 또한 그 서비스를 제공하기 위한 연구와 콘텐츠 개발에 투자가 집중되어 있다고 해도 과언이 아니다. 하지만 이와는 다르게 이동 애드 혹 네트워크(Mobile Ad-Hoc Network)라는 것은 기반 네트워크 또는 고정된 기지국이 갖추어지지 않은 전쟁터나 재난 구조지역 또는 산간 지역 등에서 종단 시스템 사이의 직접적인 통신을 위해서 개발되어진 네트워크이다.

이동 애드 혹 네트워크는 자치 분산 시스템(autonomous distributed system)으로서 모든 이동 노드(mobile node)는 무선으로 연결되어 있으며, 각각의 모든 노드들은 송신 노드와 수신 노드로서 동작하는 호스트(host)로서의 기능뿐 아니라, 송신 노드와 수신 노드 사이를 연결하는 중간 노드로서 경로의 설정과, 경로의 유지를 세팅(setting)할 수 있는 라우터(router)로서도 동작할 수 있다. 그러나 여기에도 한계점이 있다. 이동노드들은 자유로운 이동성이 보장되므로 네트워크를 구성하는 구성원들의 참여와 탈퇴가 자유롭기 때문에 네트워크 토폴로지(topology)의 변화가 심하고, 이로 인해 경로에러(route error)가 발생하게 되면 통신을 지속적으로 지원하기 위한 라우팅이 시도되므로 자원의 낭비가 심할 수 있다. 또한, 이동노드 자체가 라우터의 기능을 수행하고, 빠른 시간 안에 경로의 설정과 경로의 유지를 위한 각 노드의 정보 또는 여러 경로에 대한 정보를 저장,

관리를 해야 하므로 한정된 자원을 효율적으로 관리를 해야 할 필요가 있다. 그렇기 때문에 이동 애드 혹 네트워크 안에서의 사용자들이 사용할 수 있는 정보와 데이터의 양과 질, 콘텐츠 등은 유선네트워크에 비해서 분명히 한정되어 있다. 하지만 이는 하드웨어의 단가가 낮아지고, 하드웨어의 기능들이 발전됨에 따라 극복할 수 있는 문제이기는 하지만, 하드웨어의 개발에 드는 투자비용과 시간은 절대적인 요소이다. 이런 요소를 제외하고 이동 애드 혹 네트워크에서의 사용자들이 언제, 어디서든, 빠르고 정확한 정보, 다양한 콘텐츠를 제공받을 수 있는 방법 중에 하나는 이동 애드 혹 네트워크와 기존의 유선 네트워크, 인터넷 네트워크를 연결하는 것이다. 또한 현재의 통신업체들이 제공하고 있는 서비스들도 단순히 무선 네트워크 서비스, 유선 네트워크 서비스 따로따로 제공하고 있는 것이 아니라 유무선 네트워크가 통합된 형태의 서비스라는 점을 감안할 때, 이동 애드 혹 네트워크와 유선네트워크의 연결은 또한 시대적 흐름이라 할 수 있다.

7.2 이동 애드 혹 네트워크

인터넷 기반의 이동 애드 혹 기술은 독자적인 구성이 가능한 이동 네트워크 기반구조를 지원하는 신기술이다. IETF 이동 애드 혹 네트워크 WG는 인터넷 프로토콜 내에서 독자적으로 구성 가능한 이동 네트워크를 지원하는 라우팅과 인터페이스에 대한 표준화를 진행하고 있다. 이를 통해서 이동 애드 혹 네트워크 관련 기술에 대한 개방되고 유연하며 확장 가능한 구조를 도출하려는 목적이다.

이동 애드 혹 네트워크는 논리적으로 IP 주소 지정이 가능한 다수의 호스트들과 무선 통신 장비 및 라우터들로 구성된다. 이동 애드 혹 네트워크는 고정된 다중 홉 네트워크와 차별되는 여러 특성을 갖는다.

첫째, 노드들이 임의로 이동할 수 있기 때문에 동적 위상을 갖는다. 이때 전력과 같은 송·수신 파라미터도 위상에 영향을 준다.

둘째, 고정네트워크에 비해 훨씬 낮은 대역용량을 갖는다. 특히 상대적으로 낮은 용량을 갖는 링크에 의해 가변 용량을 갖으며 이로 인해 비대칭 링크도 가능하다.

셋째, 이동 애드 혹 네트워크에서 일부 또는 모든 노드는 소 용량 배터리에 의존한다. 따라서 노드의 전력 소모는 가장 중요한 설계 기준이다.

넷째, 이동 무선네트워크는 일반적으로 고정 네트워크보다 정보와 물리적 보안 위협에 더 많이 노출되어 있다.

그림 7.2에는 기본적인 이동 애드 혹 네트워크에 대해 표현하였다.

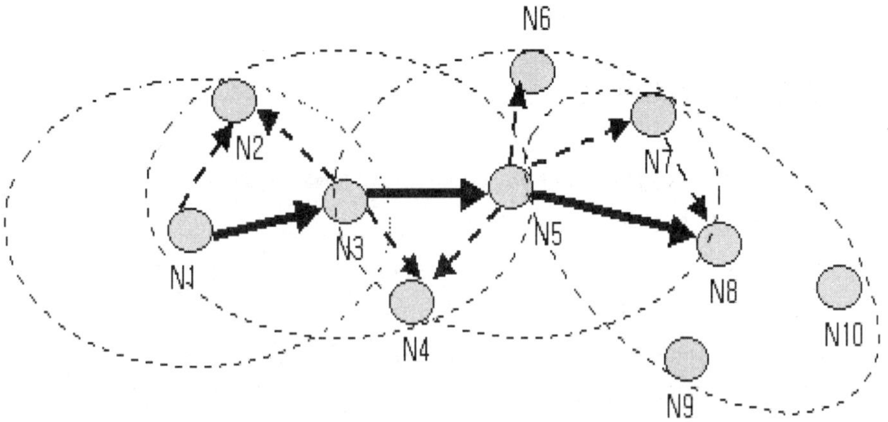

그림 7.2 이동 애드 혹 네트워크

개념적으로 이동 인터넷은 이동 호스트와 이동 라우터 계층의 두 계층으로 나누어진다. 이동 호스트 계층은 일시적으로 고정 네트워크의 라우터에 접속하는 호스트들로 이루어진다. 이러한 호스트들은 논리적으로 고정된 라우터로부터 하나의 홉에 있고, 그들의 연결은 유선 또는 무선이 될 수 있다. 이동 라우터 계층은 이동 라우터와 각각이 일시적 또는 영구적으로 연계되는 이동 호스트로 구성된다. 이동 라우터 계층은 고정 네트워크에 대응되는 이동 인프라 구조를 형성할 수 있기 때문에 고정 네트워크로부터 라우팅에 관련된 지원을 요구하지 않는다. 즉, 이동 라우터 계층은 논리적으로 고정 네트워크에 병행하는 통합된 네트워크로 볼 수 있으며, 이동 라우터들의 독자적 시스템으로 분리될 수도 있다.

이동 라우터 계층에서의 이동 라우터는 고정 네트워크와 연결이 없거나 하나 이상의 전달 거리로 연결을 갖는다. 연결이 안 된 경우, 호스트가 거주하는 이동 애드 혹 네트워크는 고정 네트워크와 독립된 독자적 시스템을 형성한다. 반면에 연결이 있을 때에는 적어도 하나의 이동 라우터가 고정 라우터와 이동 호스트 사이에 존재한다. 다시 말해서 이동 호스트는 이동 라우터에 바로 연결되고 이동 라우터는 고정 라우터에 바로 연결되거나 또 다른 이동 라우터를 통해 간접적으로 연결될 수 있다. 이때, 고정 라우터는 고정 네트워크로의 게이트웨이를 형성하며, 이동 IP를 통한 고정 네트워크와의 상호 운용을 가능하게 한다.

7.3 통신 알고리즘

정보통신 분야뿐만 아니라 여러 가지 학문 분야를 공부하다 보면 알고리즘이라는 말이 상당히 많이 나온다. 일반적인 경우 알고리즘을 다소 복잡한 수학적인 공식을 통해 나타내기도 한다. 물론 아주 간단한 수학적인 공식을 통해 나타내는 경우도 있다. 그러나 대부분의 경우 이러한 수학적 공식은 상당히 깊이가 있어 수학적 지식 없이는 이해하기가 어려운 것으로 보여 지기도 한다. 그렇지만 이러한 수학적 공식에는 우리가 미처 이해하지 못한 오해와 진실이 숨어있다.

우리들 대부분은 초등학교 때부터 수학을 배우면서 수학 공식을 단순히 암기해야 하는 것으로 알고 또한 그렇게 행하여 왔다. 그 이유로 인해 수학을 떠 올리면 공식 암기, 지겨운 과목, 싫은 과목이라는 생각이 든다. 그렇지만 실제로는 학자들이 수학적 공식을 만든 근본적인 이유는 어떤 내용을 단순히 말로만 표현하고 설명하기에는 너무 내용이 길고 사용이 불편하고 이해하기 어렵다는 이유로 사람들이 간단히 사용하고 이해하기 쉽도록 하기 위해서 수학적 도구를 사용하여 표현하게 되었다. 따라서 수학은 수학 공식을 이해하고 분석함으로써 논리적이고 창의적인 사고를 가능하게 하고 수학 공식을 활용해서 어떤 문제를 해결하는 방법을 제공한다.

간단한 수학적 공식의 예를 들어보자. 우리가 전기회로를 배우는 과정에서 가장 먼저 만나게 되는 옴의 법칙(ohm's laws)이라는 것이 있다. 옴의 법칙을 단순히 수학적으로 표현하면 전류 = (전압 / 저항) 즉 전류는 단순히 전압 또는 전위차를 저항으로 나눈 것이라고 표현할 수 있다. 옴의 법칙을 이해하고 분석하지 못한 상태에서의 수학적인 의미는 옴의 법칙을 충분히 설명하지 못한다. 실제 옴의 법칙을 수학적 공식이 아니라 단순히 말로서 표현해 보면 옴의 법칙은 실험 법칙으로서 어떤 소자에 흐르는 전류는 그 소자에 걸리는 전압 또는 전위차에 비례하고 그 소자의 저항에 반비례한다. 서로 비례한다는 것은 한쪽이 커질 때 다른 한쪽도 같이 커지고 작아 질 때는 같이 작아지고 서로 반비례한다는 것은 커질 때는 작아지고 작아 질 때는 커진다는 것을 의미한다. 따라서 전류의 크기를 조절하는 인자는 두 가지 즉 소자에 걸리는 전위차와 소자의 저항이 되는 것이다. 모든 전기회로의 기능은 전류의 크기와 흐르는 방향에 의해서 결정됨으로 결국 전기회로의 기능은 소자의 전위차와 저항에 의해 제어된다는 것이다. 이와 같이 아무리 간단한 수학적 공식이라도 그 속에는 여러 가지 뜻이 담겨져 있을 수 있다. 옴의 법칙은 설명한 바와 같이 아주 많은 의미를 내포하고 있다. 따라서 옴의 법칙을 진정으로 이해하고 분석하는 것은 단순히 수학적 공식을 암기하는 것이 아니라 수학적 공식에 내포된 의미를 완전히 이해하는 것이라 할 수 있다.

알고리즘의 아주 간단한 사전적 의미는 연산, 연산방식, 셈법, 풀이법을 의미한다. 따라서 초등학교 때 배우는 사칙연산을 하는 방법을 설명한 것도 알고리즘이 될 수 있다. 그렇지만 정보통신 분야에서 우리가 배우고자 하는 알고리즘은 대부분 컴퓨터 프로그램 또는 통신 프로그램과 컴퓨터 하드웨어 또는 통신 하드웨어와 관련된 내용일 것이다.

우리는 일반적으로 새로운 통신시스템 개발을 위해 알고리즘 작성, 프로그램 작성, 하드웨어 제작 순으로 작업을 진행한다. 따라서 알고리즘은 어떠한 프로그램을 작성하기 위해 특정한 목적을 위해 사전에 작성되어지는 일반적인 글 또는 수식으로써 표현되어지는 형태를 갖는다. 알고리즘이 작성되면 각자 자신 있는 또는 목적에 맞는 다양한 컴퓨터 언어를 통해 프로그램을 작성하면 된다.

위에서 설명한 일반적인 알고리즘에 대해 정리하면 다음과 같다.

① 일상생활에서 일어나는 문제를 해결하기 위한 절차나 방법을 말한다. 일반적으로 수학과 컴퓨터 및 통신 분야 등 다양한 분야에서 사용되어지는 용어이다.

② 수학에서 사용하는 알고리즘은 덧셈을 하는 과정을 단계적으로 분류하여 설명해 놓은 것을 말한다. 예를 들면 123에 321을 더하는 덧셈을 모르는 사람에게 설명하기 위해서 하나하나 단계를 거쳐서 결과 444를 도출해 내는 과정을 말한다. 추가하여 결과를 도출해 내는 과정인 알고리즘을 컴퓨터에서 사용가능한

컴퓨터 언어로 표현하는 것을 프로그램이라 한다.

③ 컴퓨터나 통신 등에서 사용되는 알고리즘은 필요한 결과물을 얻기 위해 여러 가지 단계로 나누어 체계적으로 수행하는 과정을 말한다.

④ 알고리즘과 수학의 만남은 알고리즘과 수학의 공식을 상호연결해서 설명할 수도 있다. 어떤 결과를 도출하기 위한 단계적 과정들을 함축적으로 표현해 놓은 것을 수학적인 공식이라고 할 수 있다. 따라서 우리는 수학공식을 단순히 암기하여 사용할 것이 아니라 수학공식 안에 숨어있는 문제 해결의 단계적 과정들을 이해하게 되면 자연히 문제의 결과를 얻을 수 있다.

⑤ 회로 이론에서 유명한 옴의 법칙을 수학적 공식 I = V/R과 이것을 소자에 흐르는 전류는 소자에 걸리는 전위차에 비례하고 소자의 저항에 반비례한다고 생각하는 차이점을 잘 이해하면 될 것 같다.

알고리즘에 대한 또 다른 표현 방법인 프로그램은 다양한 형식을 사용하여 표현한다. 알고리즘은 일반적인 표현의 방법이지만 프로그램은 특정한 형식의 표현을 사용하고 있다. 프로그램의 종류는 실제로 굉장히 많다. 우리가 컴퓨터에서 일반적으로 가장 많이 사용하는 C 언어도 프로그램이다.

통신프로그램이던지 아니면 일반적인 프로그램인지 상관없이 누구나 프로그램을 작성하려고 한다면 알고리즘에 대한 기본 개념과 내용을 이해하고 있어야 한다. 우리가 처음 알고리즘을 통해 프로그램을 작성하는 경우는 제대로 작성된 알고리즘의 토대위에서 프로그램을 작성하는 것이 아니라 단지 실행만 가능한 프로그램 작성에 집중한다. 하지만 같은 결과를 가지는 프로그램이라고 할지라도 공학적인 측면 즉 시스템 측면에서 살펴보면 상당한 차이를 발견할 수 있다. 우리가 좋은 프로그램을 작성하기 위해서는 좋은 알고리즘에 대한 작성이 필요하다. 좋은 프로그램 또는 좋은 알고리즘을 평가 할 때 우리는 일반적으로 데이터의 메모리 사용량과 데이터 처리 속도 문제를 많이 고려한다. 이와 같이 좋은 알고리즘과 프로그램이 되기 위해서는 단순히 실행만 가능한 프로그램 형태가 아니라 여러 가지 성능을 고려하는 철저한 분석이 선행되어져야 한다. 또한 프로그램이 실제로 작성된 후 어디에 사용되어지며 또한 필요한 시기에 수정이 용이한

지에 대한 필요성도 생각해야 한다. 추가적으로 모든 프로그램 작성 후 하드웨어와의 상관관계 등도 고려해야 한다.

정보통신을 학습하다 보면 똑같은 수행 결과를 얻는 다양한 방법들을 만나게 된다. 이러한 다양한 방법들이 바꾸어 말하면 다양한 알고리즘이 되어질 수 있고 또한 다양한 프로그램으로 동작할 수 도 있다. 따라서 현재의 시대를 살아가면서 새로운 것들을 개발하고자 하는 모든 행위를 알고리즘 개발이라고 생각할 수 있다. 현재의 시스템에 대한 정확한 분석과 이해를 통해 더 향상된 시스템 개발에 대한 사고들이 결국 새로운 알고리즘 개발로 표현될 수 있는 것이다.

제8장 이동 애드 혹 네트워크에서의 라우팅 프로토콜

기존의 기반 네트워크와는 달리 이동 애드 혹 네트워크와 같은 비 기반 네트워크에서 가장 중요한 사항은 라우팅(routing) 즉 경로설정 문제이다. 이동 애드 혹 네트워크에서의 기술 사항은 라우팅에 집중되어져 있다. 라우팅을 가장 간단히 표현하면 가는 경로를 결정하는 것이다. 경로설정이란 출발지가 정해지고 목적지가 정해지면 출발지를 출발하여 어떤 경로를 통하여 목적지에 도착할 지를 결정하는 것이다. 결정 원칙은 현재 가장 빠르게 도착할 수 있는 경로를 선택하는 것이다.

우리가 여행을 하는 경우를 생각해보자. 여행의 목적은 여러 가지가 있을 수 있다. 출발해서 무조건 목적지에 빨리 도착해서 목적지에서 무언가를 하고자 하는 경우 또는 목적지로 가는 도중에 천천히 여러 곳을 둘러보면서 목적지로 가는 경우 등이 있다. 한편 경로를 정하는 방법을 살펴보면 미리부터 출발지에서 목적지로 가는 길을 정해 놓고 출발하는 경우와 출발지에서 목적지까지의 길을 모두 정해놓고 출발하는 것이 아니라 경우에 따라 중간 어디쯤에서 다시 길을 정해 목적지로 출발하는 경우 등이 있다. 아마도 중간에 목적지로 가는 길을 다시 정하는 경우는 도로의 교통상황에 의해 변경될 수도 있고 또는 근처 유명한 맛 집을 찾기 위해서나 아니면 유명 관광지에 잠시 들리기 위해서일 수 도 있다. 일상생활에서의 경로설정은 시간에 따라 여러 가지 요인에 의해서 변경되어질 수 있다.

정보통신 분야 특히 컴퓨터 네트워크에서 다루는 라우팅 프로토콜은 일상생활에서의 경로설정과 비교하면 더 다양하고 더 복잡한 형태를 가지고 있다. 컴퓨터 네트워크에서의 라우팅 프로토콜의 목적에 대하여 먼저 살펴보자. 컴퓨터 네트워크에서의 라우팅 프로토콜의 목적은 정보를 송신 원에서 수신 원으로 신속하고 정확하게 전달하기 위한 것이다. 따라서 경로설정은 송신 원에서 수신 원까지의 최소시간 경로를 원칙으로 하며 또한 정해진 경로에 의한 정보 전송 시 정보의 정확한 전송을 위한 추가적인 과정들이 추가된다. 추가되는 대표적인 형태가 데이터 흐름제어(flow control)와 에러제어(error control) 등이 있다.

이동 애드 혹 네트워크의 통신 환경은 각 노드들의 이동이 네트워크 도처에 편재하고 있으며 이로 인해서 네트워크 토폴로지(topology)가 변하게 되고 결과적으로 네트워크상의 각 흐름(flow)들의 경로(route)에 에러가 발생하게 되면 통신을 지속적으로 지원하기 위해 라우팅이 다시 시도되어진다.

현재 이동 애드 혹 네트워크상의 라우팅 프로토콜은 IETF(Internet Engineering Task Force)의 이동 애드 혹 네트워크 연구 단체(WG : Working Group) 등을 통해 꾸준한 연구가 진행되고 있다.

개발 초기 단계에는 유선 네트워크에서 사용하던 라우팅 프로토콜인 LS(Link State)나 DV(Distance Vector) 방식을 그대로 이용하였다. 그러나 고정된 경로를 기반으로 한 이 방식은 노드의 이동성 등을 고려할 때 경로 상에서 루프(loop)를 만드는 문제를 야기하였다. 따라서 이동성 등의 무선 환경 특성에 의해 발생할 수 있는 루프를 제거하기 위해 DSDV(Destination Sequence Distance Vector)가 개발되었다. 그러나 DSDV는 테이블 정보를 유지하기 위한 주기적인 정보 갱신 메시지가 증가하고, 네트워크 크기가 확대됨에 따라 테이블 관리를 위한 메모리 요구가 커져 네트워크 전체 효율을 저하시키는 문제를 발생시켰다.

DSDV와 같은 테이블 구동(table driven)방식의 문제를 해결하기 위해 오직 통신 요구가 있을 경우에만 경로 발견 과정을 수행하는 DSR(Dynamic Source Routing)과 AODV(Ad hoc On demand Distance Vector) 같은 새로운 알고리즘들이 등장하였다.

8.1 라우팅 프로토콜 개요

라우팅 프로토콜은 기반 네트워크에서 가장 중요한 기술 중의 하나이다. 기반 네트워크에서의 대표적 라우팅 기법은 LS(Link State)와 DV(Distance Vector)이다. 한편 이동 애드 혹 네트워크에서의 라우팅 기법은 기반 네트워크의 라우팅 방법에 비해 다소 복잡한 방식을 사용한다. 이동 애드 혹 네트워크의 라우팅 기법은 DSDV(Destination Sequenced Distance Vector), CGSR(Clusterhead Gateway Switch Routing), WRP(Wireless Routing Protocol), DSR(Dynamic

Source Routing), AODV(Ad hoc On Demand Distance Vector), TORA(Temporally-Ordered Routing Protocol) 및 ABR(Associativity-Based Routing) 등이 있다.

1) 기반 네트워크에서의 라우팅 기법

(1) LS(Link State)

각 노드는 링크의 상태를 유지하기 위해 주기적인 메시지를 네트워크 내의 모든 노드에게 전송한다. 이 메시지를 수신한 노드는 자신의 라우팅 정보를 갱신함으로써 최단 경로를 설정한다. 최단 경로 계산은 중앙 집중 구현 방법을 사용한다. 각 노드는 전체 토폴로지를 알고 있으므로 최단 경로 트리 계산이 가능하고 모든 노드에 대한 최단 경로 테이블을 캐쉬에 저장한다. 그러나 일시적인 연결 루프를 생성할 수 있으며, 특히 주기적인 메시지로 인하여 자원이 한정된 무선 환경에는 적합하지 않다.

(2) DV(Distance Vector)

전체 네트워크를 대상으로 한 주기적인 방송 메시지의 부하를 감소시키기 위해 오직 이웃 노드끼리만 라우팅 정보를 교환한다. 이 정보를 이용해 최단거리(shortest distance)를 설정하며, LS와 비교할 때, 적은 메모리 용량과 더 효율적 경로계산을 수행할 수 있는 장점을 갖는다. 그러나 LS와 마찬가지로 잘못된 정보에 기인하여 루프가 발생할 수 있으며, 이로 인한 이동성을 고려할 때, 이동 애드 혹 네트워크에는 적합하지 않다.

2) 이동 애드 혹 네트워크에서의 요구 조건

이동 애드 혹 네트워크에서 완전한 IP 라우터의 기능을 제공하며, 신속하고 부하가 적은 독자적 관리가 가능한 통신네트워크를 지원하기 위해 다음과 같은 요구 조건이 수반된다.

① 동적으로 변화하는 대역폭과 연결성을 지원하는 분산 서비스
② 호스트 간에 루프가 없는 멀티캐스트 프로토콜
③ 경로설정 요청에 의해서만 동작

④ 외부환경에 의한 단 방향 링크 지원
⑤ 저 전력 소모의 상용기술 채택
⑥ 신속한 재 경로 설정을 위한 다중경로(Multiple 경로)
⑦ 실시간 처리와 연결성을 보장하는 QoS 지원
⑧ 신뢰할 수 있는 보안기능
⑨ 이종 단말기 간의 호환성

8.2 이동 애드 혹 네트워크에서의 라우팅 프로토콜

현재 이동 애드 혹 네트워크에 드래프트된 라우팅 프로토콜은 일반적으로 테이블 구동(table driven) 방식과 요구 기반 구동(demand driven) 방식으로 나눌 수 있다. 테이블 구동 방식은 DSDV(Destination Sequenced Distance Vector)와 여기서 파생된 CGSR(Clusterhead Gateway Switch Routing)과 WRP(Wireless Routing Protocol) 등으로 구분할 수 있으며, 요구기반 구동 방식은 DSR(Dynamic Source Routing), AODV(Ad hoc On Demand Distance Vector), TORA(Temporally-Ordered Routing Protocol) 및 ABR(Associativity-Based Routing) 등이 있다.

그림 8.1은 라우팅 프로토콜에 대해 분류한 것으로 실선은 직접 포함된 범주이고, 점선은 논리적으로 포함된 범주이다.

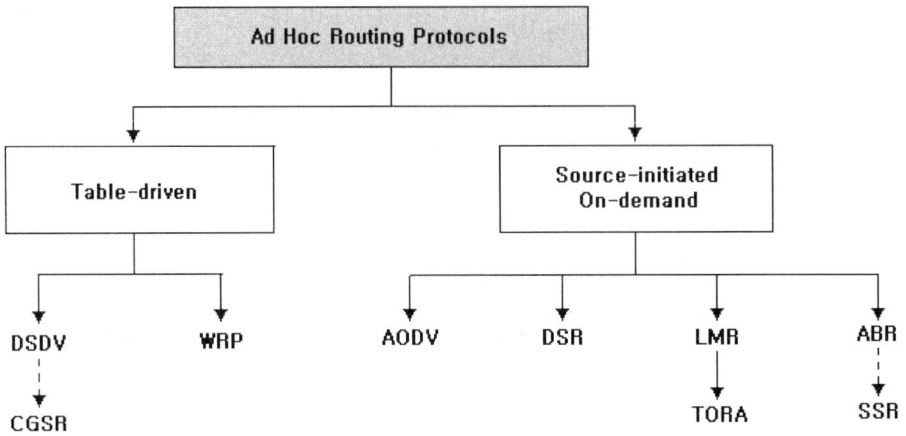

그림 8.1 이동 애드 혹 라우팅 프로토콜의 분류

1) 테이블 구동 라우팅 프로토콜

테이블 구동 라우팅 프로토콜은 각 노드로부터 네트워크 내의 다른 모든 노드로 일관되게 갱신되는 라우팅 정보를 유지한다.
이러한 프로토콜은 라우팅 정보를 저장하기 위하여 하나 또는 그 이상의 테이블을 필요로 하며, 네트워크 정보를 전송하여 모든 노드들이 일관된 네트워크 토폴로지에 대한 정보를 갖도록 테이블을 갱신한다. 이 프로토콜은 라우팅에 관련된 어떠한 테이블을 유지하는가에 따라 다시 분류될 수 있다.

(1) DSDV

DSDV 프로토콜은 벨만-포드(Bellman-Ford) 알고리즘에 기초한 테이블 구동 알고리즘이다. 네트워크 내의 모든 이동 노드들은 연결 가능한 다른 모든 노드들에 대한 경로 정보를 가지고 있다. 각 항목에는 목적지 노드에 의해 표시된 시퀀스 수(sequence number)가 있다. 시퀀스 수는 이동 노드들이 라우팅 루프를 방지하기 위하여 사용된다. 라우팅 테이블에서 갱신된 내용은 일관성을 위하여 정기적으로 네트워크를 통하여 전송된다.

새로운 라우팅 패킷은 목적지 노드 주소, 목적지 노드까지의 홉 수, 목적지 노드로부터의 정보에 대한 시퀀스 수, 브로드캐스트(broadcast)에 대한 시퀀스 수를 가지고 있다.

(2) CGSR

CGSR 프로토콜은 주소 할당 방식과 네트워크 구성에서 앞의 DSDV 방식과는 다르다. CGSR은 발견적인(heuristic) 라우팅 방법을 사용하는 군집된 다중 홉 프로토콜이다. 이동 애드 혹 네트워크의 노드 그룹에 클러스터 헤더(cluster header) 제어를 둠으로써 코드 분리, 채널 접근, 라우팅, 대역폭 할당을 위한 구조가 가능해 진다.

클러스터 헤더를 사용하는 단점은 클러스터 헤더가 자주 바뀌면 이에 대한 부하로 성능이 저하될 수 있다는 것이다.

CGSR은 DSDV를 기본 골격으로 하며 DSDV와 같이 많은 과부하가 있다. 그러나 소스 노드와 목적지 노드 사이가 아닌, 계층적인 클러스터 헤더와 게이트웨이 사이에서 라우팅을 사용한다. 패킷은 먼저 클러스터 헤더로부터 게이트웨이로 전송되고, 다시 클러스터 헤더로, 이러한 방식을 반복하여 목적지 노드로 전송된다.

(3) WRP

WRP 프로토콜은 네트워크 내의 모든 라우팅 정보를 유지하려는 테이블 기반 프로토콜이다. 각 노드들은 거리 테이블(distance table), 라우팅 테이블, 링크 비용 테이블(link-cost table), 메시지 재 전송 리스트(MRL : Message Retransmission List)를 유지한다. 메시지 재 전송 리스트는 갱신 메시지의 시퀀스 수, 재 전송 카운터, 인지 요구 플래그 벡터(acknowledgement-required flag vector), 전송된 갱신 리스트를 가지고 있다.

이동 단말기들은 갱신 메시지를 이용하여 서로에게 링크의 변화를 알려준다. 갱신 메시지는 이웃 노드 사이에만 전송되며, 목적지 노드와 목적지 노드까지의 거리 및 확인 응답까지 포함한다.

2) 요구 기반 구동 라우팅 프로토콜

요구 기반 구동 라우팅 프로토콜은 테이블 구동 라우팅 프로토콜과는 다른 접근 방식을 사용한다. 이러한 방식의 경우, 소스 노드의 필요에 따라 경로가 설정된다. 목적지 노드로의 경로가 필요하면, 네트워크 내의 경로 발견 과정을 수행한다. 이 과정은 경로가 발견되거나, 모든 가능한 경로 가능성에 대한 검사가 끝난 후에 완료된다. 이 경로는 목적지 노드로 접근 불가능하게 되거나, 경로가 더 이상 필요 없을 때까지 유지된다.

(1) TORA

TORA는 루프에 자유로운 분산 라우팅 알고리즘에 적합하고 특히 매우 동적인 이동 통신 환경에 적합하며 소스 노드와 목적지 노드 사이에 소스 노드에 의하여 생성되는 다중 경로를 제공한다. TORA의 핵심은 토폴로지 변화가 일어나는 작은 노드의 집합 안에서만 제어 메시지가 사용되는 것이다. 이를 위하여 노드들은 이웃 노드들에 대한 라우팅 정보를 유지한다. 이 프로토콜은 경로의 생성, 유지, 삭제의 기능을 가진다.

(2) ABR

ABR은 루프, 데드락(deadlock)과 패킷의 중복을 제거하고 이동 애드 혹 네트워크에 대한 새로운 라우팅 계산법을 제공한다.
이 계산법은 관련 안전성 정도(degree of association stability)로 알려져 있다. ABR에서 각 이동 노드의 경로는 이 계산법으로 선택된다. 각 노드는 정기적으로 자신의 존재를 알리는 신호를 만든다. 이 신호를 이웃 노드에서 받으면 관련된 테이블이 갱신된다.
ABR의 기본적인 목적은 이동 애드 혹 네트워크에서 오래 지속되는 경로를 사용하는 것이다. 이는 경로 발견, 경로 재설정, 경로 삭제의 과정으로 이루어진다.

8.3 DSR

이동 애드 혹 네트워크를 위해 고안된 프로토콜로 임의의 목적지 노드에 대해 노드를 가로지르는 소스 라우팅을 제공한다. 즉, DSR은 소스 노드에서 생성한 패킷의 헤더(header)에 목적지 노드까지의 경로를 순차적으로 기록하여 완전한 노드 경로를 생성하는 방식이다.

DSR은 기존의 유선네트워크에서 이용되는 프로토콜과 비교에서 몇 가지 장점을 갖는다. 첫째, 경로 설정과 유지를 위해 주기적인 광고 신호를 사용하는 대신, 오직 소스 노드에서의 통신 요구 시에만 경로를 찾기 때문에 링크상태 정보의 갱신을 감소시켜 한정된 대역폭에 대한 부하를 줄여준다. 또한 광고 신호를 최소화함으로써 노드의 이동이 적을 경우에는 전력 소모를 최소화할 수 있다. 둘째, 이동 애드 혹 네트워크는 전·자기장이나 각종 장애물 등과 같은 무선링크의 환경적인 요인과 노드 송·수신단의 비대칭성 및 이동성 등에 기인하여 항상 유선에서와 같은 양방향 경로를 형성하지 않는다. 따라서 이러한 단방향 경로를 수용하기 위해 MAC(Medium Access Control) 레벨의 프로토콜을 사용한다. 셋째, 기존의 고정적 개념에서 출발한 인터넷 프로토콜은 네트워크의 동적인 변화에 대해 신속하게 적응하지 못한다. 반면에 DSR은 여분의 경로를 저장해 둘 수 있기 때문에 이러한 네트워크의 변화에 신속하게 대응할 수 있다. 그러나 이러한 다중 경로는 경로 설정 시에 플러딩(flooding)을 유발하여 네트워크 효율을 감소시킬 수도 있다.

DSR 프로토콜을 네트워크에 적용하기 위해 몇 가지 가정을 두고 있다. 첫째, 이동 애드 혹 네트워크에 포함된 모든 노드는 라우팅 기능을 수행할 수 있다. 둘째, 모든 노느는 라우팅 캐쉬(cache)를 갖는다. 셋째, 노드 간에 양방향 경로뿐만 아니라 단 방향 경로를 지원할 수 있다. 넷째, 네트워크의 양 끝의 두 노드 간에 패킷이 전달되기 위해 필요한 최소 홉(hop)수를 반경(diameter)이라고 하는데 이동 애드 혹 네트워크의 반경은 최소 한 홉보다는 크지만 비교적 작은 범위를 가지게 된다. 다섯째, 노드의 이동이 빈번하고 빠르게 진행되면 현재 어떠한 프로토콜로도 연결을 지속적으로 보장할 수 없다. 따라서 노드의 이동속도는 네트워크 변화를 반영할 수 있는 적당한 속도를 가져야 한다. 여섯째, 노드의 무선 네트워크 인터페이스는 패킷의 목적지 주소를 필터링(filtering)하지 않는 감청모드(promiscuous mode)를 지원한다.

1) 경로 발견

DSR에서의 경로 발견(Route Discovery)은 두 노드 간에 통신의 필요성이 있을 경우에만 동적으로 이루어지게 된다. 또한 이러한 통신 요청이 있을지라도 오직 소스 노드의 라우팅 캐쉬에 목적지 노드까지의 경로가 기록되어 있지 않을 경우에만 경로 발견을 위한 새로운 경로설정 과정이 진행된다. 이때 경로요구패킷(route request packet : RREQ)을 브로드캐스트하면서 경로 발견이 시작된다. RREQ는 국부적으로 관리되는 유일한 요구 식별 자(request id)와 소스 주소 쌍을 포함한다. 각 노드는 최신의 RREQ를 확인하여 경로의 중복이나 루프를 제거하기 위해 이 목록을 관리한다. 또한 소스 노드에서 목적지 노드까지의 경로를 기록하는 경로 레코드(route record)를 가지고 있으며 각 노드는 RREQ로부터 경로를 받아 자신의 라우팅 캐쉬에 해당 목적지 노드까지의 경로를 저장한다.
RREQ를 브로드캐스트 한 노드의 전송영역 내에서 RREQ를 수신한 노드들은 다음과 같은 단계를 수행한다.

① 수신된 RREQ의 식별 자가 노드의 <소스 주소, 요구 식별 자> 목록에 포함되어 있는지를 확인하고, 목록에서 발견될 경우는 수신된 RREQ는 이미 수신한 것으로 간주하여 중복된 RREQ로 판단해 폐기한다.

② 수신노드의 <소스 주소, 요구 식별 자> 목록에 없는 경우, 노드는 RREQ 상의 경로 레코드 내에 자신의 주소가 있는지를 확인한다. 만약, 여기에서 자신의 주소가 발견된 경우는 루프로 간주해 폐기한다.

③ RREQ 상의 경로 레코드에서 자신의 주소가 발견되지 않은 경우, 현재의 노드가 RREQ의 목적지 노드인지를 확인하고, 자신이 목적지 노드일 경우는 RREQ 상의 경로 레코드에 기록된 경로를 경로응답패킷(route reply packet : RREP)에 복사한 후, 소스 노드로 전송한다.

④ 만약 자신이 RREQ의 목적지 노드가 아닐 경우, 자신의 주소를 RREQ의 경로 레코드에 추가시키고 RREQ를 다시 방송한다.

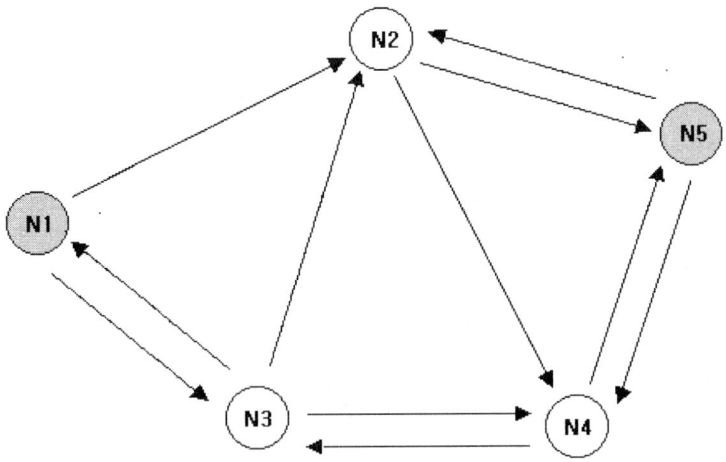

그림 8.2 DSR 라우팅

그림 8.2는 소스 노드 N1에서 N5로 전송되는 과정을 설명한 것으로 그 진행 과정은 다음과 같다. N1은 <소스 주소, 요구 식별 자>를 N2와 N3로 방송한다. N2는 자신의 목록에서 RREQ의 식별 자를 발견할 수 없기 때문에 RREQ 내의 경로 레코더에 자신의 주소를 기록한다. N3도 N2와 동일한 과정을 수행한다. N2는 자신이 목적지 노드가 아니기 때문에 RREQ를 N1와 N2로 다시 브로드캐스트 한다. N3도 자신이 목적지 노드가 아니기 때문에 N1, N2, N4로 RREQ를 다시 브로드캐스트 한다. 이때, N1은 수신된 RREQ 내에 자신의 주소를 발견하기 때문에 루프를 방지하기 위해 RREQ를 폐기하며, N2도 자신의 목록에 이미 같은 식별 자를 발견하므로 중복된 RREQ로 판단하여 이 RREQ를 폐기한다. N4의 경우, 이미 N2에서 보낸 RREQ를 수신했다고 가정하면, 중복된 RREQ로 간주하여 폐기한다. N2로부터 RREQ를 수신한 N5는 자신의 목록에서 현재 RREQ의 식별 자를 발견할 수 없으며, 자신이 목적지 노드이므로 자신의 주소를 기록한 후, RREP를 소스 노드로 보낸다. N2를 거쳐 N4에서 N5로 전송된 RREQ는 이미 N2에서 보낸 RREQ와 식별 자가 중복되므로 폐기한다.

DSR은 요구 식별 자를 사용해서 중복되는 RREQ를 제거하고, 경로 레코더(route recorder)를 사용하여 루프를 방지한다. 또한 RREQ에 대한 RREP를 전달하기 위해서 목적지 노드는 RREQ의 소스 노드까지의 경로를 가지고 있어야한다. 즉, 목적지 노드의 라우팅 캐쉬에 소스 노드까지의 경로를 가지고 있다면 그 경로를 사용한다. 그렇지 않을 경우, 만약 노드 간이 양방향 경로를 지원한다고 가정하면 RREQ에 포함된 경로의 역 경로를 사용한다. 그러나 단 방향 경로일 경우도 고려해야 한다면 목적지 노드에서 소스 노드까지의 새로운 경로를 위한 RREQ를 생성하고 거기에 RREP를 피기백(piggyback)시켜 전송한다.

2) 최적화(Optimization)

경로 발견을 위한 패킷 방송의 증가는 전체 네트워크의 대역 자원을 감소시켜 네트워크의 효율을 급속히 저하시킬 수 있다. 또한 이동성 등의 무선 환경에 의한 경로 변화에 신속히 대처할 수 있는 방안이 요구된다.

이에 따라 경로설정시의 부하를 최소화하며, 경로의 평균효율을 증대시키기 위한 몇 가지 방식이 제안되고 있다. 첫째, 라우팅 캐쉬를 최대한 이용하는 방식이 있다. 즉, RREQ를 받은 노드가 목적지 노드는 아니지만, 수신된 노드의 라우팅 캐쉬에 목적지 노드까지의 경로가 있을 경우, 목적지 노드를 대신해서 RREQ에 대한 RREP를 소스 노드에게 전송하는 방식이다. 그림 7.3은 그 진행 과정을 나타낸 것이다.

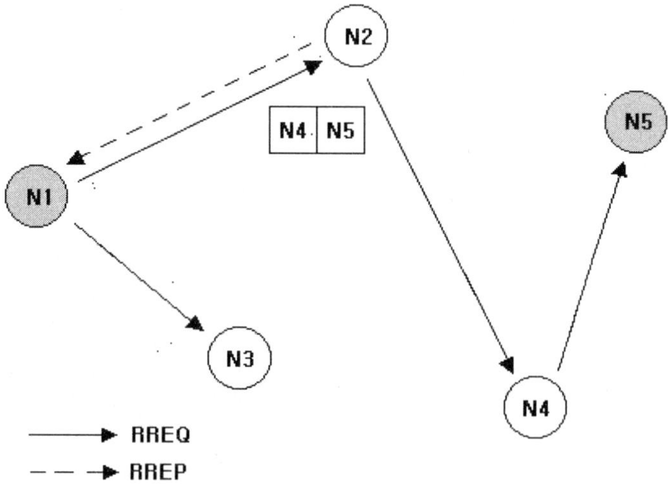

그림 8.3 중간 노드의 캐쉬에서 목적지 노드 발견

그러나 그림 8.4와 같이 거의 동시에 서로 다른 RREP를 수신할 수도 있기 때문에 RREP 패킷 충돌의 문제가 발생한다.

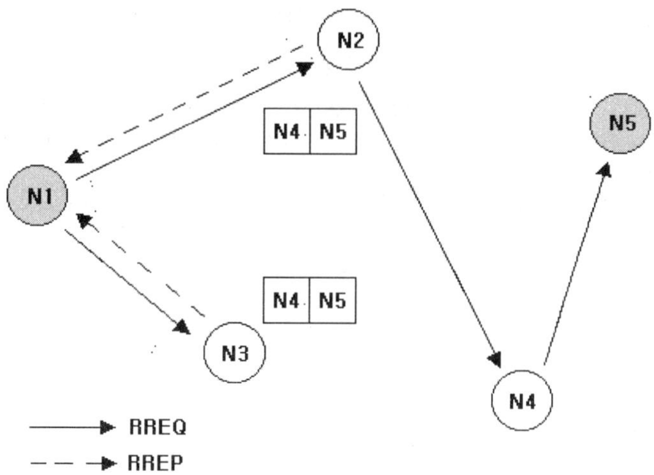

그림 8.4 라우팅 캐쉬를 이용한 최적화의 문제점

이 현상을 방지하기 위해 각 노드는 목적지 노드까지의 홉 수(h)를 이용하여 다음의 계산을 수행한 후, RREQ에 대한 RREP를 하기 전에 지연시간(d)를 선택한다.

$$d = H\times(h-1+r)$$

여기서, H는 비교적 작은 값을 갖는 홉의 상수지연 시간이고, r은 0부터 1 사이의 임의의 수이다. 결정된 지연시간동안 각 노드는 감청모드를 사용하는데 이때, 같은 목적지 노드에 대한 다른 노드로부터의 RREP를 감청하게 되면, RREP를 보내려고 대기하고 있던 노드는 RREP의 전송을 취소한다. 현재 라우팅 캐쉬를 이용하는 다른 방법으로 링-제로 검색(ring-zero search)라는 것이 있다. 이것은 초기 RREQ 방송 시에 제한 홉 수가 1인 RREQ를 방송하는 것이다. 이것은 이웃노드에서 목적지 노드까지의 경로를 발견하게 되면 즉시, RREP를 회신하여 RREQ가 전체 네트워크로 방송되어 발생되는 부하를 감소시킬 수 있다. 만약, 제한 홉 수가 1인 RREQ에 대해서 어떤 RREP도 수신되지 않는다면 최대 제한 홉 수로 설정한 RREQ를 다시 방송한다.

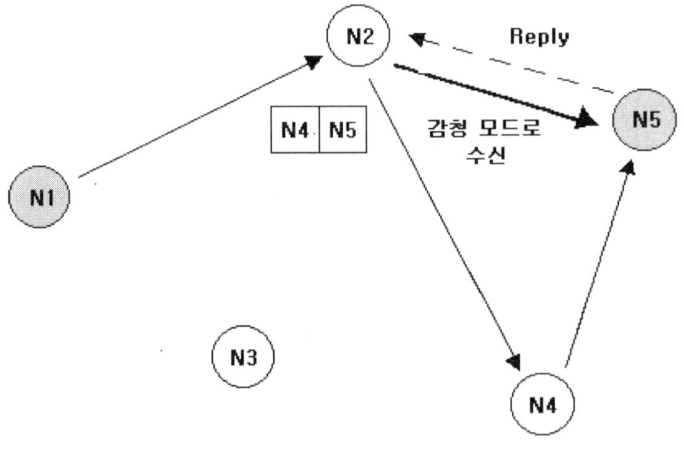

그림 8.5 최단경로를 이용한 최적화

다른 최적화 방법으로는 더 짧은 경로가 발견되면 그것을 새로운 경로로 반영하는 것이다. 그림 8.5와 같이 N5가 감청모드를 사용해서, N2로부터 직접 패킷을 전송 받을 수 있음을 알게 된 경우, N5는 N2에게 변경된, 짧은 경로를 알려주고, N2는 목적지 노드까지의 경로를 수정할 수 있다.

다음으로 경로설정을 위한 최적화는 RREQ 방송 시에 데이터 패킷을 덧붙여 시키는 방법이 있다. 그러나 RREQ에 데이터 패킷을 실어 보내는 방법은 경로상의 중간 노드가 자신의 라우팅 캐쉬로부터 RREP를 소스 노드로 전송할 경우, 덧붙여 진 데이터 패킷이 손실되는 문제가 발생한다.

마지막 최적화 방법은 RREQ에 대한 RREP가 정해진 시간 내에 수신되지 않을 경우 지수적인 백오프(exponential back off) 알고리즘을 사용하여 RREQ의 재 전송을 감소시키는 것이다. 즉, 이것은 이동 등의 무선 환경의 변화로 인해 네트워크 내의 연결이 끊어져 노드간이 완전히 분할되었을 때, RREQ의 재 전송을 방지하여 네트워크 효율을 증대시킨다.

3) 경로 유지(Route Maintenance)

DSR은 주기적인 라우팅 정보를 교환하지 않고 경로 발견 과정을 통해 얻은 경로를 사용한다. 이때, 중간 노드들은 경로 유지 과정을 수행하여 경로의 동작 상태와 에러를 탐지하고 그 사실을 소스 노드에게 알린다. 먼저 경로의 에러를 탐지하는 방법을 살펴보면 다음과 같은 방법이 있다.

첫째, IEEE 802.11에서처럼 연결 계층(link layer)에서 응답신호를 사용하는 경우, 응답신호가 경로의 완전함을 나타낸다. 즉, 패킷을 전송한 노드에 다음 노드로부터의 응답신호가 도착하면 패킷을 전송한 노드는 자신과 다음 노드 사이의 경로에는 문제가 없음을 인식한다.

둘째, 경로에러를 탐지하기 위하여 감청모드를 사용하는 것이다. 감청모드를 사용하면 자신의 범위 내에 존재하는 모든 신호를 수신할 수 있다. 따라서 패킷을 전송한 노드에서 다음 노드가 자신이 전송한 패킷을 그 다음 노드로 전송하는 것을 감청모드를 통해 수신하면 자신과 다음 노드 사이의 경로에 문제가 없는 것으로 인식한다. 그림 8.6과 같이 N1이 N2를 통해 N3으로 패킷을 송신하고 있을 때, N1의 전송 범위를 벗어난 N3으로 N2가 전송되고 있는 것을 감청한 N1은 N2 사이의 경로에 문제가 없음을 인식한다.

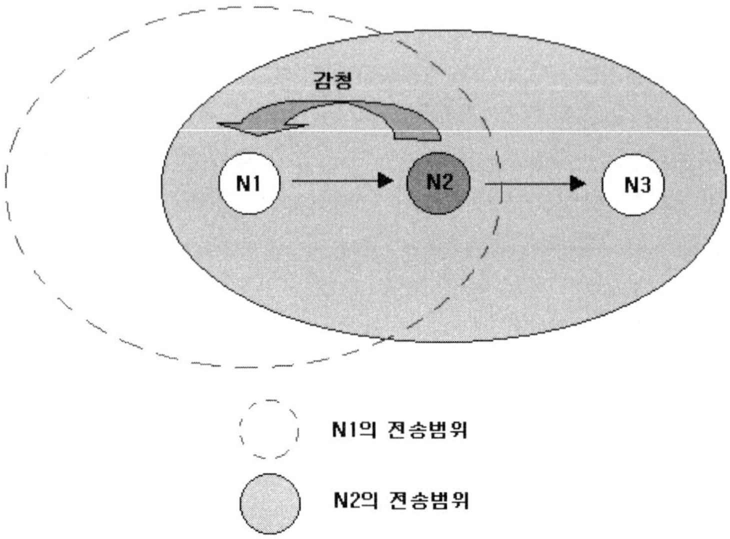

그림 8.6 감청 모드를 이용한 경로 에러탐지

셋째, 명백한 응답신호를 요구하는 방법이 있다. 패킷을 다음 노드로 전송하기 전에 송신노드의 R 필드(acknowledgement request)를 세팅하여 전송한다. 패킷을 수신한 노드는 반드시 이전 노드로 응답신호를 보내주어야 한다. 만일 송신노드에서 응답신호를 수신하지 못한다면 송신노드는 자신과 다음 노드 사이의 경로에 에러가 발생한 것으로 인식한다.

위에 언급된 방법들은 모두 양방향 경로에서 경로 에러발견을 위해 사용 가능한 방법들이고, 단 방향 경로의 경우에는 위와 같은 방법으로는 경로 에러를 발견할 수 없다. 이를 위해 종단 간 응답신호(End-to-End acknowledgement)를 사용한다. 소스 노드는 목적지 노드로 패킷을 전송하고, 이 패킷을 수신한 목적지 노드는 소스 노드로 수신한 패킷에 대한 응답 신호를 송신한다. 만약, 소스 노드가 응답 신호를 수신하지 못한다면 경로 에러가 발생한 것으로 인식한다. 그러나 단지 소스 노드에서 목적지 노드로 향하는 경로나 그 반대의 경로중 하나 또는 모두에 문제가 있다는 것만을 판단할 수 있다.

종단 간 응답 신호 외의 경로 에러가 발생했을 때, 경로 에러를 발견한 노드는 소스 노드로 경로 에러 패킷을 되돌려 주어 정확한 에러 발생 위치를 알려준다.

경로 에러 패킷에는 경로 에러가 발생한 홉의 양쪽 노드의 주소를 포함한다. 이때, 경로 에러를 발견한 노드는 경로 에러 패킷을 전송하는 동시에 패킷을 전송할 새로운 경로를 찾기 위해 새로운 RREQ 패킷을 생성하여 경로발견 과정으로 들어간다. 경로 에러 패킷을 수신한 노드들은 자신의 라우팅 캐쉬를 검사하고 에러가 발생한 부분을 포함하는 모든 경로들을 제거한다.
종단 간 응답 신호를 사용하는 경우는 경로에러 발생의 정확한 위치를 알 수 없기 때문에 소스 노드에서 새로운 경로를 발견하기 위해 새로운 RREQ를 생성하고 다시 방송한다.

4) 경로 상태(Route-state) 및 흐름 상태(Flow-state) 제어

현재 IETF에 드래프트된 DSR에서는 각 패킷마다 모든 경로에 포함된 노드 정보가 전송되어 네트워크 부하를 증가시키는 것을 방지하며, QoS(Quality of Service)를 제공하기 위해서 경로상태와 흐름 상태를 제안한다.

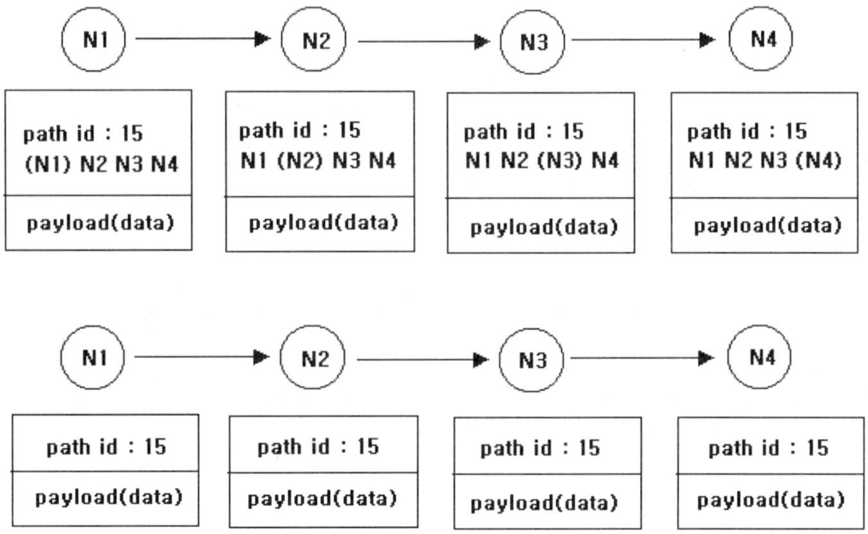

그림 8.7 경로 식별 자

경로상태는 중간 노드의 모든 경로를 전송하여 발생하는 부하를 줄이기 위해서 결정된 경로마다 경로 식별 자를 부여한다. 그림 8.7과 같이 패킷을 전달하는 노드는 최초 경로 식별 자와 소스 경로, 그리고 데이터 패킷을 목적지 노드까지 전달하고 다음 패킷부터는 데이터와 경로 식별자만을 전송함으로써 전달되는 패킷의 부하를 줄인다.

연결 상태(link-state)는 소스 노드에서부터 목적지 노드까지의 홉들의 집합과 관련이 있으며, 경로를 따라 패킷을 전달하기 위해 필요한 정보 즉, 경로 상에서 사용되지 않고 남아있는 대역폭과 패킷 전달시의 최소 지연 시간 등의 정보를 제공한다. 흐름 상태는 같은 경로를 사용하지만, 다른 특성을 갖는 패킷 계층을 나타낸다. 연결 상태와 흐름 상태는 ATM 네트워크에서의 가상경로와 가상회선의 개념과 유사하다.

경로들은 소스 노드의 주소와 하위 5비트가 0으로 구성된 16비트의 연결 식별자로 구분된다. 현재의 DSR에서는 QoS와 매 데이터 패킷의 전송 시에 포함되는 소스경로의 부하를 줄이기 위하여 연결 상태와 흐름 상태와 같은 새로운 개념을 포함시키고 있지만, 3 계층 프로토콜인 DSR이 실제 무선 환경에서 혼재되어 있는 양방향 경로와 단 방향 경로에 의해 발생되는 문제를 2 계층 프로토콜에 의존해서 처리하고 있으므로 신속하고 효율적인 경로 설정과 유지를 위한 관리가 부족한 실정이다.

8.4 AODV

DSDV 라우팅 프로토콜은 벨먼-포드 알고리즘에 기반 한 테이블 구동 방식으로 네트워크 내의 모든 이동 노드는 다른 모든 노드에 대한 경로 정보를 갖는다. 각 항목은 목적지 노드에 의해 표시된 시퀀스 수(sequence number)를 이용하여 라우팅 루프를 방지한다. 또한 테이블의 내용을 계속해서 갱신하기 위해 정기적인 신호를 브로드캐스트 한다. 이러한 주기적인 갱신 메시지의 브로드캐스트는 전체 네트워크의 부하를 증가시키지만 비교적 소규모의 이동 애드 혹 네트워크에서는 효율적으로 동작한다. 그러나 네트워크의 규모가 확대되면 제어 메시지에 의한 부하가 증가되기 때문에 네트워크 부하를 감소시킬 수 있는 새로운 알고리즘이 요구된다.

AODV는 DSDV의 이러한 단점을 향상시키기 위해 고안된 것으로 루프를 제거하기 위해 DSDV에서 사용한 시퀀스 수를 사용하며, 주기적인 방송에 의한 부하를 줄이기 위해 오직 요구가 있을 경우만 경로 설정을 수행한다. 또한 국부적인 헬로(hello) 메시지를 이용하여 이웃 노드의 정보를 유지하기 때문에 국부적인 연결 관리와 전체 네트워크 토폴로지 관리 간의 구별이 요구되며, 또한 이웃하는 두 노드간의 연결은 양방향이라고 가정한다. 국부적 브로드캐스트에 의한 헬로 메시지는 노드의 국부적 이동에 대해 최적의 응답 시간과 새로운 노드 설정 시 빠른 응답 시간을 제공하여 각 노드의 이웃 노드 테이블 설정과 갱신을 수행한다. 그러나 링크 손실에 따른 국부적 정보 갱신은 경로 재설정의 부하를 증가시킬 수도 있다.

1) 경로 발견

경로 발견은 소스 노드가 다른 노드와 통신하고자 할 때, 노드의 라우팅 테이블에 목적지 주소가 없을 경우에 초기화된다. 이때, 경로 발견은 각 노드의 시퀀스 수(sequence number)와 브로드캐스트 식별 자(broadcast id)라는 독립된 두 개의 카운터를 포함한 RREQ를 이웃 노드에게 브로드캐스트 하여 초기화된다. RREQ 포함되는 필드는 그림 8.8과 같다.

source address	source sequence number	broadcast ID	dsetination address	destination sequence number	hop count

그림 8.8 RREQ 필드 구성

브로드캐스트 식별 자는 새로운 RREQ가 생성될 때마다 증가한다. 각 이웃 노드는 자신이 목적지 노드이거나 중간 경로로 목적지 노드를 알고 있을 경우, RREP(Route Reply)를 소스 노드로 보낸다. 만약 목적지 노드에 대한 어떠한 정보도 갖고 있지 않다면 홉 수를 하나 증가시키고 다시 RREQ를 이웃 노드로 방송한다. 그러나 이러한 방송에 의해서 각 노드는 동일한 RREQ를 수신할 수 있다. 따라서 RREQ 내에 설정된 브로드캐스트 식별 자와 소스 주소(source address)를 이용해 임의의 노드에 늦게 도착한 중복된 패킷을 제거한다. 또한 역방향 및 순방향 경로 설정을 위해 타임아웃(time-out) 기법을 사용한다. 경로 설정은 역방향 경로설정과 순방향 경로설정 과정을 통해 수행된다.

(1) 역방향 경로 설정

RREQ가 소스 노드에서 목적지 노드까지 찾는 동안에 자동적으로 모든 노드는 소스 노드로 역방향 경로를 설정한다. 모든 노드는 이 정보를 이용해 수신할 수 있는 이웃 노드를 기록하는데, 보다 최신의 정보를 유지하기 위해 두 개의 시퀀스 수(목적지, 소스)를 사용한다. 또한 역방향 경로설정은 적어도 네트워크를 가로지를 수 있을 정도로 충분한 시간동안 진행되어야 한다.

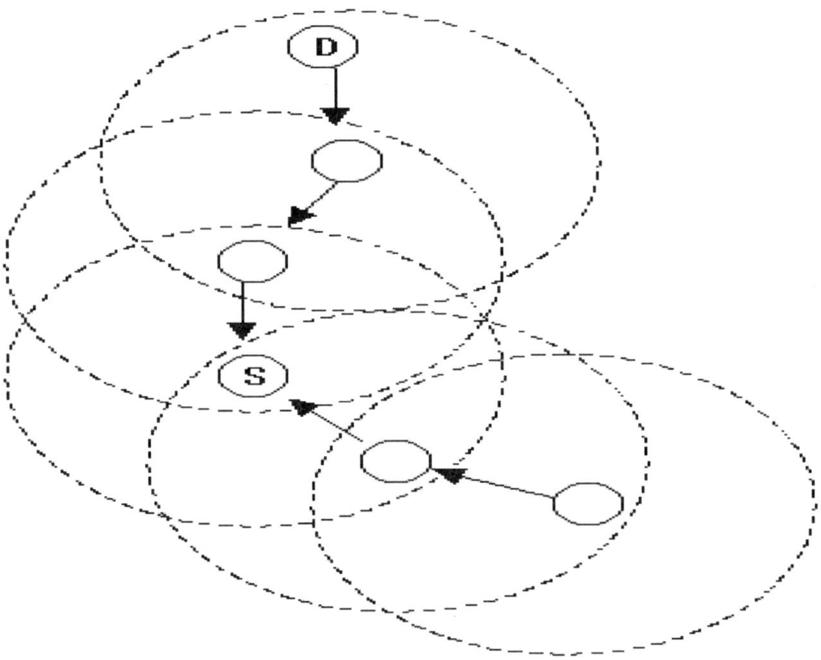

그림 8.9 역방향 경로 설정

(2) 순방향 경로 설정

RREQ를 수신한 노드는 먼저 양방향 링크의 여부를 판단한 후, 중간 노드인 경우는 자신이 갖고 있는 정보와 RREQ 목적지에 대한 시퀀스 수의 크기를 비교하여 경로설정 여부를 결정한다. 즉, 현재 수신한 RREQ의 시퀀스 수가 더 작은 경우는 이미 수신한 것으로 판단되어 버려지며, 크거나 같을 경우는 정보를 기록하고 다시 브로드캐스트 한다. 이때, 중간 노드에서 목적지 노드까지의 경로를 발견한 경우, RREP를 생성해 소스 노드로 유니 캐스트 한다. RREP는 소스 주소, 목적지 주소, 목적지 시퀀스 수, 홉 수, 생존시간(lifetime)의 정보를 포함한다.
최종적으로 목적지 노드에 도착한 경우, RREP를 생성하여 소스 노드로 전송한다.

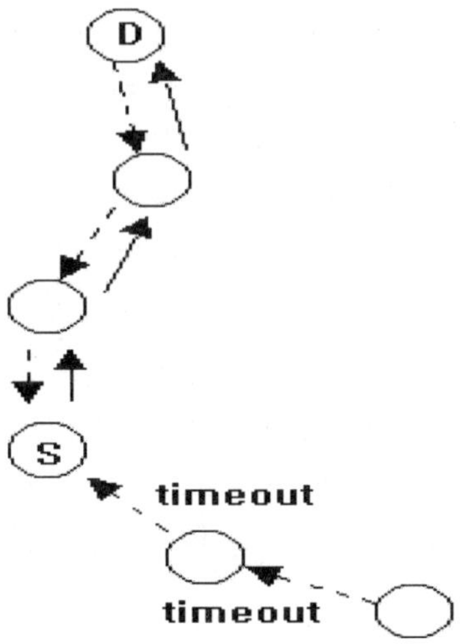

그림 8.10 순방향 경로 설정

순방향 경로는 그림 8.10과 같이 RREQ에 의해 성립된 경로를 따라 RREP가 전송되면서 설정된다. 이때, 각 노드의 정보는 갱신되며, 타임아웃(timeout) 방식을 이용하여 목적지 노드를 찾지 못한 경로를 제거한다. RREP는 RREQ와 마찬가지로 최신의 정보를 유지하기 위하여 목적지 시퀀스 수를 비교하며, 추가적으로 홉 수를 이용해 최단경로를 설정한다.
최초의 RREP를 수신한 소스 노드는 데이터 전송을 개시한다. 만약, 더 좋은 경로를 발견하면 라우팅 정보를 갱신할 수 있다. 이 방식은 최신의 라우팅 정보를 빠르게 갱신할 수 있을 뿐만 아니라, RREP의 수를 감소시켜 네트워크 전체의 부하를 감소시킨다.

2) 라우팅 테이블 관리

소스와 목적지 시퀀스 수와 함께 추가적인 정보를 라우팅 테이블 내에 관리한다. 관리를 위한 방식은 소위 소프트상태(soft-state)로 불리는 역방향 경로설정을 위한 경로요청 만료 타이머로 목적지 노드까지의 경로를 확보하지 못한 노드의 정보를 삭제하는데 사용된다. 이때, 만료 시간은 이동 애드 혹 네트워크의 크기에 의존한다. 또한 캐쉬 타임아웃 기법을 이용하여 유효하지 않은 경로를 제거한다. 목적지 노드까지의 경로 연결이 파손된 것을 감지하기 위하여 각 노드는 가장 최신의 활성 타임아웃 주기 내에 목적지 노드를 향해 적어도 하나의 패킷을 발생하거나 중계하고 있다면 활성 이웃 노드로 간주해 그 주소를 유지한다. 소스 노드부터 목적지 노드까지의 이러한 경로를 활성경로라고 한다. 각 노드의 라우팅 테이블은 목적지, 다음 홉(next hop), 홉 수, 목적지에 대한 시퀀스 수(sequence number), 활성 이웃노드, 만료시간에 대한 정보를 포함한다.
새로운 경로가 이동 노드에게 제공된다면, 이동 노드는 목적지 노드에 대한 기존의 시퀀스 수를 비교하여, 더 큰 수를 선택한다. 이때, 현재의 값과 기존의 값이 서로 같다면, 목적지 노드까지의 홉 수가 적은 것을 선택한다.

3) 경로 유지

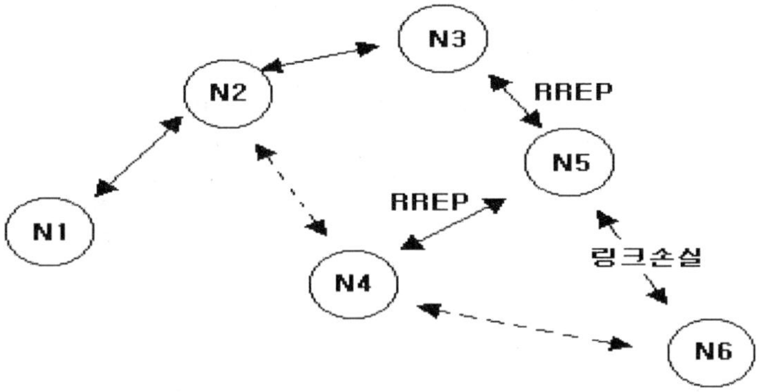

그림 8.11 링크 에러 시 처리 과정

활성 경로에 놓여 있지 않은 노드의 이동은 라우팅에 영향을 미치지 않는다. 만약 전송 상의 소스 노드가 이동했다면, 새로운 경로 설정 과정을 수행한다. 만약 목적지 노드나 중간 노드가 이동했다면 특별한 RREP를 소스 노드로 전송한다. 이때 주기적인 헬로(hello) 메시지를 이용하여 양방향 링크를 보장할 뿐만 아니라, 연결 실패를 감지한다. 또는 연결 계층의 ACK(acknowledgement)를 이용한다. 이와 같은 노드의 이동을 비롯하여 무선 환경의 영향에 의해 링크가 깨진 경우, 업스트림(upstream) 노드는 더 큰 시퀀스 수를 갖고 홉 수를 무한대(∞)로 하여 회신을 요청하지 않는 RREP를 모든 활성 경로 상의 노드에게 전파한다. 결국 모든 활성 응답노드들은 링크 실패를 인식한다.

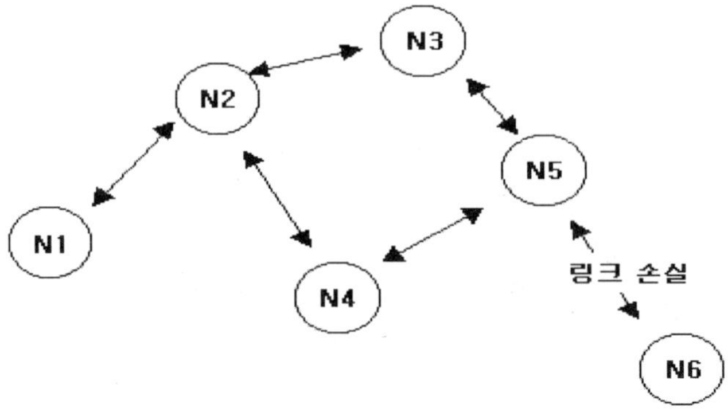

그림 8.12 완전한 링크 실패

연결이 끊어진 것을 수신한 소스 노드에게 계속적으로 목적지 노드로의 연결을 요청할 경우, 경로 발견 과정을 재 시작한다. 이때 새로운 경로를 재설정할 수 있도록 이전에 사용했던 것 보다 목적지 시퀀스 수를 증가시킨 RREQ를 전송한다. 그러나 그림 8.12와 같이 노드 N6으로 연결될 수 있는 여분의 링크가 존재하지 않을 경우, 계속적인 RREQ의 발생으로 인한 네트워크 전체의 효율이 급속히 저하되는 문제를 야기할 수도 있다. 이러한 문제를 해결하기 위해 RREQ의 재전송을 감소시키거나 소스 노드를 유지 모드(persistent mode) 상태로 두어 새로운 경로가 발견될 때까지 전송을 잠시 중단시키는 방식 등을 적용할 수 있다.

참고문헌

1. NCS 국가직무능력표준
2. 4세대 이동통신, 2013, 복두출판사
3. 이동통신입문, 2008, 한빛아카데미
4. 이동통신공학, 2005, 생능출판사
5. 이동통신공학, 2007, 도서출판 삼보
6. 무선국 검사제도 및 선진검사기법 도입 방안 연구, 1998, 부경대
7. 기록으로 본 한국의 정보통신 역사 2, 2012, 진한엠앤비
8. 이동통신 알고리즘, 2010, 오성미디어
9. 이동통신시스템, 2015, 오성미디어
10. 정보통신개론, 2011, 오성미디어
11. 정보통신망과 시스템, 2010, 오성미디어
12. 정보보안개론, 2012, 오성미디어

부록: 이동통신서비스 학습모듈 (NCS, 국가직무능력표준)

대분류 / 20
정보통신

중분류 / 02
통신기술

소분류 / 03
통신서비스

세분류 / 06
이동통신서비스

학습모듈 / 05

05 이동통신서비스 운용

LM2002030605_13v1

KRIVET 한국직업능력개발원 ICPEAK (사)한국정보통신기술사협회

교육부

이동통신서비스 학습모듈

01. 이동통신서비스 기획

02. 이동통신서비스 설계

03. 이동통신서비스 검사

04. 이동통신서비스 시험

05. 이동통신서비스 운용

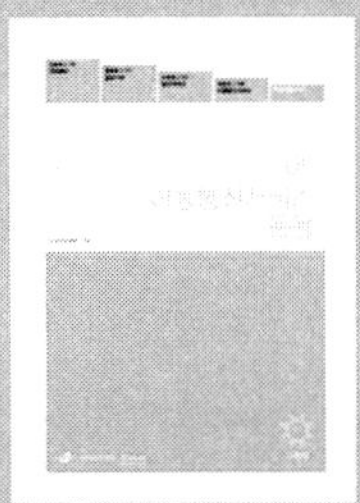

06. 이동통신시스템 유지보수 및 최적화

07. 이동통신무선망 유지보수 및 최적화

08. 이동통신망 관리

NCS학습모듈의 이해

※ 본 학습모듈은 「NCS 국가직무능력표준」 사이트(http://www.ncs.go.kr) 에서 확인 및 다운로드 할 수 있습니다.

(1) NCS학습모듈이란?

- 국가직무능력표준(NCS: National Competency Standards)이란 산업현장에서 직무를 수행하기 위해 요구되는 지식·기술·소양 등의 내용을 국가가 산업부문별·수준별로 체계화한 것으로 산업현장의 직무를 성공적으로 수행하기 위해 필요한 능력(지식, 기술, 태도)을 국가적 차원에서 표준화한 것을 의미합니다.

- 국가직무능력표준(이하 NCS)이 현장의 '직무 요구서'라고 한다면, **NCS학습모듈은 NCS의 능력단위를 교육훈련에서 학습할 수 있도록 구성한 '교수·학습 자료'입니다.** NCS학습모듈은 구체적 직무를 학습할 수 있도록 이론 및 실습과 관련된 내용을 상세하게 제시하고 있습니다.

NCS 및 학습모듈 개발 절차

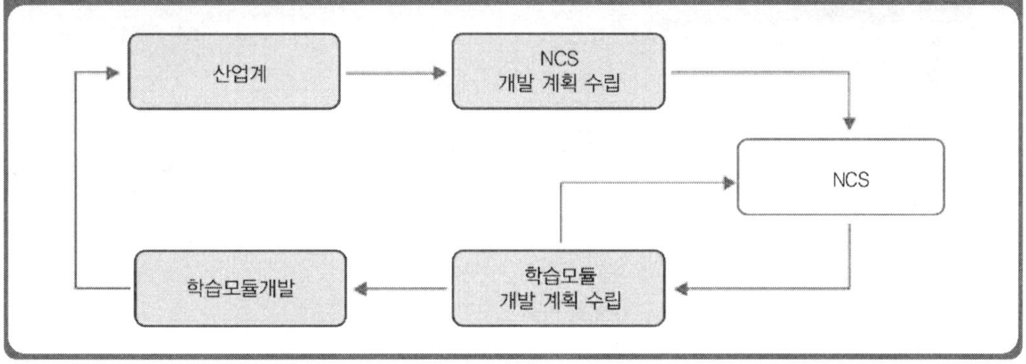

- **NCS학습모듈은 다음과 같은 특징을 가지고 있습니다.**

  첫째, NCS학습모듈은 산업계에서 요구하는 직무능력을 교육훈련 현장에 활용할 수 있도록 성취목표와 학습의 방향을 명확히 제시하는 가이드라인의 역할을 합니다.

  둘째, NCS학습모듈은 특성화고, 마이스터고, 전문대학, 4년제 대학교의 교육기관 및 훈련기관, 직장교육기관 등에서 표준교재로 활용할 수 있으며 교육과정 개편 시에도 유용하게 참고할 수 있습니다.

● NCS와 NCS학습모듈 간의 연결 체제를 살펴보면 아래 그림과 같습니다.

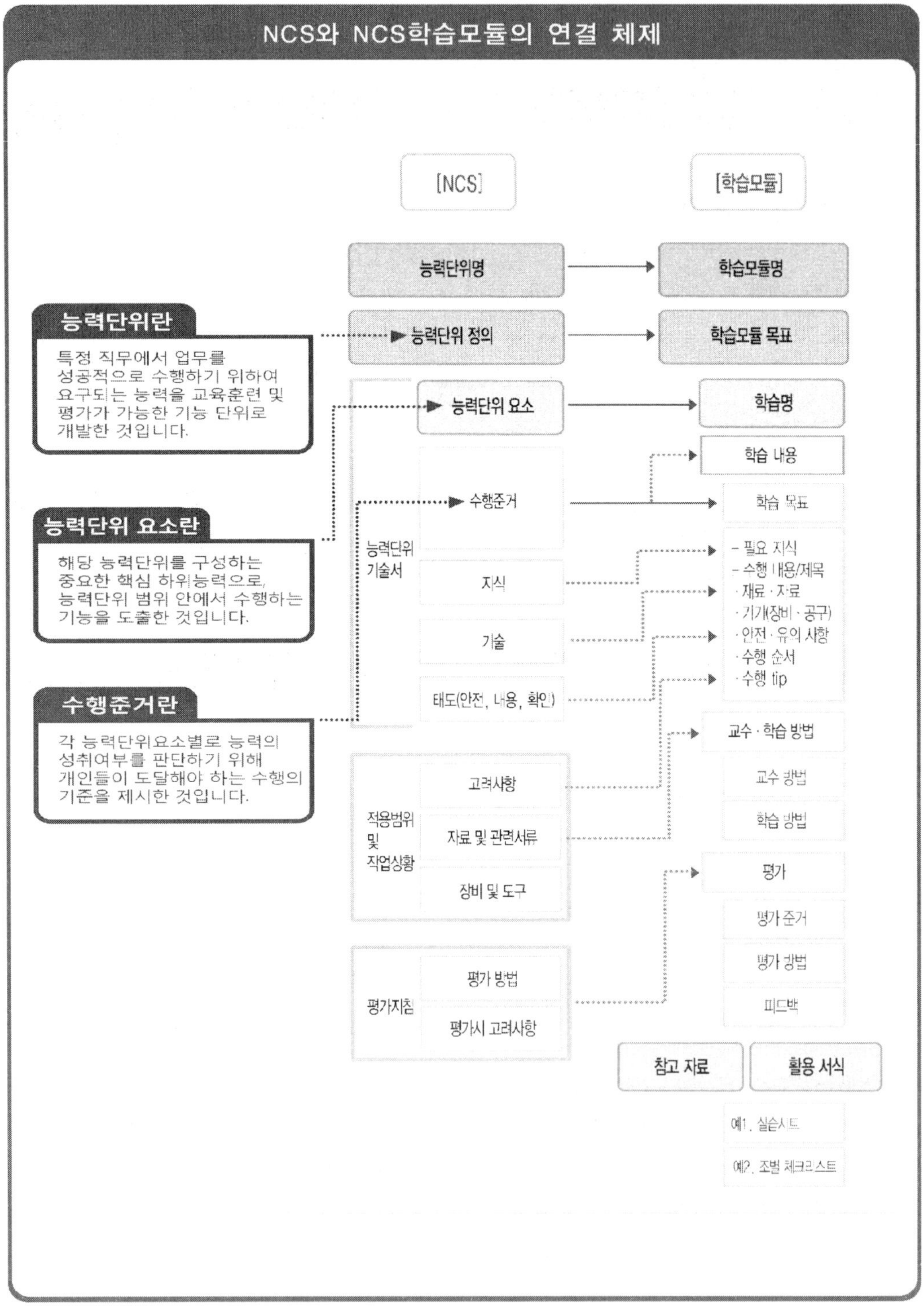

(2) NCS학습모듈의 체계

● **NCS학습모듈은** 1.학습모듈의 위치 , 2.학습모듈의 개요 , 3.학습모듈의 내용 체계 , 4.참고 자료 , 5.활용 서식 **으로 구성되어 있습니다.**

1. NCS학습모듈의 위치

● **NCS학습모듈의 위치는 NCS 분류 체계에서 해당 학습모듈이 어디에 위치하는지를 한 눈에 볼 수 있도록 그림으로 제시한 것입니다.**

예시 : 디자인 분야 중 시각디자인 세분류

NCS-학습모듈의 위치

대분류 문화 · 예술 · 디자인 · 방송

중분류 디자인

소분류 디자인

세분류	능력단위	학습모듈명
시각디자인		
제품디자인	**시각디자인 프로젝트 기획**	**시각디자인 프로젝트 기획**
환경디자인	시각디자인 리서치	시각디자인 리서치
디지털디자인	시각디자인 전략 수립	시각디자인 전략 수립
	비주얼 아이데이션	비주얼 아이데이션
	시안 디자인 개발	시안 디자인 개발
	프레젠테이션	시각디자인 프레젠테이션
	최종 디자인 개발	최종 디자인 개발
	디자인 제작 관리	시각디자인 제작 관리 및 자료화
	디자인 자료화	

tip

학습모듈은 NCS 능력단위 1개당 1개의 학습모듈 개발을 원칙으로 합니다. 그러나 필요에 따라 고용 단위 및 교과단위를 고려하여 능력단위 몇 개를 묶어서 1개의 학습모듈로 개발할 수 있으며, 또 NCS 능력단위 1개를 여러 개의 학습모듈로 나누어 개발할 수도 있습니다.

2. NCS학습모듈의 개요

구 성

● **NCS학습모듈 개요는 학습모듈이 포함하고 있는 내용을 개략적으로 설명한 것으로써 [학습모듈의 목표], [선수 학습], [학습모듈의 내용 체계], [핵심 용어]로 구성되어 있습니다.**

학습모듈의 목표	해당 NCS 능력단위의 정의를 토대로 학습목표를 작성한 것입니다.
선수 학습	해당 학습모듈의 목표를 달성하기 위해 선수되어야 할 학습모듈, 학습 내용, 관련 교과목 등을 기술한 것입니다.
학습모듈의 내용 체계	NCS에서 개발·제시한 교육훈련 수준을 능력단위요소별로 제시한 것입니다.
핵심 용어	해당 학습모듈 내용의 지식 또는 기술 등 핵심적 용어 등을 제시한 것입니다.

활 용 안 내

예시 : 시각디자인 세분류의 '시각디자인 프로젝트 기획' 학습모듈

시각디자인 프로젝트 기획 학습모듈의 개요

학습모듈의 목표

프로젝트의 디자인 콘셉트에 대한 효과적인 생각들을 시각적으로 표현하고 계획할 수 있다.

학습모듈의 목표는

학습자가 해당 학습모듈을 통해 성취해야 할 목표를 제시한 것으로 교수자는 학습자가 학습모듈의 전체적인 내용흐름을 파악할 수 있도록 지도함이 필요합니다.

선수 학습

상식 일반

선수 학습은

교수자나 학습자가 해당 모듈을 교수 또는 학습하기 이전에 이수해야 할 학습내용, 교과목, 핵심 단어 등을 표기한 것입니다. 따라서 교수자는 학습자가 개별 학습, 자기 주도 학습, 방과 후 활동 등 다양한 방법을 통해 이수할 수 있도록 지도함이 필요합니다.

학습모듈의 내용 체계

학습	학습 내용	NCS 능력단위 요소 코드번호	요소 명칭	수준
1. 프로젝트 파악하기	1-1. 시각디자인 업무의 종류와 이해 1-2. 회의와 브리핑	0802010101_13v1.1	프로젝트 파악하기	5
2. 프로젝트 제안하기	2-1. 세부 계획과 설계 2-2. 프로젝트 개발 일정 수립 2-3. 사실의 정리와 요령	0802010101_13v1.2	프로젝트 제안하기	7
3. 프로젝트 계약하기	3-1. 계약 내용의 구성과 작성 3-2. 계약의 확인과 교환	0802010101_13v1.3	프로젝트 계약하기	6

핵심 용어

의뢰인, 기획, 추진 배경, 목적, 내용, 요구 사항, 정보 수집, 프로세스, 커뮤니케이션, 보고서, 일정, 예산, 인력, 리더십, 제안, 권리, 책임, 계약

핵심 용어는

학습모듈을 통해 학습되고 평가되어야 할 주요 용어입니다. 또한 당해 모듈 또는 타 모듈에서도 핵심 용어를 사용하여 학습내용을 구성할 수 있으며, 「NCS 국가직무능력표준」 사이트(www.ncs.go.kr)에서 색인(찾아보기) 중 하나로 이용할 수 있습니다.

3. NCS학습모듈의 내용 체계

구 성

● **NCS학습모듈의 내용은 크게 학습, 학습 내용, 교수·학습 방법, 평가로 구성되어 있습니다.**

학습	해당 NCS 능력단위요소 명칭을 사용하여 제시한 것입니다. 학습은 크게 학습 내용, 교수·학습 방법, 평가로 구성되며 해당 NCS 능력단위의 능력단위 요소별 지식, 기술, 태도 등을 토대로 학습 내용을 제시한 것입니다.
학습 내용	학습 내용은 학습 목표, 필요 지식, 수행 내용으로 구성하였으며, 수행 내용은 재료·자료, 기기(장비·공구), 안전·유의 사항, 수행 순서, 수행 tip으로 구성한 것입니다. 학습모듈의 학습 내용은 업무의 표준화된 프로세스에 기반을 두고 학습 내용을 구성하였으며, 실제 산업현장에서 이루어지는 업무활동을 다양한 방식으로 학습 내용에 반영한 것입니다.
교수·학습 방법	학습 목표를 성취하기 위한 교수자와 학습자 간, 학습자와 학습자 간의 상호 작용이 활발하게 일어날 수 있도록 교수자의 활동 및 교수 전략, 학습자의 활동을 제시한 것입니다.
평가	평가는 해당 학습모듈의 학습 정도를 확인할 수 있는 평가 준거, 평가 방법, 평가 결과의 피드백 방법을 제시한 것입니다.

활 용 안 내

예시 : 디자인 분야 중 시각디자인 세분류의 '시각디자인 프로젝트 기획' 학습모듈의 내용

학습 1 프로젝트 파악하기(LM0802010101_13v1.1)

학습 2 프로젝트 제안하기(LM0802010101_13v1.2)

학습 3 프로젝트 계약하기(LM0802010101_13v1.3)

학습은

해당 NCS 능력단위 요소 명칭을 사용하여 제시하였습니다. 학습은 일반교과의 '대단원'에 해당되며, 모듈을 구성하는 가장 큰 단위가 됩니다. 또한 완성된 직무를 수행하기 위한 가장 기본적인 단위로 사용할 수 있습니다.

1-1. 시각디자인 업무의 종류와 이해

학습 내용은

요소 별 수행준거를 기준으로 제시하였습니다. 일반교과의 '중단원'에 해당합니다.

학습 목표
- 의뢰된 프로젝트에 대한 리뷰를 바탕으로 프로젝트를 이해할 수 있다.
- 제안 요청서에 따라 프로젝트의 취지, 목적, 성격, 내용, 요구 사항을 파악할 수 있다.

학습 목표는

모듈 내의 학습 내용을 이수했을 때 학습자가 보여줄 수 있는 행동수준을 의미합니다. 따라서 일반 수업시간의 과목목표로 활용할 수 있습니다.

필요 지식 /

1. 프로젝트의 의뢰와 유형

클라이언트(이하 의뢰인/자)가 의뢰한 시각디자인 프로젝트를 파악하기 위해서는 업무의 유형을 구분할 수 있는 능력이 필요하다. 따라서 의뢰자가 설명하는 프로젝트 리뷰를 경청하고 파악하여 프로젝트의 성격을 분류하여 소통할 수 있어야 한다. 시각디자인의 업무 범위는 아래 도표의 내용보다는 광범위하다. 그러나 프린트 매체를 기반으로 하는 업무를 요약하면 도표와 같은 내용으로

필요 지식은

해당 NCS의 지식을 토대로 해당 학습에 대한 이해와 성과를 높이기 위해 알아야 할 주요 지식을 제시하였습니다. 필요 지식은 수행에 꼭 필요한 핵심 내용을 위주로 제시하여 교수자의 역할이 매우 중요하며, 이후 수행 순서 내용과 연계하여 교수·학습으로 진행할 수 있습니다.

수행 내용 / 시각디자인 업무 유형 파악

재료·자료

- 관련 형식의 시각디자인 자료
- A4 용지, 필기도구, 포스트잇, 칼, 자, 테이프 등

기기(장비·공구)

- 컴퓨터, 프린터, 스캐너, 카메라, 복사기, 녹음기, 빔 프로젝터, 스크린 등
- 소프트웨어 : 문서 작성, 프리젠테이션, 그래픽 소프트웨어 등

안전·유의 사항

- 조사된 자료의 출처를 확인하도록 한다.
- 팀별 구성으로 인한 분위기를 소란하지 않게 유도한다.
- 사용하는 전자 기기의 전기 안전 적합성을 확인한다.

수행 순서

1 시각디자인의 유형을 조사하고 분류한다

1. 5명 정도의 인원으로 팀 단위를 구성한다.

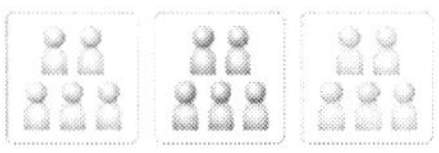

[그림 1-20] 디자인 업무 조사의 팀 단위 구성 예시

2. 필요 지식을 기준으로 시각디자인의 업무 유형 중에서 그룹별로 하나씩 선택한다.

수행 tip

- 발행된 신문을 주변에서 미리 수집하여 자료로 준비한다.
- 국내의 신문 판형 종류를 확인하고 크기를 관찰한다.

수행 내용은

모듈에 제시한 것 중 기술(Skill)을 습득하기 위한 실습 과제로 활용할 수 있습니다.

재료·자료는

수행 내용을 수행하는데 필요한 재료 및 준비물로 실습 시 필요 준비물로 활용할 수 있습니다.

기기(장비·공구)는

수행 내용을 수행하는데 필요한 기본적인 장비 및 도구를 제시하였습니다. 제시된 기기 외에도 수행에 필요한 다양한 도구나 장비를 활용할 수 있습니다.

안전·유의 사항은

수행 내용을 수행하는데 안전상 주의해야 할 점 및 유의 사항을 제시하였습니다. 수행 시 꼭 유념하여 주시고, NCS의 고려사항도 추가적으로 활용할 수 있습니다.

수행 순서는

실습과제의 진행 순서로 활용할 수 있습니다.

수행 tip은

수행 내용에서 수행의 수월성을 높일 수 있는 아이디어를 제시하였습니다. 따라서 수행 tip은 지도상의 안전 및 유의 사항 외에 전반적으로 적용되는 주안점 및 수행과제 목적에 대한 보충설명, 추가사항 등으로 활용할 수 있습니다.

학습 1 교수·학습 방법

교수 방법

- 시각디자인의 표현 매체별 유형을 사진 데이터 등이 포함된 화면 자료와 함께 설명한다.
- 사전에 개인별 학습 자료를 과제로 준비하여 모든 학습자들이 그룹별로 참여할 수 있는 문제 해결식 수업이 가능하도록 한다.

학습 방법

- 시각디자인의 표현 매체별 유형을 학습한다.
- 사전에 개인별 학습 자료를 준비하여 그룹별로 토의한다.

교수·학습 방법은

학습 목표를 성취하는데 필요한 교수 방법과 학습 방법을 제시하였습니다.

교수 방법은

해당 학습활동에 필요한 학습 내용, 학습 내용과 관련된 학습 자료명, 자료 형태, 수행 내용의 진행 방식 등에 대하여 제시하였습니다. 또한 학습자의 수업참여도를 제고하기 위한 방법 및 수업진행상 유의 사항 등도 제시하였습니다. 선수 학습이 필요한 학습을 학습자가 숙지하였는지 교수자가 확인하는 과정으로 활용할 수도 있습니다.

학습 방법은

교수자의 교수 방법에 대응하는 자기주도적 학습 방법을 제시하였습니다. 또한 학습자가 숙달해야 할 실기능력과 학습과정에서 주의해야 할 사항 등으로 제시하였습니다. 학습자가 학습을 이수하기 전에 반드시 숙지해야 할 기본 지식을 학습하였는지 스스로 확인하는 과정으로 활용할 수 있습니다.

학습 1 평 가

평가는

해당 NCS 능력단위 평가 방법과 평가 시 고려 사항을 준용하여 작성하였습니다. 교수자 및 학습자가 평가 항목 별 성취수준을 확인하는데 활용할 수 있습니다.

평가 준거

- 평가자는 학습자가 수행 준거 및 평가 항목에 제시되어 있는 내용을 성공적으로 수행 하였는지를 평가해야 한다.

- 평가자는 다음 사항을 평가해야 한다.

학습 내용	평가 항목	성취 수준 상	중	하
시각디자인 업무의 종류와 이해	- 의뢰된 프로젝트에 대한 리뷰를 바탕으로 프로젝트를 이해할 수 있다.			
	- 제안 요청서에 따라 프로젝트의 취지, 목적, 성격, 내용, 요구 사항을 파악할 수 있다.			

평가 준거는

학습자가 해당 학습을 어느 정도 성취하였는지를 평가하기 위한 기준을 제시하고 있습니다. 학습 목표와 연계하여 단위수업 시간에 평가 항목 별 성취수준을 평가하는데 활용할 수 있습니다.

평가 방법

- 문제 해결 시나리오

학습 내용	평가 항목	성취 수준 상	중	하
시각디자인 업무의 종류와 이해	- 의뢰된 프로젝트에 대한 리뷰를 바탕으로 프로젝트를 이해할 수 있다.			
	- 제안 요청서에 따라 프로젝트의 취지, 목적, 성격, 내용, 요구 사항을 파악할 수 있다.			

평가 방법은

NCS 능력단위의 평가 방법을 준용하였으며, 평가 준거에 따른 평가 방법을 3개 내외로 제시하였습니다. 평가 방법으로는 서술형/논술형 검사, 체크리스트를 통한 관찰, 작업장 평가, 구술 시험, 토론법 등이 있으며, NCS의 능력단위 요소별 수행 수준을 평가하는데 가장 적절한 방법을 선정하여 활용할 수 있습니다.

피 드 백

1. 문제 해결 시나리오
   - 문제 해결 진행 과정 중 필요시마다 피드백을 제공하여 문제 해결을 용이하게 한다.

피드백은

평가 후에 학습자들에게 평가 결과를 피드백하여 부족한 부분을 알려주고, 학습 결과가 미진한 경우, 해당 부분을 다시 학습하여 학습 목표를 달성하는 데 활용할 수 있습니다.

4. 참고 자료

참고자료

- 봉상균·김용덕(2002). 『기초디자인』. 조형사.
- 원유홍·서승연(2011). 『타이포그래피 천일야화』. 안그라픽스.
- 이호준(2013). 『브랜드디자인』. 지구문화사.
- W.칸딘스키 저, 차봉희 역(2011). 『점선면 회화적인 요소의 분석을 위하여』. 열화당.

참고 자료는

해당 학습모듈의 필요 지식에 대한 출처와 인용한 참고 자료 및 사이트를 제시하였습니다.

5. 활용 서식

활용서식

관찰 리스트 A : 시각디자인 유형	
	특징과 기준 메모
(1) 브랜드 디자인	- -
(2) 편집 디자인	- -
(3) 포스터 디자인	- -

활용 서식은

작업 포트폴리오, 작업장 평가 서식, 자기 체크리스트, 학습자·교수자 공동 평가 등으로 구성하였습니다. 교수학습 시 활용 가능한 양식을 학습모듈 특성에 따라 다양하게 작성할 수 있습니다. 학습 시 과제 진행에서 평가에 이르기까지 필요한 서식을 개발하거나 기존의 양식을 활용할 수 있습니다.

[NCS-학습모듈의 위치]

대분류 정보통신

중분류 통신기술

소분류 통신서비스

세분류

- 유선설비접속서비스
- 전용회선서비스
- 초고속망서비스
- 부가네트워크서비스
- 전신서비스
- **이동통신서비스**
- 콘텐츠사용자서비스
- 콘텐츠네트워크서비스
- 무선초고속인터넷서비스
- 주파수공용통신
- 무선호출메시징서비스
- 위성통신서비스
- 특수이동통신서비스
- 인터넷지원서비스
- 부가통신응용중계서비스
- 특수부가통신서비스
- 무선데이터통신서비스

능력단위	학습모듈명
이동통신서비스 기획	이동통신서비스 기획
이동통신서비스 설계	이동통신서비스 설계
이동통신서비스 검사	이동통신서비스 검사
이동통신서비스 시험	이동통신서비스 시험
이동통신서비스 운용	**이동통신서비스 운용**
이동통신시스템 최적화	이동통신시스템 유지보수 및 최적화
이동통신시스템 유지보수	
이동통신무선망 최적화	이동통신무선망 유지보수 및 최적화
이동통신무선망 유지보수	
이동통신망 관리	이동통신망 관리

차 례

이동통신서비스 운용 학습모듈의 개요

학습모듈의 목표

이동 통신 서비스를 제공하기 위하여 전체 망을 관리하는 통합망 운용과 이동 통신 교환망, 전송망, 엑세스망 장비를 효율적으로 장애 없이 운용하는 능력을 향상시킬 수 있다.

선수학습

이동 통신 방식(AMPS, CDMA, WCDMA, LTE)의 개요, 이동 통신 주요 기술(Hand over, Power Control, 각종 파라미터, 채널간섭, 안테나와 전파전파, 주파수 할당 방법, 시스템 부하), 이동 통신 시스템 구성(교환기, 기지국, 전송망, 중계기, 단말기, NMS)

학습모듈의 내용체계

학습	학습내용	NCS 능력단위요소		
		코드번호	요소명칭	수준
1. 통합망 운용하기	1-1. 전국망 모니터링 1-2. 네트워크 감시 1-3. 위기 관리	2002030605_13v1.1	통합망 운용하기	4
2. 교환망 운용하기	2-1. 교환망 운용 기초(WCDMA 기준) 2-2. 교환기 추가기능 적용 및 장애 대응	2002030605_13v1.2	교환망 운용하기	4
3. 전송망 운용하기	3-1. 전송 기술 개념 및 부대 시설 운용 3-2. 전송망 품질 감시 3-3. 전송시스템 운용 및 성능개선	2002030605_13v1.3	전송망 운용하기	4
4. 엑세스망 운용하기	4-1. RNC 운용 4-2. 기지국(Node-B) 및 부대 시설 운용	2002030605_13v1.4	엑세스망 운용하기	4

핵심 용어

전국망 현황, 교환기(MSC), 기지국, 전송망, 국번호, 네트워크 감시, 성능 관리, 구성 관리, 장애 관리, 과금 관리, 트래픽, 보안 관리, 사용자 인증, 위기 관리, Bandwidth, 동기/비동기 방식, 단말 홈 등록/방문지 등록, 호 흐름 절차, 프로토콜, 인증 센터, IMS, 장애 조치 매뉴얼, 기지국 제어기

학습 1 통합망 운용하기(LM2002030605_13v1.1)

1-1. 전국망 모니터링

학습목표	• 통합망 운용 시 전국망을 항상 모니터링하여 교환, 전송, 엑세스 장비 등의 특정 시스템에 대한 장애가 발생하면 전국에 즉시 전파하고 필요한 대응조치를 취할 수 있다. • 통합망 운용 시 전국에 운용되고 있는 시스템에 국 데이터 처리를 요구하고 그 결과를 확인할 수 있다.

필요 지식 /

[1] 개요

전국망 현황 관리란 일반 대중을 상대로 이동 통신 서비스를 제공하는 회사의 본사 및 전 지역에 편제되어 있는 지사 등 그 하부 조직에 이동 통신 서비스가 가능한 시스템을 전국 네트워크로 연결하여 한곳에서 전국망 운용 상태를 감시하는 것을 말한다. 망 센터 또는 지역 운용 조직에서 시스템을 신설, 변경, 삭제하는 작업을 통하여 전국망 시설을 실시간으로 모니터링하도록 구현된 시스템을 통합망이라 한다.

[2] 교환기 국번호 관리

고객에게 배정한 이동 전화 번호를 시스템에 입력하여 관리하기 위해서는 지역별, 시스템별로 구분하여 국번호 및 이동 전화 번호가 관리될 수 있도록 번호체계, 번호계획, 망 식별 번호, 데이터망 식별 번호, 특수번호 등의 관리 기준을 작성하고 그 기준에 맞춰 관리될 수 있도록 해야 한다.

1. 통신망 내의 번호 체계(전기통신번호관리세칙)

번호라 함은 통신망에 수용되어 있는 이용자를 식별하거나 통신망 또는 통신 사업자가 제공하는 통신 서비스를 선택하기 위하여 사용되는 숫자 또는 문자의 조합을 말한다.

(1) 번호의 구성과 분류, 형태

(가) 일반적인 구성: 국가 구분+통신망 및 지역 구분+가입자 구분

(나) ITUT권고

① 가입자 번호: 국 번호 포함

② 시외 호 식별 번호

③ 지역 번호

④ 국제 호 식별 번호

⑤ 국가 번호

⑥ 기타 특수 서비스 번호

번호 문자/숫자 형태: 15개 내외의 숫자, 문자(×,#)로 구성

(2) 통신망 내의 번호 형식, 전달, 운용

(가) 번호 체계상: 폐쇄 번호 방식, 개방 번호 방식, 복합 번호 방식

(나) 번호송출방식: 일괄 송출 방식, 중첩 송출 방식

(다) 번호중계방식: Link by Link, End to End

2. 번호 계획

번호 계획이란 효율적인 통신망 구성과 이동 통신 이용자의 이용 편익 향상을 목적으로 하는 번호 구성 및 번호 운영 계획 등을 말한다.

(1) 고려사항

(가) 향후 이동 통신 수요와 서비스 발전에 충족하는가?

(나) 특정 통신망에 적합한 번호 구조 및 번호 적용방식은 적정한가?

(다) 번호 운영은 효율적으로 검토 및 관리되고 있는가?

(2) 이동 통신 번호계획 ITUT 권고: E.212 따름

(3) 통신망 간 상호 접속(국내)

(가) 통신망 식별 번호: 서로 다른 통신망 간 원활한 접속을 위해 각 통신망에 부여하는 번호를 말한다.

(나) 통신망 식별 번호 최대 자리 수: 5자리까지.

(다) 통신망 식별 번호 가용자원: 010~019

(4) 통신망 식별 번호 현황

(가) 00X(국제 번호)

(나) 01X(이동 전화)

(다) 02X~06X(지역 번호)

(라) 07X~09X(예비)

3. 중계망 계획

교환기 간에 망을 형성하는 모든 루트와 이에 관련된 망의 기능적, 물리적 최적의 루트를 설정하여 회선료를 절감하고 망의 상호 접속 회선 별 Traffic을 효율적으로 분배하기 위해 계획하는 것을 말한다.

(1) 결정요소

(가) 교환기 계위

(나) 중계망의 구조

(다) 루팅 방식

(라) 중계국의 위치 및 수용 구역의 결정

(마) 루트 결정 및 회선 수 산출

(바) 중계 교환기의 용량 결정 등

수행 내용 / 전국망 모니터링 및 국 데이터 관리하기

재료 · 자료

- 이동 통신 서비스에 관한 기술 규격(3GPP, 3GPP2, ETSI)
- 통합망 운용 매뉴얼
- 통합망에서 관리되고 있는 각종 현황
- 국번호 관리 계획서, 번호 부여기준 및 특수 번호 관리 기준
- 전기통신번호관리세칙

기기(장비 · 공구)

- 컴퓨터(인터넷), 프린터, 빔 프로젝터, 화이트보드
- 각종 관리 시스템(NMS, URM, EMS)

안전 · 유의사항

- 통합망 운용 관련 기준을 확보하여 그에 맞도록 관리해야 한다.
- 국번호 관리 세칙 및 국번호 관리 기준을 확보하여 그 기준에 맞도록 번호를 부여하여야 한다.

수행 순서

1 전국망 모니터링을 한다.

1. 가입자 현황 모니터링하기

전국에 수용된 가입자 현황이 얼마인지 시스템(교환기 등) 권고 수용 용량에 맞춰 관리될 수 있도록 가입자 현황 관리를 해야 한다

2. 시설 현황 모니터링하기

각 지사별로 및 설치 운용되고 있는 교환기, 기지국, 전송 시설 현황을 관리해야 한다.

(1) 교환기 운용 현황 실시간 모니터링하기

각 지사별 교환기에 수용된 가입자 및 기지국 현황을 권고 수용 용량에 맞게 운용되도록 모니터링해야 한다.

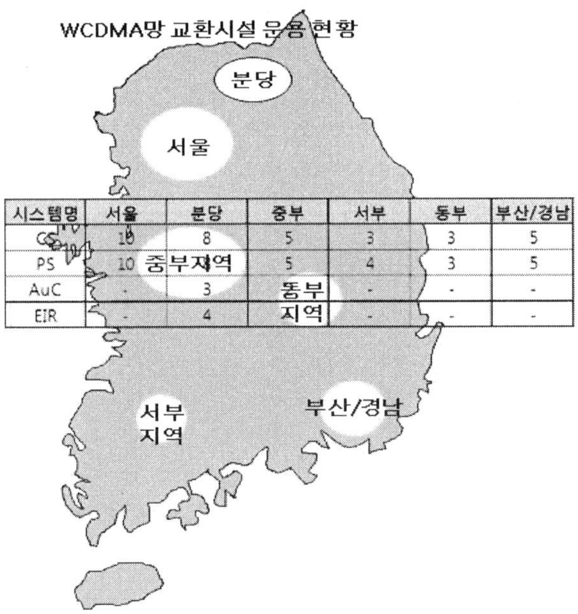

시스템명	서울	분당	중부	서부	동부	부산/경남
CS	10	8	5	3	3	5
PS	10	-	5	4	3	5
AuC	-	3	-	-	-	-
EIR	-	4	-	-	-	-

[그림 1-1] 전국 교환 시설 현황도

(2) 기지국 운용 현황 실시간 모니터링하기

각 지사에 설치 운용되고 있는 기지국 현황을 교환기별 권고 수용 용량에 맞춰

운용되도록 모니터링해야 한다.

(3) 전송망 운용 현황 실시간 모니터링하기

각 지사에 설치 및 운용되고 있는 전송 장비 현황 및 전송 선로 현황을 백본망, 가입자망으로 구분하여 모니터링해야 한다.

(가) 전송 장비: 10Gbps용 전송 장비, 2.5Gbps용 전송 장비, 622Mbps용 전송 장비, 155Mbps용 전송 장비, DWDM용 전송 장비, DACS 전송 장비들의 현황을 지역별 또는 전국으로 관리되어야 한다.

(나) 백본망: 정보화 고속도로에 비유하기도 한다. 전국을 연결하고 있는 초고속망을 말하며, 또는 기간(基幹)망이라고도 한다. 백본망은 매우 중요한 망으로서 광선로 고장 대비 항상 이중화 개념을 고려하여 시설 및 운용되어야 한다.

(다) 기지국망: 교환기와 각 기지국 간에 연결되는 전송망으로, 전송로 장애에 대비하고 전송로 이중화를 고려하여 시설 및 운용되어야 한다.

2 장애 발생 시 대응 조치한다.

1. 위기 관리 사전 조직 구성하기

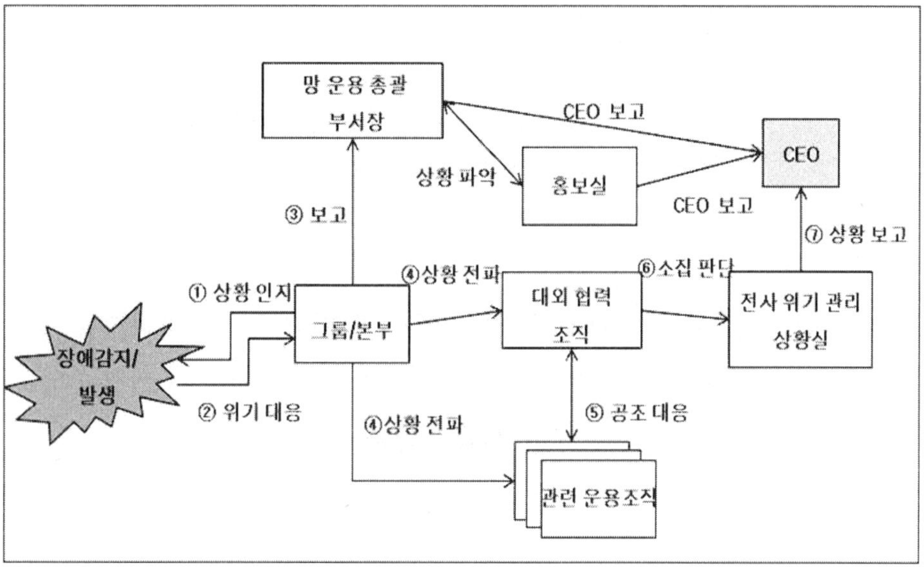

[그림 1-2] 조직도 및 상황 전파도 예시

2. 위기관리 조직 및 역할 부여하기

각 위기 관리 각 조직별 임무를 지정하여 위기 상황 발생 시 각 조직의 임무에 맞춰 위기 상황을 대응하도록 한다.

(1) 조직별 역할

(가) CEO 보고기준

① 상황보고: 대외 협력실

② 보고내용: 전사 대응 현황, 고객 · 언론 대응 지침/발생 원인, 경과 및 향후 계획

(나) 전사위기 대응 기구 임무

① 발생 위험에 대한 소통채널 확보 및 소집

② 대 고객. 언론, 정부관련 Communication 지침 수립

③ 회사의 인적/물적 손실 최소화 및 복구지원

④ CEO 의사결정 보좌

(다) 위기관리 조직별 역할

<표 1-1> 조직별 주요임무

조직별	주요 임무
대외협력실 (의장)	· CEO의사결정 보좌 · 단위조직과 Hot Line 운영 · 전사위기대응기구 소집 · GR(정부기관) 관련 업무 시행
홍보실	· 대외 이미지 영향요소 판단 · 보도자료 배포 · 여론동향 파악 및 언론과 Communication.
그룹/본부 (통합망관리)	· 망 시스템 장애 대응 및 상황 전파 · 재난 대응/ 시설물 복구 총괄

(라) 장애발생시 긴급복구 수행하기

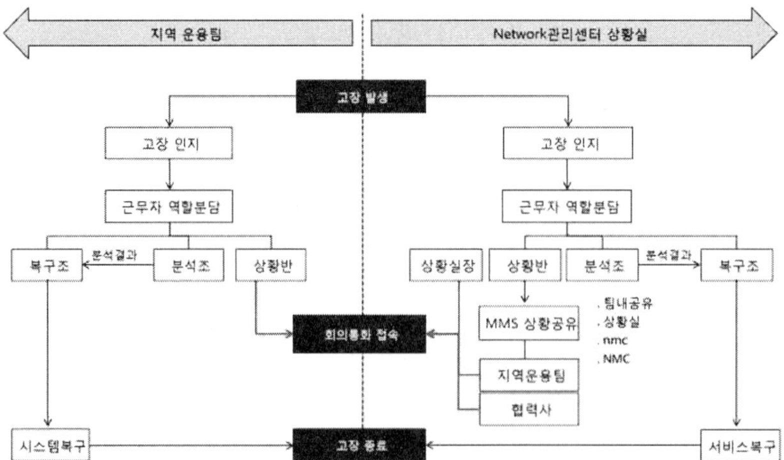

[그림 1-3] 장애복구 프로세스

3 이동 전화 국 번호를 관리한다.

국가가 부여한 유한한 중요 자원인 이동 전화 번호를 효율적으로 운용하고, 모든 고객에게 공정하고 합리적인 방법으로 번호를 선택할 수 있는 기회를 제공하기 위하여 다음과 같은 기준에 따라 번호 자원을 관리해야 한다.

- 공정성: 회사에 부여된 고객에게 배부할 수 있는 가능한 번호 중 고객이 선택하는 번호를 우선 부여한다. 그러나 많은 고객이 선호하는 번호에 대해서는 모든 이용자가 균등하게 이용할 수 있도록 관리기준에 따라 공정하게 배부 및 관리해야 한다.
- 투명성: 회사는 이동 전화 사용 현황을 주기적으로 관리 기준에 맞춰 고객에게 배부하고 있는지 투명하게 관리 및 운용해야 한다.

1. 이동 전화 번호 부여 기준 정립

회사는 부여 가능한 전화번호 중 고객이 선택하는 번호를 우선으로 부여하거나, 추첨을 통하여 부여할 수 있다. 아울러 고객이 희망하는 번호가 선호하는 번호일 경우 별도의 기준을 마련하여 그 기준에 따른다.

<표 1-2> 선호번호 관리 양식

유형	내용	개수	추첨대상
AAAA			
A000			
000A			
AA00/00AA			

2. 번호 자원의 운용하기

회사는 번호 자원의 효율적인 관리 운용을 위하여 번호 운용 계획에 따라 순차적으로 국번을 Open하여 이용자가 사용 가능하도록 해야 한다. 번호 자원 사용률도 수시로 체크하여 자원 사용률이 기준에 Over되지 않도록 관리해야 한다.

1-2. 네트워크 감시

학습목표	• 통합망 운용 시 상호접속 구간의 트래픽분석을 통해 시스템 회선용량을 산출할 수 있다.

필요 지식 /

1 개요

전국에 운용 중인 시스템에 대하여 지역 단위, 시스템 단위로 실시간 감시함으로써 고장 발생 시 고장의 판단기준을 정립하여 즉각 대응한다.

2 네트워크 관리 시스템 이해

1. 네트워크 관리 시스템 기술

(1) 망 관리 시스템: Simple 네트워크 관리 프로토콜(SNMP)을 기반으로 시스템 현황을 관리한다.

(가) Simple 네트워크 관리 프로토콜 기능

① 네트워크 구성관리: 네트워크상의 호스트들이 어떤 구조를 이루고 있는지 지도를 그리는 것이 가능하다.

② 성능관리: 각 네트워크의 세그먼트 간 네트워크 사용량, 에러량, 처리 속도, 응답 시간 등 성능분석에 필요한 통계정보를 알 수 있다.

③ 장비 관리: SNMP의 유연한 확장성을 이용하여 CPU, MEMORY, DISK 사용량 등을 알 수 있다.

④ 보안 관리-정보 제어 및 보호 기능을 가지고 있다.

(2) GUI: 시스템은 독립적인 JAVA Base GUI 구현한다.

(3) 망간 연동 구현: 이기종 간의 망 관리 시스템 연동 구현, 설계 기술(CORBA/C++/JAVA), ATM/TMS 간의 연동 기술을 가지고 있다.

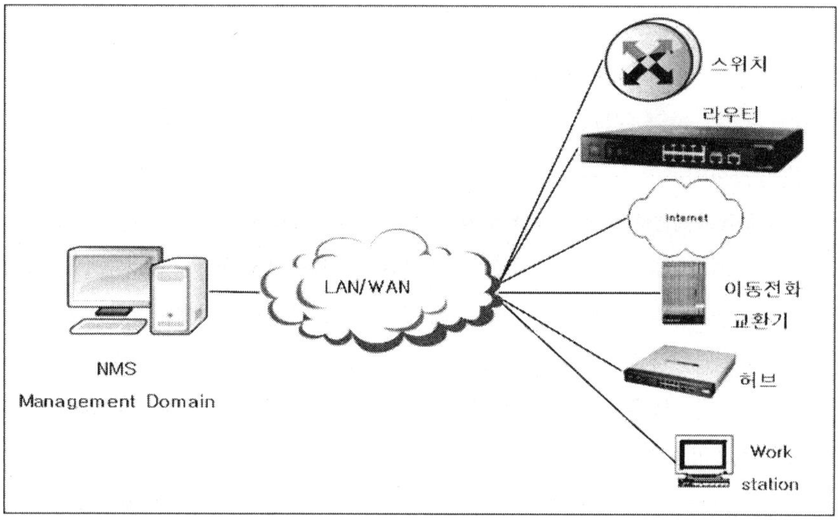

[그림 1-4] 망 관리 시스템 구성도

2. 네트워크 관리 시스템(NMS) 기능

(1) NMS 기능: NMS는 시스템에 대한 구성 관리, 성능 관리, 장애 관리를 수행하며, NMS 운용자에 대한 보안 관리, 시스템에 대한 보안 관리 시스템에 연결된 가입자 관리 등을 수행하는 기능을 가지고 있다.

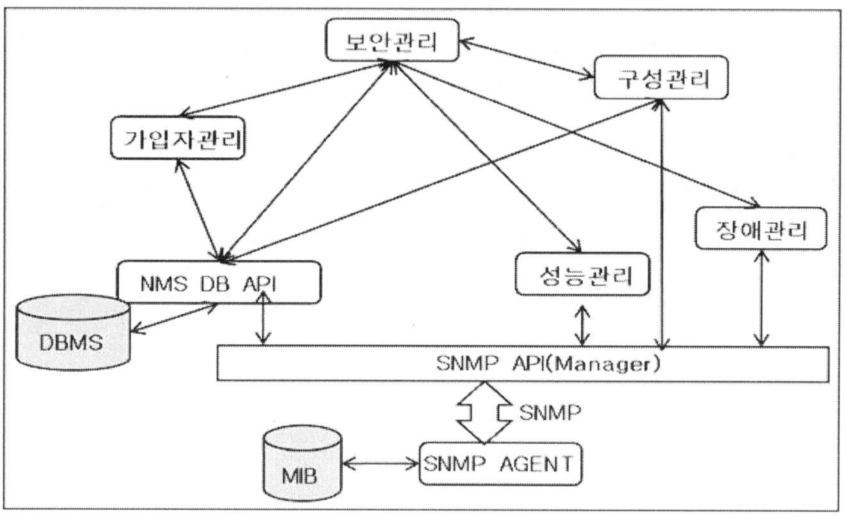

[그림 1-5] NMS 모듈

3. 네트워크 관리 시스템의 주요 기능

(1) NMS는 SNMP 프로토콜상에서 운용되는 UNIX 기반의 자원 관리 시스템으로서 구성, 성능, 장애, 보안, 과금, 그리고 가입자 관리 기능을 제공해 준다.

(가) 성능관리

① SNMP Agent, Packet Capture 등을 이용한 성능 데이터를 수집 한다.

② 트래픽 감시 및 혼잡 측정: Link 사용률, Buffer 점유율, 폐기된 Packet률

③ 혼잡 제어: 관리자가 정한 특정 임계(Threshold)값을 넘는 Traffic을 제어한다.

④ 성능 정보 기록: 성능 정보를 데이터베이스에 로그로 기록한다.

⑤ 실시간 혹은 데이터베이스의 로그 성능 데이터의 통계를 분석한다.

(나) 장애 관리

① 장애발생 감시 및 진단: 비정상적인 상태 및 결함의 감시 및 진단

② 장애발생 통보: Alarm Filtering, Alarm Correlation, Alarm forwording을 통한 장애 정보를 관리자에게 통보

③ 장애발생 기록: 장애발생 정보를 데이터base에 로그로 기록

(다) 과금 관리

정책 기반 과금: 정액 또는 사용 비율 등과 같은 관리자의 정책에 따른 통신망 사용 비용 자동 과금 및 검증한다.

(라) 보안 관리 - Identification & Authentication, 엑세스 Control, 보안 Alarm보고

(2) 각 관리 기능들은 사용하기 쉬운 윈도우 형태의 그래픽 사용자 인터페이스(GUI)에 의해 수행되는데 Top-Down 방식에 따라 전체 네트워크 지도(MAP)부터 시스템 구성 요소(시스템, 쉘프, 포트)별로 관리할 수 있도록 해 준다.

(3) NMS는 상용 데이터베이스인 오라클 데이터베이스 등을 이용하여 시스템 성능 및 경보 데이터의 과거와 현재 값, 연결정보, 운용자의 운용 이력 정보, 서비스 가입자 등록 정보, 시스템 로그 이력 정보 등을 축적하여 운용자에게 다양한 형태의 통계정보를 제공 할 수 있도록 해준다.

수행 내용 / 네트워크 감시 및 트래픽 분석하기

재료 · 자료

- 네트워크 관리 시스템 운용 매뉴얼
- 네트워크 관리 시스템 구성 자료
- 각종 기능 자료
- 트래픽 등 Report 분석 Tool 기능

기기(장비 · 공구)

- 컴퓨터(인터넷), 프린터, 빔 프로젝터, 화이트보드
- NMS,URM,EMS 등 각종 관리 시스템

안전 · 유의사항

- NMS 운용 관련 기준을 확보하여 그에 맞도록 관리해야 한다.
- 감시 대상에 대한 알람 설정 기준을 확보하여 적용하는데 참고해야 한다.
- 실시간 감시에 있어 운용 기준에 Over 되지 않도록 시설 용량을 수시로 체크해야 한다.

수행 순서

1 네트워크를 감시한다.

1. 시스템 단위 감시

   전국에 운용 중인 시스템별 실시간 감시를 통하여 고장 기준에 맞춰 즉각 대응한다.

2. 지역 단위 감시

   전국에 운용 중인 지역단위별 실시간 감시를 통하여 고장 기준에 맞춰 즉각 대응한다.

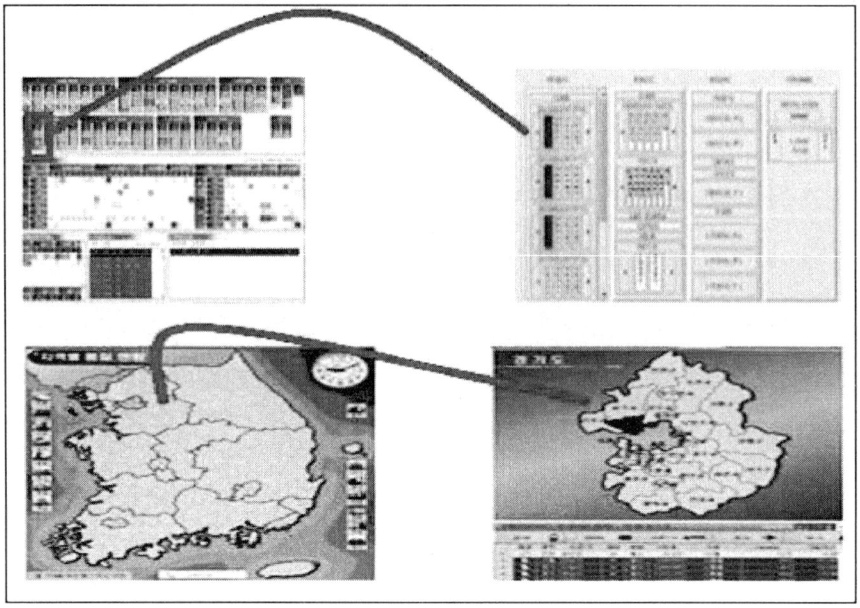

[그림 1-6] 시스템별/지역별 시스템 현황

2 네트워크 트래픽을 모니터링한다.

1. 트래픽 모니터링 툴

네트워크 관리자는 트래픽을 모니터링하는 Tool들을 이해하고 이들을 다룰 수 있어야 하며, 이를 통하여 트래픽에 대한 문제를 감지하는 능력을 갖추고 있어야 한다. 일반적으로 사용되고 있는 트래픽 모니터링 시스템을 소개하면 McAfee, NetFlow Monitoring, Bandwidth Monitoring, sniffer 등이 있다.

(1) McAfee

대부분의 인터넷 서비스 공급업체는 한달에 사용할 수 있는 대역폭을 제한하기 때문에 네트워크에서 대역폭을 가장 많이 사용하는 프로그램을 알아야 한다.

(가) IN/OUT Traffic 분석-트래픽 분석 그래프로, 송신 및 수신 트래픽을 숫자와 그래프로 표현해 준다.

(나) 프로그램 대역폭 모니터링: 24시간 컴퓨터에서 가장 활동적으로 사용된 프로그램의 대략적인 비율을 확인할 수 있다.

(다) 프로그램 활동 모니터링: 방화벽에서 Check하는 송수신 활동을 보고하므로 원격 컴퓨터 연결 및 포트를 알 수 있다.

(2) NetFlow Monitoring

누가, 언제, 어디서, 어떻게 네트워크를 사용하는지에 대한 정보를 제공한다. 이와 같은 정보를 분석하면 장애를 유발할 가능성이 있는 네트워크의 취약점을 찾아내어 사전에 예방 할 수 있다.

(가) 전통적인 SNMP(Simple 네트워크 관리 프로토콜) 성능 모니터링

특정 구간의 트래픽이 어느 정도 되는지, 특정 스위치의 트래픽이 얼마나 되는지를 실시간 데이터를 bps(Bit per second) 단위로 볼 수 있다.

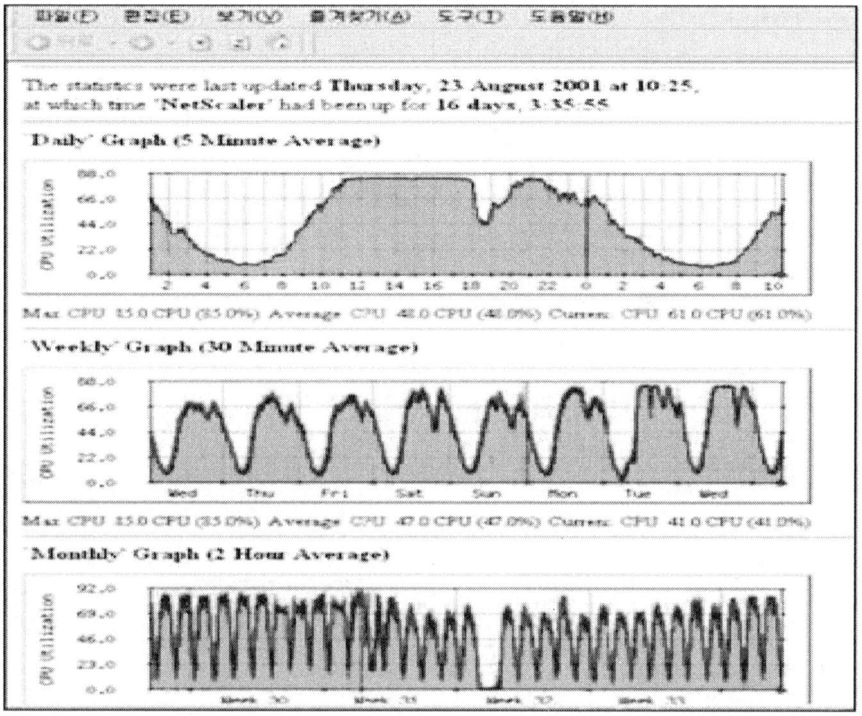

[그림 1-7] 실시간 트래픽 현황 화면

<표 1-3> 트래픽 현황

구분	총 시도호	음성	SMS	DATA	영상
W망	40,256만(56.6%)	14,749만(36.6%)	23,203만(57.6%)	2,170만(5.4%)	134만(0.3%)
C망	30,856만(43.4%)	15,368만(49.8%)	10,868만(35.2%)	4,620만(15.0%)	-
전체	71,111만	30,117만(42.4%)	34,071만(47.9%)	6,790만(9.5%)	134만(0.2%)

(나) 네트워크 상황 분석

네트워크의 흐름이 어디에서 어디로 어떻게 흘러가는지 분석하여 네트워크 장비의 용량을 산출할 수 있으며 목적에 따라 QoS(Quality Of Service)와 네트워크에서 생성되는 웜(Worm) 등 여러 보안 위협을 탐지하는데 중요한 역할을 한다.

이를 통하여 IT 인프라에서 발생하는 여러 문제를 해결하는데 다음과 같은 도움을 준다.

① 새로운 App.이 유발하는 네트워크 변화 분석
② WAN 통신 사용량 최대값 감소
③ 권한이 없는 WAN 통신 탐지
④ 네트워크 구성의 취약점 파악
⑤ 비정상적인 활동 탐지 및 보안
⑥ QoS 매개 변수 유효성 검사 등

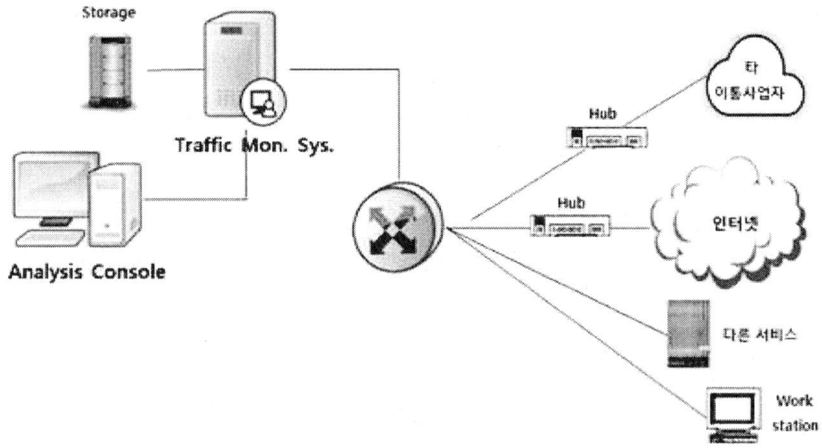

[그림 1-8] 네트워크 상황 분석 시스템

(다) 네트워크 흐름 분석: 스위치나 라우터를 통과하는 IP 패킷 속성을 구분하여 패킷이 새로운 것인지 아닌지를 판단한다. 그 속성은 다음과 같다.

① 출발지 IP 주소
② 목적지 IP 주소
③ 출발지 Port No.
④ 목적지 Port No.
⑤ Layer 3 프로토콜
⑥ Class Of Service(CoS)
⑦ 라우터 또는 스위치 인터페이스

(라) 데이터 접근 방법

데이터 접근 방법은 명령어 인터페이스 및 리포트 도구이다.

2. 트래픽 측정

네트워크에 연결되어 있는 장치가 사용하는 네트워크 정보의 소통량을 측정하는 것으로 네트워크 소통량은 데이터가 실린 패킷만을 측정하고 빈 데이터는 측정하지 않는다.

(1) 트래픽 측정의 목적

인터넷에서의 트래픽 측정은 트래픽 특성을 분석하고 망 모니터링과 지속적인 운용, 망 제어, 망 이상 유무 탐지 등 다양한 목적을 위해 측정한다.

(2) 사용자별 측정 요구사항

(가) ISP

네트워크의 용량 설계 및 과금, 망 설계를 목적으로 회선성능, 라우팅진단, 대역폭 이용률, Round Trip Time 등 측정 항목을 필요로 한다.

(나) 사용자들

성능 모니터링, 콘텐츠 전송최적화, 사용량 Policing을 목적으로 대역폭 유효성, 응답시간, 패킷손실, 연결율, 서비스품질 등을 측정항목을 필요로 한다.

(다) 업체들

설계 및 설치, 실시간 디버깅 및 하드웨어 진단을 위하여 로그분석 및 샘플 추적 등 측정 항목을 필요로 한다.

(3) 측정 방식

측정 방식은 능동 측정과 수동 측정 방식으로 분류할 수 있다.

(가) 능동 측정

테스트 패킷이나 응용들을 발생시키고 망의 성능을 관찰하는 방식으로 성능 척도에는 지연, 패킷손실, 가용성 등이 있다. 아울러 능동 측정 방식은 망에 임의 트래픽을 발생시켜 모니터링 함으로 망의 성능을 저하시킬 가능성이 있으며, 라우팅 특성 때문에 실제 성능보다 좋게 나오거나 더 나쁘게 결과를 도출할 수도 있다.

(나) 수동 측정

추가적인 패킷 발생 없이 미러링 방식 등을 적용하여 망에 흐르는 트래픽을 수집하고 그 트래픽의 특성을 분석하는 방식으로 망의 사용량 변화, 망제어, 트래픽 사용량 측정, 용량 설계, 인터넷 트래픽 특성 분석을 실시할 수 있다.

3. 트래픽 분석 및 Report

어플리케이션 사용 정보 분석, 이상 트래픽 검출, 안정적인 과금 진행 여부 판단 등 수집된 정보에 대한 이상 징후의 빠른 인지 등으로 대형 장애를 사전에 차단할 수 있도록 분석 및 리포팅을 제공 받아 관리하여야 한다.

(1) 데이터의 수집

내부 망에서 흐르고 있는 감시해야 할 모든 데이터 및 운용 중인 모든 장치

(Passport, 스위치, 허브, Workstation....)는 하나의 트래픽 모니터링 시스템에서 수집되고, 수집된 데이터는 저장되어야 한다. 수집 내용은 아래와 같다.

(가) 사용자 정보

(나) 장비별 인터페이스 정보

(다) 다양한 종류의 Flow 정보 등

(2) 트래픽 분석 성능

(가) 실시간 트래픽 분석

1분 간격(또는 정해진 특정 시간)으로 실시간 데이터를 수집(1개월 주기로 저장)한다.

(나) 장기간 트래픽 분석

10분 간격 데이터를 수집(3년 이상 저장)해야 한다.

(다) 상세 트래픽 분석

사용자가 원하는 시간 영역을 지정하여 데이터 수집 및 저장해야 한다.

(3) 분석 리포트

(가) 이상 트래픽 분석 리포트

신규로 발견된 서버, 많이 사용하고 있는 사용자, 최대 Session Report, 최대 Conversation 사용자 Report, 특이 사용자 트래픽 등의 분석을 할 수 있다.

(나) Application 분석 리포트

App.별 사용자, 사용자 그룹, Source/Destination App.구분, 신규 App.자동 인지 등의 분석을 할 수 있다

(다) 네트워크 분석 리포트

LAN, WAN에 대한 서비스 타입(TOS=type of service) 리포트, QoS(Quality of Service) 정책기반 데이터 리포트, 트래픽 사용량과 사용자에 대한 보안 정책 적용 상태 분석을 한다.

(라) 트래픽 그룹핑 리포트

장비별/인터페이스별/ 네트워크별 그룹 리포트를 볼 수 있다.

(마) 멀티캐스트 리포트

멀티 캐스트 그룹에 대한 트래픽 양, 사용자, 장비에 대한 리포팅을 한다.

1-3. 위기 관리

학습목표	•통합망 운용 시 위기관리에 대비한 시나리오를 현행화하여 활용할 수 있다. •통합망 운용 시 설, 추석 등 특정 이벤트에 대해 특별소통대책을 수립하고 ㅎ망 통제를 할 수 있다.

필요 지식 /

1 개요

통신망 장애가 발생하거나 잠재된 장애 리스크를 파악하여 발생 가능성을 낮추고 사전에 제거하는 활동을 지속적으로 추진한다. 장애가 발생하면 피해를 최소화하고 신속히 복구해야 하고, 발생할 위험을 신속히 파악하여 예방 활동이나 대응 활동에 반영하고 보완하는 사후관리 활동하는 것을 위기 관리라고 한다.

2 장애 복구 전담반 구성 및 역할

<표 1-4> 장애복구 전담반 역할 및 환경구성

구성	주관	역할	비치 품목 및 환경 구성
종합 상황실	통합망 관리 센터	·고장 복구 위한 중요 의사 결정 ·상황 보고, 전파, 통제 시행	·전사 위기 대응 체계 ·고객/서비스 영향도 map ·고장 유형 조치 Case
복구반		고장 복구 Control Tower: 우회 소통, 과부하 제어 등 망 통제 및 실행	·긴급 복구 절차서 ·고장 유형별 조치Case ·전문가 그룹과 Comm.
초기 대응반	지역 운용 조직	초기 고장복구 및 상황보고	·전사 위기 대응 체계 ·대내외 비상 연락망
대내외Comm.	망 관리 선임팀	·대내적:정확한 상황전파 ·대외적:이해 관계자 Comm.	·전사 위기 대응 체계 ·대내외 비상 연락망
지원반	기획 부서	용량검토 등 2차 고장 방지를 위한 복구지원방안 강구	·백업 시스템 현황 ·창고 내 Risk Management 물자 현황 ·관련 협력사 비상 연락망

수행 내용 / 시나리오 작성 및 특별소통 대책 시행하기

재료 · 자료

- 위기 관리 조직도 및 조직별 역할 표
- 장애복구 전담반 구성 및 역할 표

기기(장비 · 공구)

- 컴퓨터(인터넷), 프린터, 빔 프로젝터, 화이트보드

안전 · 유의사항

- 회사의 조직에 맞춰 위기관리 조직을 구성해야 하며, 그에 맞는 역할을 부여 한다.
- 수시로 위기관리 시나리오를 작성하고 비상훈련을 실시하여 문제가 없는 지 Check해야 한다.

수행 순서

1 위기 관리 시나리오 작성하기

1. 위기 관리 조직도 작성

   조직도는 [그림 1-2]를 참고한다.

2. 위기 관리 조직 및 역할 정립하기

   각 위기 관리 조직별로 임무를 정하고 위기 상황 발생 시 각 조직의 임무에 맞춰 위기 상황을 대응하도록 한다.

   (1) 조직별 역할

   (가) CEO 보고 기준

   ① 상황보고: 대외 협력실

   ② 보고 내용: 전사 대응 현황, 고객 · 언론 대응 지침/발생 원인, 경과 및 향후 계획

   (나) 전사 위기 대응 기구 임무

   ① 발생 위험에 대한 소통 채널 확보 및 소집

   ② 대 고객. 언론, 정부관련 Communication 지침 수립

   ③ 회사의 인적/물적 손실 최소화 및 복구 지원

④ CEO 의사 결정 보좌

(다) 장애 복구 시나리오 및 장애 발생 시 긴급 복구 절차 예시

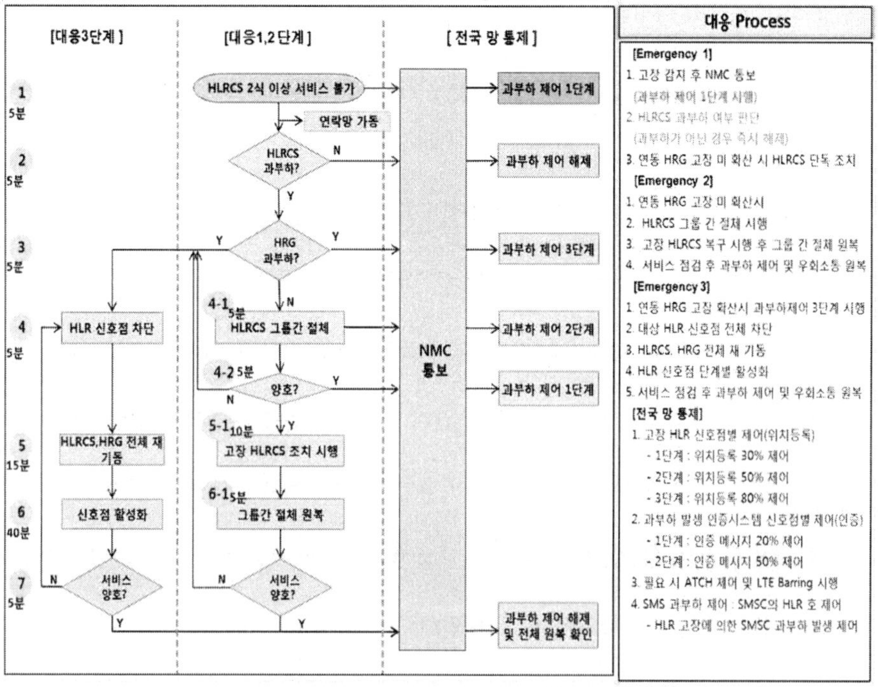

[그림 1-9] HLR 2식 이상 장애 시 긴급 복구 절차

학습1 교수·학습 방법

교수 방법

- 이동 통신 서비스의 기본 개념, 특징, 시스템 구성 등 이동 통신 서비스의 기본적인 지식을 설명한다.
- 통합망에 대한 사례를 들어 설명한다.
- 시스템 운용 시 관리 Tool인 NMS에 대하여 설명한다.
- 통합망, 교환망. 전송망, 기지국(엑세스)망 운용 현황에 대하여 설명한다.
- 이동 전화 번호 관련 국가 정책, 관리 기준 및 부여 방법에 대하여 설명한다..
- 교환기 국 번호 관련 계획 및 시스템별(지역별) 배정 기준에 대하여 설명한다.
- NMS의 기본 개념, 특징, 시스템 구성 등 NMS의 기본적인 지식을 설명한다.
- NMS의 각종 기능에 대하여 설명한다.
- NMS의 운용과 관련하여 사례(화면, 기능도 등)를 들어 설명한다.
- NMS와 연관된 각종 Tool(실시간/시스템별/지역별/알람 감시 등)에 대하여 설명한다.
- 실시간 Traffic 모니터링을 통하여 자료를 수집하고 이를 분석하는 방법을 설명한다.
- 해킹 차단 시스템 운용과 관련하여 사례(DDos, Virus 침투 등)를 들어 설명한다.
- 위기 관리의 기본 개념, 조직 구성 방법, 각 조직별 임무를 설명한다.
- 조직도 작성 방법에 대한 사례를 들어 설명한다.
- 위기 관리 임무 작동 시 시행 순서 및 고장 복구 활동을 각 임무에 맞춰 설명한다.

학습 방법

- 이동 통신 서비스 기본 개념, 특징, 시스템 구성 등 이동 통신 서비스의 기본적인 지식을 숙지한다.
- 통합망의 운용 사례를 수집 및 숙지한다.

- 시스템 관리 Tool인 NMS를 이해한다.
- 통합망, 교환망. 전송망, 기지국(엑세스)망 운용 현황 사례를 수집하여 숙지한다.
- 이동 전화 번호 관련 국가 정책, 관리 기준 및 부여 방법을 숙지한다.
- 교환기 국 번호 관련 계획 및 시스템별(지역별) 배정 사례를 지역별로 파악한다.
- NMS의 기본 개념, 특징, 시스템 구성 등 NMS의 기본적인 지식을 숙지한다.
- NMS의 각종 기능에 이해한다.
- NMS의 운용과 관련하여 사례(화면, 기능도 등)를 수집하여 숙지한다.
- NMS와 연관된 각종 Tool(실시간/,시스템별/지역별/알람 감시 등)에 대하여 숙지한다.
- 실시간 Traffic 자료의 수집 및 이를 활용하는 방법을 숙지한다.
- 해킹 차단시스템의 운용과 관련하여 사례(DDos, Virus 침투 등)를 수집하고 숙지한다.
- 위기 관리의 기본 개념, 조직 구성 방법, 각 조직별 임무를 명확히 숙지한다.
- 조직도 작성 방법에 대하여 이해한다.
- 위기 관리 임무 작동 시 시행 순서 및 고장 복구 활동에 대하여 각 임무에 맞춰 이해한다.

학습1 평 가

평가 준거

- 평가자는 학습자가 수행 준거 및 평가 항목에 제시되어 있는 내용을 성공적으로 수행하였는지를 평가하여야 한다.

- 평가자는 다음 사항을 평가 한다.

학습내용	평가항목	성취수준		
		상	중	하
전국망 모니터링	- 통합망 운용 시 전국망을 항상 모니터링하여 교환, 전송, 엑세스 장비 등의 특정 시스템에 대한 장애가 발생하면 전국에 즉시 전파하고 필요한 대응 조치를 취할 수 있다.			
	- 통합망 운용 시 전국에 운용되고 있는 시스템에 국 데이터 처리를 요구하고 그 결과를 확인할 수 있다.			
네트워크 감시	- 통합망 운용 시 상호 접속 구간의 트래픽 분석을 통해 시스템 회선 용량을 산출할 수 있다.			
위기 관리	- 통합망 운용 시 위기관리에 대비한 시나리오를 현행화 하여 활용할 수 있다.			
	- 통합망 운용 시 설, 추석 등 특정 이벤트에 대해 특별소통대책을 수립하고 망 통제를 할 수 있다.			

평가 방법

- 평가자 체크리스트

학습내용	평가항목	성취수준		
		상	중	하
전국망 모니터링	- 통합망 운용 시 위기 관리에 대비한 시나리오를 현행화하여 활용할 수 있다.			
	- 통합망 운용 시 타 사업자와 긴밀한 연락을 유지하며 장애발생 시 대책을 수립하고 적절한 조치를 취할 수 있다.			

- 사례 연구

학습내용	평가항목	성취수준 상	성취수준 중	성취수준 하
네트워크 감시	- 통합망 운용 시 상호 접속 구간의 트래픽 분석을 통해 시스템 회선 용량을 산출할 수 있다.			

- 작업 포트폴리오

학습내용	평가항목	성취수준 상	성취수준 중	성취수준 하
위기 관리	- 통합망 운용 시 위기 관리에 대비한 시나리오를 현행화하여 활용할 수 있다.			
	- 통합망 운용 시 설, 추석 등 특정 이벤트에 대해 특별 소통 대책을 수립하고 망 통제를 할 수 있다.			

피 드 백

1. 평가자 체크리스트
   - 이동 통신 서비스 운용 기술과 관련된 지식이 몸에 익숙하도록 반복적인 장애 발생 처리 방법을 숙지하도록 지도하고 평가 한다.
   - 이동 통신 서비스 운용 지식을 정확하게 파악하고 있는지 설명할 수 있도록 지도 한다.
   - 피 평가자가 숙지하고 있는 내용을 정확하게 표현하고 나타내는지의 여부를 평가하고, 피 평가자에게 보완 설명을 요구하여 완전한 지식으로 숙지할 수 있도록 지도하고 평가 한다.

2. 사례 연구
   - 피 평가자로 하여금 운용 사례를 분석하고 이를 적용하는 과정을 설명하여 분석한 사례를 가지고 본인의 경우에 대처할 수 있는 방안을 제시하도록 하며, 수행하지 못하는 경우에는 사례 연구를 재확인하고 이를 시스템에 맞추어 대처할 수 있도록 지도한다.

3. 작업 포트폴리오
   - 피 평가자에게 평가 항목에서 제시한 내용을 작성하고 이를 본인의 포트폴리오로 작성하게 한다. 원활하게 작성하지 못한 경우에는 이를 바로 잡아주고, 포트폴리오의 기능을 지도한다.

학습 1	통합망 운용하기(LM2002030605_13v1.1)
학습2	**교환망 운용하기(LM2002030605_13v1.2)**
학습 3	전송망 운용하기(LM2002030605_13v1.3)
학습 4	엑세스망 운용하기(LM2002030605_13v1.4)

2-1. 교환망 운용 기초(WCDMA 기준)

학습목표	• 교환망 운용 시 교환기의 실시간 모니터링을 수행하고 장애가 발생 시 메시지를 분석하여 즉시 조치를 취 할 수 있다. • 교환망 운용 시 주기적인 정기점검(일일, 주간, 분기, 월간, 반기)에 필요한 항목을 선정하여 계획을 수립하고 수행할 수 있다.

필요 지식 /

1 개요

이동 전화 비동기망(WCDMA)은 전송과 제어가 분리된 R4(3GPP TS 33.107) 구조로 수평적으로는 Physical layer와 MAC은 단말 구조이나 LLC 이상의 상위 프로토콜은 Control Plan과 User Plan으로 나누어져 있다. 하나의 코어 네트워크가 여러 가지 방식의 무선 접속망을 제어할 수 있도록 2~3G 사이의 Handover가 가능한 엑세스 Stratum과 Non-엑세스 Stratum의 이원화 구조를 가지고 있다. 데이터 속도는 최대 2Mbps까지 제공이 가능하다.

2 WCDMA 교환기 구성 및 프로토콜

CDMA(R99)보다 WCDMA(R4)는 구조가 간단하고, 고집적/대용량으로 구현되어 있다. 만약 고장이 발생하면 교환기 전체가 고장나거나 최소 RNC 단위로 고장이 발생한다면 이는 곧 대형 고장으로 이어질 수 있음을 고려하여 확실한 리스크 관리 방안(이중화 등)을 가지고 운용해야 한다. 교환기 운용을 위해서는 교환기의 구성 요소, 호 처리 절차, 운용과 관련된 주요 파라미터(Option)를 알고 있어야 한다. WCDMA 교환기의 주요 구성은 CS Domain과 PS Domain,HLR 등으로 구분할 수 있다.

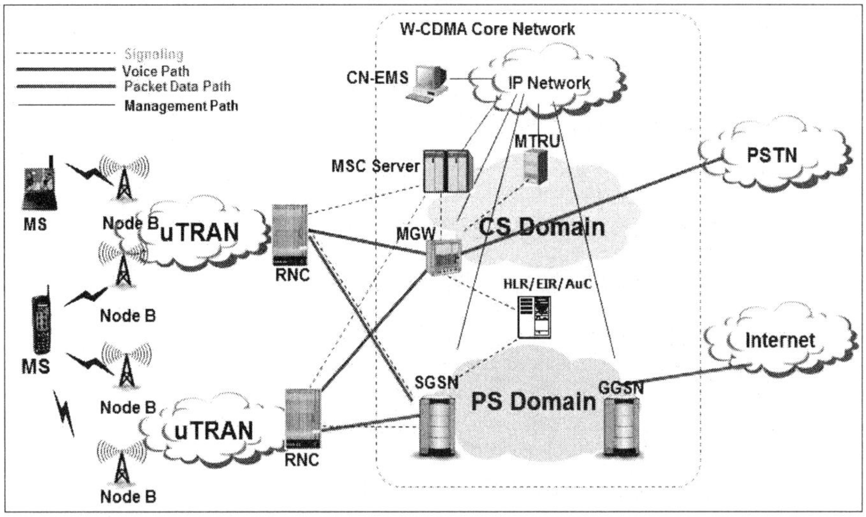

UTRAN: UMTS Radio Access Network
MSC Server: 가입자 정보, 호처리, O&M 및 Signaling 처리를 담당
MGW(Media Gateway): 호처리를 위한 Resource(보코더,중계선 등)를 할당 및 관리
CN-EMS(Core Network Element Management System) : O&M 및 통계 처리 담당
MTRU (Multimedia Termination Relay Unit) : 영상 안내멘트 제공
SGSN(Serving GPRS Support Node)

[그림 2-1] WCDMA 교환망 구성

1. 3GPP 발전

(1) Release '99: 본격적인 3G(WCDMA) 서비스 이전에 2G(CDMA) 핵심망을 이용한 과도적인 망 구조를 말한다(3G 무선규격+2G 핵심망 형태 구성).

(2) Release 4: 패킷 백본을 사용한 본격적인 3G 핵심망으로 구성된 망 구조를 말한다(Packet based '네트워크 Convergence').

(3) Release 5: 기존 R4 기반의 망 구성에 IMS CN Sub 시스템이 IMS 기능을 추가한 망 구조를 말한다(IMS Phase 1. IP Transport Option추가).

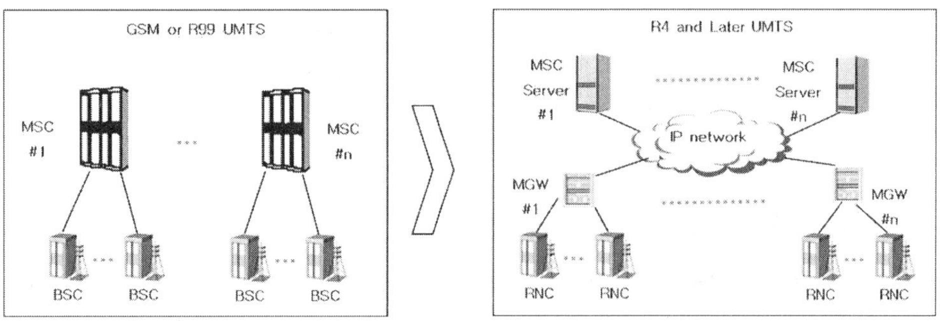

[그림 2-2] MSC의 발전

(4) Release 6: R5 구성을 대부분 수용한 IP 기반의 신규 서비스 및 WLAN 연동 기능 등이 추가된 망 구조를 말한다(IMS Phase 2).

(5) MSC(Mobile Switching Center) 변천

(가) MGW(Media Gate Way)가 집중화에서 분산 시스템화 되어있다.

(나) 한 대의 MSC로 MGW들(1:n)을 제어할 수 있다.

(다) MSC & MGW를 쉽게 추가할 수 있다.

(라) MSC와 MGW의 수용 용량이 증가한다.

(6) R4 교환기의 시스템 특징 및 제원

(가) 시스템 특징

① Air Interface: Uu(UMTS User) Interface(3GPP TS25.2xx,TS25.3xx)

② BTS~RNC 간 규격: Iub(Interface UMTS Node B) Interface

③ RF 최대용량: 4FA/6Sector

④ 동기 방식: 외부 클럭 동기 방식,내부 클럭 동기 방식

(나) 시스템 제원

① Bandwidth: 5MHz

② Channel Card(CHC)당 Channel Element 용량: Max Down Link(DL) 96CE, Up Link(UL) 96CE

③ 기본랙에서 최대 CE 수: DL 1,728CE,UL 1728(96CE/CHC× 9CHC/Shelf × 2Shelf)

④ RNC~BTS 간 Interface: 64E1(16E1×4) 또는 2 STM-1급

⑤ FA 별별 출력: 20W

(다) 공통 제어용 주요 하드 웨어

① 클럭부: CGBA×2(역할: 클럭 생성 및 분배)

② Interface 부: BTIA×4(RNC Interface 16E1 Port/BSIA×2(RNC Interface 2STM-1 Port

③ Main 제어부: BMCA×2(BTS 제어 및 ATM Cell routing)

④ 약어

- CGBA: Clock Generation Board Assembly
- BTIA: BTS Trunk Interface Board Assembly
- BSIA: BTS STM-1 Interface Board Assembly
- BMCA: BTS Main Control Board Assembly

2. 교환기 구성

(1) 기존 전화 서비스를 위한 CS Domain 이외에 인터넷 접속을 위한 PS Domain이 공존하여 구성되어 있다. 주요 구성 내역은 다음과 같다.

(가) CS Domain: MSC,GMSC

(나) PS Domain: SGSN,GGSN

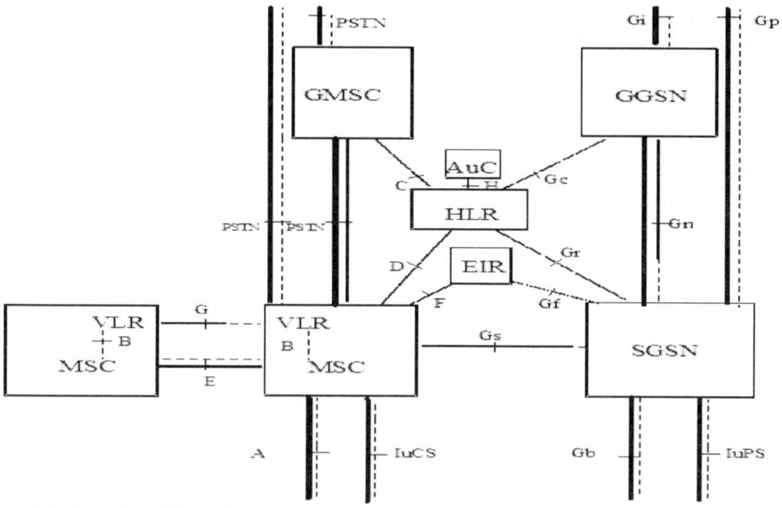

[그림 2-3] 교환기 구성 및 각 링크의 interface

※ Equipment Identity Register(EIR)/Authentication Centre (AuC)

(2) 자체 규격의 Packet Solution-GPRS(General Packet Radio Service)

(3) Transcoder 기능이 R99에는 기지국 제어기에 있던 것을 R4에서는 그 기능이 MSC로 이동하였음.

(4) 기지국과 핵심망 사이의 인터페이스는 ATM으로 정의하였다.

(5) MSC(Mobile Switching Center): 이동 전화 교환기를 말한다.

(6) VLR(Visit Location Register): 방문지 위치 등록을 관리하는 장치이다.

(7) GMSC(Gateway MSC): 유선 전화망 관문 교환기로 유선 전화 가입자가 이동 전화로 전화를 시도할 때 접속되는 Gateway이다.

(8) SGSN(Serving GPRS Support Node): 패킷 교환기를 말한다. 대용량 Packet 스위치 장비로 RNC와 GGSN 사이의 정합을 통해 사용자들의 packet 전달 기능을 수행하고, HLR(Home Location Register)과의 연동을 통해 가입자에 대한 이동성 관리 및 가입자 관리 기능을 수행한다.

(9) GGSN(Gateway GPRS Support Node): 인터넷 망 관문 교환기를 말한다. SGSN과 연동하여 packet 서비스 제공, 인터넷 ,인트라넷, ISP 접속 등 다양한 연동기능을 수행한다.

(10) RNC(Radio 네트워크 Controller): 기지국 제어기를 말한다.

3. 프로토콜

(1) Control Plan: 망의 인터페이스 또는 호의 유지 및 관리 등 제어 정보가 전달되는 영역이다.

(2) User Plan: 음성이나 IP 패킷 등 사용자의 트래픽 정보가 전송되는 영역이다.

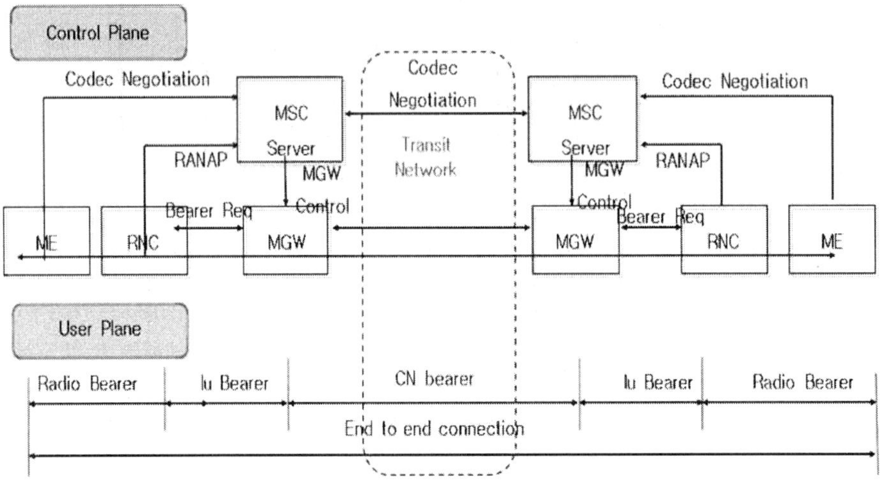

[그림 2-4] Control Plan과 User Plan의 프로토콜 구성도

수행 내용 / 교환기 실시간 모니터링 및 정기점검하기

재료 · 자료

- CDMA, WCDMA, LTE 교환망 구성도 확보
- 교환기와 그에 연결된 장비 간 프로토콜 및 Communication Flow
- 교환기 운용에 필요한 각종 파라미터
- 호 흐름 절차 monitoring 가능한 장비 운용 매뉴얼

기기(장비 · 공구)

- 컴퓨터(인터넷), 프린터, 빔 프로젝터, 화이트보드

• 교환기, NMS

안전 · 유의사항

• 파라미터는 운용 환경에 따라 수시로 변경됨으로 현 시스템에 대한 파라미터 운용 사례를 확보하고 지속적인 업데이트를 한다.

• 수시로 현행화된 호 흐름 절차를 운용 회사로부터 확보한다.

수행 순서

1 교환기를 실시간 모니터링한다.

1. CS호 처리 모니터링하기

CS호는 CS 도메인을 이용한 음성호와 화상호로 처리한다. CS호의 발신과 착신의 처리 과정 및 각각의 메시지에 대하여 알아야 한다. PS 호는 PS 도메인을 이용한 패킷 데이터호를 말하는 것으로, 착신호는 없으며 발신호만 처리한다. 호처리에 대한 적정 파라미터(Option)로 운용되도록 각종 파라미터를 이해해야 한다. 교환기 운용의 중요한 관리는 호처리 프로세스 및 파라미터를 명확하게 이해해야 교환기 운용을 한다고 할 수 있다.

(1) CS호 처리와 파라미터 모니터링하기

CS 호 흐름 절차 Block 알기

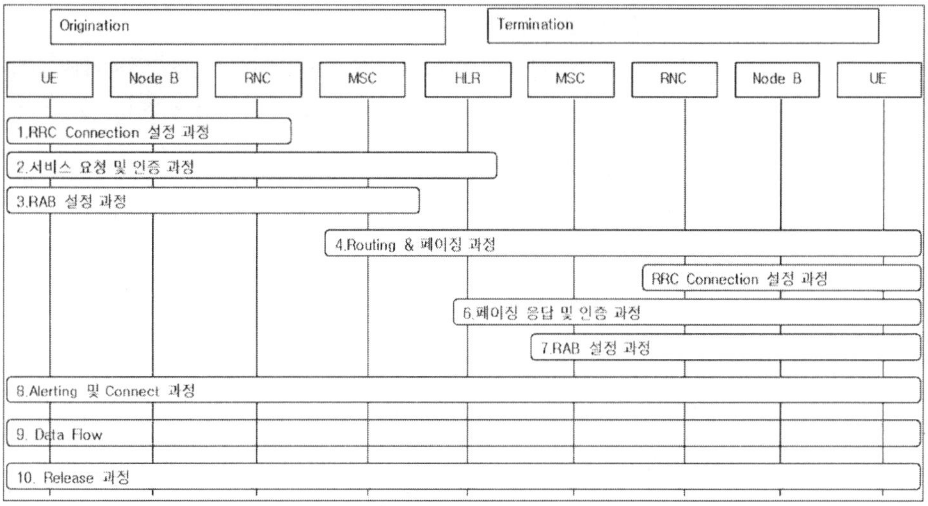

[그림 2-5] CS 호 흐름 절차

(2) CS호 처리 Block 내용 알기

(가) RRC Connection 설정 과정

단말과 RNC 사이에 시그널링 메시지 전달 경로인SRB(Signaling Radio Brear)를 설정하는 과정이다. 단말과 시스템간의 메시지를 주고 받기 위한 통로를 설정하는 과정으로서, 모든 호처리 과정은 RRC 연결 설정과정에서부터 시작한다.

(나) 서비스 요청 및 인증 과정

SRB 설정이 완료되면 단말은 설정된 시그널링 채널을 통해서 시스템으로 서비스 요청 메시지를 보낸다. 시스템에서는 요청 단말이 정상 가입자인지 서비스 권한이 있는지에 대한 인증 과정을 거치고, 단말과 시스템 간의 트래픽에 대한 암호화 관련 정보를 전달한다.

(다) RAB 설정 과정

Radio 엑세스 Bearer를 설정하는 과정으로 단말과 시스템 간의 사용자 트래픽을 위한 경로를 설정하는 과정이다. 단말과 RNC 간에 TRB (Traffic Radio Bearer)를 설정하고, RNC와 CN 간에는 Iu Bearer를 설정함으로써 단말과 CN간에 RAB 를 설정할 수 있다.

(라) Routing 과정 & 페이징 과정

발신 MSC에서 착신 MSC를 확인하고 착신 요청 메시지를 보낸다. 착신 MSC는 착신 단말로 페이징을 보낸다.

(마) RRC Connection 설정 과정

(1)번 과정과 동일한 과정이다. 착신 단말은 페이징을 수신하면 시스템으로 페이징 응답을 보내기 위하여 SRB 설정 과정을 시작한다.

(바) 페이징 응답 및 인증 과정

설정한 SRB를 통하여 착신 단말은 Paging Response 메시지를 보내어 시스템의 페이징에 응답한다. 페이징에 응답한 단말의 인증은 (2)번과 동일한 과정이다.

(사) RAB 설정 과정

착신 단말의 TRB 설정 과정으로서 3번과 동일한 과정이다.

(아) Alerting 및 Connect 과정

착신단말에 Ring이 울리고, 전화를 받는 과정이다.

(자) 데이터 Flow

착신 단말로 수신하여 단말-단말 간에 호가 열린 채로 통화중인 상태이다.

(차) Release 과정

호의 해제 과정이다.

(3) 호 처리 과정별 Set up 절차 및 프로토콜 알기

(가) RRC Connection 설정 과정의 호 흐름 절차 알기

① RRC Connection Request

단말과 RNC 사이의 RRC 연결을 설정하기 위하여 단말이 시스템으로 송신하는 첫 메시지이다. 이 과정을 통해서 단말과 RNC 간의 signaling을 위한 연결인 SRB를 설정하게 된다. SRB 연결이 설정되면 이 연결을 통해서 단말과 시스템 간의 signaling message를 전달하게 된다.

- 프로토콜: RRC
- 채널: PRACH/RACH/CCCH
- 주요 파라미터: Initial UE ID 등

② Radio Link Setup Request 메시지 설명

RNC는 요청한 단말에 대하여 DCH채널 할당을 할 것인지를 결정하고 단말을 RAN에서의 구분자인 U-RNTI를 할당하고 RRC연결을 위한 자원을 할당한다. DCH 설정이 되면 RNC는 Node B 로 NBAP 메시지인 Radio Link Setup Request를 보내어 무선자원할당을 요청한다. Node B는 무선 링크를 설정하고 새로운 Node B Communication Context를 설정한다.

- 프로토콜: NBAP
- 주요 파라미터: 무선링크 설정을 위한 자원 설정 관련하여 트랜스포트 채널, 물리채널, 무선링크의 설정과 관련된 UL D컴퓨터H Information 등

③ Radio Link Setup Response 메시지 설명

기지국은 RNC의 무선 링크 설정 요구에 대한 무선 자원 설정을 완료하고 RNC로 보내는 응답 메시지이다. 기지국은 Radio Link Setup Request 를 수신하면 자원을 할당하고 물리 채널의 수신을 시작한다. Radio Link Setup Response 메시지로 자원 할당 결과를 RNC로 통보하고 만약 무선 자원 설정에 실패하면 Radio Link Setup Failure 메시지를 송신한다.

- 프로토콜: NBAP
- 주요 파라미터: Node B Communication Context ID 등

④ ALCAP Iub 데이터 Transport Bearer Setup

RNC와 Node B 사이의 Iub 구간에 SRB 시그널링을 위한 유선 자원을 할당하는 과정으로 유선 자원의 ITU-T 표준을 사용하는 ALCAP 프로토콜의 과정을 따른다.

- 프로토콜: ALCAP
- RNC에서 Node B로 Establish Request 메시지를 보내면 Node B에서 RNC로 Establish Confirm 메시지가 전달되는 절차로 베어러 설정을 완료한다.

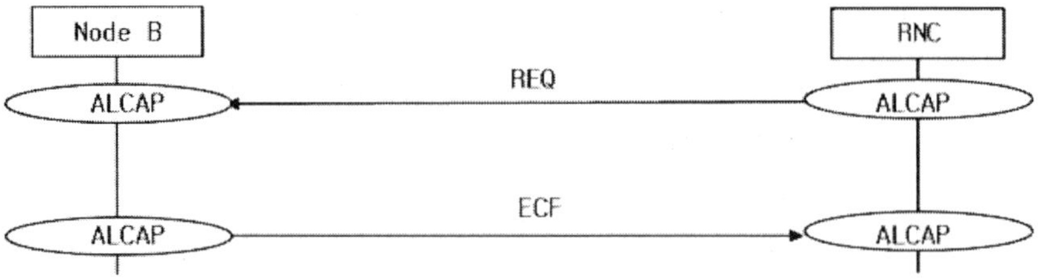

[그림 2-6] ALCAP Call Flow

⑤ Down Link/Up Link Synchronisation

Down Link 동기는 RNC와 Node B 간의 동기화를 위해 RNC에서 Node B로 시간 정보를 보내는 메시지이다. RNC는 DCH Frame 프로토콜을 이용하여 RNC 기준 시간을 Node B로 통보한다. Up Link 동기는 RNC와 Node B 간의 동기화를 위해 Node B에서 RNC로 시간 정보를 보내는 메시지이다. Node B는 RNC가 보낸 시간(T1)에 더하여 Node B가 수신한 시간(T2) 및 Node B가 송신하는 시간(T3)을 포함하여 송신한다.

- 프로토콜: Down/Up Link Synchronisation는 DCH-FP이다.
- 주요 파라미터: T1(Down/Up Link 공통), T2, T3(Up Link만 해당)

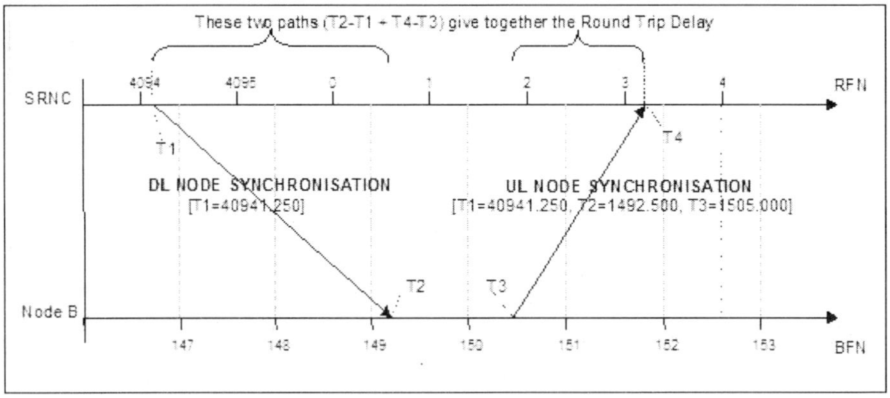

[그림 2-7] UP/Down 동기화 Time Delay 계산

⑥ RRC Connection Setup:

단말의 RRC 설정 요구에 대하여 시스템은 기지국 자원을 할당하고 해당 결과를 단말로 송신하는 과정이다. 기지국에서 무선 자원 할당을 완료하면 RNC는 단말에게 자원 할당의 결과를 알린다. 자원 할당하는 시그널링 링크 정보, 트랜스포트 채널 정보, 물리 채널 정보 등을 포함한다. 단말은 이 정보를 가지고 시스템과 RRC의 연결을 설정 한다.

- 프로토콜: RRC
- 채널: S-CC PCH/FACH/CCCH
- 주요 파라미터: SRB Information 등

⑦ Radio Link Restore Indication:

RRC Connection Setup 메시지를 수신한 단말은 해당 정보를 이용하여 DCH 채널을 설정하고 CELL-DCH 상태로 천이한다. 기지국은 단말이 송신하는 DCCH 채널을 수신하여 Up Link Synchronisation을 획득하고 단말의 Up Link 신호가 정상적으로 수신됨을 RNC에 보고한다.

- 프로토콜: NBAP
- 주요 파라미터: CRNC Communication Context ID 등

⑧ RRC Connection Setup Complete:

단말에서 RRC 연결 설정을 위한 자원 설정을 완료하고 결과를 시스템으로 보고하는 과정이다. "RRC Connection Setup Complete" 라는 메시지부터 단말의 전용채널(Dedicated CH)을 이용하여 정보를 전송하게 된다.

- 프로토콜: RRC
- 채널: DPCH/DCH/DCCH
- 주요 파라미터: CN Domain identity 등

(나) 서비스 요구 및 인증 과정과 호 흐름 절차 알기

RRC 연결 설정이 완료되면 단말이 DCCH를 설정하게 되고 이를 이용하여 호를 설정하고자 하는 서비스 요구 메시지를 망으로 전송하게 된다. 단말의 서비스 요구를 받은 망에서는 발신단말이 올바른 가입자인지 인증을 통해 확인하고 서비스 보안을 위한 협상 과정을 거치게 된다. 이 과정은 아래 그림과 같다.

① USSD(Unstructured Supplementary Service 데이터)

단말과 CN 간의 부가적인 데이터를 전송하는 절차이다. USSD는 호의 진행 상황을 알려주기 위해 사용된다. 이 절차는 "호 진행 중입니다" 라는 메시지를 발신 단말로 전달하고 화상 전화 발신 단말에서만 발생하는 절차이다. 메시지 상세 절차는 아래 그림과 같다(관련 규격: TS22.090, 23.090, 24.090).

② Initial Direct Transfer

단말과 CN 간의 signaling connection을 설정하는 과정으로, 발신 단말은 서비스 요청을 하는 메시지를 CN으로 전송하게 되는데 이 RRC 메시지의 이름은 Initial Direct Transfer 이다. "Direct Transfer" 의 의미는 단말과 CN상에서만 주고받는 메시지로서 RNC 에서는 그 내용을 상관하지 않고 그대로 전달을 한다는 의미이다. 실제로 이 메시지의 내부에 포함된 NAS(Non 액세스 Stratum) 메시지는 "CM Service Request" 라는 메시지로서

단말이 CN에 서비스를 요구하는 메시지이다.

- 프로토콜: RRC
- 채널: D컴퓨터H/DCH/DCCH
- 주요 파라미터: Initial NAS Message(CM Service Request, Location Update Request etc.) CN node indicator(NAS 메시지가 전달될 CN node).

③ Initial UE message

RRC 메시지인 Initial Direct Transfer로 전달되어 온 NAS 메시지를 RNC에서 CN으로 전달하는 초기 RANAP 메시지이다. 이 메시지는 단말과 CN 간의 시그널링 연결 설정의 과정으로 RNC와 CN간의 시그널링 연결 설정을 시작하는 메시지이다. NAS(Non 엑세스 Stratum) 메시지를 포함하고 있으며 RAN에서는 메시지의 내용에 관여하지 않으며 단순히 단말~CN 사이에서 전달의 기능만 수행한다.

- 프로토콜: RANAP
- 주요 파라미터: NAS PDU, CN domain indicator

④ Send Authentication Information

발신한 단말이 정상적인 가입자의 단말인지 조회를 하기 위한 메시지로서 MSC/VLR에서 HLR로 가입자 정보 조회를 요구하는 메시지이다.

- 프로토콜: MAP

⑤ Send Authentication Information Ack

Send Authentication Information 메시지에 대한 응답 메시지이다.

- 프로토콜: MAP 분산

⑥ Direct Transfer

단말과 시스템의 상호 인증을 위해서 CN에서 단말로 보내는 NAS 메시지인 "Authentication Request" 메시지를 CN에서 RNC로 전달하는 메세지이다. Authentication Request 메시지는 VLR에 등록이 되지 않은 단말에 대하여 HLR을 통해 조회한 후 정상 가입자이면 인증 과정을 거쳐서 VLR에 가입자 정보를 생성하기 위한 과정이다. 단, VLR에 등록된 가입자는 이 과정을 거치지 않는다.

- 단말이 보낸 Mobile identity의 수용 가능 여부를 네트워크에서 체크한다.
- 단말에게 새로운 IK(Integrity Key), CK(Ciphering Key)를 계산할 수 있는 파라미터를 제공한다.
- 단말이 네트워크를 인증하도록 한다.
- 인증 과정이 끝나면 IK(Integrity Key), CK(Ciphering Key)를 단말과 네트워크에서 저장
  - 프로토콜: RANAP

⑦ Down Link Direct Transfer

RNC에서 단말로 Authentication Request 메시지를 전달하는 RRC 메시지이다.

- 프로토콜: RRC
- 주요 파라미터: NAS Message 등

⑧ Authentication and key agreement

이 과정의 목적은 사용자를 인증하고 , VLR/SGSN 과 USIM 사이에 IK(Integrity Key), CK(Ciphering Key)를 생성하는 것이다. 인증과정에서 USIM은 인증 벡터의 무결성을 인증한다. VLR/SGSN은 사용하지 않은 인증 벡터를 선택하여 인증 과정을 시작한다. VLR/SGSN은, 랜덤 변수 RAND와 네트워크 인증을 위한 인증 토큰 AUTN을 USIM에게 전송한다. USIM은 RAND와 AUTN을 수신하면 이를 이용하여 IK, CK를 생성하고, 생성결과를 RES에 되돌린다.

⑨ Up Link Direct Transfer

단말과 시스템의 상호 인증을 위해서 단말에서 CN으로 보내는 NAS 메시지인 "Authentication Response" 메시지를 단말에서 RNC로 전달하는 메시지로서, Authentication Request에 대한 응답 메시지이다.

- 프로토콜: RRC

⑩ Direct Transfer

RNC에서 CN으로 Authentication Response 메시지를 전달하는 RANAP 메시지이다.

- 프로토콜: RANAP
- 주요 파라미터: Authentication Response parameter(NAS Message)

⑪ Security mode command

무선 구간에서의 시그널링 트래픽에 대한 무결성 보장(Integrity)과 사용자 트래픽에 대한 암호화(Ciphering)의 지원 여부 및 사용 알고리즘에 대한 정보를 CN에서 RNC로 보내는 메시지이다.

- 프로토콜: RANAP

⑫ Security mode command

RANAP Security mode command 메시지를 수신한 RNC는 해당 알고리즘을 단말로 전송한다. 암호화에 관한 정보는 CN, RNC, UE가 동시에 알고 있어야 하므로 RNC CN에서 보내온 메시지를 읽은 다음 동일한 정보를 RRC 메시지로 만들어서 다시 단말에 알려준다.

- 프로토콜: RRC
- 주요 파라미터: Security Capability 등

⑬ Security mode Complete

RRC Security mode command 메시지에서 정의한 암호화(Ciphering) 및 무결

성(Integrity)에 대한 단말의 확인 메시지로, 단말에서 RNC로 송신하는 메시지이다.

- 프로토콜: RRC
- 주요 파라미터: Up Link Integrity protection activation info. 등

⑭ Direct Transfer

단말에서 호의 설정 요청을 위해 전송한 NAS의 "Setup" 메시지에 대한 CN의 응답 NAS 메시지인 "Call Proceeding"을 CN에서 RNC로 전달하는 메시지이다.

- 프로토콜: RANAP

⑮ Down Link Direct Transfer

RNC에서 단말로 Call Proceeding 메시지를 전달하는 RRC 메시지이다.

- 프로토콜: RRC

(다) RAB 설정 과정 호 흐름 절차 알기

단말과 CN 간의 상호 인증이 끝나고 단말의 호 설정 요구를 CN에서 수락하게 되면 단말과 CN 사이에 User Traffic을 전송하기 위한 트래픽 경로를 설정하는 단계를 시작한다. RAB(Radio 엑세스 Bearer)는 단말에서 CN 간의 트래픽 전송을 위한 경로를 말한다. 단말~RNC 구간을 RB(Radio Bearer)라고 하고, RNC~CN 구간은 Iu Bearer라고 하며, 이 둘을 합하면 하나의 RAB가 된다. 설정은 CN에서의 설정 요구를 통해 시작하며, 이 과정은 아래 그림과 같다.

① RAB Assignment Request

하나의 단말에 대하여 하나 이상의 RAB의 설정, 변경, 해제(establishment, modification or release)를 요청하기 위해 CN에서 RNC로 보내는 메시지이다.

- 프로토콜: RANAP
- 주요 파라미터: RABs To Be Setup Or Modified List/RABs To Be Released List 등

② ALCAP Iu 데이터 Transport Bearer Setup

단말과 CN 간의 RAB를 설정하기 위해 Iu 구간의 베어러를 설정하는 과정이다.

- 프로토콜: ALCAP
- 주요 파라미터: CN에서 RNC로 Establish Request 메시지를 보내면 RNC에서 CN으로 Establish Confirm 메시지를 보내어 베어러 설정을 완료한다. 베어러 설정 과정 및 메시지에 포함 내용은 아래 그림과 같다(ITU-T규격 Q.2630.2 참조)

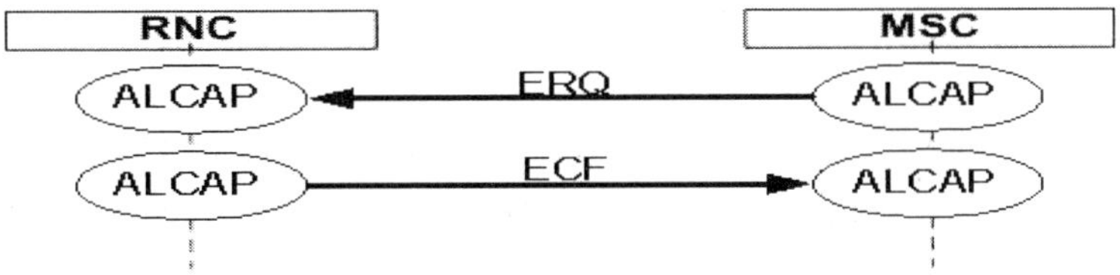

[그림 2-8] ALCAP Iu Date Transport Bearer Setup Flow

③ Radio Rink Reconfiguration Commit

유선 자원의 할당이 정상적으로 완료되면 RNC는 기지국에 새로운 무선링크 구성으로 스위칭하라는 지시를 내리는 메시지이다.

- 프로토콜: NBAP
- 주요 파라미터: id,frame number 등

④ Radio Bearer Setup

이 메시지는 단말과 RNC 구간에 새로운 RB(radio bearer)를 설정하는 과정으로서, 기지국의 자원 할당이 완료된 상태에서 단말에게 새로운 RB 설정에 관한 정보를 알리는 메시지이다. 트랜스 포트 채널 또는 물리 채널의 설정 변경에 관한 내용을 포함한다.

- 프로토콜: RRC
- 주요 파라미터: UE Information,RAB information to setup 등

⑤ Radio Bearer Setup Complete

Radio Bearer Setup 메시지에 대한 응답으로, 단말에서 RB 설정이 완료되었음을 RNC로 알리는 Ack 메시지이다.

- 프로토콜: RRC

⑥ RAB Assignment Response

RAB ASSIGNMENT REQUEST에 대한 응답으로 RNC가 CN으로 보내는 메시지이다. 이 메시지를 통해서 UTRAN에서의 자원 할당이 완료되었음을 CN으로 알려준다.

- 프로토콜: RANAP
- 주요 파라미터: RABs Setup Or Modified List

(라) Routing & Paging 과정과 호 흐름의 절차 알기

발신 단말의 자원 설정이 완료되면 착신 단말의 위치를 파악하여 착신 단말로 호를 연결하는 과정을 진행한다. 즉, 착신 단말의 위치를 HLR에서 조회하여 단말로 호의 착신을 알리는 페이징 신호를 보내는 과정이다. 이 과정은 아래 그림과 같다.

① Send Routing Information:

발신 측에서는 자원 할당이 완료된 상태로서 착신 단말을 찾아서 연결하는 과정으로 진행된다. 이 과정은 착신 단말이 현재 등록된 VLR을 확인하는 과정으로 확인을 위해 발신 MSC에서 HLR로 조회 요구 메시지를 보낸다.

- 프로토콜: MAP

② Send Routing Information Ack

Send Routing Information 메시지에 대한 응답메시지이다. 이 메시지를 통해서 HLR은 VLR로 착신 단말의 등록 위치를 알려준다.

- 프로토콜: MAP

③ IAM(Initial Address Message)

발신 MSC에서 HLR을 조회한 결과 현재 착신 단말이 위치한 착신 MSC로 착신을 위한 라우팅 정보를 보내는 메시지이다.

- 프로토콜: MAP

④ Paging

착신 MSC에서 단말이 등록된 지역의 RNC로 착신호가 왔음을 알리는 페이징 메시지이다.

- 프로토콜: RANAP
- 주요 파라미터: CN Domain Indicator Permanent NAS UE Identity Temporary UE Identity Paging Area ID 등

⑤ Paging type 1

RNC는 CN에서 Paging 메시지가 오면 이를 RRC 메시지로 변환하여 해당하는 셀로 페이징을 내리게 된다. Idle mode 단말은 PAGING TYPE 1 메시지를 내리고, Connected Mode 단말에게는 PAGING TYPE 2로 페이징을 내린다.

- 프로토콜: RRC

⑥ RRC 연결 설정:

착신 단말의 경우 발신 단말과 마찬가지로 시스템과 단말 간 시그널링을 위한 채널을 가장 먼저 설정해야 한다. 이 과정은 1.2절의 과정과 동일하다.

(마) 페이징 응답 및 착신호 설정 과정과 호 흐름 절차 알기:

페이징 신호를 받은 단말은 착신호가 왔음을 인지하고 RRC 연결 설정을 통해서 SRB를 설정하고 페이징 응답 메시지를 보낸다. 페이징 응답 과정은 아래와 같다.

① Initial Direct Transfer:

착신 단말이 시스템의 페이징에 대한 응답 메시지를 보내는 것으로, 페이징 응답은 단말과 CN 간의 NAS 메시지이므로 단말에서 RNC로는 Direct Transfer 메시지로 전송 된다. 이 메시지의 내용이 Paging Response이다.

- 프로토콜: RRC
- 채널: D컴퓨터H/DCH/DCCH
- 주요 파라미터: CN domain identity 등

② Initial UE message:

RRC 메시지인 Initial Direct Transfer로 전달된 NAS 메시지를 RNC에서 CN으로 전달하기 위한 초기 RANAP 메시지이다. NAS(Non 엑세스 Stratum) 메시지를 포함하고 있으며 RAN에서는 메시지의 내용에 관여하지 않고 단순히 단말과 CN 사이에서 전달의 기능만 수행한다.

- 프로토콜: RANAP
- 주요 파라미터: CN domain identity 등

③ (3)~(12)번 과정은 발신 단말과 동일한 호 흐름 절차이므로 발신 단말의 호 흐름 절차를 참조한다.

④ Direct Transfer:

착신 단말로 호를 설정하기 위해서 시스템에서 단말로 호의 설정 관련 자원의 정보를 전송하는 NAS 메시지인 'Setup' 메시지를 CN에서 RNC로 전달하는 메시지이다.

- 프로토콜: RANAP

⑤ Down Link Direct Transfer:

RNC에서 착신 단말로 Setup 메시지를 전달하는 RRC 메시지이다.

- 프로토콜: RRC
- 주요 파라미터: NAS Message 등

⑥ Up Link Direct Transfer:

CN에서 호의 설정 요청을 위해 전송한 NAS 메시지 "Setup"에 대하여 착신 단말에서 호를 수락하는 응답 메시지인 "Call Confirmed"를 단말에서 RNC로 전달하는 메시지이다.

- 프로토콜: RRC

⑦ RAB 설정 과정:

발신단말 호 흐름절차 과정과 동일하다.

(바) Alerting 및 Connecting 과정인 호 흐름절차 알기:

착신 단말의 자원 설정이 완료되면 발신 단말에게 착신 단말이 준비가 되었음을 알리고, 착신 단말에서 Key를 눌러 수신을 하면 Connect 과정을 통해서 단말~단말 간에 통화로가 열리고 통화 상태가 된다. 이 과정은 아래와 같다.

① Up Link Direct Transfer

착신 단말에서 호의 설정이 완료되면 단말은 NAS 메시지 "Alerting"을 발신

단말 측으로 전송하여 발신 단말이 Ring Back Tone을 울리도록 한다.

- 프로토콜: RRC

② Direct Transfer

RNC에서 CN으로 "Alerting" 메시지를 전달하는 RANAP 메시지이다.

- 프로토콜: RANAP

③ ACM(Address Complete Message)

착신 측 MSC 에서 발신 측 MSC로 Alerting을 전송하는 메시지이다.

- 프로토콜: MAP

④ USSD(Unstructured Supplementary Service 데이터)

단말과 CN 간에 부가적인 데이터를 전송하는 절차이다. USSD는 호의 진행 상황을 알려주기 위해 사용된다. 이 절차는 "응답 대기중입니다" 라는 메시지를 발신 단말로 전달한다. 이 절차는 화상 전화 발신 단말에서만 발생하는 절차이다. 음성 호는 이 절차가 없다.

⑤ Direct Transfer

발신 단말 측 MSC에서 RNC로 착신 단말로 Alerting 메시지를 전달하는 RANAP 메시지이다.

- 프로토콜: RANAP

⑥ Down Link Direct Transfer

RNC에서 착신 단말로 Alerting 메시지를 전달하는 RRC 메시지이다. 발신 단말은 이 메시지를 받으면 Ring Back Tone을 송출한다.

- 프로토콜: RRC

⑦ Up Link Direct Transfer

착신 단말에서 사용자가 키를 눌러 전화를 받으면 단말은 NAS 메시지 "Connect"을 발신 단말 측으로 전송하여 통화 상태로 진입한다.

- 프로토콜: RRC

⑧ Direct Transfer

RNC에서 CN으로 "Connect" 메시지를 전달하는 RANAP 메시지이다.

- 프로토콜: RANAP

⑨ ANM(Answer Message)

착신 측 MSC에서 발신 측 MSC로 Connect를 전송하는 메시지이다.

- 프로토콜: MAP

⑩ Direct Transfer

발신 단말 측 MSC에서 RNC로 착신 단말로 Connect 메시지를 전달하는 RANAP 메시지이다.

- 프로토콜: RANAP

⑪ Down Link Direct Transfer

RNC에서 착신 단말로 Connect 메시지를 전달하는 RRC 메시지이다. 발신 단말은 이 메시지를 받으면 링백톤의 송출을 중지하고 통화 상태로 진입한다.

- 프로토콜: RRC

⑫ Up Link Direct Transfer

발신 단말에서 Connect 메시지의 수신 여부를 CN으로 알리는 NAS 메시지인 "Connect Ack" 를 단말에서 RNC로 전달하는 메시지이다.

- 프로토콜: RRC

⑬ Direct Transfer

RNC에서 CN으로 "Connect Ack" 메시지를 전달하는 RANAP 메시지이다.

- 프로토콜: RANAP

⑭ Direct Transfer

CN에서 Connect 메시지의 수신 여부를 착신 단말로 알리는 NAS 메시지인 "Connect Ack" 를 CN에서 RNC로 전달하는 메시지이다.

- 프로토콜: RANAP

⑮ Down Link Direct Transfer

RNC에서 착신 단말로 Connect Ack 메시지를 전달하는 RRC 메시지이다.

- 프로토콜: RRC

⑯ Call Connected State

단말 간의 End-to-End 통화로가 열려서 통화 중인 상태이다.

(사) Release 과정과 호 흐름 절차 알기

본 과정은 발신 단말 혹은 착신 단말에서 호를 종료하는 과정이다.

(4) PS호 처리와 파라미터 모니터링하기

PS호는 PS 도메인을 이용한 패킷 데이터호를 말하는 것으로, 착신호는 없으며 발신호만 있다. 전화 접속 연결을 통한 인터넷 접속 또는 Nate 접속 등이 패킷호의 사례이다. 아래 과정은 패킷호 설정 과정이다.

- PS호 흐름 절차 Block

(가) PS호 Block 내용 알기

① RRC Connection 설정 과정

단말과 RNC사이에 시그널링 메시지 전달을 위한 경로인 SRB(Signaling Radio Bearer)를 설정하는 과정이다(CS호와 동일한 과정임).

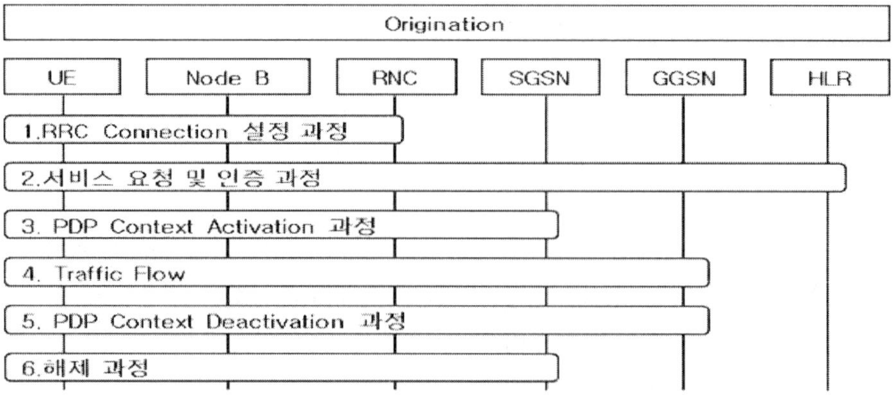

[그림 2-9] PS호 흐름 절차 Block

② 서비스 요청 및 인증 과정

SRB를 통하여 단말이 시스템으로 서비스 요청

메시지를 보내고, 시스템에서는 요청 단말의 인증 과정과 트래픽의 암호화 관련 정보를 교환한 다음 서비스 수락 메시지를 단말로 보내어 이 사실을 알린다.

③ PDP Context Activation 과정

CN에서 관리하는 세션인 "PDP Context"를 생성하여 단말의 서비스가 가능하도록 하는 과정이다. 이 과정은 RAB 설정 과정을 포함하고 있다.

④ Traffic Flow:

설정된 PDP Context를 이용하여 사용자 트래픽이 흐르는 상태를 나타낸다.

⑤ PDP Context Deactivation 과정

GGSN의 PDP context를 해제하는 과정이다

⑥ 해제 과정

RAN 및 SGSN의 자원을 해제하는 과정이다.

(나) RRC Connection 과정과 호 흐름 절차 알기

① RRC Connection 설정 과정은 단말이 시스템과 시그널링 메시지를 주고 받기 위한 연결 설정을 하는 과정으로서 단말과 시스템 간의 최초의 연결 설정이라고 할 수 있다. 이 과정은 음성 호 발신의 RRC 연결 설정 과정과 동일하며, 단지 RRC CONNECTION REQUEST의 Establishment Cause 값만 차이가 있다.

② RRC Connection Request 메시지 설명

단말과 RNC 사이의 RRC 연결을 설정하기 위하여 단말이 시스템으로 송신하는 첫 메시지이다. 이 과정을 통해서 단말과 RNC 간의 시그널링을 위한 연결인 SRB를 설정하게 된다. SRB연결이 완료되면 이 연결을 통해서 단말과

시스템 간의 시그널링 메시지를 전달하게 된다.

- 프로토콜: RRC
- 채널: PRACH/RACH/CCCH
- 주요 파라미터: Initial UE ID 등

(다) 서비스 요구 및 인증 과정 호 흐름 절차 알기

① Initial Direct Transfer

단말은 SGSN으로 서비스를 요구하는 NAS(Non 엑세스 Stratum) 메시지 "Service Request" 를 전송하여 CN과 호의 설정을 시작한다. "Service Request" 를 단말에서 RNC 로 전달하는 메시지는 Initial Direct Transfer 이다. 여기서 "Direct Transfer" 란 단말과 CN 상에서 주고받는 메시지를 RNC에서는 내용에 상관하지 않고 그대로 전달한다는 의미이다.

- 프로토콜: RRC
- 채널: D컴퓨터H/DCH/DCCH
- 주요 파라미터: CN Domain ID 등

② Initial UE message:

RRC 메시지로서 Initial Direct Transfer로 전달된 NAS 메시지를 RNC에서 CN으로 전달하기 위한 초기 RANAP 메시지이다. 여기에는 NAS(Non 엑세스 Stratum) 메시지를 포함하고 있으며 RAN에서는 메시지의 내용에 관여하지 않고 단순히 단말과 CN(SGSN) 사이에서 전달의 기능만 수행한다.

- 프로토콜: RANAP
- 주요 파라미터: CN Domain ID 등

③ Send Authentication Information에서 Security mode Complete 과정은 음성호 설정의 과정과 동일하다.

④ Direct Transfer:

CN(SGSN)에서 특정 정보를 단말로 보내 주는 NAS 메시지인 "GMM INFORMATION" 를 CN에서 RNC로 전달하는 메시지이다.

- 프로토콜: RANAP

⑤ Down Link Direct Transfer:

RNC에서 단말로 "GMM INFORMATION" 메시지를 전달하는 RRC 메시지이다.

- 프로토콜: RRC
- 주요 파라미터: NAS Message 등

⑥ Direct Transfer:

Service Request에 대한 응답 메시지인 Service Accept 메시지(NAS 메시지)를

CN에서 RNC로 전달하는 메시지이다.

- 프로토콜: RANAP

⑦ Down Link Direct Transfer:

RNC에서 단말로 Service Accept 메시지를 전달하는 RRC 메시지이다. 단말이 이 메시지를 수신하면 요청한 서비스가 CN에서 수락되었음을 인지하고 자원의 활성화를 요청하는 단계로 진행한다.

- 프로토콜: RRC
- 주요 파라미터: NAS Message 등

(라) PDP Context Activation 과정과 호 흐름 절차 알기:

RRC 연결 설정이 완료되면 단말은 SRB를 이용하여 DCCH 채널로 호를 설정하고자 하는 서비스 요구 메시지를 망으로 전송하게 된다. 단말의 서비스 요구를 받은 망에서는 발신 단말이 올바른 가입자인지 인증하고 보안을 위한 협상 과정을 거친 후 서비스 수락을 하게 된다.

① Up Link Direct Transfer:

단말에서 CN(SGSN)으로 PDP Context의 활성화를 요청하는 NAS 메시지인 "Activate PDP Context Request"를 보내어 단말과 CN 간의 트래픽 경로를 위한 세션 설정을 시작한다. "Activate PDP Context Request"를 단말에서 RNC로 전달하는 RRC 메시지이다.

- 프로토콜: RRC

② Direct Transfer:

RNC에서 CN으로 Activate PDP Context Request를 전달한다.

- 프로토콜: RANAP
- 주요 파라미터: NAS Message 등

③ RAB 설정 과정: 발신 단말 RAB 설정 과정과 동일하다.

④ Create PDP Context Request

SGSN에서 GGSN으로 패킷호 설정을 요구한 단말을 위해 세션 설정을 요구하는 메시지이다. 외부 데이터망과의 트래픽 경로를 설정하기 위하여 GGSN에서는 각각의 단말을 위한 연결 세션을 관리해야 하는데 이것을 PDP (Packet 데이터 프로토콜) Context 라고 한다.

- 프로토콜: GTP(GPRS Tunneling 프로토콜)
- 주요 파라미터: Selection mode, End User Address 등

⑤ Create PDP Context Response:

Create PDP Context Request에 대한 응답으로 GGSN에서 SGSN으로 보내는 메시지이다. 서비스를 요구한 단말을 위한 세션 설정 즉, PDP Context를 설정

하고 이를 SGSN으로 알리는 메시지이다. 이 상태에서 GGSN에서는 외부 데이터망과 단말과의 트래픽 전달을 위한 설정이 완료된 상태이다. SGSN은 이 메시지를 수신하면 PDP context를 활성화 하고 단말의 데이터(T-PDU)를 전달할 준비가 완료된다.

- 프로토콜: GTP(GPRS Tunneling 프로토콜)
- 주요 파라미터: Cause,Reordering required 등

⑥ Direct Transfer:

"Activate PDP Context Request" 에 대한 응답으로 SGSN에서 단말로 보내는 메시지인 "Activate PDP Context Accept" 를 SGSN에서 RNC로 전달하는 메시지이다.

- 프로토콜: RANAP

⑦ Down Link Direct Transfer:

RNC에서 단말로 "Activate PDP Context Accept" 메시지를 전달하는 RRC 메시지이다. 단말이 이 메시지를 수신하면 요청한 서비스에 대하여 네트워크에서 세션 설정이 완료되었음을 확인한다.

- 프로토콜: RRC
- 주요 파라미터: Negotiated LLC SAPI 등

⑧ 데이터 Flow:

설정된 PDP Context를 이용하여 패킷호의 설정이 완료된 후 사용자 트래픽이 전송되는 단계이다.

(마) PDP Context Deactivation 과정과 호 흐름절차 알기

데이터 전송이 완료되면 단말에서 패킷호를 종료하게 되어 GGSN에 설정된 PDP Context를 해제하는 과정이다. 메시지 흐름은 아래 그림과 같다.

① Up Link Direct Transfer:

단말에서 CN(SGSN)으로 active PDP Context 의 deactivation을 요청하는 NAS 메시지 "Deactivate PDP Context Request" 를 보내어 단말과 CN 간의 트래픽 경로를 위한 세션 설정을 시작한다. "Deactivate PDP Context Request" 를 단말에서 RNC로 전달한다.

- 프로토콜: RRC

② Direct Transfer:

RNC에서 CN으로 "Deactivate PDP Context Request" 를 전달한다.

- 프로토콜: RANAP
- 주요 파라미터: NAS Message 등

③ Delete PDP Context Request:

SGSN에서 GGSN으로 PDP context를 삭제할 것을 요청한다. 다음의 과정 중에 나타난다.

- GPRS Detach procedure or
- GPRS PDP Context Deactivation procedure or
- PDP Context Deactivation Initiated by GGSN procedure.(이때는 GGSN에서 SGSN으로 보냄)

- 프로토콜: GTP(GPRS Tunneling 프로토콜)
- 주요 파라미터: Teardown ind. 등

④ Delete PDP Context Response:

Delete PDP Context Request 에 대한 응답으로 GGSN에서 SGSN으로 보내는 메시지이다. PDP Context를 해제하고 이를 SGSN으로 알리는 메시지이다.

- 프로토콜: GTP(GPRS Tunneling 프로토콜)
- 주요 파라미터: Cause 등

⑤ Direct Transfer:

"Deactivate PDP Context Request" 에 대한 응답으로 SGSN에서 단말로 보내는 메시지인 "Deactivate PDP Context Accept" 를 SGSN에서 RNC로 전달하는 메시지이다.

- 프로토콜: RANAP

⑥ Down Link Direct Transfer:

RNC에서 단말로 "Deactivate PDP Context Accept" 메시지를 전달하는 RRC 메시지이다. 단말이 이 메시지를 수신하면 네트워크에서 세션 해제가 완료되었음을 확인한다.

- 프로토콜: RRC

2 장애 발생 시 메시지 분석 조치를 한다.

HLR 2식 이상 장애 시 긴급복구 절차에 관해서는 [그림 1-9]를 참고한다.

3 정기 점검을 한다.

1. 정기 점검 계획서 작성하기

(1) 점검 주기 작성을 위한 자료 수집하기: 장비 제조사로부터 장비별 운용 기준 및 정기 점검 주기를 수집하여 점검 항목 및 주기 등의 장비 운용 지침서를 만든다.

(2) 정기 점검 계획서 작성하기: 본사 운용 총괄부서에서는 매년 초 일, 주, 월, 분기, 반기, 년단위의 항목별 점검 주기를 계획하여 지역 운용 부서에 통보한다.

2. 정기 점검 실행하기

지역 운용 부서에서는 본사에서 작성한 운용 지침 및 점검 계획서를 참조하여 지역 자체 점검 계획서를 작성하여 점검하고, 그 결과를 분석하여 상위 부서에 보고한다.

2-2. 교환기 추가기능 적용 및 장애대응

학습목표	• 교환망 운용 시 시스템에 새로운 서비스 기능이 추가되면 현재 제공되는 서비스 중단을 최소화 하면서 신규 기능을 적용하고 실행할 수 있다. • 교환망 운용 시 국 데이터의 입력, 변경, 삭제, 파라미터 변경을 해독하고 실행할 수 있다 • 교환망 운용 시 대형장애 발생에 대비한 위기관리 시나리오를 작성하고 시나리오에 따라서 적절한 조치를 할 수 있다.

필요 지식 /

1 개요

장애 발생 시 어느 곳에서 발생하였는지 장애 요소 및 추가 원인을 찾아내기 위한 활동을 소개하고자 한다. 시스템을 운용하는 장소라면 어디든지 장애 분석이 필요하다. 본 가이드 교체에서는 Node-B 장애 조치 매뉴얼 예시를 통한 예방 활동 방법을 소개하고자 한다.

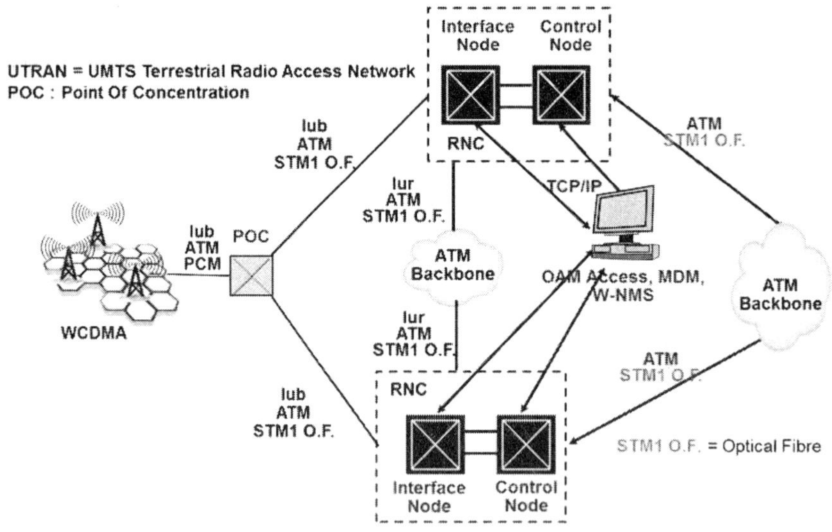

[그림 2-10] 각 이동 전화망 Link 구성도(전송 선로 연결 포함)

② 시스템 구조

<표 2-1> RNC RACK 및 유니트 실장도

Slot	Card Type	0	1	2	3	4	5
0	CP						
1	CP						
2	PS	PMC-M	TMU	RAB	RAB	PC	RAB
3	PS	PMC-M	TMU	RAB	RAB	PC	RAB
4	PS	RAB	TMU	NI	RAB	PC	OMU
5	PS	RAB	TMU	NI	RAB	PC	OMU
6	PS	RAB	TMU	RAB	RAB	PC	RAB
7	PS	RAB	TMU	RAB	RAB	PC	RAB
8	OC-3						
9	OC-3						
10	PS	RAB	TMU	RAB	RAB	PC	RAB
11	PS	RAB	TMU	RAB	RAB	PC	RAB
12	PS	RAB	TMU	RAB	RAB	PC	TMU
13	PS	RAB	TMU	RAB	RAB	PC	TMU
14	PS	RAB	TMU	RAB	RAB	PC	RAB
15	PS	RAB	TMU	RAB	RAB	PC	RAB

1. RNC 하드웨어 및 기능

(1) RNC Contro 부 하드웨어 실장도(예시)

(2) RNC 기능

(가) Control Plan 포로토콜 Termination

(나) 무선 자원 관리

(다) RNC OA&M(Client)

(라) 호 처리

(마) 물리적 고속 인터페이스 연결(OC-3,STM-1: 155Mbps)

(바) User Plan 무선 프로토콜 Termination

(사) 패킷 스위칭 기능 등

(3) Control 부 Processor 설명

(가) CP: RNC Main Processor(Active+Standby구조)

(나) OC3: Iub/Iur/Iu 인터페이스 정합(Active+Standby구조)

(다) PMC-M: 다른 모든 PMC 관리(Active+Standby구조)

(라) RAB: 무선 프로토콜관리(MAC, RLC, PDCP)

(마) TMU: RRC, NBAP, RNSAP, RANAP 처리

(바) NI: SS7 signaling 처리(Active+Standby 구조)

(사) 컴퓨터: AAL2를 AAL5로 변환하여 처리(Active+Standby 구조)

(아) OMU: 성능, 구성 및 장애 관리(Active+Standby 구조)

2. Node-B 하드웨어 구조 및 기능

(1) Node-B 하드웨어 구조

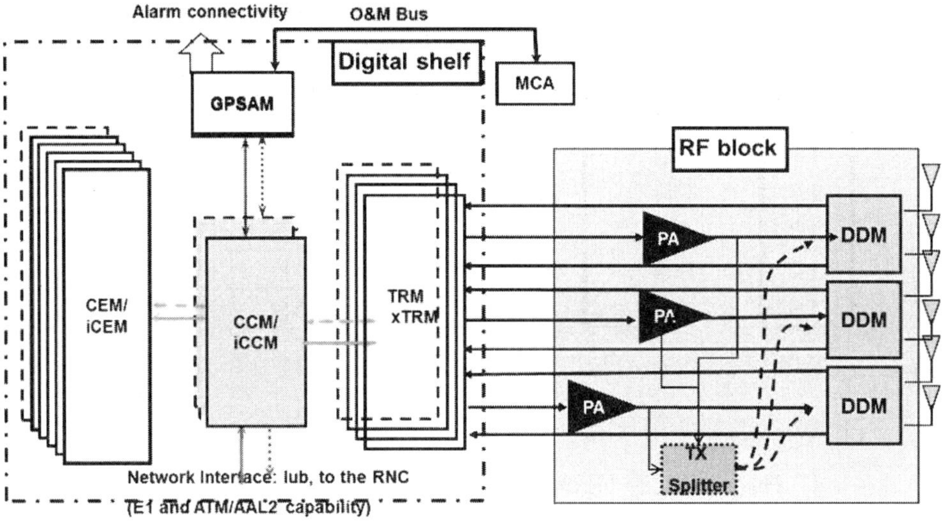

[그림 2-11] Node-B Block

(2) Block별 기능

(가) Digital Shelf-4가지 type의 module들로 구성된다.

① CM/iCCM (코어 Control Module): 호 처리를 담당하는 부분으로, 내부/외부 데이터 흐름의 전환 및 결합, 그리고 OAM 관리 기능을 수행한다.

② CEM/ICEM(Channel Element Module): 호처리의 일부분으로 디지털 신호 처리를 위한 base band 송/수신 기능을 담당한다.

③ TRM/ITRM/xTRM(Transmit Receive Module): 송수신 channelizer 기능, radio 신호 ADC/DAC 기능 그리고 radio shelf와의 연결성 인터페이스를 제공한다.

④ GPSAM(GPS and Alarm 관리): 외부/내부 경보 연결 및 외부 동기 기준 인터페이스를 담당한다.

(나) RF Block: 세 가지의 특정한 기능을 담당하고 있는 3개의 분리된 device들로 이루

어져 있다.

① PA(Power Amplifier): TRM에서 전송된 RF signal의 증폭, 만일 Tx Diversity를 사용하지 않을 경우 각 섹터 당 하나의 PA가 요구된다. Tx Diversity 사용 시 각 섹터 당 PA가 하나 더 요구된다.

② Tx Splitter: 오직 OTSR(Omni-directional Tx, Sectorial Rx)로 구성하는 경우에 대해서만 사용된다. 이러한 경우에 Tx Splitter은 하나의 입력 RF 신호를 3개의 동일한 RF 신호로 분산해 준 후 기지국 각 섹터로 분산시켜 준다.

③ DDM(Dual Duplexer Module): 이중의 duplexer LNA chain으로 구성되며, 이는 Main path와 Diversity path를 위해 사용된다.

수행 내용 / 신규기능 적용, 국 데이타 관리 및 장애조치 하기

재료 · 자료

- 교황망(WCDMA-CS,PS /신호망/HLR) 구성도 및 Diagram 확보
- 교환망(WCDMA-CS,PS /신호망/HLR)과 그에 연결된 장비 간 프로토콜
- 교환망(WCDMA-CS,PS /신호망/HLR) 운용 매뉴얼
- 교환망(WCDMA-CS,PS /신호망/HLR) 장애 조치 매뉴얼

기기(장비 · 공구)

- 컴퓨터(인터넷), 프린터, 빔 프로젝터, 화이트보드
- 시험용 교환기

안전 · 유의사항

- 교환망 전체에 대한 Upgrade 사항 등의 관련 시스템에 대한 정보를 수시로 파악하고 숙지한다.

수행 순서

1 교환기 신규 기능을 적용한다.

1. 이동 전화 MAP Parameter 적용하기 및 기능 알기

<표 2-2> Map 파라미터 및 기능

MAP	기 능
UPDATE_LOCATION	HLR 내 가입자 위치 정보 변경 요청(VLR→HLR)
CANCEL_LOCATION	VLR 내 가입자 위치 정보 삭제(HLR→VLR)
SEND_IDENTIFICATION	다른 VLR로 위치 등록시 이전 VLR로 IMSI와 인증 Data 요청 시 (VLR→VLR)
PURGE_MS	가입자의 상태가 특정 조건(몇일 동안 Power-Off 상태 유지 등)에 따라 착 신호(SMS 포함) 설정이 불가능할 때 가입자 정보를 VLR에서 삭제 하고, 상태정보를 HLR에 Marking 시 (VLR→HLR)
MAP_INSERT_ SUBSCRIBER_DATA	VLR 가입자 정보 Update 수행 요청(HLR→VLR)
MAP_DELETE_ SUBSCRIBER_DATA	VLR 가입자 정보 삭제 수행 요청(HLR→VLR)

2. IMSI attach procedure(3G) 이해하기

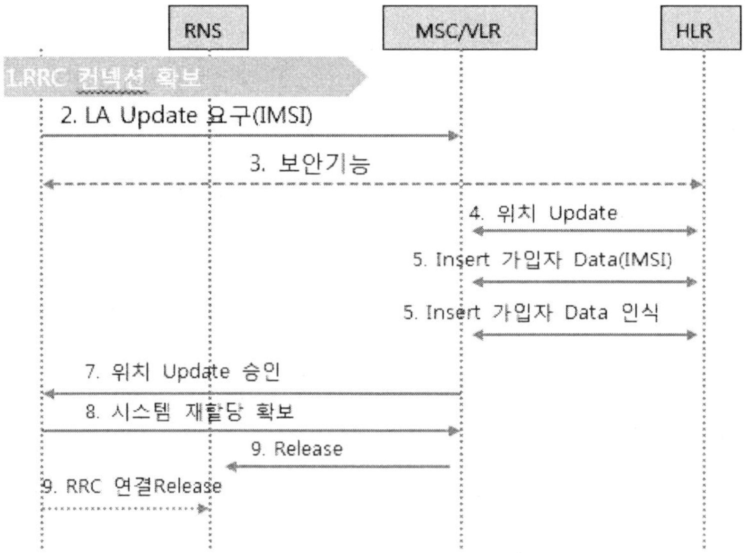

[그림 2-12] IMSI Message Procedure

3. Charging MSC/VLR Area(3G) 이해하기

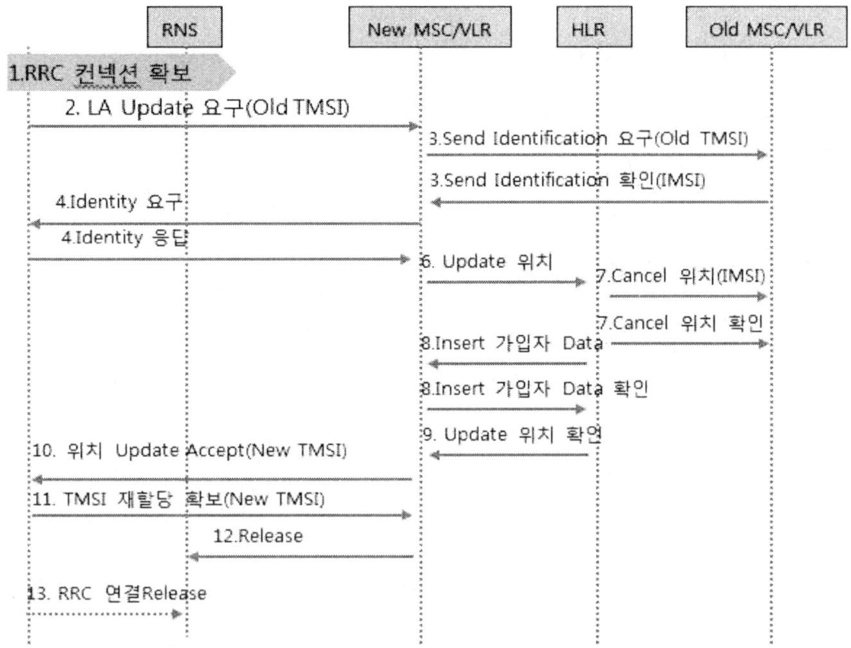

[그림 2-13] MSC/VLR Message Transfer Procedure

2 이동 전화 국 데이터를 관리한다.

국가가 부여한 유한한 중요 자원인 이동 전화번호를 효율적으로 운용하고, 모든 고객에게 공정하고 합리적인 방법으로 번호를 선택할 수 있는 기회를 제공하기 위하여 다음과 같은 기준에 따라 번호 자원을 관리해야 한다.

- 공정성: 회사에 부여된 고객에게 배부가 가능한 번호 중 고객이 선택하는 번호를 우선 부여한다. 그러나 많은 고객이 선호하는 번호에 대해서는 모든 이용자가 균등하게 이용할 수 있도록 관리기준에 따라 공정하게 배부 및 관리해야 한다.
- 투명성: 회사는 이동 전화 사용 현황을 주기적으로 관리 기준에 맞춰 고객에 배부하고 있는지 투명하게 관리 및 운용을 해야 한다.

1. 이동 전화 번호 부여 기준 정립하기

회사는 부여 가능한 전화번호 중 고객이 선택하는 번호를 우선으로 부여하거나, 추첨을 통하여 부여할 수 있다. 아울러 고객이 희망하는 번호가 선호 번호일 경우 별도의 기준을 마련하여 그 기준에 따른다. 선호번호 관리 양식은 〈표 1-2〉를 참고한다.

2. 번호 자원의 운용하기

회사는 번호자원의 효율적인 관리 및 운용을 위하여 번호 운용 계획에 따라 순차적으로 국번을 Open하여 이용자가 사용 가능하도록 해야 한다. 번호 자원 사용율도

수시로 체크하여 자원 사용률이 기준에 Over되지 않도록 관리해야 한다.

3 장애 상태를 점검한다.

1. Node-B Status 점검 및 Call Fail 분석하기

(1) 상태 점검

Client Browser 에서 특정 NE를 선택한 후 Status 점검하는 방법은 아래와 같다.

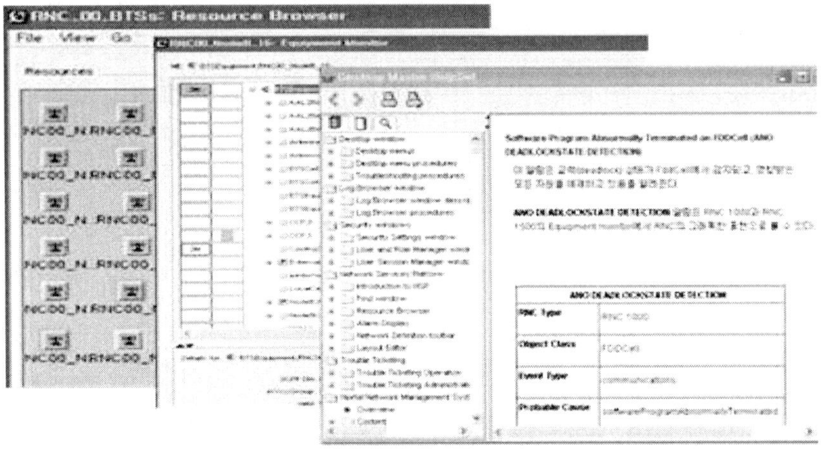

[그림 2-14] Console 상태 점검 화면

(2) Call Fail 분석 및 대응하기

<표 2-3> 호 실패 원인 분석 및 대처방안

Call Fail 원인	Failure cause	세부 설명	발생 케이스	대처방안
OTHER	TRACE_OTHER_CALL_TERMINATION_REASON_UNKNOWN	-. Failure발생한 Interface를 구별하지 못하는 경우 -. IU구간의 SCCP Connection를 위해 CallP에서 N-CONNECT Request를 구성하는 과정에서 문제가 발생하여 전송를 실패한 경우 (until V6.0) -. N-CONNECT Request를 전송했으나 해당 메세지의 응답를 받지 못하고, Timeout이 발생하는 경우 (until V6.0) -. RELOC_PREP_FAIL 경우 (OTRNC parameter중 traceType이 1이상인 경우에만 수집됩니다.)(from V6.0)	1) 세부 설명과 동일	1) TMU 로그(특히, IU_CALL, UE_CALL Component)를 첨부하여 문의 2) 발생원인이 SCCP Connection Timeout 인 경우, IU구간 절체로 해결되었던 경우가 있었습니다.
NBAP	TRACE_NBAP_UNKNOWN_C_ID	-. 설정하려는 Cell ID를 갖는 CELL이 기지국에 설정되어 있지 않을 경우 -. RNC에서 RL_SETUP, RL_ADD메시지를 전송하기 전에 Cell의 상태를 체크하는 과정에서 해당 Cell이 설정되지 않았을 경우(BNSAP으로 확인 가능)	RNC의 C-Node가 아래의 메시지로 cause "unknown_C_ID"를 받았을 때 : 1) Radio Link Setup Failure 2) Radio Link Addition Failure	1) 해당 NodeB에 Cell이 설정되어 있는지 확인한다. 2) NodeB에서 RNC가 요청한 Cell ID가 정상 설정되어 있는지를 확인한다. 3) BSNAP, CTG Trace, TMU Log(특히, NOB_CALL, RNC_CALL, UE_CALL component log 필요)를 수집하여 RNC L3 team에 문의한다.

학습2 교수·학습 방법

교수 방법

- 교환기 시스템의 망 구조 확보를 통한 교환기와 연동된 주변 시스템을 충분히 설명한다.
- 교환기의 호 처리 절차를 설명한다.
- 교환기를 운용하기 위한 각종 프로토콜을 설명한다.
- 교환기 운용 관련 호 흐름 절차를 설명한다.
- 최적 운용 환경을 제공하기 위한 최적의 시스템 파라미터를 설명한다.
- 교환망 구조 및 기능에 대하여 설명한다.
- 교환망과 관련 시스템과의 통신을 위한 관련 시스템 프로토콜을 설명한다.
- 최적 운용 환경을 제공하기 위한 최적의 시스템 파라미터를 설명한다.
- 각 시스템의 장애 조치 매뉴얼을 확보하여 장애별 조치 방법을 설명한다.

학습 방법

- 교환기 시스템의 망 구조 확보를 통한 교환기와 연동된 주변 시스템을 이해하고 숙지한다.
- 교환기의 호 처리 절차를 이해하고 숙지한다.
- 교환기를 운용하기 위한 각종 프로토콜을 숙지한다.
- 교환기 운용 관련 호 흐름 절차를 숙지한다.
- 최적 운용 환경을 제공하기 위한 최적의 시스템 파라미터를 이해한다.
- 교환망 구조 및 기능에 대하여 이해하고 숙지한다.
- 교환망과 관련 시스템과의 통신을 위한 관련 시스템 프로토콜을 이해한다.
- 최적의 운용 환경을 제공하기 위한 최적의 시스템 파라미터를 이해한다.
- 각 시스템의 장애 조치 매뉴얼을 확보하여 장애별 조치 방법을 이해하고 숙지한다.

학습2 평 가

평가 준거

- 평가자는 학습자가 수행 준거 및 평가 항목에 제시되어 있는 내용을 성공적으로 수행하였는지를 평가하여야 한다.
- 평가자는 다음 사항을 평가해야 한다.

학습내용	평가항목	성취수준		
		상	중	하
교환망 운용기초	- 교환망 운용 시 교환기의 실시간 모니터링을 수행하고 장애가 발생 시 메시지를 분석하여 즉시 조치를 취 할 수 있다.			
	- 교환망 운용 시 주기적인 정기 점검(일일, 주간, 분기, 월간, 반기)에 필요한 항목을 선정하여 계획을 수립하고 수행할 수 있다.			
교환기 추가기능 적용 및 장애대응	- 교환망 운용 시 시스템에 새로운 서비스 기능이 추가되면 현재 제공되는 서비스 중단을 최소화 하면서 신규 기능을 적용하고 실행할 수 있다.			
	- 교환망 운용 시 국 데이터의 입력, 변경, 삭제, 파라미터 변경을 해독하고 실행할 수 있다			
	- 교환망 운용 시 대형 장애 발생에 대비한 위기관리 시나리오를 작성하고 시나리오에 따라서 적절한 조치를 할 수 있다.			

평가 방법

- 서술형 시험

학습내용	평가항목	성취수준		
		상	중	하
교환망 운용기초	- 교환망 운용 시 교환기의 실시간 모니터링을 수행하고 장애가 발생 시 메시지를 분석하여 즉시 조치를 취 할 수 있다.			
	- 교환망 운용 시 주기적인 정기 점검(일일, 주간, 분기, 월간, 반기)에 필요한 항목을 선정하여 계획을 수립하고 수행할 수 있다.			

• 문제해결 시나리오

학습내용	평가항목	성취수준		
		상	중	하
교환기 추가기능 적용 및 장애대응	- 교환망 운용 시 시스템에 새로운 서비스 기능이 추가되면 현재 제공되는 서비스 중단을 최소화 하면서 신규 기능을 적용하고 실행할 수 있다.			
	- 교환망 운용 시 국 데이터의 입력, 변경, 삭제, 파라미터 변경을 해독하고 실행할 수 있다			
	- 교환망 운용 시 대형 장애 발생에 대비한 위기관리 시나리오를 작성하고 시나리오에 따라서 적절한 조치를 할 수 있다.			

피 드 백

1. 서술형 시험

교환망 운용 기초

- 3GPP 발전, 신규 교환기의 분산화 및 집중화 등 시스템 제원, 특징 등을 반복적으로 숙독을 하도록 지속적으로 지도 한다.
- 교환기의 실시간 모니터링 방법, 대상을 명확히 이해하도록 반복 학습과 장애 발생 시 해당 메시지를 즉시 파악하도록 능력을 키워 준다.
- 교환기의 구성 요소 및 프로토콜을 도해하는 능력을 키워주고, 각종 호 처리 Process 및 파라미터를 이해하여 호의 흐름을 도해할 수 있도록 지도 한다.

2. 문제해결 시나리오

교환기 추가 기능 적용 및 장애 대응

- 장애를 해결하려면 해당 장치의 하드웨어 설치 위치 및 기능을 이해하고, 장애 요소별 장애 조치 매뉴얼을 보고 해결할 수 있도록 반복적으로 지도해야 한다.

학습 3 전송망 운용하기(LM2002030605_13v1.3)

3-1. 전송 기술 개념 및 부대 시설 운용

학습목표	• 이동통신서비스 시 전송장비의 부대시설인 정류기, 축전지, UPS, 냉방기 등을 운용할 수 있다

필요 지식 /

1 개요

전송이란 전송 매체(통신 케이블 또는 전자파)를 이용하여 각종 정보(음성, 데이터, 영상 등)를 어떤 지점으로부터 다른 지점으로 송수신하는 일을 말한다. 뿐만 아니라 기지국에서 휴대폰까지의 정보 전달도 전송(무선 전송)의 한 형태이며, 전송 설비와 선로설비를 사용하여 교환 장비와 단말 장비 간의 통신을 제공함을 말한다. 이동 통신망과 전송망 구성에 관해서는 [그림 2-10]을 참고한다.

2 광케이블

1. 광케이블 특성

전송 설비 중 하나로 과거에는 동축 케이블을 이용한 전송 설비가 구성되었으나 현재는 대부분 광케이블을 이용하여 전송망을 구성한다. 따라서 광케이블의 손실 등 광케이블의 특성을 이해하여야 한다.

(1) 광케이블 전송손실

(가) 광케이블 전송 특성

광통신에 영향을 미치는 광섬유의 전송특성으로는 손실 (Optical Loss)과 분산(Dispersion)이 있다.

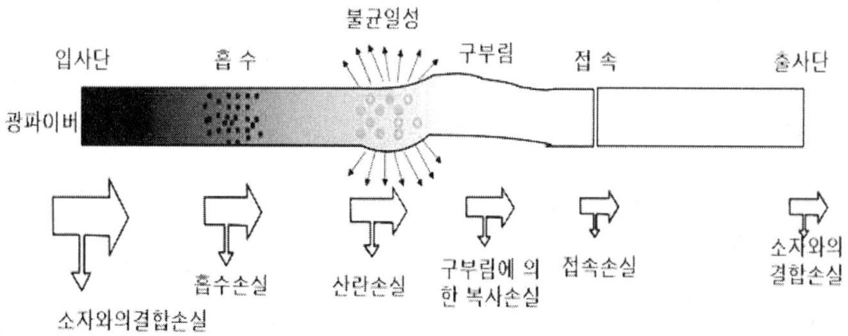

[그림 3-1] 광섬유 전송 손실 원인

(나) 광섬유의 손실

손실이란 광신호가 광섬유를 지나가면서 신호의 강도가 약해지는 것을 말한다. 광섬유의 손실은 광섬유 자체가 갖는 내적 손실 요인과 광섬유를 사용하는데 따른 외적 손실 요인으로 분류할 수 있는데, 내적 손실 요인으로는 광섬유의 흡수 손실과 산란 손실이 있으며, 외적 손실 요인으로는 소자와의 결합 손실, 광섬유의 구부림에 의한 손실, 광섬유와 광섬유 사이의 접속 손실 등이 있다. 위 그림은 이와 같은 광섬유의 전송로에서의 손실 요인을 나타낸 것이다.

① 흡수 손실(Absorption Loss): 광섬유 재질의 원자 구조의 결합, 재질속의 불순물 원자에 의한 외부적 흡수, 광섬유 물질의 구성 원자에 의한 재료 고유의 흡수 등이 있다. 원자 구조 결함에 의한 손실은 다른 원인에 의한 손실에 비해 무시할 수 있으며, 광섬유의 불순물이 가장 큰 손실 요인이 된다.

② 산란 손실(Scattering Loss): 광섬유 내를 도파 하는 광선이 코어 내에서 직진하지 못하고 사방으로 흩어지는 현상으로서 광섬유 재료의 밀도, 구성 성분의 불균일성, 광섬유 제조 시 발행하는 구조적 불균일성, 결함 등의 미세한 변화 등 여러가지 요인에 의해 일어난다. 산란 손실은 선형적 특성을 가지는 레일레이(Rayleigh)산란과 비선형적 특성을 갖는 유도 부릴루인(Brillouin) 산란 및 유도라만(Ramman) 산란 손실 등으로 나눌 수 있으며 가장 많은 영향을 미치는 것은 레일레이 산란 손실이다. 레일레이 산란 손실은 불균일한 밀도 및 성분 변화에 의한 광섬유의 굴절률 변화가 사용하는 빛의 파장보다 작은 영역에서 존재할 경우에 나타나는 것으로, 산란되는 정도는 파장의 4승에 반비례하는 특성을 가져서 1.0㎛ 이하의 파장 영역에서는 광섬유의 가장 큰 손실 요인이 되며, 이는 곧 광섬유 고유의 손실이다.

③ 기타손실

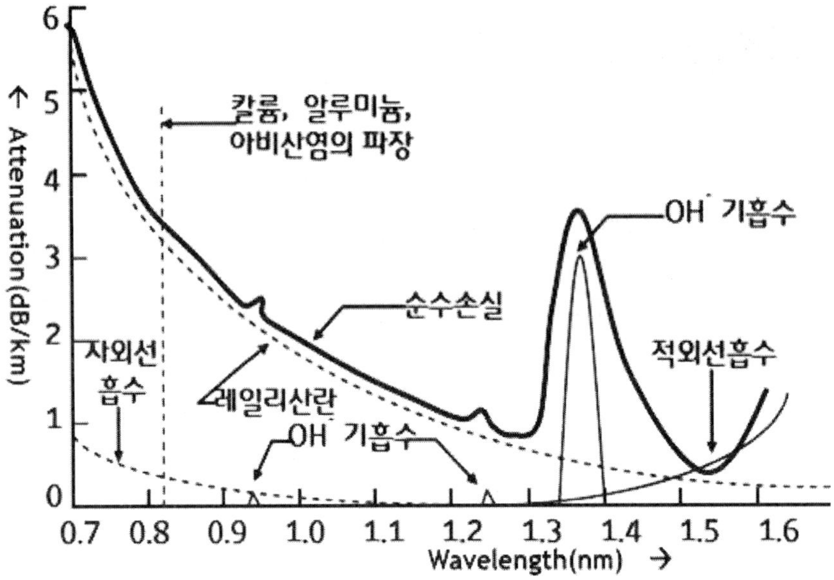

[그림 3-2] 광케이블 섬유 자체 손실

- 구조 불안전에 의한 손실: 실제 광섬유에는 코어와 클래드의 경계면이 이상적으로 평행한 원통면이 아닌 극히 미세한 울퉁불퉁한 면이 존재한다. 이와 같은 불균일면을 빛이 도파하는 과정에서 도파 모드는 방사 모드로 변환되어 광손실을 야기시킨다. 이와 같은 구조 불안전에 의한 손실은 제조 기술의 발전에 힘입어 거의 무시할 수 있다.
- 마이크로 밴딩 손실(Microbending Loss): 광섬유를 제조한 후, 광섬유 측면에서 균일한 압력이 가해져 광섬유의 축이 ㎛ 단위로 구부러짐에 따라 발생되는 손실을 말한다. 이러한 현상은 광섬유에 장력을 가하면서 보빈에 감거나 광섬유에 커다란 온도변화가 있는 경우에 발생된다. 또한, 광케이블의 포설이나 접속 시 광섬유의 취급 부주의로도 발생할 수 있다.
- 구부러짐 손실(Macro bending Loss): 광케이블을 포설할 경우나 광섬유 심선을 접속할 경우 또는 광점퍼 코드를 이용하는 경우에는 허용 곡률 반경 이내로 무리하게 구부림으로서 광섬유 내에 도파하는 빛이 코어와 클래드의 경계면에서 입사각이 변화됨으로서 야기되는 손실이다.
- 접속 손실(Splicing Loss): 광섬유를 접속할 경우 코어가 완전하게 정렬된 후 결합시켜 연속성을 유지하여야 하나, 광섬유 코어 직경의 차이, 비굴절률 차이, 광섬유 축의 어긋남(lateral offset), 접속되는 광섬유 간의 간격(end separation), 접속되는 광섬유의 경사각(tilt) 및 접속되는 광섬유의 단면 상태(deformation of

end surface) 등에 의해 완전하게 연속성을 유지하지 못 하고 빛의 일부가 반사되어 발생되는 손실이다.

(다) 감쇠

전송 매체를 통해 전달될 때 신호는 거리에 따라 그 세기가 약해지는데, 이렇게 신호가 전파될 때 발생하는 에너지 손실을 감쇠라고 한다. 이러한 문제들이 발생할 경우 증폭기(Amplifier) 또는 리피터(Repeater)를 사용하며, 신호의 세기는 데시벨(dB)로 나타낸다.

① 감쇠 현상의 3가지 고려 사항

- 수신된 신호는 수신 측의 전자 회로가 신호를 인지하여 해독하기에 충분한 세기로 전달되어야 한다.
- 신호는 잡음에 비해 충분히 큰 강도를 유지해야 한다.
- 감쇠는 주파수가 높을수록 증가한다.

2. 다중화 장비

(1) 디지털 다중화 계위

(가) TDM/STDM-TDM은 정적 방법으로 각 채널에 타임 슬롯을 할당하고, STDM은 실제로 보낼 데이터가 있는 단말기에만 동적으로 채널의 타임 슬롯을 할당한다. STDM의 주요 장단점은 아래와 같다.

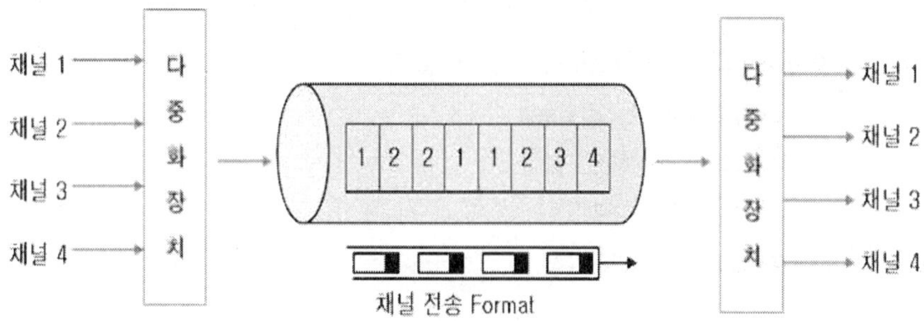

[그림 3-3] 다중화 통신

① 전송 효율이 높다(실제로 보낼 데이터만 보냄).

② 송신 측의 주소 영역이 추가되어야 하고, 시스템 부하가 증대된다.

③ T1/E1이하급 저속 다중화 장비, ATM도 STDM의 일종

※ TDM(Time Division Multiplexing),STDM(Statistic Time Division Multiplexing)

유럽식

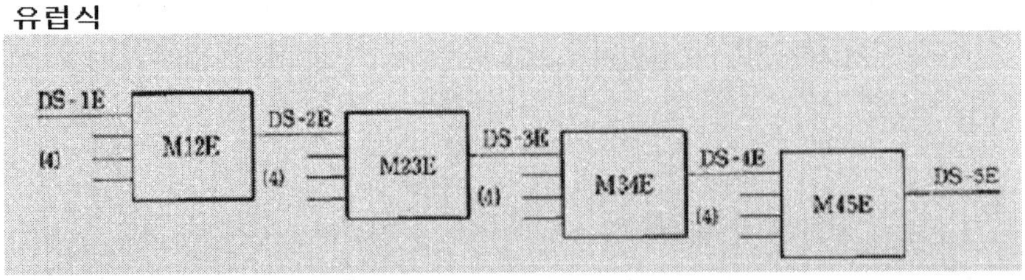

북미식

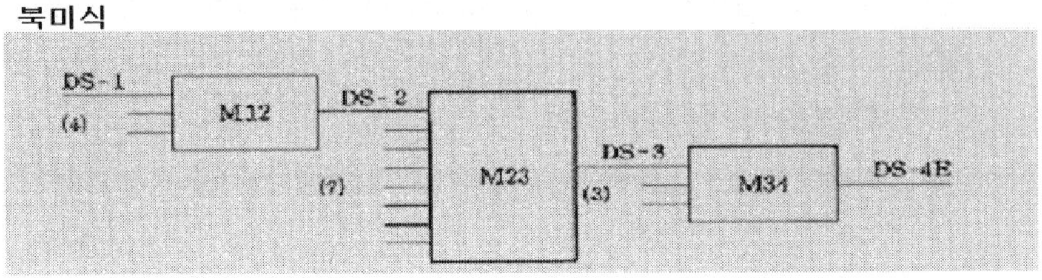

[그림 3-4] 신호 계위

(나) PDH(Plesiochronous Digital Hierachy) 개념: 서로 동기가 다른 입력 신호는 입력신호보다 약간 높은 동기 클럭으로 동기화하고, 입력 신호와 동기 클럭간의 속도를 일치시키기 위해서 Stuffing bit를 삽입하여 다단계로 다중화하는 장치이다. 아래는 유럽식, 북미식 다중화 계위를 나타낸 그림이다.

(다) SDH(Synchronous Digital Hierarchy)의 개념-STM-1(Synchronous Transfer Module-1)을 기본 신호로하는 고 계위 신호 STM-N은 TM-1의 정수배인 속도로 다중화 한 계위를 말한다. SDH의 특징으로는 다음과 같다.

① 프레임 주기가 125μsec

② 체계적인 오버헤드 활용

③ 1단계 다중화 과정

④ 포인터에 의한 동기화

<표 3-1> STM 계위별 속도 및 채널과의 관계

신호계위	속 도	Multiple of DS3	Multiple Of DS0
STM-1	155.52Mb/s	3	2,016
STM-4	622.08Mb/s	12	8,064
STM-16	2.488Gb/s	48	32,256
STM-64	9.6Gb/s	192	129,024

(2) 다중화

여러 신호를 한데 묶어서 용량이 크고 속도가 빠른 하나의 전송로를 통해 전송하는 것을 말하며, 다중화를 위해서는 MUX(Multiplexer)와 DEMUX(De-multiplexer) 장치가 필요하다. 다중화 범주에는 주파수 분할 다중화(Frequency-division Multiplexing), 시분할 다중화(Time-division Multiplexing), 코드 분할 다중화(Code -division Multiplexing) 등이 있다.

(가) 주파수 분할 다중화(Frequency-division Multiplexing)

주파수 분할 다중화 방식은 좁은 주파수 대역을 사용하는 여러 개의 신호들을 넓은 주파수 대역을 가진 하나의 전송로를 통하여 동시에 전송하는 방식을 말한다.

(나) 시분할 다중화(TDM: Time division Multiplexing)

시분할 다중화 방식은 하나의 전송로를 시간으로 분할하여 다중화하는 방식이다. 다중화 전송로를 점유하는 시간이 분할되어 있기 때문에 다른 여러 채널의 신호를 일정한 시차를 두어 순서적으로 배열하여 전송로를 통과하는 신호가 서로 중복되지 않도록 전송한다.

(다) 코드분할 다중화(Code division Multiplexing)

코드분할 다중화 방식은 확산 스펙트럼(Spread Spectrum)을 통하여 보내고자 하는 신호를 그 주파수 대역보다 훨씬 넓은 주파수 대역으로 확산시켜 전송하는 방식이다.

3. 이동 통신망에서의 전송 장비 구성

신호, 메세지 또는 다른 형태의 정보를 한곳에서 다른 곳으로 광, 동축 케이블, PCM 케이블을 통하여 송신, 또는 수신 하는 장비이다.(그림 참조)

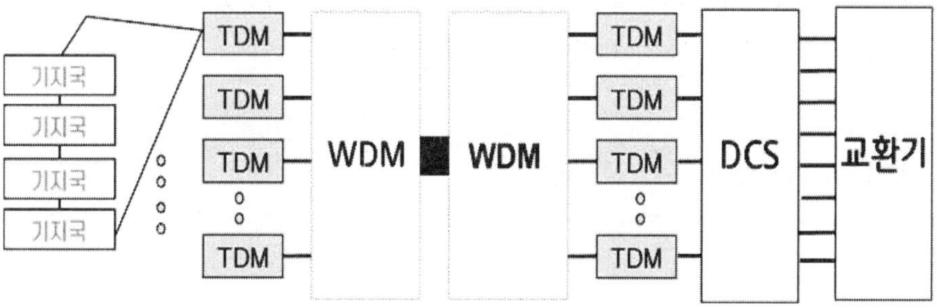

[그림 3-5] 이동 통신 전송망 구성도

4. DWDM(Dense Wavelength Divivion Multiplexing)

DWDM(Dense Wavelength Division Multiplexing)은 다른 곳에서 온 여러 종류의 광신호(데이터)를 하나의 광섬유에 함께 싣는 기술로서, 각 신호들은 분리된 고유의 광파장으로 전송 즉, 하나의 광케이블에서 여러 개의 빛 파장을 동시에 전송하는 광 전송 방식 말한다. DWDM(Dense WDM)은 사용될 수 있는 파장 수가 8개 이상일 때 Dense WDM이라고 하며,

현재 80개 정도의 파장까지 전송이 가능하다.

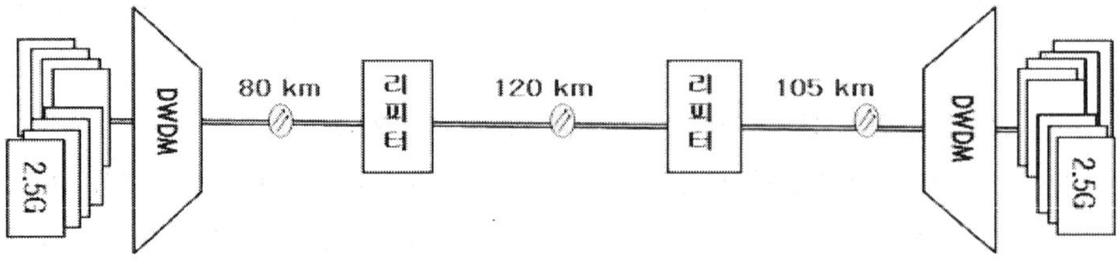

[그림 3-6] DWDM망 구성도

※ CWDM(Coarse Wavelength Division Multiplexer)은 하나의 광케이블(코어)에 1nm이상 파장 분할로 수 개의 채널을 전송하는 저밀도 파장 분할 전송 방식 시스템이다.

- CWDM&DWDM 비교표

<표 3-2> CWDM&DWDM 비교

구분	CWDM	DWDM
채널간격	10~20nm	0.4nm, 0.8nm
채널수	8~16개 채널	32개 채널이상
사용파장	1270nm~1610nm	1550nm 주로사용
가격	저가	고가
용도	메트로, 가입자망, CWDM-PON	장거리, 고속전달 백본

※ ROADM(Re-configurable Optical Add-Drop Multiplexer) DWDM 기능에 광파장을 Switching 하고, 3.2Tera까지 전송하는 장치이며 Mesh로 구성된다.

5. DCS(Digital Cross-connect 시스템)

상호 접속된 신호들을 다중화/역다중화하거나 전송하는 기능을 수행하는 디지털 회선 분배 장치를 말하며, E1 및 DS3, STM-1, STM-4 신호를 접속하여 기존의 DSX점에서 물리적인 Wire 연결에 의해 서로 연결되던 신호를 전자적인 스위칭에 의해 상호 접속을 수행하며, 이 신호들을 E1 및 DS3, STM-1, STM-4 신호로 다중화, 또는 역 다중화하는 회선 분배 시스템이다.

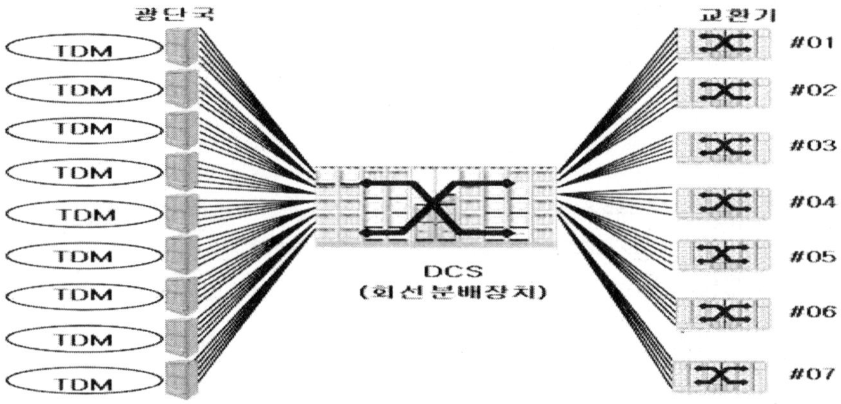

[그림 3-7] DCS 구성도

(1) 용도별 분류

(가) WDCS(Wideband DCS)

(나) BDCS(Broadband DCS)

(다) OXC(Optical Cross-connect)

(2) 용량별 분류

(가) LDCS

(나) WDCS

6. 광통신 시스템

물리적 전송 회선으로 빛을 사용하는 광섬유를 통해 전기 신호를 광(光)신호로 바꾸어 정보를 전달하는 원리를 가지는 통신 시스템을 말한다.

(1) 광소자

(가) 발광 소자

전기적 신호를 광 신호로 변환 장거리 대용량에 LD(LASER Diode), 소용량 근거리에 LED(Light Emitting Diode)를 사용한다.

(나) 수광 소자

광신호를 전기적 신호로 변환시키는 장치로서 고 감도용으로 APD(Avalanche Photo Diode), 저 감도용으로 PD(Photo Diode)를 사용한다.

(다) 광섬유 케이블

굴절률이 다른 코어에 Clad 층에서 전반사하는 Wave Guide의 원리를 이용한 케이블을 광섬유 케이블이라고 한다.

(라) Fusion Splice

광 접속 방법을 사용하며 영구 접속을 한다.

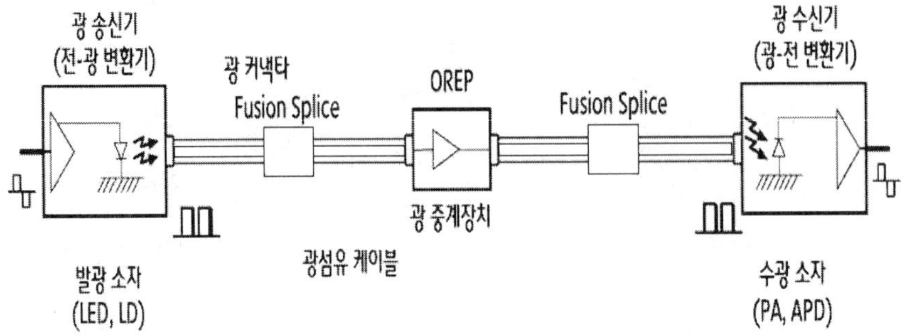

[그림 3-8] 광통케이블 구성 요소

(2) 광통신의 장단점

<표 3-3> 광통신의 장단점 비교

장점	단점
· 광대역(wide bandwidth) - 수백 Gbps 전송용량	· 급격한 휨에 약함 - 반경 40(㎜) 이하로 구부리면 손실이 발생하고, 심하게 휘면 광손실이 크게 늘어나게 되고 micro-bending 손실과 광 섬유가 깨지는 파단(破斷) 고장이 발생함
· 세경(small diameter) - 125(㎛)가 표준으로 사용	· 전력 전송이 어려움 - 광섬유로 중계기에 전원 공급이 불가능하다.
· 경량(light weight)/가소성(flexibility) 우수	· 분기 및 결합이 동선보다 어려움
· 무 유도(non-inductive) - 전자기 장애(electromagnetic interface)로 미치는 영향은 최소임.	· 광케이블의 고장 시 긴 복구 시간이 소요됨
· 자원 풍부(natural resource conservation) - 광섬유의 주성분인 석영	· 고도의 접속 기술을 필요로 함. - 접속 시 융착 접속을 하므로 절단면의 경사, 코어 축이 불일치하면 손실이 발생되어 불량접속이 되는 경우가 있음.
· 뛰어난 보안성	

(3) 광단국 장비 종류

(가) 155Mbps 광단국

비동기 신호인 DS3, T1, E1 신호를 STM-1급으로 다중 및 역다중화 기능을 T1, E1 혼용 사용 및 ADM 운용 시 채널 분기 및 결합 기능을 가지고 있다.

① 전송속도: 155.520Mbps

② 종속신호 용량: 84×DS1, 63×DS1E, 3×DS3

③ 망구성: PTP, 환형ADM

④ 시내, 외 국간 소용량 전송 장치로 망구성의 효율화, 지능화 및 망 관리의 통합을 위한 STM-1급(155.520Mbs)으로 사용

⑤ 세계 표준의 디지털망에서 기본이 되는 STM-1(Synchronous Transport Model Level-1)신호의 다중 및 역다중을 하는 155.520Mbps의 동기식 다중장치

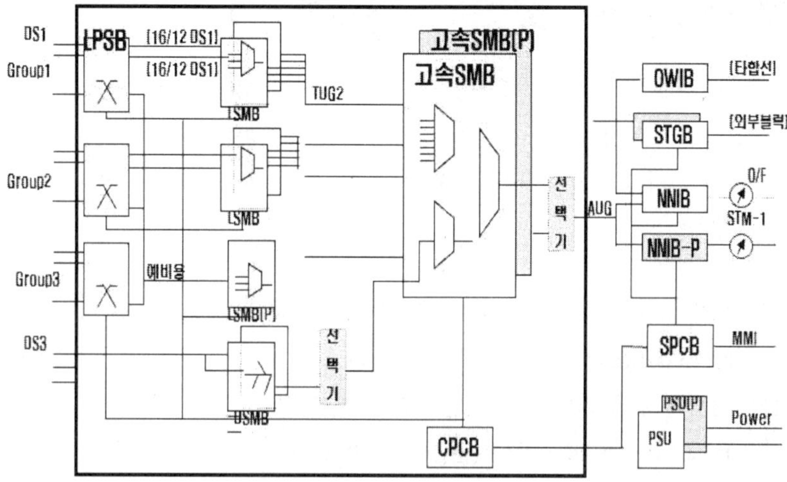

[그림 3-9] 155Mbps 광단국 구성도

※ NNIB: 망 노드 인터페이스/STGB: 시스템 타이밍 발생부/S컴퓨터B: 시스템 제어부/DSMB: 고속신호 인터페이스부/LSMB: 저속신호 인터페이스부/고속SMB: 다중처리부/C컴퓨터B: 다중 제어부

(나) 622Mbps 광단국

622M 광단국은 비동기 신호인 DS3, T1, E1 신호를 STM-4급으로 다중 및 역다중화 기능을 T1, E1 혼용 사용 및 ADM 운용 시 채널 분기, 결합 기능을 가지고 있다.

① 전송 속도: 622.560Mbps

② 종속 신호 용량: 336×DS1, 252×DS1E, 12×DS3

③ 망구성: PTP, 환형ADM

④ 시내, 외 국간 소용량 전송 장치로 망구성의 효율화, 지능화 및 망 관리의 통합을 위한 STM-4급(622.560Mbs)으로 사용되고 있다.

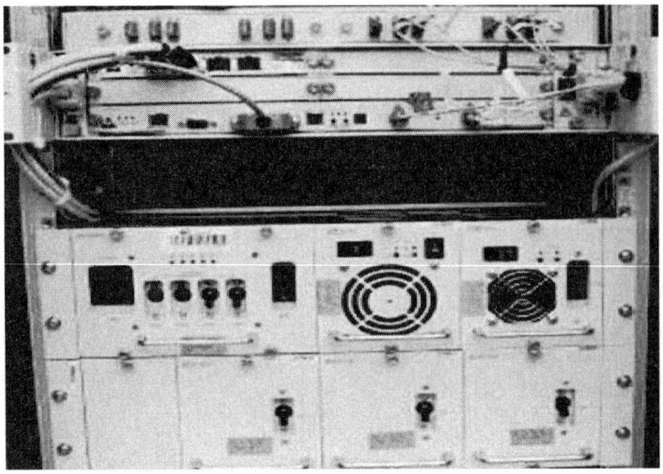

[그림 3-10] 622Mbps 광단국

⑤ 세계 표준의 디지털망에서 기본이 되는 STM-4 신호의 다중 및 역다중을 하는 622.560Mbps의 동기식 다중 장치이다.

⑥ 기지국 수용 가능 회선 수는 최대 28E1이다.

⑦ Tx 값: 0 ~ 5 dBm, Rx 레벨: -3 ~ -18 dBm

(다) 2.5Gbps 광단국

DS3 신호 또는 STM-1,4 광신호를 종속 신호로 사용 이들을 STM-16급으로 다중 전송하고 역다중화하는 기능을 가지고 있다.

① 전송 속도: 2.488Gbps

② 종속 신호 용량: 48×DS3,16×STM-1,4×STM-4

③ 망 구성: PTP, 선형ADM, 환형ADM

④ 이 장치는 DS-3(44,736Kbps) 신호 또는 STM-1(155,520Kbps) 및 STM-4(622,080Kbps) 광신호를 종속 신호로 사용하여 이들을 동기식 디지털 계위 16차군 신호(STM-16)로 다중 전송하고, 역다중화 하는 기능을 수행하는 다중 장치이다.

⑤ 이 장치는 2,488,320Kbps로 동작하는 동기식 16차 계위(STM-16) 광 전송 장치로서 ITU-T SDH 권고를 따른다.

⑥ 단국 및 선형ADM(Linear Add/Drop Multiplexer), 환형ADM(RingAdd/Drop Multiplexer) 등 다양한 방식으로 운용이 가능하며 망 구성이 용이하다.

⑦ 경로에 영향을 주는 중요한 유니트는 이중화 구조(1+1)로 되어있고, 다양한 자동 절체 기능이 있어 일부 고장 발생 시 신속한 서비스 복귀가 가능하다.

⑧ 종속 신호로 DS-3 신호와 STM-1, STM-4등의 광 신호를 사용할 수 있고, 622Mbps 단위로 혼용 수용이 가능하다.

(라) 10Gbps 광단국

대용량 국간 전송 장비로서, 종속 신호로 STM-1, STM-4/16광 신호를 STM-64 광신호로 다중화 하나의 광케이블에 10Gbps의 용량을 전송할 수 있으므로 트래픽 증가에 효과적으로 대응할 수 있다.

① 전송 속도: 10Gbps

② 종속 신호 용량: 64×STM-1,16×STM-4, 4×STM-16

③ 망 구성: 점대점, 선형ADM, 환형ADM

④ 10Gbit/s 광전송장치는 데이터 전송량이 많은 국간 전송로에 설치하여 하나의 광케이블에 10Gbit/s의 용량을 전송할 수 있으므로 트래픽 증가에 효과적으로 대응할 수 있는 시스템이다.

※ 동기 신호의 Hierachy

STS(Synchronous Transfer Signal)/STM(Synchronous Transfer Module)/OC(Optical Carrier)

<표 3-4> 동기 신호 계위별 비교

STS	OC	Rate(Mbps)	STM
STS-1	OC-1	51.840	
STS-3	OC-3	155.520	STM-1
STS-9	OC-9	446.560	STM-3
STS-12	OC-12	622.080	STM-4
STS-18	OC-18	933.120	STM-6
STS-24	OC-24	1244.160	STM-8
STS-36	OC-36	1866.230	STM-12
STS-48	OC-48	2488.320	STM-16
STS-96	OC-96	4976.640	STM-32
STS-192	OC-192	9953.280	STM-64

수행 내용 / 부대 시설 운용하기

재료 · 자료

- 광케이블, 광섬유 특성, 광 송수신기, 광커넥터, 중계 장치
- 각종 광단국, DCS, 디중화 계위 구성도
- 광선로 감시 시스템 종류 파악
- 정류기 시스템 구성도

기기(장비 · 공구)

- 컴퓨터(인터넷), 프린터, 빔 프로젝터, 화이트보드
- 광 Power Meter,OTDR 등
- 전력측정기, 후쿠메타(전압/전류 측정기)

안전 · 유의사항

- 전송망 시스템 변화 Trend를 주기적으로 수집하여 이해하고 숙지한다.
- 전기 요금 제도, 정류기 및 배터리 공급사로부터 관련 정보를 수시로 수집하여 숙지해야 한다.

수행 순서

1 부대 시설을 운용한다.

1. 전기 수용 및 전기료

(1) 공급(결선) 방식

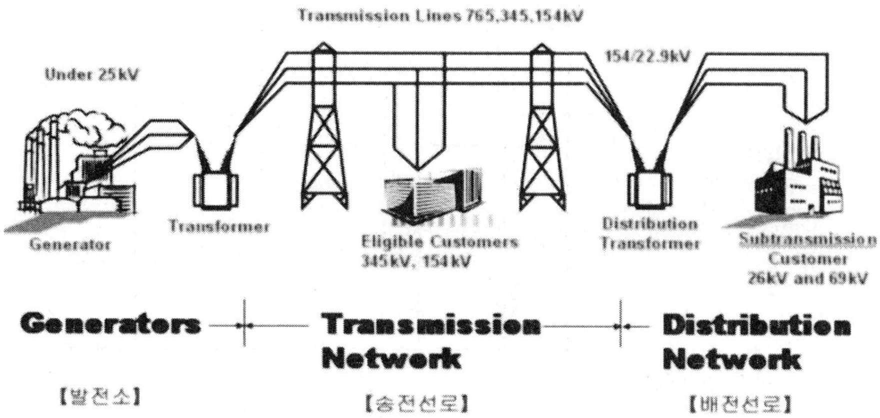

[그림 3-11] 송전과 배전

전기는 한국전력공사 또는 전기 생산 공급 업체로부터 배전 받는다. 전기 공급 방식은 단상2선식, 단상3선식, 3상3선식, 3상4선식이 있다. 여기서는 이동 통신에서 많이 수용하고 있는 방식인 단상3선식과 3상4선식에 대하여 설명한다. 220Vac, 380Vac를 받아 정류기를 사용하여 DC 27V 또는 DC -48V를 정류하여 사용한다. 간선은 동력 간선, 전등 간선, 특수 간선 등 사용 목적에 따라 분류하고, 배전 방식에 따른 분류는 저압, 고압, 특별 고압으로 구분한다(한전 전기관련 자료 참조).

(가) 단상3선식

단상 교류 전력을 전선 3가닥인 110Vac/220Vac 2종류의 전압으로 공급한다. 가운데의 선을 중성선(Nutral=N)이라 하고, 이 중선선과 결선하면 110Vac를 전압을 공급하게 된다.

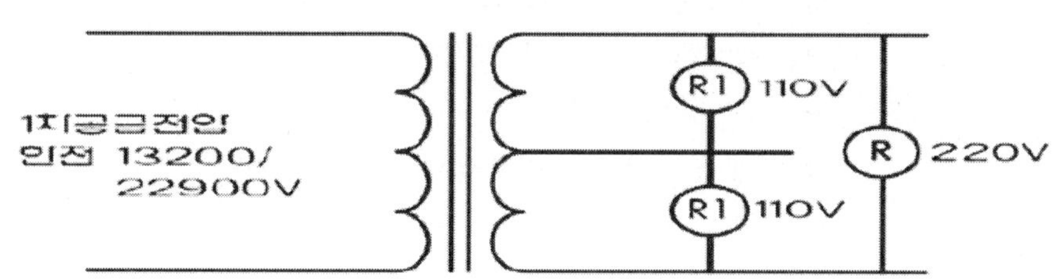

[그림 3-12] 단상3선식 결선도

(나) 3상4선식

삼상 교류 전력을 전선4가닥으로 공급하는 방식으로 희망 전압을 RSTN 간의 결선을 통하여 220Vac/380Vac로 공급할 수 있다.

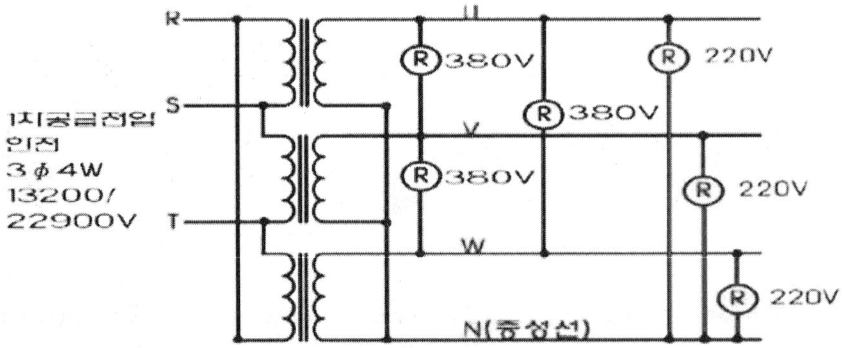

[그림 3-13] 3상4선식 결선도

(2) 전원 cable 굵기 및 Breaker 결정

전원 케이블은 부하량(사용 전력량) 및 거리에 따라 전선의 굵기가 달라야 한다. 전선의 굵기는 R(저항)= ρ (L/S)로 저항에 따라 달라짐을 알 수 있다(L:거리, S:단면적, ρ:저항률).

(가) 전원케이블 굵기 결정

➔ 산출식 e=35.7*L*A/1000S

(e= 전압강하[V], L= 전선길이[m], A= 전류[A], S= 단면적[SQ])

➔ 예제) 100m 떨어진 곳에 220V/400W 전구를 사용하는데 2SQ전선을 쓴다면 예상전압강하는?

답=35.7*100*1.818/1000*2=3.245[V] **A=400/220=1.818[A]**

(나) Breaker(전원스위치) 용량 결정

장비 소비 전력을 활용한 Breaker 용량 계산

산출 예) 장비 소비 전력: 600W/ 전압 220Vac

➔ 산출식 ☞ i=P/V

➔ Breaker 용량 i=P/V=0.6Kw/220Vac)×1,000 = 2.7A

※ 시중에 공급되는 Breaker 용량은 15A임으로 최소 15A Breaker를 사용함

(3) 전기료 계산

전기료는 이동 통신 운용비 관리에 중요한 factor이므로 전기료 관리를 위하여 전기료 산출 방법을 정확히 인지하고 있어야 한다.

(가) 이동 통신 전기료는 3가지 유형으로 납부한다. 건물 전기(임대료와 같이 건물주에게 납부 후 건물주가 한전전력공사에 납부), 한전전력공사 전기, 한전전력공사 모자분리(정액제, 종량제)로 나눌 수 있다. 여기서는 정액제 산출 방식을 소개한다.

(나) 전기료 산출 factor: 장비 전기 특성 시험 성적서, 장비 운용 수량, 사용 시간, 기본 사용량, 사용량(소비량)

<표 3-5> 장비 특성 시험 성적서

시험항목	시 험 기 준 및 방 법				시 험 결 과				
	입력 주파수 MHz	출력 주파수 MHz	출력레벨 W	입력전압 V	입력 전류 A	역률 PF	입력 (유효) 전력 W	무효 전력 Var	피상 전력 VA
	869 ~ 894 MHz	824 ~ 849 MHz	40 (MIMO)	220	1.27	98	273.63	5.58	279.23

(다) 계산식 = 기본료+사용료+부가세+전력기반기금

장비 수량: 2대/ 요금제: 일반용갑 고압 1, 선택요금 2

(라) 1개월 소비 전력 계산식(kwh)=장비별 유효전력(kw)×해당 건물에 설치되어 운용 중인 장비 수량×{(24시간×365일)/12개월}

☞ 기본료: 4kw(한전최저기본 사용)×8,230원

☞ 사용료: ①×1kw 당 요금

☞ 전기료 = 기본료+사용료

☞ 한전납부금액=전기료+부가세(전기료×10%)+전력산업기반기금(전기료×3.7%)

2. 정류기 및 배터리 운용

정류기는 AC전기를 DC(-48V 또는 +27V)로 바꿔줌과 동시에 AC 정전 시 배터리로 절체 시켜주는 역할을 한다. 여기서는 중계기에 설치된 정류기만 소개하기로 한다.

(1) AC-->DC -48V로 변환시켜 주는 정류기

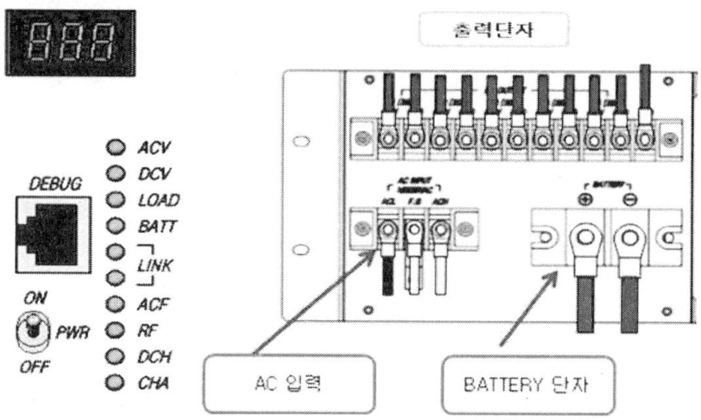

[그림 3-14] 정류기 앞면과 뒷면 결선

(가) 정류기의 특성

① 입력 전압 범위: AC 단상 220V ±10%/입력 주파수 범위: 47Hz ~ 63Hz

② 출력 특성: 정격 출력 전압→ -54.0Vdc/운용 전압 범위: -48.0V ~ -55.0V

③ 보호 기능

☞ 출력 고전압 보호 기능→ 59.0V ~ -60.0V 범위에서 출력 차단

☞ 과전류 보호 기능: 최대 출력 전류의 105%~120% 이내에 동작

☞ 출력 단락 보호 기능: 출력 단락 시 정류기의 전 기능이 보호되어야 하며 단락 원인이 제거되면 정상 동작

☞ 축전지 과방전 보호기능: 축전지 전압이 -41.0V±0.5V에서 출력 차단

(나) 제어 모듈 상태 설명

<표 3-6> 제어 모듈별 내용 설명

구분	내용	비고
입력전압	AC 전압 Display LED	녹색
출력전압	DC 전압 Display LED	녹색
부하전류	LOAD 전류 Display LED	녹색
축전지전류	BATT 전류 Display LED	녹색
연결상태	SNMP 접속 상태	황색
통신상태	SNMP 통신 상태	황색
입력상태	AC 전압 이상유무 LED	녹색(정상)/적색(이상)
이상	정류기 정상동작 표시 LED	OFF(정상)/적색(이상)
방전상태	BATT 방전상태표시 LED	만 충전~48.1V : 녹색 47.9V~과 방전예지신호 : 황색 과 방전예지신호~Cut Off : 적색
충전상태	BATT 충전상태표시 LED	만 충전(소등)/충전 중(황색)
DEBUG	RS-232C	

3-2. 전송망 품질 및 감시

학습목표	•이동 통신서비스에서 운용하고 있는 전송 시스템의 고장 조치, 관리를 하고 대책을 세울 수 있다. •이동 통신서비스 전송망 운용 시 광단국 장비의 운용 상태를 모니터링하고 성능 개선을 할 수 있다. •이동 통신서비스 전송망 운용 시 기지국 수용회선, 국간회선 신설, 증설, 감설을 시행할 수 있다.

필요 지식 /

1 개요

전송망 운용 시 중요한 관리 요소는 품질 관리이다. 이를 위해서는 품질 관리 기준이 필요하며, 그 종류로는 회선, 광선로에 대한 관리 기준으로 두 종류가 있다. 아울러 전송 시스템 및 광선로 포함한 전송 선로 회선 현황을 한눈에 가시화하여 확인할 수 있고, 각각 설치된 감시창을 통해 각 모니터링 항목 내역을 함께 확인할 수 있다.

2 품질 관리 기준

1. 회선 관리 기준

(1) E1 품질 기준

(가) E1 정의

음성 신호의 주파수는 300 ~ 3,400 Hz이다. 이 음성 신호는 아날로그 Signal이며, 이 신호를 Digital화하기 위해 양자화하고 표본화하여 Digital Signal로 만들어 장거리로 전송하도록 하는데 그 양을 나타내며, 단위는 Kbps이다. 즉 약 4,000Hz(4KHz)인 음성 신호를 2배로 표본화하면 8KHz가 되고 한 글자를 표현하기 위한 Digital Bit수가 8Bit이므로 음성신호의 Digital 양은 8KHz X 8Bit = 64Kbps 가 된다. 이 Digital Signal을 몇 Channel로 사용할 것인가에 따라 전송양이 결정되는 32 Channel을 사용하는 유럽식 전송 방식은 64Kbps X 32 = 2,048Kbps(2.048 Mbps)가 되는 것이다. 총 32Channel 중 신호용 1개와 동기용 1개를 제외하면 실제 사용하는 데이터는 0Channel이다.

※ 국제 규격: ITU G.703 Interface의 물리적/전기적 특성, ITU G.704 동기 Frame 구조 등 참조

(나) 품질 기준

<표 3-7> 임피던스별 품질 기준

Impedance	Digital Bit rate	Signal Level (Digital 1)	Signal Level (Digital 1)
75 ohm	2.048 Mbps	± 2.37	0
120 ohm	2.048 Mbps	± 3	0

2. 광선로 관리기준

(1) SMF (Single Mode Fiber) 품질기준

(가) 광케이블의 정의 및 종류

광케이블은 단거리용으로 사용되는 멀티 모드(Multi-mode) 케이블과 장거리용으로 사용되는 싱글 모드(Single-mode) 케이블이 있다. 광케이블은 실제로 빛이 전송되는 코어 부분과 빛이 코어 내부에서 새어나가지 못하게 반사해 주는 클래딩(Cladding) 부분, 그리고 이것을 감싸는 코팅으로 구성되어 있다. 광케이블 접속 작업을 할 때 우리가 볼 수 있는 파란색, 빨간색 부분은 코팅된 부분이다. 요즘 사용하는 대부분의 광케이블을 보면 멀티 모드용은 62.5/125, 싱글 모드용은 9/10 등으로 적혀있는데 이것은 코어 직경이 62.5um, 클래드 직경이 125um를 뜻한다.

(나) Single-Mode 광케이블

1310nm, 1550nm 파장에서 사용하며 이중코팅 구조로서 안정적이고 최소화된 광손실의 특성을 갖는다.

(다) 파장별 광손실(Attenuation)

<표 3-8> 파장별 최대 손실

파장 (Wavelength)	최대 손실
1310 nm	0.35 ~ 0.40 dB/km
1550 nm	0.21 ~ 0.30 dB/km

(라) 품질 기준

<표 3-9> 광선로 품질 항목 및 파장별 품질 기준

품질항목	파장	기준	비고
손실계수	1310nm	0.36 dB/Km 이하	납품기준
	1550nm	0.22 dB/Km 이하	납품기준
색분산계수	1310nm	0 ps/nmkm	기준강화
	1550nm	18 ps/nmkm	기준강화
접속손실		0 dB	기준강화

(2) NZ-DSF (None zero Dispersion Shift Fiber) 품질 기준

(가) 정의

광케이블은 광학적 특성을 갖는데 색분산(Chromatic Dispersion)과 편광모드 분산(Polarization Mode Dispersion)이 있다. 광케이블은 종류별로 이 광학적 특성의 영향을 최소화할 수 있는데 색분산인 경우 SMF는 1310nm에서 색분산이 Zero가 되며, 다른 케이블인 DSF(Dispersion-Shifted Fiber)는 1550nm에서 Zero 분산이 된다. NZ-DSF는 1550nm에서 작은 분산을 갖게 되는데 고용량을 전송하는 C Band(DWDM) 주파수를 사용할 경우 NZ-DSF가 적당하다고 볼 수 있다.

※ 국제규격: G.652(Standard Single-Mode Fiber), G.653(Dispersion - Shifted Fiber, G.655(None-Zero Dispersion-Shifted Fiber) 등

(나) 품질 기준

<표 3-10> NZ-DSF 품질 기준

품질기준 항목	파장	품질기준
손실계수	1550nm	0.25 dB/Km 이하
색분산계수	1550nm	4 ps/nm.Km 이하
접속손실		0 dB

(3) TDM 장비의 품질 기준

(가) CD(Chromatic Dispersion)

색분산을 말하며 파장의 빛이나 색은 각각 다른 속도로 전파되면서 넓은 범위를 차지하게 되어 펄스(Pulse)는 더욱 분산된다. 색분산에는 재료 분산(material dispersion)과 구조 분산(waveguide dispersion)이 있는데 재료 분산은 광섬유 재료의 굴절률이 달라서 전파하는 광의 파형에 영향을 주어 발생한다. 이는 프리즘에 빛을 입사시키면 빛이 여러 가지 색으로 나타나는 것처럼 펄스의 파형이 퍼짐현상으로 나타나는 것을 뜻한다. 이때 광원에서 방출되는 빛은 완전한 단일 파장이 아니므로 어떠한 폭을 갖는 파장 특성에 의하여 일어난다. 각 광 주파수는 서로 다른 진행 속도를 가지며 출력단에서는 상호 파장의 이동에 따라 완만한 펄스를 포함하게 된다. 아래 그림은 색분산으로 인해 발생될 수 있는 펄스 형태를 나타낸 것이다.

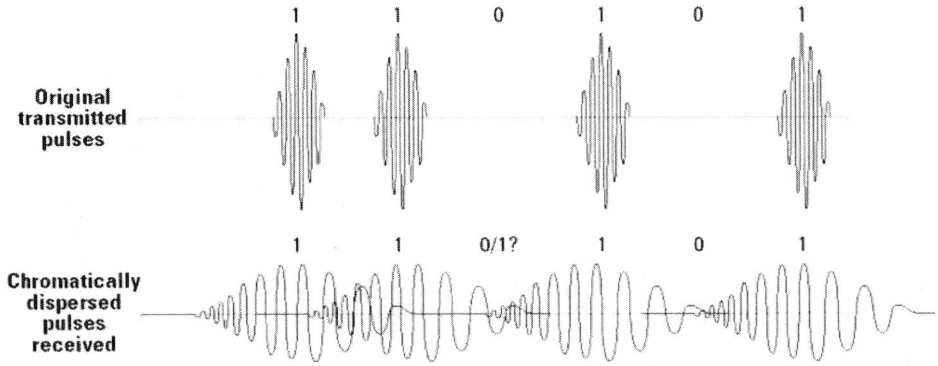

[그림 3-15] 색분산 펄스

(나) PMD(Polarization Mode Dispersion)

편광 모드 분산으로 물리학에서 빛은 Electric Field와 Magnetic Field를 교차하여 진행하는 사인파형으로 표현된다. Magnetic Field는 항상 Electric Field와 직교하므로 보통은 Electric Field 만을 스케치한다. 빛은 마이크로파와 같이 전자기 필드에서만 진동하며 진행하는 특성을 가지고 있다. 그리고 통신 시스템에서 쓰이는 광 주파수는 Electric Field에서 200THz로 진동한다. 여기서 한 가지 문제되는 것은 빛의 편광성으로 즉, Electric Field의 요소와 Magnetic Field 의 요소가 각각 따로 편광 될 수 있으며, 여기서 야기된 PMD(polarization mode dispersion)가 저속(OC-48, 혹은 그 이하)의 시스템에서는 무시될 수 있었던 DGD(different group delay)를 10GHz (OC-192, 혹은 그 이상) 이상의 고속 시스템에서는 무작위적으로 BER을 발생시킬 수 있다. PMD의 크기를 약 0.5 Ps/√km 정도라고 가정하면 아래 도표에 맞춰 대략의 거리에 따른 데이터 용량의 유효 거리를 알 수 있다. 즉, 40Gbps를 Error없이 전송하려면 그 거리는 현재 기술로 약25Km를, 20Gbps는 100Km 정도의 거리만 전송할 수 있다는 것이다. 위와 같이 PMD에 영향을 주는 요소들을 추가로 나열하면 아래와 같다.

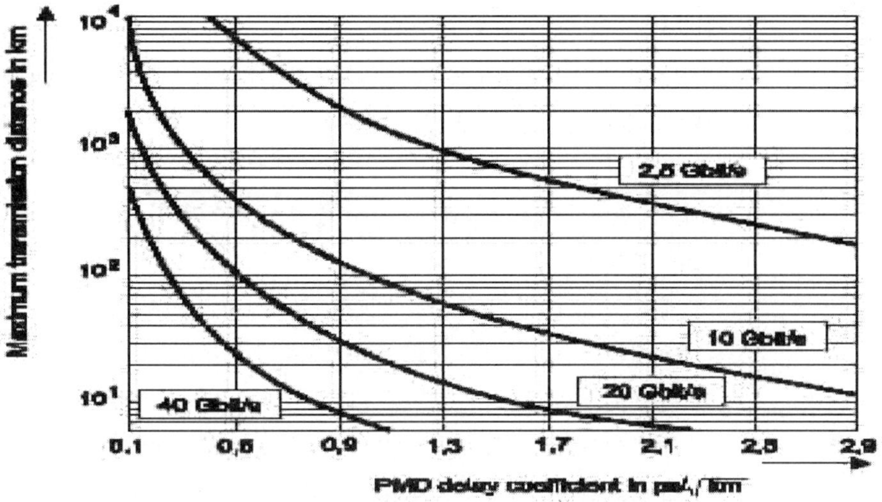

[그림 3-16] PMD 특성 그래프

다음은 PMD에 영향을 주는 요소이다.

① 가공 구간에서의 바람 세기

② 가공 구간에서의 온도(고온, 저온)

③ 가공 구간에서의 햇빛

④ 가공 구간에서의 벤딩

⑤ 지중 구간에서의 압력(차도 밑에 있는 경우)

⑥ 전구간에서 접속 불량

⑦ 제조 공정상의 불량

(다) CD/PMD 보상

① CD 보상

색분산은 Negative의 분산값을 갖는 DCF(Dispersion Conversation Fiber)를 사용하여 영향을 많이 받는 고용량 10G이상에서의 TDM unit Tolerance인 1,400ps/nm·km 중간값인 700ps/nm·km에 맞추기 위해 Module Type으로 설치한다. DCF는 -85 ps/nm·km의 특성을 갖고 있으며 전송 거리만큼만 계산하여 보상하면 된다. 이는 출발점에 설치하여 Negative 로 보내도 되고 종단점에 설치하여 보상하여도 된다. 단, DWDM과 같이 여러 개의 지점을 거치는 경우에는 어느 한 곳도 Maximum tolerance 1,400 ps/nm·km를 넘지 않아야 한다. Tolerance는 제조사별로 차이가 있을 수 있으므로 반듯이 정보를 알아야 하고 Range내에 가장 적정한 기준을 설정하여 그 기준으로 보상해야 한다. 예를 들어 Nortel사의 DWDM 장비의 10G TDM Unit의 Tolerance는 Maximum 1, ps/nm·km까지이며 적정 수치는 없고 중간수치인 700ps/nm·km에서 설계 한다. 따라서 Noertel장비의 CD보상은 어느 구간이든

700 ps/nm · km 범위에서 운용하고 한 구간이라도 1,400 ps/nm · km 을 넘어서면 안 된다. 기준 범위를 넘어 돌아온 광신호는 다시 보상한다고 해도 분산으로 인한 원신호의 손실을 포함하게 되므로 종단 수신측에서 받는 신호는 종단 앞에서 보상하여도 불량 신호를 받게 되기 때문이다.

② PMD 보상

PMD를 현재까지는 보상할 수 있는 장치는 없으며 각 제조사에서 연구 중에 있으며, 관리가 매우 중요하다.

- 제조 공정 관리 철저: 납품 기준을 준수한 제품인지 꼭 확인하고 자가망 인수/인계 시 운용 부서는 PMD측정 자료를 꼭 받아야 한다.
- 접속 기술 향상: 지장이설 등 재접속을 할 경우 접속 손실을 0 dB이어야 하며, 중고 케이블은 사용하지 않는다. 또 OFD 단자함 내의 품질이 나쁠 경우 융착을 하여 품질을 보장받아야 한다.
- 운용 관리 철저: 1회 / 1년 PMD 측정을 통하여 불량 구간을 관리하고 지속적 불량 증가 시 자가망 교체를 요구하여 품질을 확보해야 한다.

수행 내용 / 전송망 상태 모니터링 및 관리하기

재료 · 자료

- 전송망 감시 관련 Simulation 시스템/화면 Copy 자료

기기(장비 · 공구)

- 컴퓨터(인터넷), 프린터, 빔 프로젝터, 화이트보드

안전 · 유의사항

- 전송망 감시 시스템의 변화 Trend를 주기적으로 수집하여 이해하고 숙지한다.

수행 순서

1 회선을 관리한다.

과거에는 북미식 회선 공급 방식인 T1회선 운용이 대부분이었으나 요즈음은 데이터 사용의 급증으로 인해 유럽 회선 공급 방식인 E1 회선을 수용하여 운용하고 있다. 따라서 E1 품질 기준을 수집하여 이해하고 숙지해야 한다.

1. 중요 회선 관리하기

중요회선에 대하여 관리 시스템을 통한 신규, 변경, 추가, 삭제할 수 있어야 하고 전송망 회선 중 중요 회선은 중요 회선 관리 기준을 정하고 그에 맞춰 Backbone 회선 등 선번 정보를 별도로 등록하여 관리해야 한다.

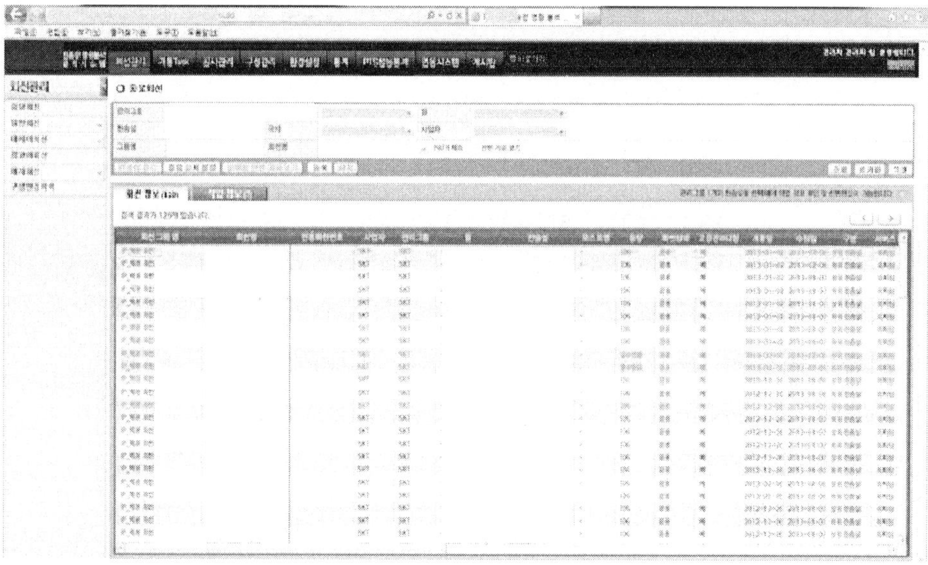

[그림 3-17] 중요 회선관리 화면

2. 국 회선 관리하기

(1) 기지국 회선 관리하기

모바일(기지국) 서비스에 사용되는 회선의 선번 및 기본 정보는 회선 관리 시스템에서 관리되는 링, 트렁크, 장비 정보를 이용하여 관리하고 신규, 변경, 삭제할 수 있어야 한다.

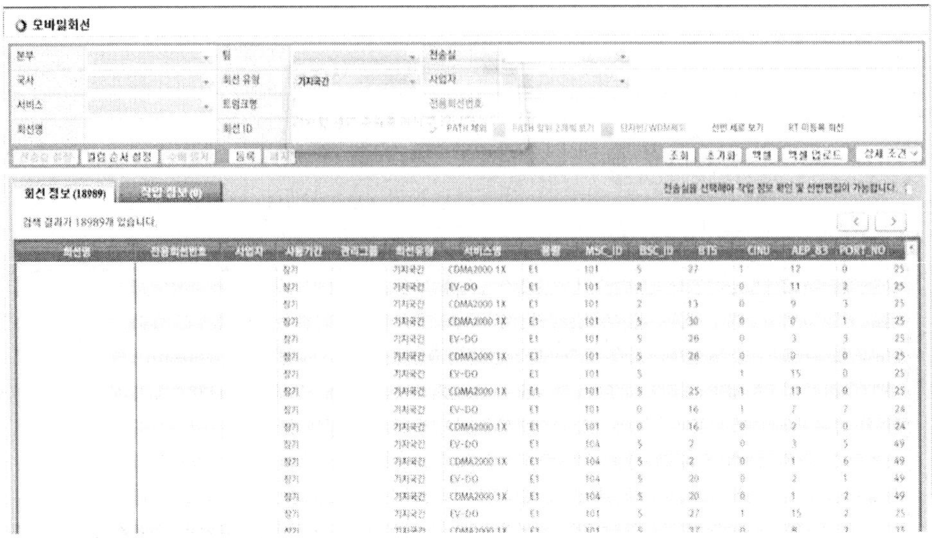

[그림 3-18] 기지국 회선관리 화면

(2) 패킷 회선 관리하기

Wi-Fi, Wibro 서비스용 회선의 선번 정보 및 기본 정보를 관리하며, Wibro, Wi-Fi AP 정보가 생성되면 자동으로 회선이 생성되는 등 시스템을 관리할 수 있어야 한다.

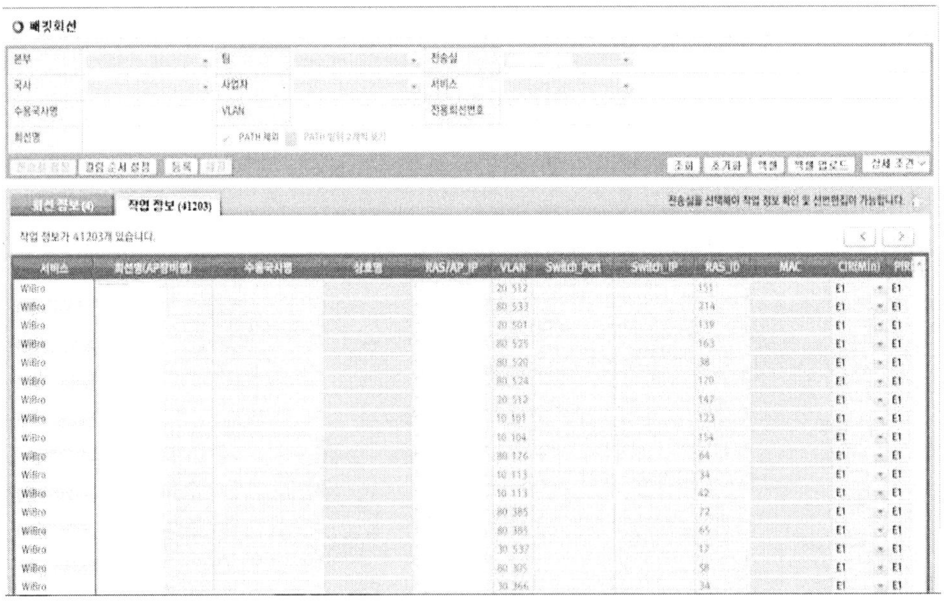

[그림 3-19] 패킷 회선 관리 화면

② 전송망을 모니터링한다.

1. 감시 종류 및 기능

(1) 주요 기능

(가) 전송 장비 및 전송 선로의 통계, 장애 등을 화면에 보여준다.

(나) 상황 감시 화면은 Mobile 품질, 기지국 장애, 전송 품질, B2B 회선 정보 및 서비스, 장비 장애를 보여준다.

<표 3-11> 전송망 Main 메뉴 기능

감시종류	기능
전송망 서비스 감시	통합감시, 개별감시, Data Highway 감시, Wibro/Wifi 감시, 광선로감시, 공사 중 감시 등
전송망 경보 감시	실시간 경보 감시, 기간 경보감시, 경보 이력조회, 경보 미조치 조회, 경보마감 이력 조회 등
환경설정	임계치 설정, 감시환경 설정, 감시대상 설정, 알람정책 설정 등
관리도구	운용공지, 게시판, 공사정보입력 등

(다) 모바일&기업 서비스 감시 화면은 모바일, 전송 장비 및 전송선로 장애를 보여준다.

(라) Mass(데이터) 서비스 감시 화면은 Wi-Fi, Wibro 회선 장애와 관련된 각종 다양한 장애 상황을 보여 준다.

(마) 주요 모니터링 내역

<표 3-12> 전송망 2차 메뉴 감시종류

구분	Monitoring 종류
전송망감시	실시간 Alarm 감시
	Alarm이력 조회
	중심국 상황실 실시간 감시
	중심국 상황 이력조회
	집중 장애감시
	집중 장애감시 이력조회

(2) 지역별 알람 표시-User가 설정한 알람 등급 임계값에 따라 아래와 같이 알람을 표시한다.

(가) Map 상 품질 저하가 발생한 행정 구역의 색상이 변한다.

① 알람 발생 지역 확인하기

서비스 품질 저하가 발생한 행정 구역에 마우스 커서를 옮기면 아래와 같은 화면이 나타난다.

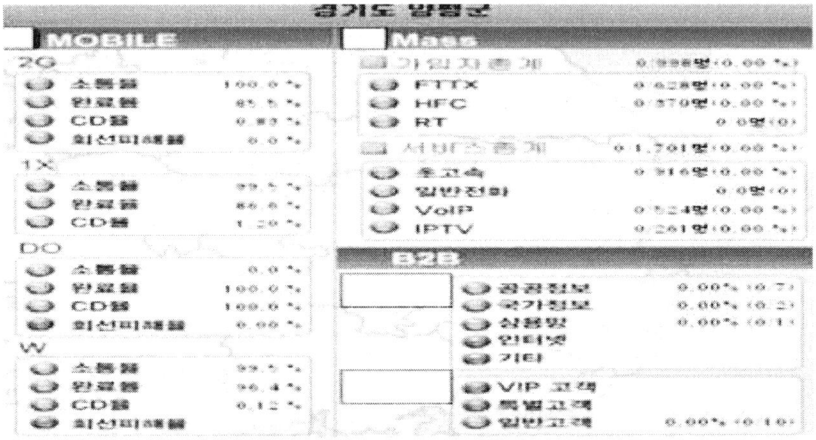

[그림 3-20] 알람 발생 지역 추적하기 화면

② MOBILE은 행정 구역의 각 세대별 품질을 보여주고, Mass는 가입자별, 서비스별 품질을 보여준다.

③ 알람 아이콘으로 각 지표에 알람 등급을 표시하고, 알람 등급에는 Normal (초록색), Minor(노란색), Major(주황색), Critical(빨간색)이 있다.

Critical 알람 예시

[그림 3-21] 장애 추적 화면

(나) 기지국, 전송장비 장애가 발생한 지역은 블링킹으로 알람을 표시한다.

(다) 장애는 적색 역삼각형의 아이콘이 해당 지역에 나타난다.

(라) 알람 등급에는 Minor(노란색), Major(주황색), Critical(빨간색)이 있다.

(3) 장애 모니터링하기

(가) 장애 감시: 장애 발생 내역을 장애 유형별, 장애 등급별, 장애 발생 시간, 장비 유형별에 대하여 실시간 내역과 장애 발생 원인을 확인할 수 있다.

① 실시간 Alarm 감시

감시 시스템에서 관리하는 모든 장비에 대해 발생하는 장애 감시 및 모바일/데이터 장애를 구분하여 장비 장애를 실시간으로 감시한다. 주요 감시 대상 및 내역은 아래와 같다.

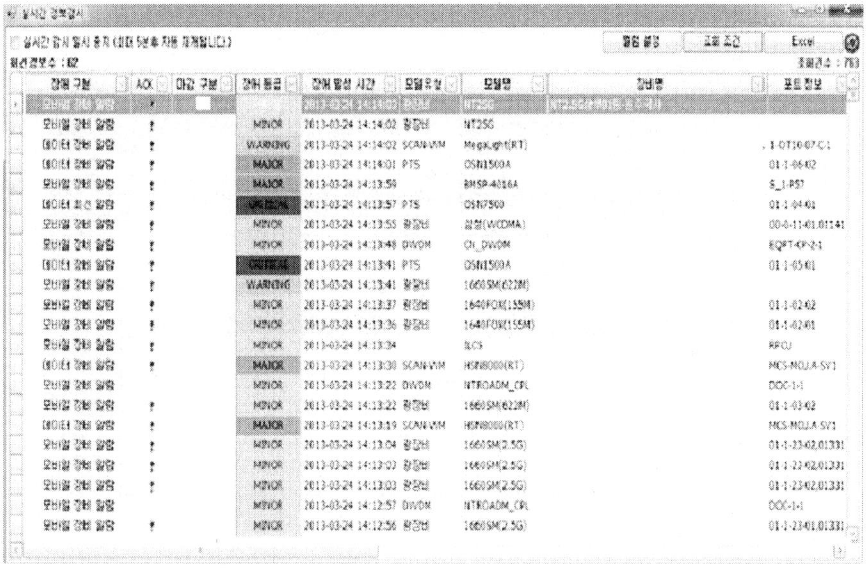

[그림 3-22] 실시간 Alarm,화면

- 전송 장비, 회선 장애를 실시간으로 감시한다.
- 감시 화면 상단에 경보가 발생 중인 회선의 총 수가 수합되어 표시된다.
- 하단은 상세 장애 내역이 표시된다.
- 장애 확인이 안 된 장애는 느낌표 아이콘(!)으로 표시된다.

② Alarm 이력 조회

경보 이력을 조회하고자 하는 전송실과 임의의 과거 시간을 설정하여 설정 시간 동안의 장애 발생 시간 및 회선의 경보 수, 장애 종류, 장애 발생 장비 내역 등을 확인할 수 있다.

[그림 3-23] Alarm이력조회 화면

③ 중심국 상황 실시간 감시: 중심국의 상태를 실시간으로 감시한다.

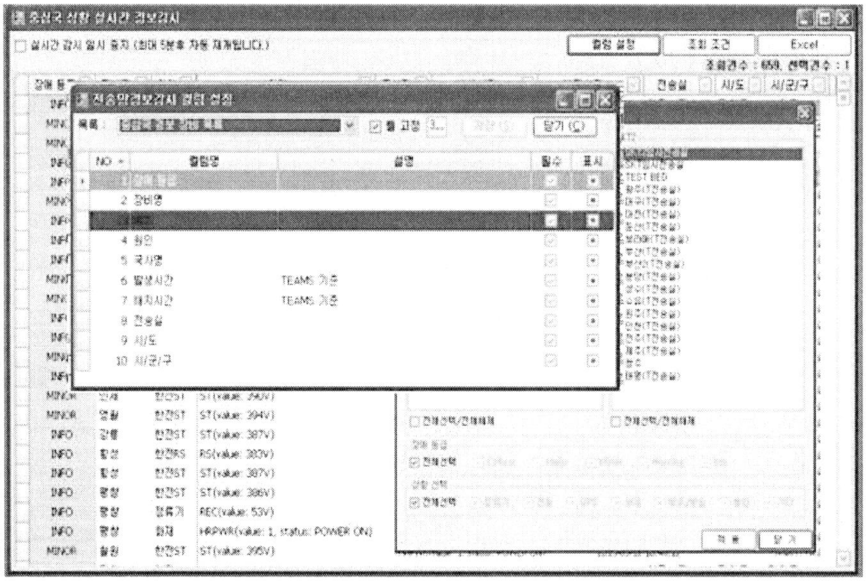

[그림 3-24] 중심국 상황의 실시간 감시 화면

3-3. 전송시스템 운용 및 성능개선

학습목표	• 이동통신서비스 전송망에서 광선로 시스템을 운용하고 성능을 개선 할 수 있다.

필요 지식 /

1 개요

전송망 장애가 발생하기 전의 예방 활동이나 장애 발생 시 대응 활동에 반영 및 보완하는 사후 관리 활동을 위기 관리라고 한다.

2 서비스 복구 방향성

1. 고장조치 시간에 따른 고객 불만 급증 → 고객, 언론 인지 전 20분 이내 조치 필요

2. 안정운용과 고객 불만의 최소화 및 대용량화에 따른 과감한 조치 필요

3 서비스 복구 실행 방안

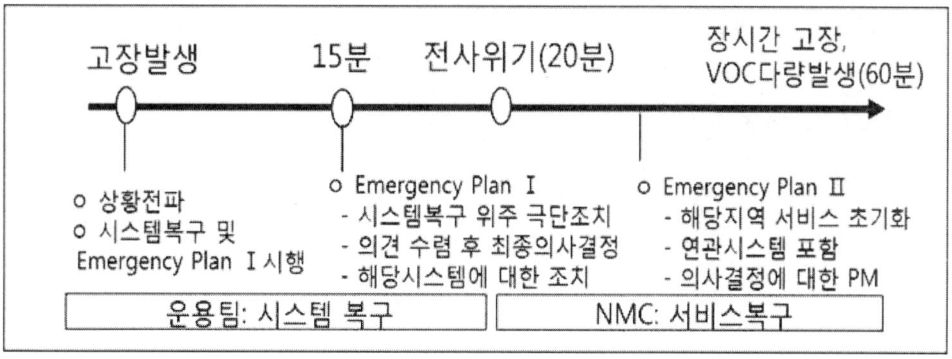

[그림 3-25] 서비스 복구 실행 시간 분류

1. Emergency Ⅰ

(1) 20분 이내 시스템 복구를 위한 극단조치(15분 이내 미조치 시 방향전환)

(가) NMS를 이용한 관련 시스템 호 제한

(나) NMS를 이용한 관련 시스템 Reset

(다) NMS를 이용한 관련 시스템 Active → Standby 로 절체

(2) 시스템 복구 위주의 극단조치

(가) 기존 운용 시스템 복구를 위한 유니트 교체 및 복구작업

(나) 타 시스템으로 호 전환 등

2. Emergency Ⅱ

(1) 장시간 고장 및 VOC 다량발생 방지, SKT 대외이미지 훼손 방지를 위한 극단조치(언론협조, 특이 동향 파악 등)

(2) 타(Srandby 또는 예비) 시스템 절체, 기지국 수변, 국사간 절체 등 다른 관점에서의 서비스 복구

수행 내용 / 광선로 시스템 운용 및 성능 개선하기

재료 · 자료

- 위기 관리 프로세스
- 장애 복구 시행 사례
- 감시 시스템 매뉴얼

기기(장비 · 공구)

- 컴퓨터(인터넷), 프린터, 빔 프로젝터, 화이트 보드

안전 · 유의사항

- 전송망 감시 시스템의 변화 Trend를 주기적으로 수집하여 이해하고 숙지한다.

수행 순서

1 전송 시스템을 이해한다.

서로 대향되는 장비간 광전송을 할 경우에 양쪽의 광단국 장치와 광중계 장치, 광섬유 케이블 등을 말한다. 즉, 광단국 장치 간의 모든 전송매체 및 장치를 광전송 시스템이라 한다.

1. 전송 시스템 구성 및 용어 알기

(1) 전송 시스템 구성

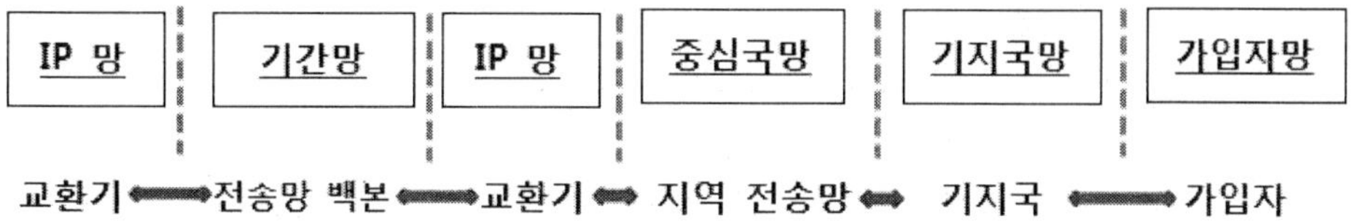

[그림 3-26] 전송망 구성 및 용어

(2) 용어정리

전송망 용어는 <표 3-13>과 같다.

<표 3-13> 전송망 용어 설명

구분	설명
교환국	교환 설비를 운용하기 위한 국사
전송국	전송 설비를 운용하기 위한 국사 (시내/지역 중심국 포함)
기지국	기지국 설비를 운용하기 위한 국사
기간망	교환국과 교환국간 연결을 위한 전송망
상호접속망	통신 사업자 상호간 연결을 위한 전송망
지역중심국망	교환국과 지역중심국 간 연결을 위한 전송망
사내중심국망	교환국과 시내중심국 간 연결을 위한 전송망
기지국망	기지국과 교환국,기지국과 지역중심국/시내중심국 간 연결을 위한 전송망
자력망	시스템과 광선로(관로, 광케이블)를 자가 공급하여 구성한 전송망
임차망	시스템은 자가/임차 공급, 광선로(관로, 광케이블)는 임차 공급하여 구성한 전송망
자체망	자력망과 임차망을 총괄하는 정의

2. 광선로 구성

전국 일정한 형태의 전기 통신 신호를 전송하기 위하여 사용하는 광섬유 등의 전송 매체로 제작된 케이블과 이를 수용 또는 접속하기 위하여 제작된 전주, 관로, 통신 터널, 배관, 인·수공, 배선반 등과 그 부대 설비를 선로 설비라 한다.

(1) 가공 시설

통신용 케이블을 설치하는 방법으로는 전주를 이용하여 가공으로 설치하는 방법과 안정성, 미관 등을 고려하여 지하로 매설하는 방법으로 구분할 수 있다. 이는 가공으로 케이블을 설치하기 위하여 자체적으로 전주를 설치하거나 선로 임대 사업자간 상호 협정에 의거하여 기존 시설을 임차하여 활용한다.

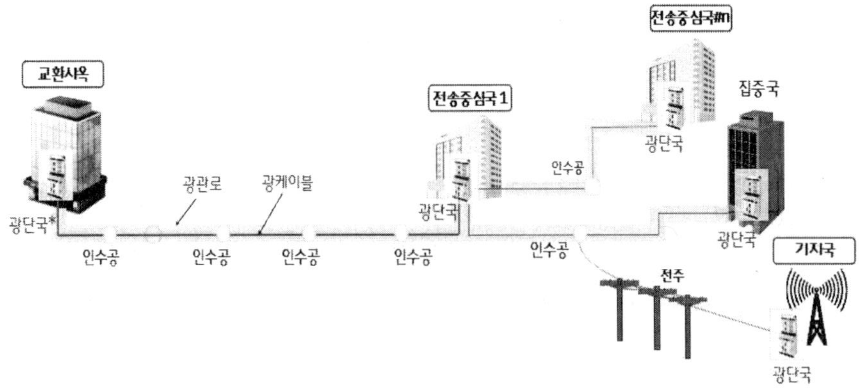

[그림 3-27] 광선로 구성도

(2) 지중시설

지하에 케이블을 매설하여 설치하는 경우에는 케이블을 보호하기 위하여 FC관(form Conduit)을 사용하고, 케이블 포설을 용이하게 하기 위하여 내관용 SCD관(Silicone coating duct) 등을 사용한다. 또 중간에 케이블 접속 및 분기를 위하여 맨홀을 설치한다.

(3) 광선로 측정기

측정기 종류에는 통신망의 손상 등 이상 유무를 측정할 수 있는 OTDR(Optical Time Domain Reflectometer), 광손실을 측정하기 위해 광전력을 발생시키는 장비인 광원(Light source), 광전력의 세기정도를 측정하는 장비인 파워메터(Power meter)가 있다.

(4) 광선로 관리 시스템

GIS(지리 정보 시스템) 기반의 선로 시설 관리 시스템으로 지도 검색, 시설물 관리, 망관리, 시스템 관리, 사용자 지원, 중앙 관제, 혼합망 통계 등 관리할 수 있는 시스템을 말한다.

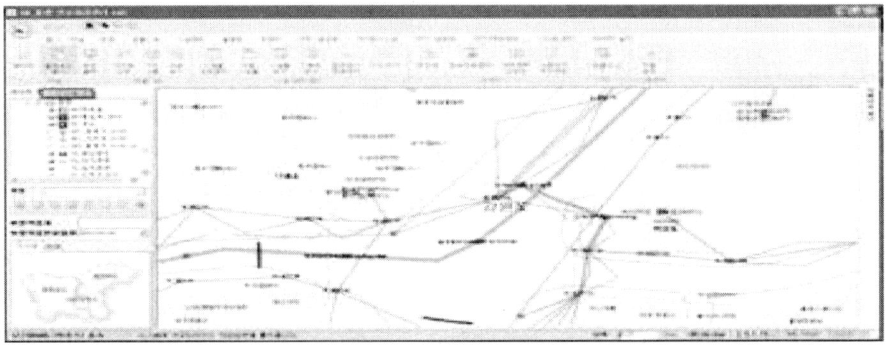

[그림 3-28] 광선로 관리 시스템(Map)

② 전송 시스템 성능을 개선한다.

광통신의 급속한 성장으로 현재 운용되고 있는 광 장비 및 광케이블의 특성을 고려한 품질 기준을 충분히 숙지하고 이해해야 하며, 현재 운용되는 케이블 특성 등에 대한 향상 Trend 등을 수집하고 향상시킬 수 있는 방안을 찾기 위하여 수시로 분석하고 문제점을 파악해야 한다.

③ 전송망 장애를 관리한다.

고장 조치 시간 지연에 따른 고객 불만 급증, 언론 인지 등 회사 및 고객에 미치는 피해를 최소화하기 위한 긴급 복구 시간 등을 정하여 위기관리 시스템 작동 여부를 결정하고 관리한다.

1. 위기 관리 활동

위기 관리 발동 기준 시간인 00분 이내에 시스템 복구를 위한 극단 조치(00분-5분 이내)가 취해지지 못했을 경우 위기 관리 발동으로 방향을 전환 한다. 이와 같이 전송망 장애시 위기 관리 기준을 정립하고 조직화하며 각 조직별 임무를 정하여 관리하여야 한다.

(1) 위기 관리 프로세스

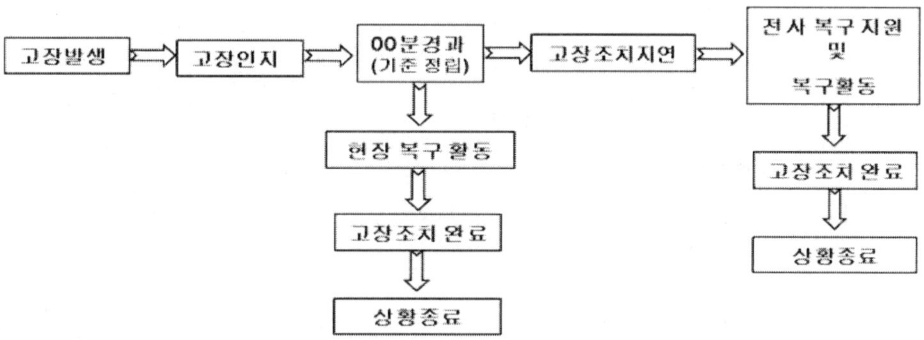

[그림 3-29] 위기 관리 프로세스

(2) 긴급 복구 Check List

<표 3-14> 긴급복구 공통 및 특화항목 Check List

구분	장비고장(고속부 등)	선로고장	전원고장
공통 항목	▪ NMS(EMS)에서 회선Alarm 및 상태 확인➔ 장비, 선로, Ring정보, 망도 파악, 명령어 이력 ▪ 작업사항 및 출입자 확인 ▪ 환경Alarm(전원, 정류기, 배터리) 및 건물정전 여부 확인 ▪ 과거 동일장애 여부 확인 ▪ 현장출동 현황(SKNS, SKONS 등) 확인		
특화 항목	• 이중화 절체 유무 확인 • 예비품 보유여부 확인/수배 • 예비경로 및 Backup DB상태 확인 • 원격 기술지원 확인- 공급사, 유지보수	• WTR설정상태 확인 • Double Fault방지대책 시행 - N/W작업 차단 공지 • 복구조 투입 확인 - 복구 기량자 포함여부 • 자가/임차여부 확인	• 발동발전기 가동유무 확인 • 배터리 절체 여부 확인 • 현장출동 확인/지원 - 발전차량 출동 확인 - 발전차량 수배 지원

(3) 광단국 장애시 위기관리 예시

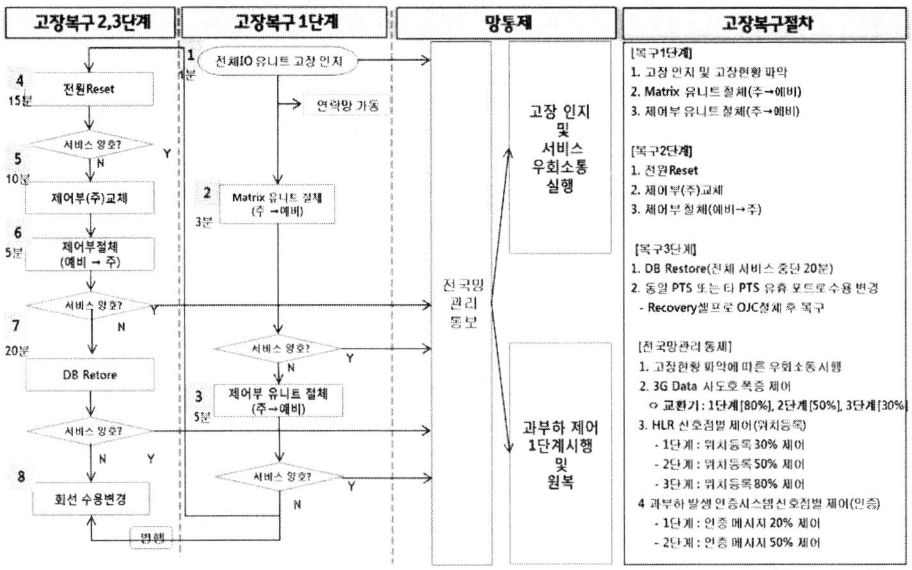

[그림 3-30] 장애 발생시 1,2,3단계별 긴급복구 처리 절차 예시

학습3 교수·학습 방법

교수 방법

- 광케이블 특성 및 손실에 대하여 설명한다.
- 광단국(155Mbps 등)의 구성 및 기능에 대하여 설명한다.
- 광선로 구성 및 기능에 대하여 설명한다.
- 광선로 감시 시스템에 대하여 설명한다.
- 부대 시설(전기)에 대하여 설명한다.
- 화선 품질 관리 기준을 설명한다.
- 광선로 품질 관리기준을 설명한다.
- 회선 관리 시스템에 대하여 설명한다.
- 장애 감시 시스템에 대하여 설명한다.
- 장애 복구 사례에 대하여 설명한다.
- 위기 관리 절차 작성 방법 및 프로세스에 대하여 설명한다.

학습 방법

- 광케이블 특성 및 손실에 대하여 숙지한다.
- 광단국(155Mbps 등)의 구성 및 기능에 대하여 숙지한다.
- 광선로 구성 및 기능에 대하여 숙지한다.
- 광선로 감시 시스템에 대하여 이해한다.
- 부대 시설(전기)에 대하여 이해하고 숙지한다.
- 화선품질 관리 기준을 숙지한다.
- 광선로 품질 관리기준을 숙지한다.

- 회선 관리 시스템에 대하여 이해하고 숙지한다.
- 장애 감시 시스템에 대하여 이해하고 숙지한다.
- 장애 복구 사례에 대하여 숙지한다.
- 위기 관리 절차 작성 방법 및 프로세스에 대하여 숙지한다.

학습3 평 가

평가 준거

- 평가자는 학습자가 수행 준거 및 평가항목에 제시되어 있는 내용을 성공적으로 수행하였는지를 평가하여야 한다.

- 평가자는 다음 사항을 평가해야 한다.

학습내용	평가항목	성취수준		
		상	중	하
전송 기술 개념 및 부대 시설 운용	- 이동 통신 서비스 시 전송 장비의 부대 시설인 정류기, 축전지, UPS, 냉방기 등을 운용할 수 있다			
전송망 품질 및 감시	- 이동 통신 서비스에서 운용하고 있는 전송 시스템의 고장 조치, 관리를 하고 대책을 세울 수 있다.			
	- 이동 통신 서비스 전송망 운용 시 광단국 장비의 운용 상태를 모니터링하고 성능 개선을 할 수 있다.			
	- 이동 통신 서비스 전송망 운용 시 기지국 수용회선, 국간회선 신설, 증설, 감설을 시행할 수 있다.			
전송 시스템 운용 및 성능 개선	- 이동 통신 서비스 전송망에서 광선로 시스템을 운용하고 성능을 개선 할 수 있다.			

평가 방법

- 서술형 시험

학습내용	평가항목	성취수준		
		상	중	하
전송 기술 개념 및 부대 시설 운용	- 이동 통신 서비스 시 전송 장비의 부대 시설인 정류기, 축전지, UPS, 냉방기 등을 운용할 수 있다			
전송망 품질 및 감시	- 이동 통신 서비스에서 운용하고 있는 전송 시스템의 고장 조치, 관리를 하고 대책을 세울 수 있다.			
	- 이동 통신 서비스 전송망 운용 시 광단국 장비의 운용 상태를 모니터링하고 성능 개선을 할 수 있다.			
	- 이동 통신 서비스 전송망 운용 시 기지국 수용회선, 국간회선 신설, 증설, 감설을 시행할 수 있다.			

• 문제해결 시나리오

학습내용	평가항목	성취수준		
		상	중	하
전송 시스템 운용 및 성능 개선	- 이동 통신 서비스 전송망에서 광선로 시스템을 운용하고 성능을 개선 할 수 있다.			

피 드 백

1. 서술형 시험

전송 기술의 기본 개념

- 광케이블의 특성 및 손실에 대하여 완벽히 이해하도록 지도해야 한다.
- 전송 시스템의 기능 및 구성을 도해할 수 있는 수준까지 지도하고 반복적으로 피 평가자를 평가한다.
- 광통신 소자들의 기능 및 특징을 명확히 이해하도록 지도 한다.

전송망 품질 및 감시

- 회선 및 광통신 품질 관리 기준을 명확히 이해하고 운용 시 적용할 수 있도록 지도해야 한다.
- 회선 관리 및 장애 감시를 위한 운용 매뉴얼을 참고하여 각종 Setting 기능 들을 적용 가능하도록 실습을 강화 한다.
- 위기 관리 프로세스 및 긴급 복구 체크리스트를 몸에 배이도록 반복적인 긴급 복구 훈련을 시행하도록 지도 한다.

2. 문제해결 시나리오

- 평가 결과 일정 점수 이하인 학생들은 추가 학습 후 그 결과를 제출하도록 한다.

학습 4 엑세스망 운용하기 (LM2002030605_13v1.4)

4-1. RNC 운용

학습목표	• 이동통신서비스에서 엑세스(기지국, 중계기)장비의 고장 조치와 대책을 세울 수 있다. • 이동통신서비스에서 통화품질을 분석하여 문제점을 도출하고 품질을 개선 할 수 있다. • 이동통신서비스에서 엑세스(기지국, 중계기)장비의 현재 문제점을 분석하여 개선할 수 있다.

필요 지식 /

1 개요

기지국(엑세스)망 운용에 있어서 이동 전화 단말이 연결되어 통화되게 하는 시스템은 단말기(UE, User Equipment), 안테나, BTS(기지국), 기지국을 제어하는 RNC, RNC와 기지국을 컨트롤하는 MSC,그리고 가입자 정보 DB를 가지고 있는 HLR, 인증 시스템 등과 같은 다양한 장비로 구성되어 있다. 따라서 기지국 운용 시 이러한 장비의 특성 및 기능을 이해하고 있어야 운용이 가능하므로 엑세스망 운용은 RNC와 Node-B에 대해서 집중적으로 설명하도록 한다.

재료 · 자료

- WCDMA망 구성도
- RNC 실장도

기기(장비 · 공구)

- 컴퓨터(인터넷), 프린터, 빔 프로젝터, 화이트보드

안전 · 유의사항

- RNC, BTS 시스템 변화의 Trend를 주기적으로 수집하여 이해하고 숙지한다.

수행 순서

1 RNC와 연동하는 주변 장치를 이해하여 고장을 조치한다.

1. MSC(Mobile Switching Center)Server/MGW(Media Gateway) 이해하기

ATM (Asynchronous Transfe Mode) 방식의 회선 교환 기능을 수행하는 대용량 교환기이다.

(1) MSC Server

이동 단말기(UE, User Equipment)에 회선 교환호 서비스를 제공하기 위해서 RNC(Radio 네트워크 Controller) 및 HLR(Home LocationRegister)과 연동하여 CS(Circuit Switching)호와 연관 있는 call control과 mobility control 기능을 수행한다.

(2) MGW

Release 4에서 새롭게 도입된 MGW는 connection maintenance, bearer control, media conversion 등의 기능을 수행한다.

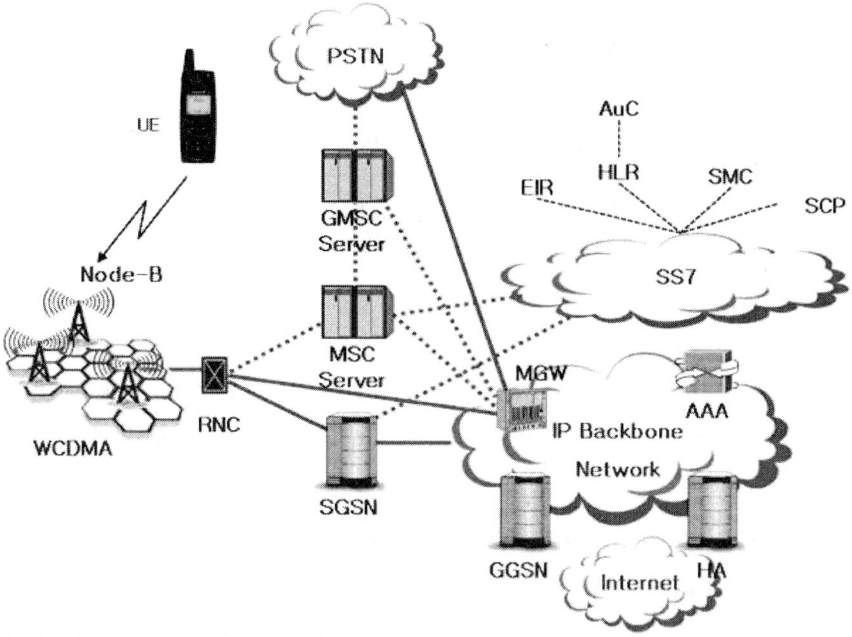

[그림 4-1] WCDMA망 Node-B 구성도

2. SGSN(Serving GPRS Support Node)/GGSN(Gateway GPRS Support Node)

SGSN/GGSN은 ATM 방식의 패킷 교환 기능을 수행하는 대용량 교환기로, RNC 및 HLR과 연동하여 UE 에 패킷 교환 호 서비스를 제공한다. SGSN/GGSN은 RAN(Radio 엑세스 네트워크)과 PSPDN(Public Switched Packet 데이터 네트워크) 및 인터넷망과 같은 패킷 망과의 연동 기능도 제공한다.

3. HLR(Home Location Register)

HLR은 사업자망에 등록된 모든 이동 가입자의 파라미터와 위치 정보를 저장하고 관리하는 데이터베이스 관리 시스템이다. HLR은 이동 가입자의 엑세스 능력, 기본 서비스, 부가 서비스 등 중요한 데이터를 관리하고 착신 가입자에 대한 라우팅 기능을 수행한다.

4. URM(UMTS RAN Manager)

URM은 운용자가 RNC와 BTS를 제어하고 관리할 수 있도록 운용자 인터페이스를 제공하는 운용 터미널이다. URM은 시스템의 장애/상태/성능의 정보 조회, 시스템 형상 관리, 시스템 파라미터 제어 등 RNC와 BTS 시스템을 운용 및 유지보수 하는데 필요한 명령어를 제공한다. URM은 상용 워크스테이션 플랫폼 상에서 구동되며, GUI로 구현됨으로 운용자가 손쉽게 시스템의 상태를 파악하고 제어할 수 있다.

5. HA(Home Agent)

HA는 다른 네트워크나 사설 네트워크를 통해 mobile IP 사용자가 인터넷에 접속할 수 있도록 하는 기능을 수행하며 FA(PDSN)와 여러 가지 암호화 방법을 통해 데이터를 주고받는다. FA(Foreign Agent)는 다른 PDSN(Packet 데이터 Serving Node)에 속한 사용자에 대한 인증을 수행하는 시스템으로, HA와 연동하여 사용자 profile를 공유한다.

6. AAA(Authorization, Authentication and Accounting)

AAA는 패킷 데이터 통신 서비스 가입자에 대한 인증 및 권한 기능과 서비스 사용에 대한 과금 기능을 수행하는 시스템이다.

7. RNC(Radio 네트워크 Controller)

RNC는 RAN의 제어 시스템으로, BTS와 CN 사이에 위치하여 WCDMA 무선 가입자 호를 처리한다. 이를 위해 RNC 는 호 흐름 제어, SF(Selector Function) 처리, 무선 접속 프로토콜 처리, 무선 자원의 관리, 핸드오버 제어, 전력 제어, BTS와 CN과의 인터페이스 등의 기능을 수행한다.

8. BTS(Base station Transceiver 시스템=Node-B)

BTS에 대한 설명은 Node-B 하드웨어의 개요 및 운용에서 자세하게 설명한다.

2 RNC의 주변 장치의 문제점을 조치한다.

MSC SERVER에 연결된 장치들의 이해를 통해서 시스템 운용상 고장 및 문제점 발생 시 각 기능에 맞추어 정상적으로 작동하고 있는지 등을 파악하여 고장 및 문제점을 해결한다.

3 RNC 형상 및 기능을 이해한다.

1. RNC 시스템 구성 및 수용 용량

(1) SMS(Service 관리 시스템)

SMS는 SCP의 운용, SCP내의 데이터 베이스 관리, SCP 외부 인터페이스 등에 관련한 O&M 기능을 수행한다.

(2) IP(Intelligent Peripheral)

IP는 지능망 서비스 이용자의 음성 정보 저장 및 송신, 안내 방송 송신, MF 신호 수신 및 송신 기능을 수행한다. 또한 IP는 음성 신호를 문자 신호로 변환하거나 문자신호를 음성 신호로 변환하는 기능을 수행한다.

(3) SAS(Standalone A-GPS SMLC)

SAS는 단말기의 위치를 추정하고 제공하기 위한 element이다. Standalone 형태의 SMLC(Serving Mobile Location Controller)는 RNC와의 인터페이스 및 필요한 측정치를 요청/관리하는 Coordination 기능, BTS와 LMU(Location Measurement Unit), 그리고 MS에서 수집한 정보를 관리하는 Measurements 기능, 위치 결정 방식의 선택 및 3

지리학적 좌표 변환 등을 처리하는 Calculation 기능 등을 제공한다.

<표 4-1> RNC 수용 용량

구분	용량
ATM Switching Capacity	5Gbps(32×32 Switch)
Number Of RNC Controllable URM	16 RNCs/URM
Number of STM-1 in RNC-MSC/SGSN	(Basic) 2 STM-1 Boards for Iu-CS (MGW) (Basic) 2 STM-1 Boards for Iu-PS Option) Can support E1 for Iu-CS Signal (MSC-Server)
Number of STM-1 in RNC-RNC	2 STM-1 Boards in each RNC 20 STM-1 Boards in RCSI (Sub-Rack of RNC#0)
Number of E1 in RNC-BTS	(Basic) Max. 192 E1 line interfaces (Optional) E2/DS-3/STM-1 Interface
Other Interfaces: URM & SAS	(Basic) 2 STM-1 Boards for URM interface in RCSI (Basic) 2 STM-1 Boards for SAS interface in RCSi
Total Interface in RNC	(RNC) Max. 192 E1 + 12 STM-1 (RCSI in RNC#0) Max. 24 STM-1
Number of BTSs Per RNC	128 BTSs

2. RNC 하드웨어 Block 구조 및 기능 이해하기

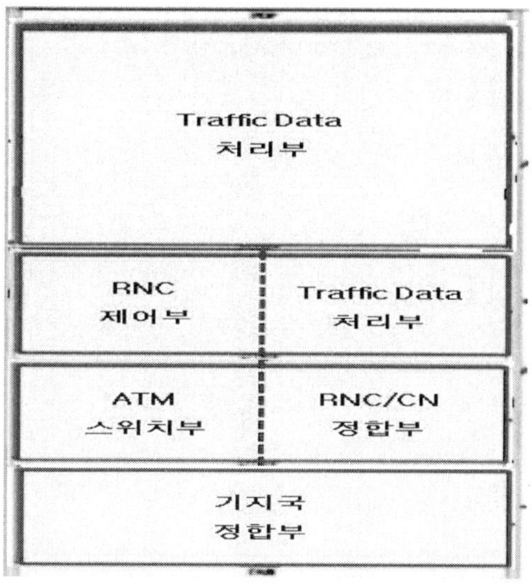

[그림 4-2] RNC 하드웨어 Block 실장도

(1) Traffic 데이터 처리부

(가) 음성/CS/PS/데이터호의 사용자 트래픽과 신호 트래픽 처리

(나) MAC, RLC 계층 프로토콜 처리

(다) User plane 프로토콜 처리

(2) RNC 제어부

(가) 무선 베어러의 설정/유지/해제

(나) 핸드오버/전력 제어/ 무선 자원 관리

(다) No7. 시그널링

(라) Node-B 및 CN과의 연결 설정/해제

(3) ATM 스위치부

(가) RNC 내부 프로세서 긴의 통신 경로 제공

(나) Node-B와 RNC 간의 음성 및 데이터의 트래픽 정보와 제어 정보 전달

(4) RNC/CN 정합부

(가) CN 또는 다른 RNC와 물리적으로 정합하기 위한 서브 시스템

(나) STM-1 인터페이스 제공

(다) AAL0/AAL2 변환

(5) 기지국 정합부

(가) Node-B와 RNC 물리적 정합

(나) E1 인터페이스 제공 (Iub)

(다) AAL2/AAL0 변환 또는 역변환

(라) AAL5 ATM 셀 중계 기능

(마) Line Interface 기능

(바) VPI/VCI 변환 및 IMA 기능

4 RNC의 고장 및 문제점을 조치한다.

RNC의 형상, 기능, H/W 이해를 통해서 시스템 운용상 고장 및 문제점 발생 시 각 기능에 맞추어 정상적으로 작동하고 있는지 파악하여 고장 및 문제점을 해결한다.

5 URM을 운용한다.

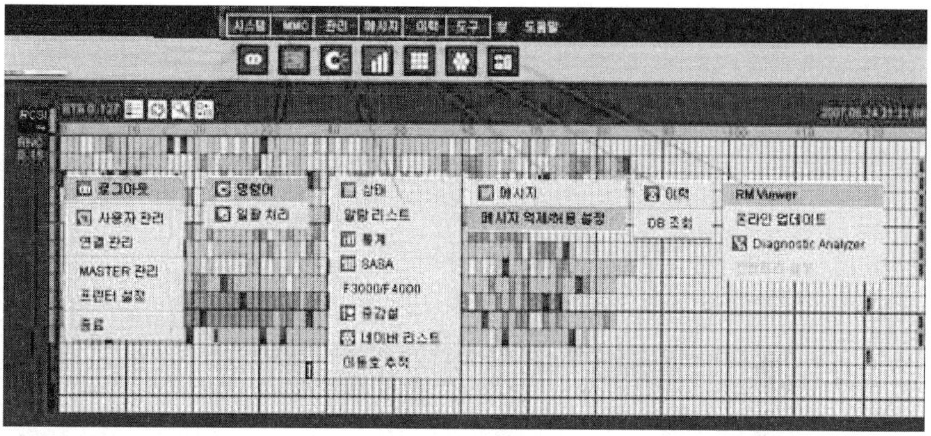

[그림 4-3] URM 감시화면

1. Icon 설명

<표 4-2> URM 아이콘 설명

Icon	Description
	로그아웃
	메시지 : 메시지 윈도를 출력시킨다
	명령어 : 명령어 윈도를 출력시킨다
	통계 : 통계 윈도를 출력시킨다
	상태 : 상태 윈도를 출력시킨다
	셀 정보 : 셀 정보 윈도를 출력시킨다.
	정렬 : URM 화면상의 윈도들을 정렬시킨다

2. Alarm Status 보기

격자	알람 상태	격자	시스템 형상
(빨간색)	Critical Alarm	(연회색)	Not Equipped State
(주황색)	Major Alarm	G	Grow State
(노란색)	Minor Alarm	D	Degrow State
(연두색)	Normal State		
(진회색)	System Link Fail		Incorrect Version

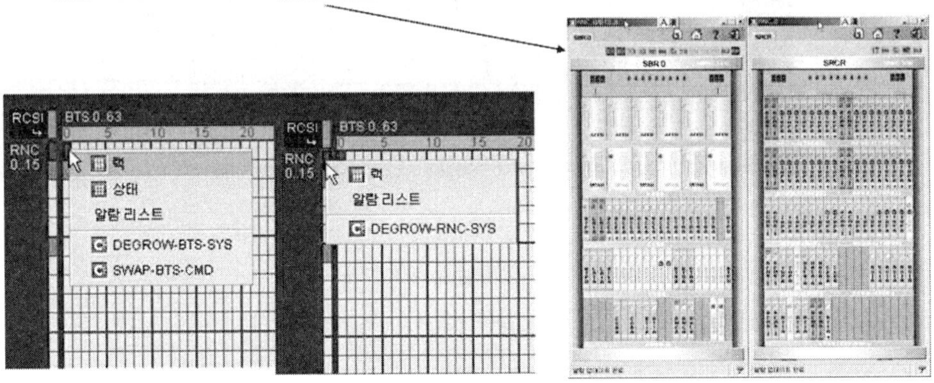

[그림 4-4] 알람 상태 확인화면

4-2. 기지국(Node-B) 및 부대 시설 운용

학습목표	• 이동 통신서비스에서 트래픽이 급격히 상승하는 특정 이벤트에 대해 특별소통대책을 수립하고 시행할 수 있다. • 이동 통신서비스에서 부대설비인 정류기, 축전지, UPS, 냉방기를 운용할 수 있다.

필요 지식 /

1 개요

BTS(Base station Transceiver 시스템=Node-B): BTS 는 UE와 무선 인터페이스를 수행하는 시스템으로, WCDMA 규격에 따라 UE와 사용자 트래픽 및 신호 트래픽을 송수신한다. BTS는 RNC와 정합하여 UE로부터 수신한 정보를 CN으로 송신하며, 반대로 CN으로부터 수신한 정보는 UE로 송신한다. BTS는 이러한 무선 송수신기의 역할을 수행하기 위하여 무선 자원 할당 및 제어, RF 스케줄링, 전력 제어 등의 기능을 수행한다.

2 안테나 이론

1. 개요

안테나란 눈에 보이지 않는 파동 신호를 감지할 수 있는 소재로서 전압/전류로 표현되는 전기적 신호와 전기장/자기장으로 표현되는 전자기파를 서로 변환해 주는 역할을 수행한다.

2. 안테나의 기능

유선상에 있는 전자파 에너지를 공간으로 송신하고, 공간에 있는 전자파 에너지를 수신한다. 이러한 변환 과정은 아래 [그림 4-5]와 같다.

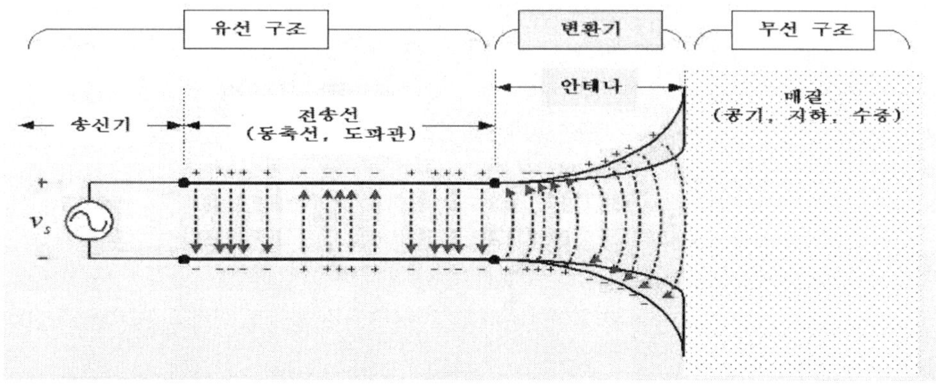

[그림 4-5] 안테나 기능

3. 안테나의 특성

(1) 안테나 방사 특성

(가) isotropic 안테나는 현실에서는 존재하지 않으며, 안테나 이득 기준 안테나로서만 활용된다.

(나) 다이폴 안테나는 현실에서 존재하는 가장 기본이 되는 안테나이다.

(다) 모노폴 안테나는 다이폴 안테나 길이를 반으로 줄여 놓은 안테나이다.

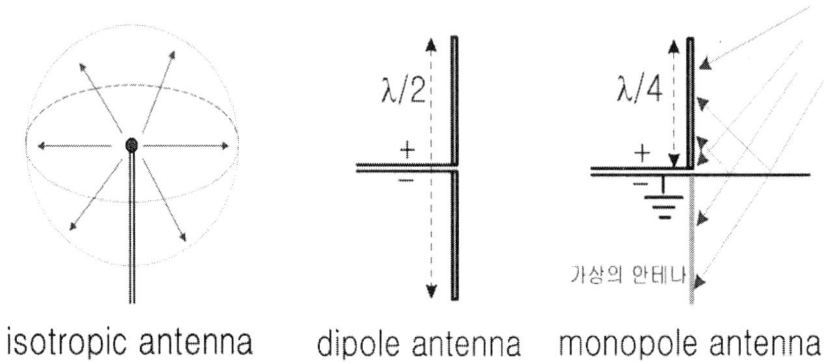

[그림 4-6] 안테나 방사 특성

(라) 안테나 해석

① 반치각: 복사 패턴에서 최대 방향의 전력을 기준으로 반(1/2)이 되는 지점까지 각도를 반치각(HPBW)이라고 한다. 10×로그10(1/2)=-3dB이며, 반치각은 수평 또는 수직 반치각 등이 있다.

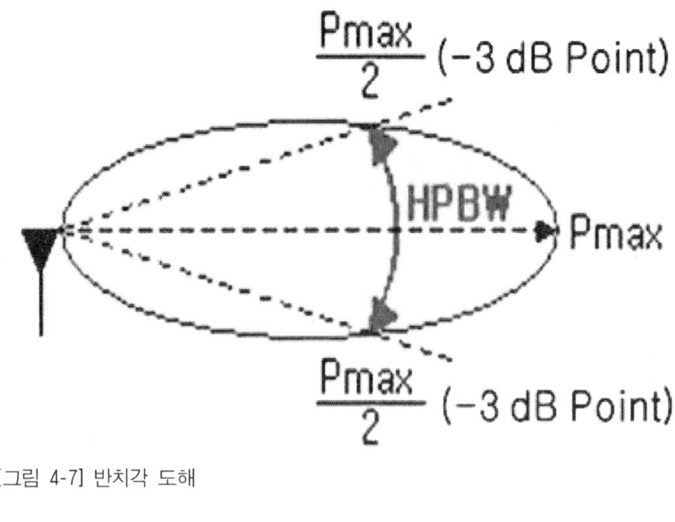

[그림 4-7] 반치각 도해

② 상, 하 측부엽(Sidelobe): Main 복사 패턴을 제외한 나머지 복사 패턴들은 1st, 2nd 등의 순서로 표시한다. 또 위치에 따라 상측, 하측으로 구분한다.

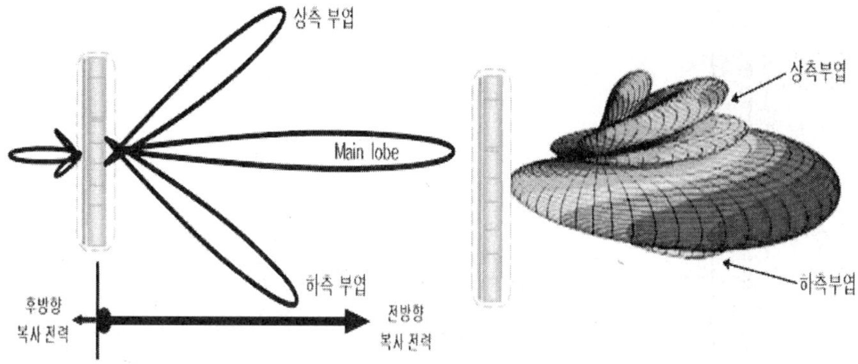

[그림 4-8] 안테나 전방향/후방향 복사 패턴 도해

전후방 비 dB=10Log(전 방향 복사전력 /후 방향 복사전력)

③ 안테나 이득(개념)

- 안테나 이득=효율×지향성
- 효율은 주로 안테나의 복사 저항 및 손실 저항에 의해 결정된다.
- 입력단인 VSWR이 나쁘면 안테나 이득이 떨어진다.

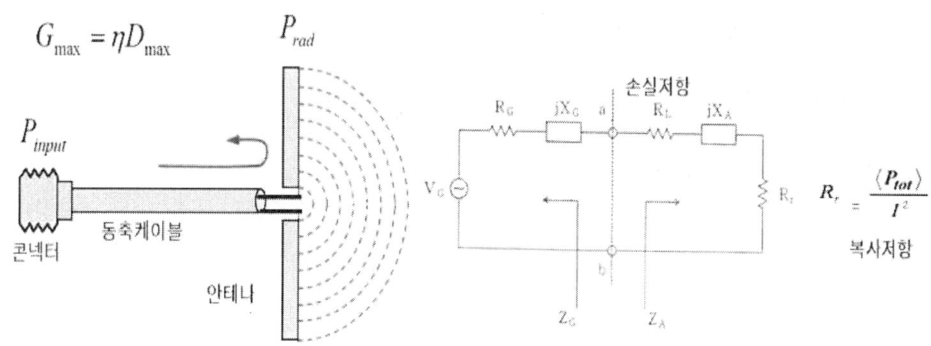

[그림 4-9] 안테나 이득

(2) 안테나 지향(Tilting)

(가) 목표한 지점에 강한 신호를 보내고, 인접 기지국으로부터의 간섭을 최소화시키기 위하여 도심의 이동 통신 안테나는 앞으로 기울어져 있다(down-tilting).

(나) 기지국 tilt: 철탑에서 기구적으로 고정시킨다.

(다) 전기적 tilt: 원격을 통해 전기적으로 제어하고, 벽면 부착이 가능하므로 환경 친화형 안테나로서 이득이 된다.

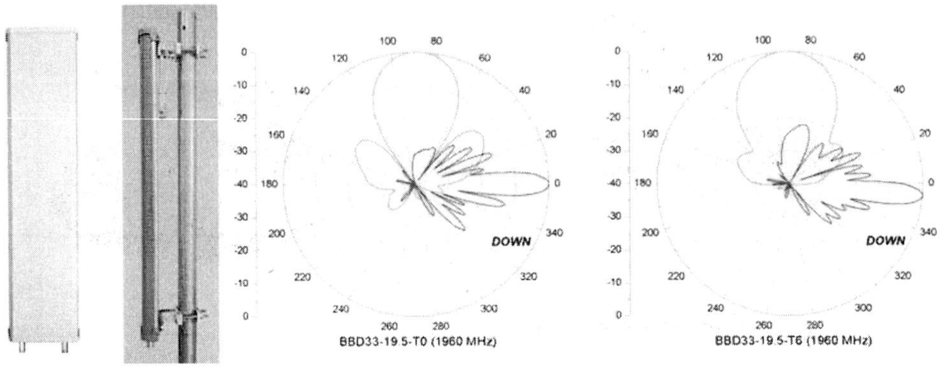

[그림 4-10] 안테나 지향에 따른 방사 패턴 도해

수행 내용 / 기지국 주변장치, 부대시설 운용 하기 및 특별소통 대책마련하기

재료 · 자료

- Node-B의 형상 및 Block 구성도
- 공통 제어부, 채널부, Transceiver부, RF부의 하드웨어 실장도
- 안테나 방사 패턴 도해
- 배전 방식 도해, 전기료 산출식(엑셀),정류기 도해

기기(장비 · 공구)

- 컴퓨터(인터넷), 프린터, 빔 프로젝터, 화이트보드

안전 · 유의사항

- Node-B(BTS)에 대한 Trend를 주기적으로 수집하여 이해하고 숙지한다.
- 전기시설 운용 시 필요한 사항을 수집하여 이해하고 숙지한다.

수행 순서

1 Node-B 형상 및 기능을 이해한다.

1. Node-B 공통 제어 형상 및 Block 기능 알기

이동 통신 기지국 운용을 위해서는 기지국의 하드웨어 형상 및 Block을 이해해야 한다. 아래 그림은 형상 및 Block 구성도이다.

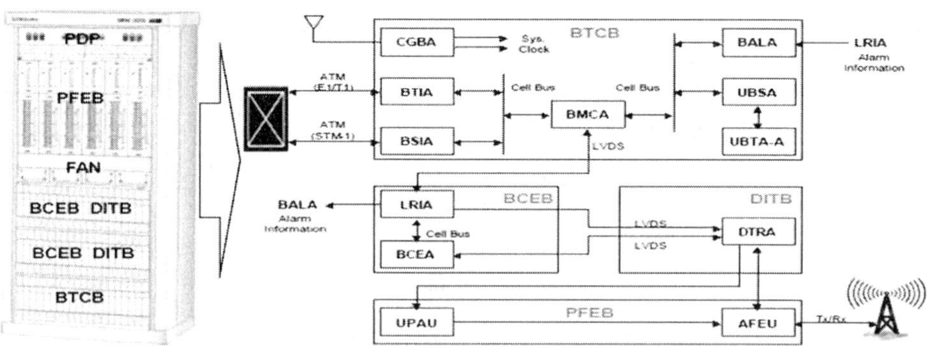

[그림 4-11] BTS 형상 및 Block 구성도

(1) 공통 제어 형상(BTCB)

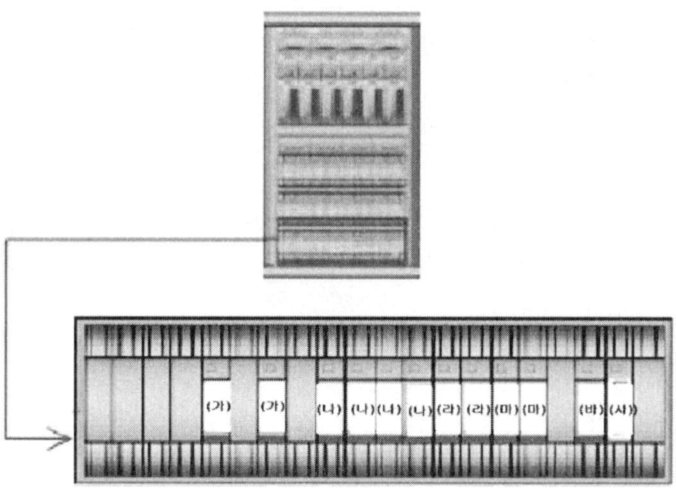

[그림 4-12] BTS 공통제어부 형상 및 하드웨어 실장도

BTCB의 최대 ATM Cell 처리 용량

- RNC Interface

· TIA: 30.72Mbps(1.92Mbps×16)

· BSIA: 180Mbps

- BCEB Inteface(BMCA): 580Mbps

- Cell Bus: 750Mbps

(가) CGBA: 클럭 생성 및 분배(GPS수신은 음성), 다중화 방식은 Active/Standby

(나) BTIA: RNC Interface, 16E1 Port/PBA, 다중화 방식은 Load share 방식

(다) BSIA: RNC Interface, 4 STM-1 Port/PBA,다중화 방식은 Load share 방식

(라) BMCA: BTS제어 및 ATM Cell routing,다중화 방식은 Active/Standby

(마) BALA: 하드웨어 및 환경 Alarm 수집 , Remote reset 기능

(바) UBSA: BTS test 및 측정(Code domain 측정 지원)

(사) UBTA A: Test 단말기 장착

(2) 공통 제어 Block별 기능

(가) CGBA 기능

① BTS 시스템에 각종 Clock 제공

② 분리 가능한 GPS 수신기 장착(선택 사항임)

③ Active/Standby 이중화 방식

④ Active/Standby 두 보드 Clock간의 위상차 < 5ns

⑤ 다양한 Reference Clock

· BTIA/BSIA로부터 제공되는 8KHz Reference Clcok(LVDS) 및 관련 Clcok Failure 신호(TTL Type) 각각 4 port

· GPS 안테나 Interface 1 port

· 1PPS 및 TOD 외부 입력 Interface 각각 2 port(RS-485 Type)

· DOTS 외부 입력 Interface 2 port(HDB-3 Type, E1/T1)

⑥ Reference Clock 간의 우선 순위 관리

⑦ Reference Clock 모두 장애 발생시 free run mode로 동작

⑧ Fault 관리 및 보고 기능

⑨ Remote Reset 기능

BALA로부터 Reset 신호를 받아 BMCA Power Reset 수행E1/T1

(나) BTIA 기능

① E1/T1 정합 기능(보드당 16 E1/T1)

② IMA 기능(최대 16E1/T1을 한 개의 Group으로 사용 가능)

③ AAL2/AAL0 변환 기능, MUX/DEMUX 기능

④ Cell-bus 정합 기능

⑤ Fault 관리 및 보고 기능

⑥ Remote Reset기능

BALA로부터 Reset 신호 받아 BTIA Power Reset 수행

⑦ CGBA로부터 Clock 수신 및 재생

- CGBA A/B로부터 각각 4.096MHz Clock을 수신하여 동기 Clock으로 사용
- 4.096/2.048/1.544MHz 생성하여 관련 칩에 제공
- CGBA로부터 4.096MHz 동기 Clock을 수신하지 못할 경우, 내부 PLL의 Oscillator에서 생성한 4.096MHz Clock 사용

⑧ Reference Clock 추출 기능

- E1 Link에서 8KHz Clock를 추출하여 CGBA A/B에 제공
- 8KHz Reference Clock 장애 발생시 CGBA로 Clock Failure 신호 송신

(다) BSIA 기능

① E1/T1 STM-1 정합 기능(보드당 2 STM-1 port)

② AAL2/AAL0 변환 기능

③ MUX/DEMUX 기능

④ Cell-bus 정합 기능

⑤ Fault 관리 및 보고 기능

⑥ Remote Reset 기능

BALA로부터 Reset 신호를 받아 BSIA Power Reset 수행

⑦ CGBA로부터 Clock 수신 및 재생

- CGBA A/B로부터 각각 4.096MHz Clock 수신하여 동기 Clock으로 사용
- 19.44MHz, 8KHz 및 16KHz를 생성하여 관련 칩에 제공
- CGBA로부터 4.096MHz Clock을 수신하지 못할 때, 내부 PLL의 Oscillator에서 생성한 19.44MHz Clock 사용

⑧ Rerence Clock 추출 기능 정합 기능(보드당 16 E1/T1)

- STM-1 Link에서 8KHz Clock를 추출하여 CGBA A/B에 제공
- 8KHz Reference Clock 장애 발생시 CGBA로 Clock Failure 신호 송신

(라) BMCA 기능

① BTS 전반적인 제어 및 상태 관리 기능

② ATM Cell Routing

BTIA/BSIA, BALA, UBSA 및 LRIA 간에는 Cell-switch(약 750Mbps) 이용하여 ATM Cell Routing 기능 수행

③ Cell-bus 정합 기능

- BTIA/BSIA, BALA 및 UBSA 등의 보드들과 Cell-bus로 정합(약 750Mbps)
- Cell-bus Master 기능 수행

④ LRIA과의 LVDS 정합 기능 (약 580Mbps)

⑤ MUX/DEMUX 기능

최대 10 port 제공(LVDS 8 port (4A+4B), Cell-switch 1 port 및 Processor 1 port)

⑥ Fault 관리 및 보고 기능

⑦ Remote Reset 기능

BALA로부터 Reset 신호를 받아 BMCA Power Reset 수행

⑧ Clock 송수신 기능

- CGBA로부터 8KHz 및 100Hz Clock을 받아 10ms당 소프트웨어에 통보
- UBSA로 8KHz 및 100Hz ClockT1 정합 기능(보드당 16 E1/T1)기능

(마) BALA 기능

① 하드웨어 Alarm 수집 및 보고 기능

- BTS 내에서 발생하는 각종 하드웨어의 Alarm들을 수집하여 URM으로 보고함.
- 하드웨어 Alarm: Alarm deletion, Power failure, Functional failure, 환경 Alarm 등
- BCEA 및 DTRA 외의 각종 PBA 및 Unit들의 alarm 수집 및 보고
- BCEA 및 DTRA에서 발생하는 alarm은 LRIA가 수집하여 보고
- 최대 64개의 alarm source 직접 감시
- 최대 167 alarm bit 수집

② Remote Reset 기능

- URM으로부터 수신한 명령에 따라 BTS 내의 PBA Power Reset 수행
- BCEA 및 DTRA 외의 각종 PBA 및 Unit들에 대한 Remote Reset 수행
- BCEA 및 DTRA에 대해서는 LRIA가 Remote Reset 수행
- 최대 27개 Remote Reset port

③ Cell-bus 정합 기능

Cell-bus를 통해 BMCA와 통신

④ PSTN을 통한 URM과의 통신 기능

URM과 Modem을 이용하여 PSTN망으로 통신 가능

⑤ BALA0 및 BALA1은 각각 기본랙 및 확장랙을 담당전반적인 제어 및 상태 관리 기능

(바) UBSA 기능

① 송신 출력에 대한 채널의 전력 측정 기능 및 스펙트럼 분석 기능

② 송신 출력 ACLR 측정 기능

③ 수신 신호 전력 측정 기능 및 스펙트럼 분석 기능

④ 안테나 VSWR 측정 기능

TX-RX PATH AFEU 및 RX PATH AFEU 모두 측정 가능

⑤ 기지국 수신 경로의 이상 유무 측정

자체 RX 신호 발생 기능

⑥ TM과 호 처리 용 PATH 선택 기능(A-B Path 분리 선택 가능)

⑦ 송신 출력의 스퓨리어스 스펙트럼 분석 기능

⑧ 자체 TPTL (Tracking Power Test Loop)기능

⑨ 휴대용 컴퓨터 등을 이용한 현장 모니터링 기능

⑩ 코드 도메인 측정 기능

사용자가 정의하는 데이터 Rate에 대한 Display 기능과 실제 입력 신호에 대한 Display 기능이 동시에 구현 가능한 Alarm 수집 및 보고 기능

(사) UBTA 기능

① Remote Call Setup 기능

② Test Call Setup 및 Channel Quality Test 기능

③ Loopback Test 기능

④ TM 정보 출력 기능

⑤ TM Power on/off 기능

2. Node-B 채널부 형상 및 Block 기능 알기

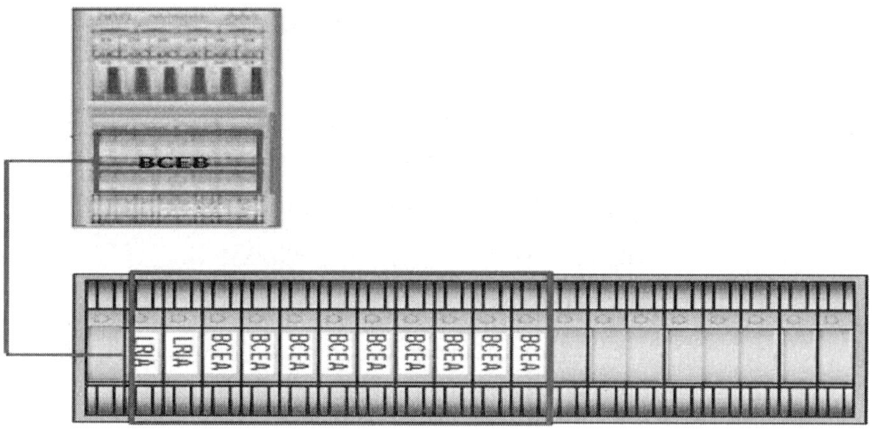

[그림 4-13] BTS 채널부 형상 및 하드웨어 실장도

(1) 채널부 형상(BCEB)

(가) LRIA: CE 할당, ATM Cell Routing, 클럭분배-Active/Standby

(나) BCEA: WCDMA Modulation/Demodulation

① BCEA당 최대 CE(channel element) 처리 용량

· Down Link: 144CE

· Up Link: 96CE

② BCEB 당 최대 CE(channel element) 처리 용량

· Down Link: 1,296CE

· Up Link: 864CE

(2) 채널부 Block별 기능

(가) LRIA 기능

① BCEB 및 DITB 블록에 대한 전반적인 제어 및 상태 관리 기능

② ATM Cell Routing

MCA 및 BCEA 간에 Cell-switch(약 750Mbps)를 이용하여 ATM Cell Routing 기능 수행

③ Cell-bus 정합 기능

· BCEA 보드들과 Cell-bus로 정합(약 750Mbps)

· Cell-bus Master 기능 수행

④ BMCA과의 LVDS 정합 기능(약 580Mbps)

⑤ MUX/DEMUX 기능

최대 4 port 제공(LVDS 2 port (A+B), Cell-switch 1 port 및 Processor 1 port)

⑥ Alarm 수집 및 보고 기능

· LRIA 자체 Alarm은 BALA에서 수집 및 보고

· BCEA 및 DTRA 의 Alarm 수집 및 보고

⑦ Remote Reset 기능

· BALA로부터 Reset 신호를 받아 LRIA Power Reset 수행

· BCEA 및 DTRA 에 대한 Reset은 LRIA가 Reset 신호 송출

⑧ Clock 송수신 기능

CGBA로부터 30.72MHz,100Hz,8KHz,4.096MHz, 40.96sec 등의 Clock을 수신하고, BCEA 및 DTRA에 제공, 클럭 생성 및 분배(GPS수신은 음성), 다중화 방식은 Active/Standby

(나) BCEA 기능

① UMTS Modulation/Demodulation 기능

② Combining/Spritting 기능

· Modem에서 출력되는 신호를 sector별로 combining 하여 DTRA로 송신
· DTRA로부터 입력되는 신호를 Spliting하여 각 Modem으로 송신

③ Cell-bus 정합 기능

BCEA 보드들과 Cell-bus로 정합(약 750Mbps)

④ 3개 Modem chip-set 포함

1개 DSP+3개 Modem으로 1개의 Modem chip-set 구성

⑤ Fault 관리 및 보고 기능

LRIA로 Alarm보고

⑥ Remote Reset 기능

LRIA로부터 Reset 신호를 받아 Power Reset 기능 수행

3. Node-B Transceiver 형상 및 Block 기능 알기

(1) Transceiver 형상(DITB)

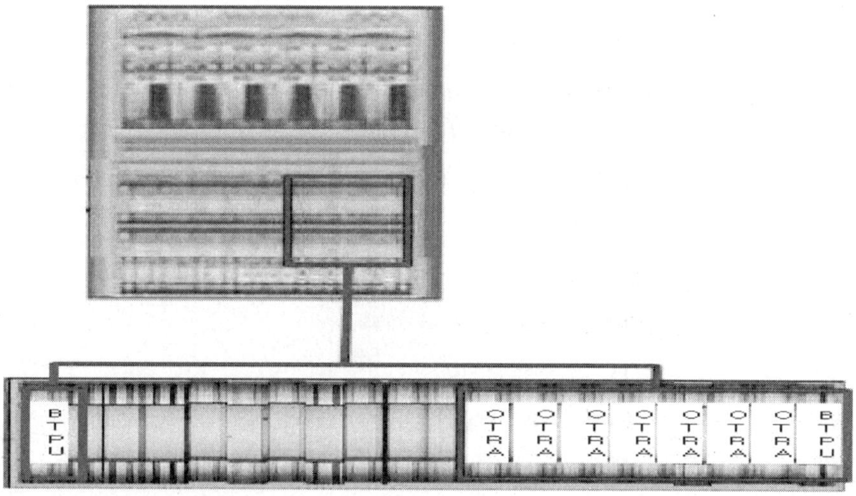

[그림 4-14] Transciver 형상 및 하드웨어 실장도

※ DITB의 최대 용량

- DITB: 4FA/Omni, 2FA/3Sector,1FA/6Sector(Non-TD)
- DTRA: 1FA/1Sector

(가) DTRA: D/A, A/D IF 변환, 1FA/1Sector 및 6+1 Redundancy, Frequency Up/Down Conversion 및 Total Tx power control

(나) TSCU: 2FA/3Sector 또는 1FA/6Sector까지 DTRA Redundancy path 및 Combiner 제공, Rack 뒷면에 장착되는 Unit

(다) BTPU: DTRA에 전원 제공

(2) Transceiver Block별 기능

(가) DTRA 기능

① 주파수의 Up/Down 변환 기능

- Tx 에서 380MHz의 IF의 신호를 2110~2170MHz의 RF 신호로 변환
- Rx 에서 1920~1980MHz의 RF 신호를 190MHz의 IF 신호로 변환

② 아날로그 QPSK Modulation 기능

③ Digital QPSK Demodulation 기능

④ A/D 및 D/A 변환 기능

⑤ Tx RF 신호 출력 전력 제어

⑥ Rx RF 신호 입력 전력 제어

⑦ Tx RF 신호 세기 측정 기능

⑧ RSSI(Receive Signal Strength Indicator) 제공

⑨ Tx RF on/off 기능

⑩ Rx AGC on/off 기능

⑪ TD(Transmit Diversity) 경로 제공

⑫ 수신 다이버시티 경로 제공

⑬ AGC(Automatic Gain Control)/A컴퓨터(Automatic Power Control &Compensation) 기능 및 BA기능

(나) TCSU 기능

① DTRA Redundancy path 제공

- Tx 6:7 Switching
- Rx 1:6 Switching
- A/B path 동시 switching

② Tx Combining 기능

다중 FA 신호의 Sector 별 Combining

③ Tx Signal Coupling Port 제공

송신 신호를 CF=6dB로 추출하여 향후 중계기에 제공하는 주파수의 Up/Down 변환 기능

4. Node-B RF부 형상 및 Block 기능 알기

(1) RF부 형상(PFEB)

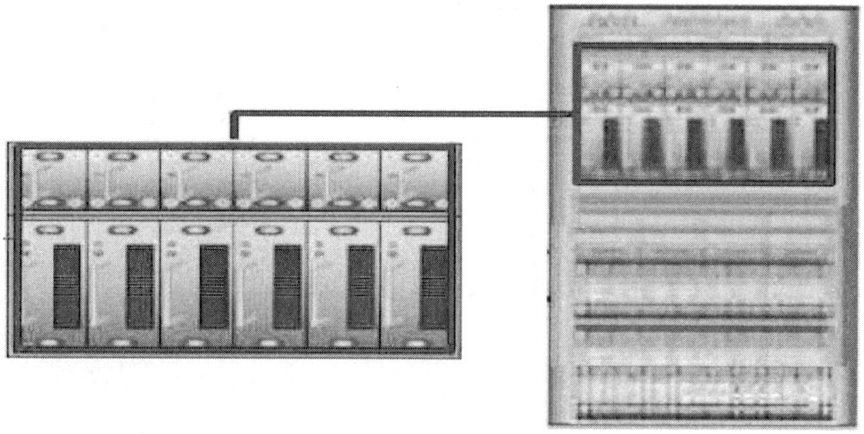

[그림 4-15] RF부 형상 및 하드웨어 실장도

(2) RF부 Block별 기능

(가) DPAU 기능

송신 전력의 증폭, FA 및 Sector 당 최대 20W 또는 40W 출력

(나) DPAS 기능

Site 형상(FA 수, Sector 수)에 따른 DTRA과 UPAU 간의 신호 분배, UPAU Redundancy path 제공 및 열 분산(fan) 기능

(다) AFEU 또는 AFCU 기능

대역외 신호 여과 및 스퓨리어스 억제, 수신 신호 저잡음 증폭, AFCU는 6Sector 경우에 사용

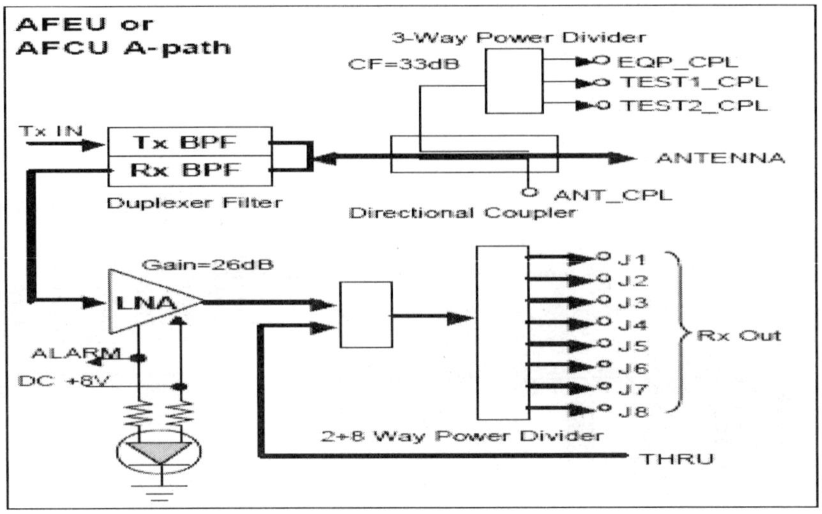

[그림 4-16] AFEU의 A-path

5. 기지국 동기 신호 획득 이해하기

(1) 기지국 내부 동기 획득

UCRU-S는 RNC에서 송신한 데이터로부터 8kHz의 기준 신호를 추출하여 동기를 맞추고 10msec 및 30.72MHz 신호를 생성하여 UCPA-W로 전달한다. UCPA-W는 UCRU-S에서 전송된 클럭을 기준으로 80ms를 추가로 생성하여 BMB로 전송한다. 이외에 UCRU-S는 UCPA-W로 TOD 정보를 전송한다. TOD 정보는 UART(Universal Asynchronous Receiver and Transmitter) 방식으로 전송된다.

(2) 기지국과 UE사이의 동기 획득

기지국과 UE는 10ms를 기준 클럭으로 하여 동기를 유지한다. UE는 기지국이 사용하는 기준 채널을 통해 10ms 동기를 획득하고, 획득한 동기 신호를 사용하여 기지국과 데이터를 송수신한다. 무선 환경이 변화하면 기지국 및 UE는 동기를 유지하기 위한 별도의 알고리즘을 지속적으로 수행한다.

(가) 단말에서 기지국 Search 절차

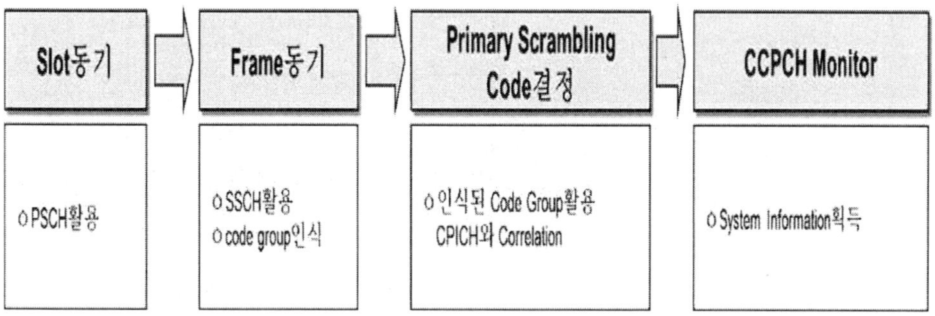

[그림 4-17] 기지국과 단말의 동기획득 절차

① 세부절차

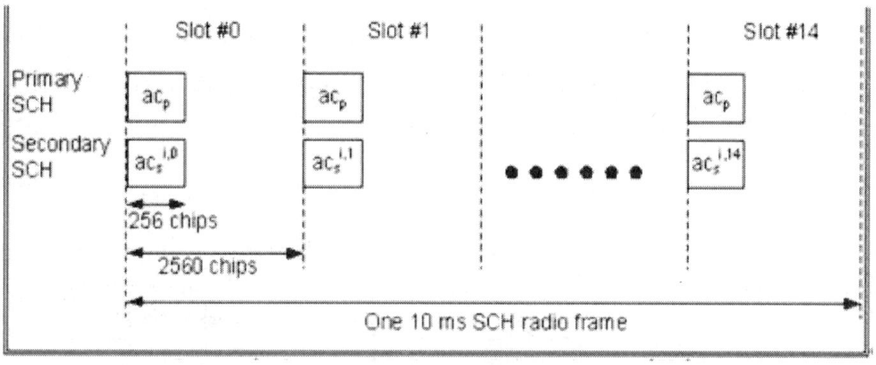

[그림 4-18] Structure of Syncronisation Channel(SCH)

- Primary SCH : 매 Slot마다 송출되고 모든 cell에 대해서 같은 Code를 사용하며, Cell에 대한 Slot 동기를 획득한다.
- Secondary SCH: 15개의 Slot에 대해 각기 다른 Code가 송출되고 Sequence가 매 Frame마다 반복 된다.
- Secondary SCH는 각 Scrambling Code Group 및 각 slot별로 다른 Code가 송출되므로 UE가 SSC를 통해서 frame 동기를 획득하게 되면 해당 Cell이 속한 Code Group을 인식할 수 있게 된다.

② 채널 구조-기지국 운용을 위해서는 채널 구조 및 특성을 이해하여야 한다.

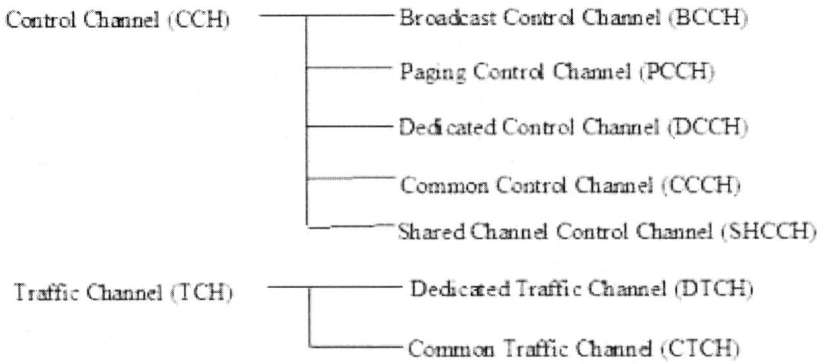

[그림 4-19] 기지국 동기획득 채널 구조

6. 기지국 Loading 이해하기

시스템의 각 프로세서와 장치(device)가 제 기능을 수행할 수 있도록 상위 시스템으로부터 필요한 소프트웨어 실행 파일과 데이터를 다운받는 절차이다. 로딩은 시스템을 초기화하거나 시스템을 재시동하는 경우에 수행된다. 보드 단위의 로딩은 보드가 시스템에 실장되는 경우, 하드웨어 리셋을 수행하는 경우, 운용자의 판단에 의해 보드를 재시동하는 경우에 실행된다.

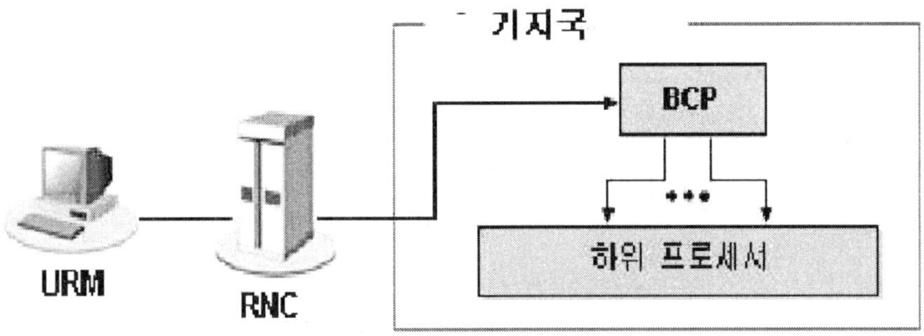

[그림 4-20] 기지국 Loading 프로세스

(1) Loading 절차

(가) URM이 RNC를 경유하여 BCP를 초기화한다.

(나) BCP는 RNC에서 다운로딩한 소프트웨어로 BCP 하위 프로세서를 초기화한다.

소프트웨어가 변경되어 E3 기지국이 운용 중인 상태에서 로딩을 수행할 필요가 있을 때는 소프트웨어의 변경 범위에 따라 패키지 버전 교체, 블록 변경 등으로 나누어 적용한다. 수행 중인 서비스에 주는 영향을 최소화하기 위하여 이중화되어 있는 보드의 경우에는 standby 보드로 로딩을 수행하거나 비휘발성 메모리

(FROM, Flash ROM)를 사용하여 로딩을 수행한다. 또 일부 프로세서는 운용 중에 변경된 프로그램을 로딩 받아 저장하고 있다가 프로세서가 재시동 될 때 이전 버전의 프로그램과 교체된다. E3 기지국에 로딩된 프로그램의 정보는 URM의 출력창(시스템 output window)에서 확인할 수 있다.

2 음성과 데이터의 안테나 Tilting을 최적화한다.

1. 음성의 무선 환경 최적화를 위한 Tilting Guide(최적 Tilting 찾기)

(1) Cell의 중첩에 대하여 전력제어 및 Soft H/O 기능으로 품질을 확보하여 성능이 매우 우수하다.

(2) Main Beam Target Tilting

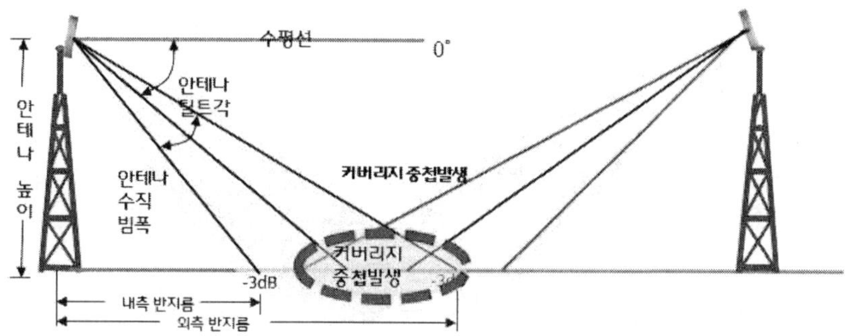

[그림 4-21] 안테나 지향에 따른 커버리지 변화 1

2. 데이터의 무선 환경 최적화를 위한 Tilting Guide(최적 Tilting 찾기)

(1) 커버리지 중첩 발생 시 SINR 특성 저하에 따른 데이터 품질의 영향도 증가한다.

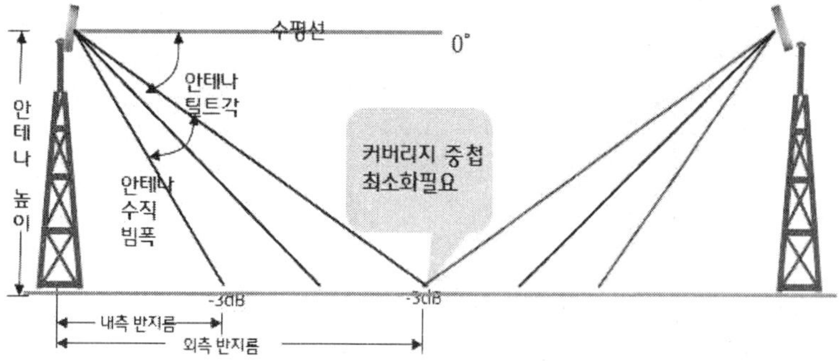

[그림 4-22] 안테나 지향에 따른 커버리지 변화 2

(2) 안테나 틸트 각도 및 수직 빔의 폭을 고려한 정밀 커버리지의 최적화가 필요(셀간 의 간섭 최소화)하다.

(3) Upper Beam Target Tilting

3. 최적의 정재파비(VSWR)

정재파란 어떤 진행하는 파동이 다른 매질을 만나 반사되어 돌아 나오는 파동과 합쳐지면서 생기는 고정된 파형을 말한다.

(1) 정재파 해석 및 계산

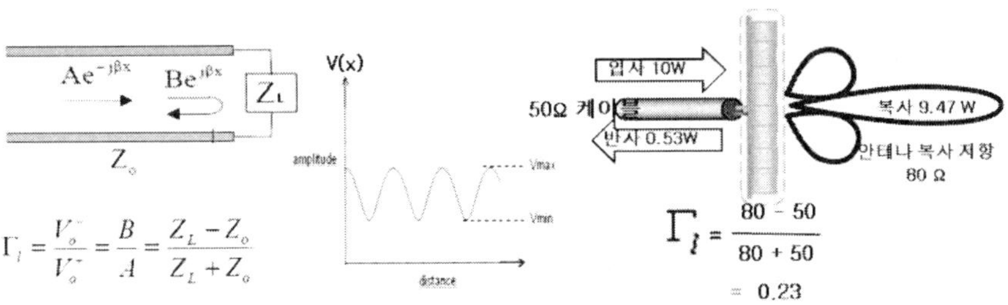

[그림 4-23] 정재파

(2) 부하 임피던스별 정재파비

<표 4-3> 부하임피던스별 정재파비 및 삽입손실

부하임피던스	VSWR	전력전달 [%]	전력반사 [%]	삽입손실 [dB]
50.0 [Ω]	1.0	100.0	0.0	0.00
45.5, 55.0	1.1	99.8	0.2	-0.01
41.7, 60.0	1.2	99.2	0.8	-0.04
38.5, 65.0	1.3	98.3	1.7	-0.07
35.7, 70.0	1.4	97.2	2.8	-0.12
33.3, 75.0	1.5	96.0	4.0	-0.18
31.3, 80.0	1.6	94.7	5.3	-0.24
29.4, 85.0	1.7	93.3	6.7	-0.30
27.8, 90.0	1.8	91.8	8.2	-0.37
26.3, 95.0	1.9	90.4	9.6	-0.44
25.0, 100.0	2.0	88.9	11.1	-0.51
20.0, 125.0	2.5	81.6	18.4	-0.88
16.7, 150.0	3.0	75.0	25.0	-1.25
8.6, 291.5	5.8	50.0	50.0	-3.01

3 특별 소통 대책을 강구한다.

1. 특별 소통 대책 준비하기

(1) 준비 사항

(가) 준비대상 기간 : 설과 추석 같은 명절의 주요 고속도로 및 Traffic 폭주 지역

(나) 하계 휴양 시설: 전국 해수욕장 및 중요 휴양 시설

(다) 준비 내용

① 이동기지국 및 긴급 대응이 가능한 기지국과 채널 카드

② 대상 지역 사전 전용 회선 청약

③ 부대 시설 확보: 발동 발전기, 배터리, 소화 설비

2. 트래픽 폭주 대응: 호제어 사전 시험

3. 네트워크 트래픽 모니터링하기

네트워크 관리자는 특별 대책 소통 기간에 트래픽을 모니터링 하는 Tool들을 통하여 트래픽 폭주 여부를 아래와 그림을 보면서 감지하는 능력을 갖추어 있어야 한다(아래 그림참조).

(1) 실시간 데이터 bps(Bit per second) 단위 모니터링하기

실시간 트래픽 현황 화면은 [그림 1-7]을 참고한다.

(2) 전국망 트래픽 분석하기

트래픽 현황은 〈표 1-3〉을 참고한다.

4 부대 시설을 운용한다.

1. 전기 수용 및 전기료

(1) 공급(결선) 방식

전기는 한국전력공사 & 전기 생산 공급 업체로부터 배전 받는다. 전기 공급 방식은 단상2선식, 단상3선식, 3상3선식, 3상4선식이 있으며, 여기서는 이동 통신에서 많이 수용하고 있는 방식인 단상3선식과 3상4선에 대하여 설명한다. 220Vac, 380Vac를 받아 정류기로 DC 27V 또는 DC-48V를 정류하여 사용한다. 간선은 동력간 선, 전등간선, 특수 간선 등 사용 목적에 따라 분류하고, 배전방식에 따른 분류는 저압, 고압, 특별고압으로 구분한다(한국전력공사 전기관련 자료 참조). 송전과 배전에 대해서는 [그림 3-11]을 참고한다.

(가) 단상3선식

단상 교류 전력을 전선 3가닥으로 공급하는 방식으로 10Vac/220Vac 2종류의 전압을 공급한다. 가운데 선을 중성선(Nutral=N)이라 하고 중성선과 결선하면

전압은 110Vac를 공급한다. 단상3선식 결선도는 [그림 3-12]를 참고한다.

(나) 3상4선식

3상 교류전력을 전선 4가닥으로 공급하는 방식으로 희망 전압을 RSTN 간의 결선을 통하여 220Vac/380Vac로 공급할 수 있다. 3상4선식 결선도는 [그림 3-13]을 참고한다.

(2) 전원 cable 굵기 및 Breaker 결정

전원 케이블은 부하량(사용 전력량) 및 거리에 따라 전선의 굵기가 달라야 한다. 전선의 굵기는 R(저항)= ρ(L/S)로 저항에 따라 달라짐을 알 수 있다. (L:거리, S:단면적, ρ:저항율)

(가) 전원 케이블 굵기 결정

연동선을 활용한 전선 굵기(단면적) 산출식

단상2선식 $A = \frac{35.6IL}{1000\triangle V}[mm^2]$

단상3선식 $A = \frac{17.8IL}{1000\triangle v}[mm^2]$

3상3선식 $A = \frac{30.8IL}{1000\triangle V}[mm^2]$

3상4선식 $A = \frac{17.8IL}{1000\triangle v}[mm^2]$

A : 전선 단면적[mm^2]

$\triangle V$: 각 선간 전압 강하[V]

$\triangle v$: 중성선과 외선 또는 각 상간 전압 강하

I : 허용 전류(A)

L : 전선의 길이(m)

단, $\triangle V$ 및 $\triangle v$는 변압기에 공급되는 경우에 한함

[그림 4-24] 전선 케이블 굵기 결정 계산 방식

(나) Breaker(전원 스위치) 용량 결정

장비 소비 전력을 활용한 Breaker 용량 계산

산출 예) 장비 소비 전력: 600W/ 전압 220Vac

➔ 산출식 ☞ i=P/V

➔ Breaker 용량 i=P/V=0.6Kw/220Vac)×1,000 = 2.7A

※ 시중에 공급되는 Breaker 용량은 15A임으로 최소 15A Breaker를 사용함

2. 정류기 및 배터리 운용

정류기는 AC 전기를 DC(-48V 또는 +27V)로 바꿔줌과 동시에 AC 정전 시 배터리로 절체시켜 주는 역할을 한다. 여기서는 중계기에 설치된 정류기만 소개한다.

(1) AC→DC 27V로 변환시켜 주는 정류기

정류기 앞면과 뒷면 결선은 [그림 3-14]를 참고한다.

(가) 정류기의 특성

① 입력 전압 범위: AC 단상 220V +- 10%/입력 주파수 범위: 47~63Hz

② 출력 특성: 정격출력 전압→27.3Vdc/출력 전류->최대 150A(75A x 2Modules)

③ 보호기능

- 출력 고전압 보호 기능→9.5V~30.0V 범위에서 출력을 차단함.
- 과전류 보호 기능: 최대 출력 전류의 105~120% 이내에서 동작함.
- 출력 단락 보호 기능: 출력 단락시 정류기의 모든 기능이 보호되어야 하며 단락 원인이 제거되면 정상적으로 동작함.
- 축전지 과방전 보호 기능: 축전지 전압이 21.5V +- 0.5V에서 출력을 차단

학습4 교수·학습 방법

교수 방법

- Node-B 구성 요소에 대하여 설명한다.
- RNC Block 구성 및 하드웨어 기능에 대하여 설명한다.
- Node-B 형상 및 Block 기능에 대하여 설명한다.
- 공통제어부 Block, 하드웨어 기능에 대하여 설명한다.
- 채널부 Block, 하드웨어 기능에 대하여 설명한다.
- Transceiver부 Block, 하드웨어 기능에 대하여 설명한다.
- RF부 Block,하드웨어 기능에 대하여 설명한다.
- 기지국 내부 동기 획득 과정에 대하여 설명한다.
- 단말과 기지국 사이의 동기 획득에 대하여 설명한다.
- URM 구성, 기능, Alarm 화면 등에 대하여 설명한다.
- 전기 수전 방식, 전기료 산출, 정류기에 대한 내용을 설명한다.

학습 방법

- Node-B 구성 요소에 대하여 숙지한다.
- RNC Block 구성 및 하드웨어 기능에 대하여 숙지한다.
- Node-B 형상 및 Block 기능에 대하여 숙지한다.
- 공통제어부 Block, 하드웨어 기능에 대하여 숙지한다.
- 채널부 Block, 하드웨어 기능에 대하여 숙지한다.
- Transceiver부 Block, 하드웨어 기능에 대하여 숙지한다.
- RF부 Block, 하드웨어 기능에 대하여 숙지한다.

- 기지국 내부 동기 획득 과정에 대하여 숙지한다.
- 단말과 기지국 사이 동기 획득에 대하여 숙지한다.
- URM 구성, 기능, Alarm 화면 등에 대하여 숙지한다.
- 전기수전방식, 전기료 산출, 정류기에 대한 내용을 이해하고 숙지한다.

학습4 평 가

평가 준거

- 평가자는 학습자가 수행 준거 및 평가 항목에 제시되어 있는 내용을 성공적으로 수행하였는지를 평가하여야 한다.

- 평가자는 다음 사항을 평가해야 한다.

학습내용	평가항목	성취수준		
		상	중	하
RNC 운용	- 이동 통신 서비스에서 엑세스(기지국, 중계기)장비의 고장 조치와 대책을 세울 수 있다.			
	- 이동 통신 서비스에서 통화 품질을 분석하여 문제점을 도출하고 품질을 개선 할 수 있다.			
	- 이동 통신 서비스에서 엑세스(기지국, 중계기)장비의 현재 문제점을 분석하여 개선할 수 있다.			
기지국 및 부대 시설 운용	- 이동 통신 서비스에서 부대설비인 정류기, 축전지, UPS, 냉방기를 운용할 수 있다.			
	- 이동 통신 서비스에서 트래픽이 급격히 상승하는 특정 이벤트에 대해 특별 소통 대책을 수립하고 시행할 수 있다.			

평가 방법

- 서술형 시험

학습내용	평가항목	성취수준		
		상	중	하
RNC 운용	- 이동 통신 서비스에서 엑세스(기지국, 중계기) 장비의 고장 조치와 대책을 세울 수 있다.			
	- 이동 통신 서비스에서 통화 품질을 분석하여 문제점을 도출하고 품질을 개선 할 수 있다.			
	- 이동 통신 서비스에서 엑세스(기지국, 중계기) 장비의 현재 문제점을 분석하여 개선할 수 있다.			
기지국 및 부대 시설 운용	- 이동 통신 서비스에서 부대설비인 정류기, 축전지, UPS, 냉방기를 운용할 수 있다.			
	- 이동 통신 서비스에서 트래픽이 급격히 상승하는 특정 이벤트에 대해 특별 소통 대책을 수립하고 시행할 수 있다.			

• 사례 연구

학습내용	평가항목	성취수준		
		상	중	하
기지국 및 부대 시설 운용	- 이동 통신 서비스에서 부대설비인 정류기, 축전지, UPS, 냉방기를 운용할 수 있다.			
	- 이동 통신 서비스에서 트래픽이 급격히 상승하는 특정 이벤트에 대해 특별 소통 대책을 수립하고 시행할 수 있다.			

피 드 백

1. 서술형 시험

RNC 운용

- 엑세스망 운용에 있어 MSC부터 단말기까지 호설정 등 모든 과정을 피 평가자가 구술할 수 있는 수준까지 달성할 수 있도록 지도 한다.
- RNC 하드웨어 및 주요 기능을 구술하는 수준까지 달성할 수 있도록 반복 지도 한다.

기지국 및 부대 시설 운용

- 기지국 구성은 BTS에 실장된 각 유니트의 기능, 부가적으로 연결되는 안테나, 전기 등의 운용하고 장애에 대처할 수 있도록 이동통신 운용회사의 운용실 방문 등 실제 운용시설을 견학할 수 있도록 관련 회사를 섭외하고 피 평가자들을 견학시킨다.
- 동기 획득은 이동 통신 망에서 가장 중요한 기준 점을 제공하는 것으로서 망을 공급하고, 이를 어떻게 획득하는지 그 과정을 충분히 이해되도록 실제 동기 시스템에 측정기를 통해 확인 시킨다.
- 기지국의 NMS로 모니터링, 운용 상태 Check 등 여러 기능을 Client를 통하여 실습 가능하도록 관련 회사를 방문 또는 Test 시스템을 통하여 반복적으로 실습 지도 한다.

2. 사례 연구

- 피 평가자로 하여금 사례를 분석하고 이를 적용하는 과정을 설명하고 분석한 사례를 가지고 본인의 경우에 대처할 수 있는 방안을 제시하도록 하고, 수행하지 못할 경우에는 사례분석을 정확하게 실시하고 이를 본인의 경우에 맞추어 대처할 수 있도록 지도한다.

참고자료

- 정보통신부(2005.12.). 정보시스템 운영 · 관리 지침.
- SK텔레콤. 긴급 복구 관리 자료.
- SK텔레콤(2004.9) 부문 신기술 교육 자료.
- 삼성. W-CDMA 향상 교육 자료.
- SK텔레콤(2009.1). 알기 쉬운 Access 운용 기술.
- 한국정보통신공사협회 및 정보통신교육원(1998.). 정보통신 기술자 인정교육(학.경력자).

학습자 • 교수자 공동 평가

* 해당 칸에 (√) 표시를 해주세요.

* 학생은 학생칸에, 교수자는 교수자칸에 표시해주세요.

년 월 일 학 번:
성명:

평가 관점	자기 평가(학생)			교수자의 평가		
	충분함	보통임	노력요	충분함	보통임	노력요
■ 개념 이해 · 수업에 쓰이는 교육 개념에 대해 이해 · 새로운 지식을 얻었을 때 해석을 하거나 변화시킴. ■ 도구 이해 · 프로그램 조작에 쓰이는 도구 상자에 대해 이해함. · 새로운 도구 사용법을 알았을 때 변화시켜 적용함.						
■ 문제 해결 수행 과정 · 주의 깊게 토론하고 수업의 주요 내용을 노트에 기록함. · (프로젝트) 수행 계획 시 아이디어를 냄. · 문제를 해결하는 과정에 참여함. (프로젝트 수행 시 주체가 되어 수행함)						
■ 태도 및 흥미 · 선정한 문제(선정지 및 프로젝트)에 대해 질문과 호기심을 나타냄. · 인내심을 보임.						
■ 행동 반응 · 수업 시간에 시간을 잘 활용함. · 과제와 단계별 해결 방안을 제시간에 완수함.						
■ 협동 기능 · 팀별 과제를 나누는 데 모둠원과 협동함. · 분담된 과제를 완성하고 협동함.						

수행 과정에서의 학생 본인 감상	교수자 평가

작업장 평가 서식

<table>
<tr><td colspan="4">년 월 일 학번:
성 명:</td></tr>
<tr><td rowspan="2">평가관점</td><td colspan="3">교수자의 평가</td></tr>
<tr><td>충분함</td><td>보통임</td><td>노력요</td></tr>
<tr><td>■ 실습 도구 준비 및 정리
•수업에 쓰이는 실습 도구 준비를 함.
•수업에 사용한 실습 도구 정리를 함.</td><td></td><td></td><td></td></tr>
<tr><td>■ 실습 과정
•주의 깊게 실습하고 수업의 주요 내용을 노트에 기록함.
•실습 시 아이디어를 냄.
•문제를 해결하는 과정에 참여함.
(프로젝트 수행 시 주체가 되어 수행함)</td><td></td><td></td><td></td></tr>
<tr><td>■ 태도
•선정한 문제(선정지 및 프로젝트)에 대해 질문과 호기심을 나타냄.
•인내심을 보임.</td><td></td><td></td><td></td></tr>
<tr><td>■ 행동 반응
•수업 시간에 시간을 잘 활용함.
•과제와 단계별 해결 방안을 제시간에 완수함.</td><td></td><td></td><td></td></tr>
<tr><td>■ 협동 기능
•팀별 과제를 나누는 데 모둠원과 협동함.
•분담된 과제를 완성하고 협동함.</td><td></td><td></td><td></td></tr>
</table>

교수 확인: ____________________

자기 체크 리스트

평가 일시: 년 월 일 학년 반 번 성명:

	낮음 중간 높음
1. 나의 전체적 학습 계획에 적정한 수준으로 본 수업의 준비를 했다.	1 2 3 4 5
2. 나는 본 수업과 관련하여 해야 할 일들을 잘 수행했다.	1 2 3 4 5
3. 본 수업의 종합적인 상황	1 2 3 4 5

전체 얻는 점수(3개의 점수를 모두 합한다.) 점
평균 (전체를 3으로 나눈다.) 점

<정성 평가>
* 해당 칸에 해당 번호를 표시를 해 주세요.

자기 평가를 위한 기술 영역
1= 매우 노력 2= 보통 3= 노력을 요함.

1. 긍정적인 태도 보이기(수업 진행에 적합한 행동을 하였습니까?) ( )
2. 개인의 장단점 알기(자기 자신의 특성과 장점을 알고 있으며 또 그것을 향상시키려고 했습니까?) ( )
3. 자기 통제 나타내기(수업 상황에 따른 적합한 행동을 하였습니까?) ( )
4. 긍정적인 개인적 행동 보이기(수업에 성실하게 참여하였습니까?) ( )
5. 동료들과 협동하기(수업 진행 시 동료와 교수에게 협력적으로 대하였습니까?) ( )

교수 확인: ____________________

작업 포트폴리오

평가 일시:　　년　월　일 학년　학번　성명:	
1장 이상 작업 사진 부착	작업 순서 및 설명을 기재해 주세요. • • • • • • •
1장 이상 작업 사진 부착	작업 순서 및 설명을 기재해 주세요. • • • • • • •
1장 이상 작업 사진 부착	작업 순서 및 설명을 기재해 주세요. • • • • • • •

교수 확인: ____________________

전기 고장 관리 양식

담당	Part장	팀장

전기고장 내역

국소명	메인 스위치		2차 스위치		고장 및 세부조치 내역	
국소명	고장내역	용량	고장내역	용량	고장유형	세부조치 내역

고장유형 : 스위치고장, 스위치트립, 원인불명

전송망 고장 관리 양식

전송망 고장내역

담당	과장	부장

국소명	회선 공급회사	수용 단국장치	선로번호	고장 및 세부조치 내역	
				고장유형	세부조치 내역

고장유형 : 전송로단선, 전송장비고장, 전원고장, 전원공급유니트(PSU)고장, 광접속불량

고장 발생 및 조치 결과 보고 양식

■고장 발생 및 조치 결과 보고

20 . . .
소속팀명

1. 고장발생 개요

가. 고장장비(또는 부대시설) 개요

나. 고장현황

다. 고객불만 현황

2. 고장조치 내역

가. 고장발생 위치

나. 고장조치 진행 경과

다. 고장조치 결과

3 향후 계획

이 동 통 신 운 용

2017년 6월 15일 인쇄
2017년 6월 18일 발행
저 자 강 경 인·박 경 배 공저
펴낸이 오 성 걸
펴낸곳 **오성미디어**
주 소 132-916 서울시 도봉구 창 3동 491-1
전 화 02)997-0136
FAX 02)997-0137
등 록 2000. 5. 12 제 7-212 호

ISBN 978-89-6628-435-1 값 20,000 원